88
7
85
78
25
77
55
40
21
6
37
53
80
73
1
3
27
42
86
11
67
48
33
17
58
83
54
79
57
19
89
69
26
20
30
81
65
46
36
9
72
15
91
63
59
23
50
13
34
45
2
41
22

NORBERT GRIEBL

Alpenpflanzen

DIE SCHÖNSTEN BERGTOUREN
UND PFLANZENPORTRAITS

ISBN 978-3-99025-185-0

A-4020 Linz
www.freya.at

Layout: freya_art, Daniela Waser
Lektorat: Dipl. Päd. Magdalena Fuchs

Titelbild: Alpen-Süßklee, *Hedysarium hedysaroides* bei der Fraganter Scharte im Grenzbereich Salzburg-Kärnten; Bildautor: Peter Hubert

Landkarte: Wikipedia, Lencer

Alle Fotos ohne Namensangabe: Norbert Griebl

© Fotolia: AndreasEdelmann, Andreas Tabbert, Andreas P, RW-Design, Werner Büchel, sunset man, M Kittikun, Hubert Körner, Phil, roberto Zocchii, M Jakub Cejpek, Christa Eder, by paul, quasarphotos, Antonio Scarpi, autofocus67, Johannes Netzer, Romy Mitterlechner, macrovector

printed in EU

Alpen-Soldanelle, *Soldanella alpina*

Norbert Griebl

Alpenpflanzen

DIE SCHÖNSTEN BERGTOUREN UND PFLANZENPORTRAITS

FACHLICHES LEKTORAT VON
UNIV.-PROF. DR. MANFRED A. FISCHER

freya

Inhalt

Berghähnlein, *Anemonastrum narcissiflorum*

Vorwort

von Univ.-Prof. Dr. Manfred A. Fischer

Wildblumenparadiese, gibt es die noch? Norbert Griebl führt uns in die wunderreiche Welt der Alpenflora. Er macht uns mit 91 besonders interessanten Alpenblumen genauer bekannt. Zusätzlich aber auch jeweils mit ihren nächsten Verwandten, teils zum Verwechseln ähnlichen Arten. Alle mit einer Fülle von eindrucksvollen Farbfotos aus der Natur.

Das Großartige an diesem Buch: Alle diese ausgesuchten Pflanzen werden samt ihrem Lebensraum präsentiert. Jeder einzelnen Art ist eine Bergwanderung gewidmet, dazu erzählt der Autor eigene Erlebnisse in launiger Weise.

Norbert Griebl ist Meister der Blumenfotografie, was er auch schon mit anderen Büchern bewiesen hat. Er ist botanischer Autodidakt und einer der besten Kenner der heimischen Wildflora. Seine Darstellungen sind alle wissenschaftlich korrekt, was ich als Botaniklehrer besonders schätze.

Das Buch gibt vielfältigste Anregungen für botanisch faszinierende Bergwanderungen und verführt dazu, getragen von der Begeisterung des Autors, unsere Alpenflora besser kennenzulernen.

Möge dieses eindrucksvolle und ungewöhnliche Werk dazu beitragen, Leidenschaft für die Alpenpflanzen bei vielen Menschen zu erzeugen und Zerstörungen der Blumenpracht unserer Alpen zu verhindern.

Manfred A. Fischer

Zum Geleit

Die Begeisterung für die heimische Blumenwelt zu wecken und damit einhergehend für ihren Schutz zu sorgen, ist der Sinn dieses Buches.

Prächtige, blumenreiche Almwiesen sind keine Selbstverständlichkeit, denn sie unterliegen der Gefahr, durch Düngung, Aufgabe der Bewirtschaftung, Aufforstung und Ähnliches mehr verloren zu gehen. Je mehr Menschen aber um den Schatz dieser Bergwelt wissen und begeistert sind, umso mehr werden sich für deren Schutz einsetzen.

„Nur was der Mensch kennt,
lernt er lieben.
Was er liebt, verteidigt er."

Konrad Lorenz

Von Kindesbeinen an bin ich in den Bergen unterwegs, um Schopfteufelskralle und Frauenschuh zu finden. Und diese Faszination für die Bergblumen flaute nie ab, ganz im Gegenteil, sie wird immer noch stärker. Schon hunderte Male gefunden, trotzdem begeistert der Anblick eines Ostalpen-Enzians jedes Mal aufs Neue.

Bei den unzähligen Wanderungen wurden die gefundenen Pflanzen notiert und dienten dann der wissenschaftlichen Kartierung. Dass es dabei manches Mal ganz außergewöhnliche Funde zu verzeichnen gab, liegt in der Natur der Sache.

Die außergewöhnlichsten Funde, die mir bisher gelungen sind, waren:

- **Eisenhut-Sommerwurz** *(Orobanche lycoctonii)* im Wolayertal der Karnischen Alpen. Neufund für Österreich.
- **Hybride aus Aurikel** *(Primula auricula)* **mit der Clusius-Primel** *(Primula clusiana)* am Gösseck des Reiting in den Eisenerzer Alpen. Die Hybride wurde bisher erst einmal auf der Rax entdeckt.
- **Hybride aus Aurikel** *(Primula auricula)* **mit der Zwerg-Primel** *(Primula minima)* am Zwölferkopf auf der Villacher Alpe (Dobratsch). Diese Hybride war aus der Natur bislang nicht bekannt.
- **Ostalpen-Nelke** *(Dianthus alpinus)* im Seekar der steirischen Koralpe. Status ungeklärt.
- **Gelb-Wiesenraute** *(Thalictrum flavum)* in den Ennstaler Alpen zwischen Johnsbach und Leobner. Wiederfund nach über 100 Jahren einer bislang in der Steiermark verschollen geglaubten Art.

Alpen-Nelke, *Dianthus alpinus*

Diapensien-Steinbrech, *Saxifraga diapensioides*

Danksagung

Zu den schönsten Erlebnissen beim Erstellen eines Buches gehört es, miterleben zu dürfen, wie hilfsbereit die Menschen und ganz besonders die Blumenfreunde sind. Jeder hilft mit, sei es mit Fundmeldungen oder mit Fotos. Ein Hilferuf an die Alpenblumengemeinde, man habe kein gutes Bild vom Dolomiten-Mannsschild, wird umgehend beantwortet mit der Lieferung von einem halben Dutzend Bildern von vier verschiedenen Fotografen. Alpenblumen sind prächtig, wenn dann noch die Gemeinschaft dahinter stimmt, ist es ein unwahrscheinlich schönes Steckenpferd. Mein ganz besonderer Dank gilt Herrn Universitätsprofessor Dr. Manfred A. Fischer und seiner Gattin Mag. Gerlinde Fischer für die fachlichen und sachlichen Korrekturen des gesamten Manuskriptes.

Mein herzlicher Dank gilt:

Andreas AXMANN (Wien)
Christine CARLSOHN-BILGER (D – Öschingen)
Christina DOMBROWSKI (N – Klamm)
Franz-Georg DUNKEL, Dr. (D – Karlstadt)
Karl-Heinz FABRITZ (NÖ – St.Pölten)
Matthias FIEDLER, Mag. (Wien)
Gerlinde FISCHER, Mag. (Wien)
Manfred A. FISCHER, Univ.-Prof. Dr. (Wien)
Wolfram FOELSCHE, Prof. (Stmk – Graz)
Franz FOHRINGER (NÖ – Oberndorf)
Wilfried Robert FRANZ, Dr. (K – Klagenfurt)
Peter FRÜHWIRTH, Ing. (Wien)
Olivier GERBAUD, Dr. (F – Allevard Les Bains)
Markus GRABLER, Ing. (Stmk – Edelstauden)
Uwe GRABNER (D – Bad Tölz)
Lilly GRIEBL (N – Klamm)
Gerald GÜBITZ, Univ.-Prof. Dr. (Stmk – Graz)
Manfred HASPEL (N – Klamm)
Helmut HÄUSLE (V – Bregenz)
Ulrich HEIDTKE (D – Bad Dürkheim)
Helmut HEIMEL, Dr. (Stmk – Graz)
Stefan HERTEL (D – Haag)
Peter HUBERT (Wien)
Dietmar JAKELY (Stmk – Graz)
Renate KALZ (Wien)
Helene & Rudolf KHUN (Wien)
Hilde KÖNIGHOFER (Stmk – Graz)
Fritz KUMMERT, DI (Stmk – Rollsdorf)
Walter KUSSEGG (Stmk – Trofaiach)
Reinhard LAMM (Stmk – Graz)
Wolfgang LÜDERS (D – Herzberg)
Peter NACHBAUR, Mag. (V – Bregenz)
Bernhard OCEPEK †, Ing. (Stmk – Zeltweg)
Armin PLESCHBERGER (K – Klagenfurt)
Helmut PRESSER (D – Eichstätt)
Herbert RAFFALT (Stmk – Haus im Ennstal)
Karl SCHEBESTA (Wien)
Hans SCHÖN (NÖ – Ollersbach)
Fritz SCHREIBER (NÖ – Schwechat)
Bernhard SCHUBERT, Mag. (NÖ – Karlstetten)
Lucia SCHUBERT (NÖ – Karlstetten)
Werner SEICHE (D – Eurasburg)
Edith STANKIC (Wien)
Martin STERN, Mag. (N – St. Aegyd)
Elfriede STOPPER (Stmk – Stainz)
Josef STOPPER † (Stmk – Eibiswald)
Franz TOD (NÖ – Scheibbs)
Gertrud TRITTHART, Mag. (St – Graz)
Walter VÖTH † (NÖ – Mödling)
Alfred WALDNER (T – Thaur)
Franz WEBERNDORFER † (T – Rum)
Franz WEINGARTNER, Ing. (N – Euratsfeld)
Josef WEINZETTL, Dipl.-Päd. (Bgld. – Willersdorf)
Hans-Peter WELLE (D – Auendorf)
Herbert WEYLAND, Prof. (Szbg – Salzburg)
Christian WOLF (D – Neumarkt)

Hinweise

zu den verschiedenen Abschnitten in der Darstellung der einzelnen Pflanzenarten:

Pflanzennamen:

Botanische Pflanzennamen ändern sich immer wieder. Das liegt daran, dass kontinuierlich mehr Kenntnisse über die Pflanzen und ihre verwandtschaftlichen Verhältnisse gewonnen werden. Aus diesem aktuellen Wissensstand folgt oftmals eine Änderung der taxonomischen Position (z. B. Gattungszugehörigkeit) oder der Rangstufe (z. B. Art oder Unterart) und als Folge davon des wissenschaftlichen Namens. Ich habe versucht, wo möglich dem neuesten Stand Rechnung zu tragen. So musste etwa die *Loiseleuria procumbens* (Gamsheide) aufgrund von phylogenetischen Untersuchungsergebnissen in die nah verwandte Gattung *Kalmia* eingegliedert werden, wodurch sich notgedrungen der geläufige Name *Loiseleuria procumbens* zum fast noch völlig unbekannten Namen *Kalmia procumbens* verwandelte. (Wer jedoch die nordamerikanische „Sandmyrte"/*Kalmia buxifolia* kennt, versteht, dass die Gamsheide zu *Kalmia* gehört.) Natürlich kann es auch sein, dass weitere Forschungen ein anderes Bild ergeben und wieder das alte Taxon und damit der alte Name als der richtige angesehen wird. Die Botanik ist eine lebendige Wissenschaft und solange sich die Kenntnis der Pflanzenverwandtschaften ändert, lebt und blüht und wächst diese schönste aller Wissenschaften.

Die Pflanzentaxa und deren Namen in diesem Buch basieren grundsätzlich auf der Exkursionsflora für Österreich, Liechtenstein und Südtirol von Manfred A. Fischer, Karl Oswald und Wolfgang Adler (3. Auflage, 2008), in wenigen Fällen sind jedoch neuere Erkenntnisse berücksichtigt worden.

Auch die deutschen Namen gehen grundsätzlich auf dieses Werk zurück, welches versucht, durch einheitliche deutsche Büchernamen die Verständigung unter jenen Pflanzenliebhabern zu erleichtern, die den wissenschaftlichen Namen aus dem Weg gehen wollen. Die leider verschwindenden volkstümlichen (mundartlichen) Pflanzenamen bleiben davon selbstverständlich unberührt.

Gattung:

Die Angaben, wie viele Arten eine Gattung umfasst, sind in der Literatur sehr unterschiedlich, die Zahlen differieren nicht selten gewaltig. Dies kommt daher, dass es vielfach unterschiedliche Auffassungen über die Abgrenzung der Gattungen und auch über den Artbegriff gibt. Ich berücksichtige jedoch auch meine Erfahrungen als Gärtner, der sich eingehend mit der Kultur verschiedenster Wildpflanzen befasst. Als Beispiel sei die Gattung Geißbart (*Aruncus*) genannt, welche in mancher Literatur als monotypisch angegeben wird. Neben dem vielfach kultivierten *A. dioicus* wird aber in den Gärten auch oft der *A. aethusifolius* kultiviert, welcher samenbeständig ist und einen gänzlich anderen Habitus besitzt, weshalb ich der Ansicht bin, dass diese Gattung nicht „monotypisch" (monospezifisch) ist, sondern mehr als eine einzige Art umfasst.

Eine Beschreibung der Merkmale der Gattungen kann aus Platzgründen nicht geboten werden.

Name:

Unter diesem Punkt wird die sprachliche Herleitung (Etymologie) der botanischen Namen, sowohl der Gattungsnamen wie auch der Artbeinamen, beschrieben, wobei allerdings auf allgemein bekannte und leicht verständliche Artbeinamen wie etwa „alba" (= weiß) oder „alpina" (= in den Alpen oder in der alpinen Stufe verschiedener Gebirge) nicht eingegangen wird.

Kurzbeschreibung und Verwechslungsmöglichkeit:

Etwa 4500 höhere Pflanzenarten sind vom Alpenraum zurzeit bekannt. 91 davon werden in diesem Buch näher vorgestellt, weitere rund 1100 Arten mit Bild oder Benennung. Da dies trotzdem nur ein Teil der gesamten Alpenflora ist, wird auf eine genauere Beschreibung verzichtet, dafür aber auf die unterscheidenden Merkmale gegenüber ähnlichen Arten eingegangen. Eine gewisse Vorkenntnis ist also notwendig, da die Merkmale der Gattungen meist nicht behandelt werden können. Die Angaben der Blütezeit weichen oft von denen in anderer Literatur ab, weil sich die Hauptblütezeit nach vor verschoben hat. Dennoch gehe ich nicht auf Nachblüten oder Vorwitzlinge ein, wie sie doch immer wieder vorkommen, weil sie das Bild verzerren würden.

Verbreitung und Lebensraum:

Unter diesem Punkt werden die Gesamtverbreitung der beschriebenen Art und die Verbreitung innerhalb der Alpen wiedergegeben. Danach folgen die bevorzugten Standorte und die Seehöhen, in denen die Art üblicherweise wächst. Tiefer und höher liegende Vorkommen werden, sofern bekannt, kurz genannt. Dabei ist zu beachten, dass die Arten in den klimatisch kontinentaleren Innenalpen generell naturgesetzlich höher hinauf steigen als in den sommerlich weniger warmen Randalpen.

In manchen Fällen gibt es den Absatz

Taxonomie oder Untergliederung:

wo Angaben über die verwandtschaftliche Stellung der behandelten Art, über deren nächste Verwandte oder darüber, dass die Art aus mehreren Unterarten (meist geographischen Rassen) besteht.

Wandervorschlag:

Unter diesem Punkt wird jeweils ein Berg oder ein Gebiet der Alpen vorgestellt, wo man die beschriebene Art finden kann. Die allgemein gehaltenen Angaben lassen aber trotzdem das freudige Gefühl des Entdeckens aufkommen, denn genaue Fundangaben wie GPS-Daten fehlen hier ganz bewusst.

3

Mit der Ziffer neben dem Titel der Wanderung finden Sie diese auf der Landkarte im Vorsatz (Buchcover Innenseite).

Bei einer Wanderung in das jeweilige Gebiet wird man unmöglich alle hier beschriebenen Pflanzen finden können. Zu unterschiedlich sind oft die Blütezeiten, zu groß sind meistens die angeführten Gebiete. Ich war meist mehrfach in den beschriebenen Gebieten unterwegs und habe grundsätzlich versucht, so viele der gefundenen Arten wie möglich zu berücksichtigen. Es kann dennoch sehr wohl vorkommen, dass ich manche Besonderheit nicht gefunden habe und die Leserin und der Leser zusätzliche Arten entdecken werden.

Die beschriebenen Gebiete habe ich durchwegs in den Jahren 2012 bis 2014 besucht, die Angaben sind also auf möglichst aktuellem Stand. Dabei mussten oft gravierende Änderungen gegenüber den Besuchen vergangener Tage festgestellt werden. Orchideenwiesen, die noch in den 1990er-Jahren in all ihrer Pracht erblühten, degradierten zu artenarmen Wirtschaftswiesen, ehemals verträumte Wanderwege stellten sich plötzlich als Forstautobahnen heraus, auf denen jeder Harvester mit Gegenverkehr fahren kann. Solche Änderungen führten natürlich dazu, dass die betroffenen Wanderungen aus dem Buch flogen. Nachdem solche Veränderungen aber jederzeit geschehen können, ist es möglich, dass hier eine Route als liebliche Mischwald-Wanderung vorgestellt wird und man sich dann tatsächlich in einem Jungfichtenforst wiederfindet.

Für jede Wanderung habe ich Listen jener Pflanzenarten angefertigt, die ich jeweils gefunden habe. Diese sind aber viel zu umfassend, als dass sie im Buch abgedruckt werden könnten. Diese Pflanzenlisten sind beim Autor einsehbar. Im Buch wiedergegeben werden können nur die interessantesten Pflanzenfunde, alles darüber hinaus würde den Rahmen des Buches sprengen.

Pflanzenbesonderheiten und Blumenpracht:

Besonders seltene oder schöne Pflanzen finden sich in dieser Auflistung. Dabei erfolgte die Erwähnung naturgemäß subjektiv: Gehört das Schopf-Läusekraut nun zu den seltenen Pflanzenbesonderheiten oder zu den eher weit verbreiteten Blumenwundern? Der Block soll dem Leser in Kurzform zeigen, was alles im jeweiligen Gebiet gefunden werden kann bzw. auf was man bei der Wanderung geschärft achten sollte.

Manche der vorgestellten Gebiete finden sich im Namen verschiedener Pflanzen wieder, wie etwa die Monte-Baldo-Witwenblume am Monte Baldo. Auf solche Namensherleitungen wird hingewiesen.

Geographische Pflanzennamen (wie ebenso alle anderen Pflanzennamen) führen aber auch oft in die Irre, aufgrund von Irrtümern oder weil zum Zeitpunkt der Entdeckung und Namengebung das Verbreitungsgebiet der Art noch nicht vollständig bekannt war. *Gentiana pannonica* etwa ist nicht pannonisch, *Athamanta cretensis* gibt es nicht auf Kreta usw. Die Nomenklaturregeln erlauben aber keine nachträglichen Verbesserungen der Namen.

Beste Blumenzeit:

Beschreibt, wann im Gebiet die meisten Blumen insgesamt blühen und wann dort die beschriebene Art blüht, was allerdings vom jeweiligen Witterungsverlauf abhängt.

Anspruch:

Hier wird „gering“, „mittel“, „hoch“ und „sehr hoch“ unterschieden. Geringer Anspruch kommt eher einem Spaziergang mit wenig Steigung gleich. Hoher Anspruch ist durchwegs im alpinen Gelände gegeben und erfordert die Mitnahme der in den Bergen üblichen Ausrüstungsgegenstände wie gutes Schuhwerk, Regenschutz, warme Kleidung, reichlich Getränk usw. Hoher Anspruch erfordert eine gewisse Kondition und Trittsicherheit. Allerdings kann bei diesen Touren auch jederzeit umgekehrt werden. Bei der seltenen Bewertung „sehr hoher Anspruch“ ist entweder eine kleine, gesicherte Kletterei auf dem Weg oder es handelt sich um eine kräfteraubende, lange Tour. Diese Wandervorschläge sind eher den Sportlern und Bergfexen vorbehalten.

Bergauf:

Hier wurde der Höhenunterschied zwischen dem Ausgangspunkt und dem Zielpunkt gemessen. Gegensteigungen zwischendurch wurden miteinberechnet. Sollte der Startpunkt also bei 1500 m Seehöhe liegen, der Zielpunkt bei 2000 m, so kann bei „Bergauf“ deshalb durchaus die Höhenangabe 700 m stehen.

Gehzeit:

Hier wurde die reine Gehzeit ohne Pausen bei einer durchschnittlichen, eher gemütlichen Wandergeschwindigkeit angegeben. Berücksichtigt man allerdings die Zeit für „Blumenpausen“, also fürs Fotografieren und Blumenbewundern, und die Jausen- und Luftholpausen, muss man fast die doppelte Zeit für die jeweilige Tour veranschlagen.

Anreise und öffentliche Verkehrsanbindung:

Geläufige Anreiserouten mit dem Privatfahrzeug und den öffentlichen Verkehrsmitteln werden kurz vorgestellt, wobei bei den öffentlichen Verkehrsmitteln immer mit Fahrplanänderungen zu rechnen ist. Bahnlinien werden gelegentlich eingestellt, Busverbindungen kommen dazu oder umgekehrt. Bei der Anreise sollte deshalb vorher immer der aktuelle Stand erkundet werden.

Barrierefreiheit:

Unter diesem Punkt wurde versucht, auch für bewegungseingeschränkte Personen eine Möglichkeit zu finden, die Pracht der Alpenblumen zu genießen. Etliche Wanderungen sind auch mit Rollstühlen und Kinderwägen passierbar. Manche der als barrierefrei eingestuften Touren erfordern allerdings eine gute Ausdauer der schiebenden Person und/ oder einen geländegängigen Rollstuhl bzw. Kinderwagen.

Weitere Freizeitangebote und botanische Ziele im Gebiet:

Für kurze Touren zahlt sich eine weite Anreise oft nicht aus. Wenn diese dann mit anderen Zielen, sei es botanischer, landschaftlicher, kultureller, sportlicher oder anderer Natur, verbunden werden kann, ergibt sich ein anderes Bild. Die Angaben können vor allem auch für Urlauber hilfreich sein. Oftmals ergibt sich die Möglichkeit, dass die eine Gruppe die botanische Wanderung, die andere etwa ein „kulturelles“ Ziel wahrnimmt (wenngleich auch die Botanik ein Teil unserer Kultur ist).

Die Freizeitangebote sind nur Gedankenanstöße bzw. Tipps, die keinerlei Anspruch auf Vollständigkeit erheben. Jedenfalls ist eine vorhergehende Information, beispielsweise zu Anreise oder Öffnungszeiten, notwendig.

Ligurien-Enzian, *Gentiana ligustica*

„Je größer ein Mensch ist,
desto mehr neigt er dazu, sich vor
einer Blume niederzuknien."
Gilbert Keith Chesterton

Alpenpflanzen

DIE SCHÖNSTEN BERGTOUREN
& PFLANZENPORTRAITS

Clusius-Schafgarbe

Achillea clusiana, KORBBLÜTLER

Kurzbeschreibung:

5–25 cm hoch, zerstreut behaart; Blätter fiederschnittig; Köpfe in einer doldigen Traube zu 3–10; Zungenblüten 7–12, 2,5–4,5 mm lang, weiß; Röhrenblüten gelblich; Hüllblätter schwarz berandet. Blütezeit Juni–August.

Verwechslungsmöglichkeit:

Vor allem mit der Schwarzrand-Schafgarbe *(A. atrata)*. Diese riecht aber kaum aromatisch, die Clusius-Schafgarbe dagegen ist stark aromatisch. Alle Abschnitte der mittleren Stängelblätter sind bei *A. clusiana* 2–3-zipfelig, bei *A. atrata* sind die basalen Abschnitte der mittleren Stängelblätter ungeteilt. Die Blattzipfel sind bei *A. atrata* 0,6–1 mm breit, bei *A. clusiana* nur 0,3–0,5 mm breit.

Verbreitung und Lebensraum:

Endemit der nordöstlichen Kalkalpen vom Höllengebirge (einziges Vorkommen westlich der Traunlinie) bis zum Schneeberg, südlich bis in die Eisenerzer Alpen, nördlich bis zum Ötscher. Besiedelt sickerfrische, feinerdereiche Felsschuttböden, Steinrasen und Schneetälchen, bevorzugt zwischen 1600 und 1900 m Seehöhe. Gelegentlich bis 1400 m herab und 2100 m hoch steigend. Kalkliebend.

Gattung:

Bei engem Artbegriff umfasst die Gattung 130 Arten, wovon rund 60 in Europa und 23 in den Alpen heimisch sind. Das Hauptverbreitungsgebiet der Gattung liegt im östlichen Mittelmeergebiet.

Name:

Der botanische Gattungsname geht auf Achilles, den durch Kraft und Schönheit ausgezeichneten griechischen Helden zurück. Achilles soll vom Kentauren Cheiron in die Heilkunde eingeführt worden sein und die Wunde, die er dem Telephos zugefügt hat, mit Schafgarbe geheilt haben.

Der botanische Artbeiname ehrt den flämischen Botaniker und Gärtner Carolus Clusius (Charles de l'Écluse, 1526–1609), tätig in Montpellier, Antwerpen, Wien (1573–1576), Güssing, auf der Burg Schlaining im Burgenland (1576 bis ca. 1588), in Frankfurt am Main, zuletzt Professor der Universität Leiden. Er ist der erste Erforscher der Ostalpenflora und der pannonischen Flora. Clusius bestieg als erster Botaniker, aus rein naturwissenschaftlichem Interesse, den Ötscher und den Schneeberg. Mitteleuropa verdankt ihm die Einführung der Tulpe, der Kaiserkrone, der Kartoffel und der Rosskastanie. Wien wurde durch sein Wirken zu einem Zentrum der Blumenzucht.

Ihm zu Ehren sind mehrere Pflanzen benannt, neben der Clusius-Schafgarbe unter anderem *Aristolochia clusii, Astragalus clusii, Cistus clusii, Clusia* (tropische Gattung der *Clusiaceae* aus der Verwandtschaft der Johanniskrautgewächse), *Doronicum clusii, Gentiana clusii, Potentilla clusiana, Primula clusiana, Rubus clusii* und *Tulipa clusiana*.

Anmerkung:

Achillea clusiana gehört zu einer Gruppe in den Nordostalpen endemischer Sippen, deren nächste Verwandte ein bei weitem größeres Verbreitungsgebiet aufweisen. Zu dieser Gruppe gehören unter anderem auch *Papaver alpinum* subsp. *alpinum*, *Primula clusiana* und *Soldanella austriaca*.

Bemerkenswert ist, dass sich die Areale von *Achillea clusiana* und der nächstverwandten *A. atrata* nicht vollständig ausschließen und *A. atrata* mit lokalen Populationen in extremen Schneeböden sogar bis zum östlichen Arealrand von *A. clusiana* auftritt (Niklfeld 1973). Die eiszeitliche Sippendifferenzierung war in diesem Fall offenbar bereits so weit fortgeschritten, dass die nacheiszeitlich gegen Osten sich ausbreitende *A. atrata* von der hier entstandenen *A. clusiana* reproduktiv isoliert blieb.

Clusius-Schafgarbe, *Achillea clusiana*

Weitere Schafgarben-Arten der Alpen:
1 Schwarzrand-Schafgarbe, *Achillea atrata* **2** Zahnblatt-Schafgarbe, *Achillea distans* **3** Echt-Schafgarbe, *Achillea millefolium* **4** Moschus-Schafgarbe, *Achillea moschata* **5** Zwerg-Schafgarbe, *Achillea nana*, F. Kummert **6** Edel-Schafgarbe, *Achillea nobilis* **7** Gebirgs-Echt-Schafgarbe, *A. millefolium* subsp. *sudetica* **8** Feinblatt-Schafgarbe, *Achillea setacea* **9** Großblatt-Schafgarbe, *Achillea macrophylla* **10** Filz-Schafgarbe, *Achillea tomentosa* **11** Bertram-Schafgarbe, *Achillea ptarmica* **12** Steinrauten-Schafgarbe, *Achillea clavennae* **13** Dolomiten-Schafgarbe, *Achillea oxyloba*

1

Die Clusius-Schafgarbe in den Aflenzer Staritzen

Der Hochschwab ist als großartiger Wander- und Blumenberg weithin bekannt und so verwundert es nicht, dass ein reges Treiben am Berg vorherrscht. Wer mehr die Bergeinsamkeit vorzieht, muss deswegen nicht auf den Hochschwab verzichten. Östlich vorgelagert liegen die Aflenzer Staritzen, denen eine bewirtschaftete Hütte fehlt und wo sichs genussvoll blumenwandern lässt.

Die Runde beginnt am Seebergsattel, 1253 m, ein zweites Fahrzeug sollte unten auf den Parkplatz im Seetal gestellt werden. Wir gehen ein kurzes Stück entlang der Skipiste, durchwandern den Bergbuchenwald und sind schon bald in der Latschenzone, wo sich solch Schönheiten wie Distel-Sommerwurz *(Orobanche reticulata)*, Weichhaar-Pippau *(Crepis mollis)*, Nordöstliche Alpen-Kuhschelle *(Pulsatilla alpina* subsp. *schneebergensis)*, Rosa-Läusekraut *(Pedicularis rosea)* und Zwergalpenrose *(Rhodothamnus chamaecistus)* ein Stelldichein geben. Bis zum Gipfelkreuz der Seeleiten, 1734 m, wird es immer bunter: Die ersten Stängellos-Leimkräuter *(Silene acaulis* subsp. *longiscapa)*, von den Obersteirern liebevoll „Steinguggerli" oder „Almläus" genannt, Östliche Gletscher-Gamswurz *(Doronicum glaciale* subsp. *calcareum)*, Alpen-Glockenblume *(Campanula alpina)*, Wimper-Mannsschild *(Androsace chamaejasme)* und viele andere Freunde mehr

Anspruch:
hoch

Bergauf:
1104 m

Gehzeit:
8,5 Std. (ganze Runde)

Beste Blumenzeit:
M Juni – E Juli, für die Clusius-Schafgarbe E Juni – A August

Blumenpracht:
Monte-Baldo-Windröschen *(Anemone baldensis)*; Frauenschuh *(Cypripedium calceolus)*; Karpaten-Miere *(Minuartia langii)*; Distel-Sommerwurz *(Orobanche reticulata)*; Nordöstlicher Alpen-Mohn (*Papaver alpinum* subsp. *alpinum)*; Clusius-Primel *(Primula clusiana)*

Pflanzenbesonderheiten:

Hybride aus Steinrauten-Schafgarbe × Clusius-Schafgarbe *(Achillea × reichardtiana)*; Hochschwab-Steinkraut *(Alyssum neglectum)*; Ostalpen-Meier *(Asperula neilreichii)*; Weichhaar-Pippau *(Crepis mollis)*; Sauter-Felsenblümchen *(Draba sauteri)*; Widerbart *(Epipogium aphyllum)*; Traunsee-Labkraut *(G. truniacum)*; Mannsschild-Miere *(Minuartia cherlerioides)*; Portenschlag-Läusekraut *(Pedicularis portenschlagii)*; Hybride aus Österreich-Soldanelle × Zwerg-Soldanelle *(Soldanella × mixta)*

Anreise:

Von Graz auf der A9 bis zum Knoten Deutschfeistritz, auf der S35 nach Bruck/Mur, auf der S36 Richtung Wien bis Kapfenberg, dann die B20 bis zum Seebergsattel. Ein zweites Auto, wenn möglich, in Seewiesen stehen lassen oder mit dem Taxi den Rückweg vom Seetal zum Seebergsattel zurücklegen.
Von Wien auf der A2 bis zum Knoten Seebenstein, die S36 bis Allerheiligen-Mürzhofen, die L115 und die L118 bis St. Marein im Mürztal, dann die L123 und die L102 über den Pogusch bis Turnau, weiters die B20 bis Au bei Turnau und die B20 bis zum Seebergsattel.

Öffentliche Verkehrsanbindung:

Mit der Buslinie 171 von Bruck/Mur oder Turnau bis Seebergsattel bzw. Seewiesen; Taxi.

erscheinen. Es ist ein Wandeln durch blühende Matten mit prächtigen Ausblicken. Leicht bergauf und bergab, auf weite Strecken auch ganz eben geht es vorbei an Mieserkogel, 1855 m, Krautgartenkogel, 1988 m, und Ringkarwand, 2014 m. Sauter-Felsenblümchen *(Draba sauteri)*, Zwerg-Alpenscharte *(Saussurea pygmaea)*, Steinschmückel *(Petrocallis pyrenaica)* und auch das erst im Jahr 2014 von *Alyssum ovirense* abgetrennte Hochschwab-Steinkraut *(Alyssum neglectum)* zeigen sich uns und obwohl die Strecke weit ist, sind wir plötzlich da, wieder in der Zivilisation, beim Schiestlhaus. Die Blumen, angeschmiegt an Kalkfelsen oder vorwitzig aus Felsritzen schauend haben die Wanderung so kurzweilig werden lassen.

Das Schiestlhaus ist die höchstgelegene Schutzhütte in der Hochschwabgruppe und das erste hochalpine Passivhaus. Benannt ist es nach Dr. Leopold Schiestl (1815–1880), der von 1870 bis zu seinem Lebensende Präsident des Österreichischen Tourismusklubs war. Unter seiner Leitung erhöhte sich die Mitgliederzahl von 280 auf rund 3000. Schiestl verdanken wir mehrere Bergunterkünfte, etwa das Damböckhaus am Schneeberg oder das Karl-Ludwig-Haus der Rax. Seiner Initiative sind auch umfassende Wegmarkierungen zu danken, so die ab 1878 vorgenommene systematische Markierung in der Wiener Umgebung. Die dabei eingeführten farbigen Wegbezeichnungen waren die ersten im Alpenraum.

Zurück nun aber zum Schiestlhaus. Der Plan einer Berghütte ohne eigene Heizung in dieser exponierten und hohen Lage mit Windgeschwindigkeiten von bis zu 200 km/h galt als sehr ambitioniert. Zufahrtsstraße gibt es keine, die Teile mussten per

Bei der Wanderung unter anderem zu finden:
1 Hochschwab-Steinkraut, *Alyssum neglectum* **2** Alpen-Echt-Wundklee, *Anthyllis vulneraria* subsp. *alpicola* **3** Schwalbenwurz-Enzian, *Gentiana asclepiadea* **4** Ostalpen-Enzian, *Gentiana pannonica* **5** Steinschmückel, *Petrocallis pyrenaica* **6** Stängellos-Leimkraut, *Silene acaulis* subsp. *longiscapa*

Hubschrauber und von Freiwilligen hinaufgebracht werden. Große Glasflächen, Sonnenkollektoren und Solarzellen sorgen für eine optimale Sonnenenergienutzung. Die Abwärme aus der Küche wird mittels Abluftwärmetauscher nutzbar gemacht, Trinkwasser über Regenwasser, welches in einer Zisterne aufbereitet wird, gewonnen und das Abwasser biologisch gereinigt mit nachfolgender Entkeimung durch UV-Lampen.

Wir verlassen dieses architektonische Wunderwerk und wandern am Graf-Meran-Steig hinab zur Oberen Dullwitz, zur Voisthaler Hütte und über die Untere Dullwitz zur neu erbauten Florlhütte. Die alte Hütte brannte am 28. Juni 2005, ausgelöst durch einen Blitzschlag, bis auf die Grundmauern nieder.

Botanisch gehört das Seetal von Seewiesen bis zur Oberen Dullwitz zu den reichhaltigsten der Ostalpen. Frauenschuh *(Cypripedium calceolus)*, Nordöstlicher Alpen-Mohn *(Papaver alpinum* subsp. *alpinum)*, Österreich-Glockenblume *(Campanula pulla)*, Clusius-Schafgarbe und die Hybride aus Steinrauten- Schafgarbe *(Achillea clavennae)* und Clusius-Schafgarbe *(Achillea clusiana)* gibt es hier und sogar eine Pflanze, die so gar nicht her passt – die Riesen-Mannstreu *(Eryngium giganteum)* aus dem Kaukasus-Gebiet, die hier wohl von Imkern ausgesät wurde oder aber einem Garten entwich.

Der flache Weg hinaus zum Seetal-Parkplatz, 1005 m, ist der gemütliche Ausklang einer blumenreichen Wanderung.

Weitere Freizeitangebote und botanische Ziele im Gebiet:

- Heilkräuterweg im Kurpark Aflenz
- „Steirischer Sportpark für Bewegungsfreude“ in Aflenz
- Kunstgießerei und Montanmuseum in Gußwerk
- Hochschwabmuseum und Kraftplatz beim Bodenbauer
- Prächtige Kratzdistel-Hybriden im Seetal zwischen Seewiesen und dem Dürrsee (Kleb-Kratzdistel × Bach-Kratzdistel, = *Cirsium × praealpinum*; Kleb-Kratzdistel × Sumpf-Kratzdistel, = *Cirsium × ochroleucum*, usw.)
- Brunnseemoos beim Brunnsee am Nordfuß des Hochschwabs (Kamm-Hundswurz, *Anacamptis pyramidalis*; Breitblatt-Fingerwurz, *Dactylorhiza majalis*; Sumpf-Ständelwurz, *Epipactis palustris*, usw.)

Schmalblatt-Eisenhut

Aconitum angustifolium, HAHNENFUSSGEWÄCHS

Kurzbeschreibung:

Pflanze 50–130 cm hoch, Blätter in linealische, 1–2,5 mm schmale Abschnitte zerteilt; Blütenstand unverzweigt bis verzweigt, kahl; Blüten außen kahl, Blütenfarbe weißlich bis violettblau, meist hellblau; Staubblätter kahl. Blütezeit Ende Juni – Anfang September.

Verwechslungsmöglichkeit:

Mit den anderen Arten aus der *Aconitum napellus*-Gruppe. Diese haben aber weniger fein zerteilte Blattabschnitte mit meist über 2,5 mm breiten Blattzipfeln (bei *A. angustifolium* 1–2,5 mm breit). Die pyramidenförmigen Samen sind bei *A. napellus* an den Seitenflächen glatt (bei *A. angustifolium* durch Querlamellen rau).

Verbreitung und Lebensraum:

Endemit der Julischen Alpen. In Slowenien im oberen Trentatal, am Krn, Alpe Komna, Črna prst, Črna gora und um den Wocheiner See. In Italien in Friaul, in der Umgebung von Görz und am Monte Carnizza.
Besiedelt kalkreiche subalpine Hochstaudenfluren, Weiden, lückige Rasen und Kalkgeröll von 750–1700 m Seehöhe.

Gattung:

Die Artenzahl innerhalb der Gattung schwankt wegen Uneinigkeit über den Artbegriff beträchtlich. Götz (1967) erkennt 70 Arten an, Zander (2003) und Mabberley (2008) ca. 100, Ramura in Kubitzki (1993) rund 300 und Starmühler/Rottensteiner in Fischer & al. (2008) gar etwa 400 Arten. Das Hauptverbreitungsgebiet ist unumstritten Ostasien.

Name der Gattung:

Aconitum hieß nach Ovid jene Giftpflanze, welche von Medea zur Vergiftung des Theseus benutzt wurde. Danach hätte Medea das Gift von der skythischen Küste mitgebracht und dieses sei dem Geifer des wütenden Höllenhundes Kerberos zu einer Pflanze entsprungen und von den Bauern so genannt worden, weil es auf hartem Felsgrund wachse (das griechische „akanoi" heißt: steiler Felsen). Welche Pflanze jedoch damit gemeint war, bleibt bis heute ein Rätsel. Unser Eisenhut war es jedenfalls nicht und trotzdem gab Linne 1753 dem Eisenhut den botanischen Gattungsnamen *Aconitum*.

Weitere Eisenhut-Sippen der Alpen:

1 Rispen-Eisenhut, *Aconitum degenii* **2** Hahnenfuß-Wolfs-Eisenhut, *A. lycoctonum* subsp. *ranunculifolium* **3** Fuchs-Wolfs-Eisenhut, *Aconitum lycoctonum* subsp. *vulparia* **4** Echt-Eisenhut, *Aconitum napellus* **5** Tauern-Eisenhut, *Aconitum tauricum* **6** Bunt-Eisenhut, *Aconitum variegatum*

Schmalblatt-Eisenhut, *Aconitum angustifolium*

2

WANDERVORSCHLAG: ***SLO – Julische Alpen***

Der Schmalblatt-Eisenhut im Sieben-Seen-Tal des Triglavs

W. Kussegg

Anspruch:
hoch

Bergauf:
1280 m (von Stara Fužina bis zur Koča pri Triglavskih jezerih im Sieben-Seen-Tal)

Gehzeit:
9 Std. (hin und zurück, bis zur Koča pri Triglavskih jezerih)

Beste Blumenzeit:
M Juni – A August, für den Schmalblatt-Eisenhut E Juni – E August

Blumenpracht:
Milch-Mannsschild *(Androsace lactea)*; Krainer Strauß-Glockenblume *(Campanula thyrsoides* subsp. *carniolica)*; Ostalpen-Enzian *(Gentiana pannonica)*; Pracht-Telekie *(Telekia speciosa)*

Das Sieben-Seen-Tal zählt zu den Naturwundern der Alpen, denn sieben Seen in einem sonst wasserarmen Kalkgebirge sind an sich schon ein kleines Naturwunder. Die Schönheit dieses Tales, sein interessanter geologischer Aufbau und seine artenreiche Flora veranlassten bereits Prof. Albin BELAR im Jahr 1908, die Schaffung eines Naturparkes hier anzuregen. Doch erst 16 Jahre später gelang es dem Slowenischen Alpenverein, 1400 Hektar Land im Sieben-Seen-Tal unter Schutz zu stellen. Heute beinhaltet der Triglav-Nationalpark 84.805 Hektar und umfasst nahezu den gesamten slowenischen Teil der Julischen Alpen.

Der Parkplatz befindet sich knapp oberhalb von Stara Fužina, wo auch der Meierhof des Barons ZOIS aus dem 18. Jahrhundert, das sogenannte Zois-Schloss, besichtigt werden kann. Žiga ZOIS wurde vor allem durch sein Interesse und seine Unterstützung der Erforschung der Julischen Alpen bekannt. Er regte auch die Erstbesteigung des Triglavs im Jahr 1778 durch Laurenz WILLOMITZER und drei weitere Bergsteiger an. Sein Bruder, Baron Karl ZOIS, war begeisterter Botaniker. Er entdeckte hier eine Glockenblumenart, die nach ihm Zois-Glockenblume *(Campanula zoysii)* genannt wurde und die in den Felsritzen des Sieben-Seen-Tals zu finden ist.

Unter anderem im Gebiet zu finden:
1 Zois-Glockenblume, *Campanula zoysii* **2** Schaftdolde, *Hacquetia epipactis* **3** Cengio-Alto-Schwertlilie, *Iris cengialtii* **4** Feuer-Lilie, *Lilium bulbiferum* **5** Rätischer Alpen-Mohn, *Papaver alpinum* subsp. *rhaeticum* **6** Großkorb-Färberscharte, *Serratula macrocephala*

Aber nun zurück zum Parkplatz in Richtung Planina Blato. Für einen wassergebundenen Parkplatz ohne jeglichen Service – nicht ganz, es gibt ein Dixi-Klo – werden 1,50 €/Stunde bzw. 12,00 €/Tag kassiert (Stand 2013) und es sei die Frage erlaubt, ob das Land mit dieser Behandlung seiner Gäste gut beraten ist.

Vom Parkplatz führt ein steiler Zick-Zack-Weg durch den Buchenwald hinauf zur bewirtschafteten Vogar-Hütte und weiter zur Berghütte Koča na planini pri jezeru oberhalb vom See. Ab jetzt gleicht der Weg einem botanischen Lehrpfad: Gelb-Enzian *(Gentiana lutea)*, Ostalpen-Enzian *(G. pannonica)*, Stieglitz-Ringdistel *(Carduus carduelis)*, Schmalblatt-Eisenhut *(Aconitum angustifolium)* und viele andere Schönheiten stellen sich hier ein. Und diese Blütenpracht zieht sich durch das gesamte Sieben-Seen-Tal, umrahmt vom landschaftlichen Reiz dieser Gegend.

Pflanzenbesonderheiten:

Schmalblatt-Eisenhut *(Aconitum angustifolium)*; Zois-Glockenblume (*Campanula zoysii*); Hybride aus *Carduus carduelis* × *C. defloratus* subsp. *glaucus*; Julische Zweifarben-Flockenblume (*Centaurea dichroantha* var. *julica)*; Verwachsenstaubblättriger Gelb-Enzian *(Gentiana lutea* subsp. *symphyandra)*; Cengio-Alto-Schwertlilie *(Iris cengialti)*; Krain-Lilie *(Lilium carniolicum)*; Eisenhut-Sommerwurz *(Orobanche lycoctoni)*; Ernest Mayers-Alpen-Mohn *(Papaver alpinum* subsp. *ernesti-mayeri)*; Julier-Läusekraut *(Pedicularis julica)*; Island-Sumpfkresse *(Rorippa islandica)*; Hohenwart-Steinbrech *(Saxifraga hohenwartii)*

Anreise:

Von Villach über die A11 bis Bled/Lesce, dann die 209 bis zum Wocheinersee und die 633 bis Stara Fuzina. Im Ort links abbiegen, dem Schild folgend Richtung Planina Blato bis zum kostenpflichtigen Parkplatz.

Öffentliche Verkehrsanbindung:

Mit dem Zug von Villach bis Wocheiner Feistritz/Bohinjska Bistrica.

Freizeitangebote und botanische Ziele im Gebiet:

- Meierhof des Baron Zois (Zois-Schloss)
- Museum für Almwirtschaft in Stara Fužina
- Historisches Bergbauerndorf Studor knapp östlich von Stara Fužina
- Mostnica-Schlucht nördlich von Stara Fužina
- Črna prst südlich von Wocheiner Feistritz/Bohinjska Bistrica (zu Deutsch „Schwarze Erde", mit Botanischem Garten nördlich des Gipfels; Silber-Storchschnabel, *Geranium argenteum*; Großkorb-Färberscharte, *Serratula macrocephala*, usw.)

Ennstal-Frauenmantel

Alchemilla anisiaca, ROSENGEWÄCHS

Kurzbeschreibung:

Teilimmergrüne Staude, 5–15 cm hoch, mit dicker, oberirdisch kriechender Hauptachse und seitenständigen, beblätterten Blütenständen. Blütezeit Juni–September.

Verwechslungsmöglichkeit:

Mit den anderen Arten mit fast bis zum Grund zerschnittenen Blättern, besonders mit dem im selben Gebiet vorkommenden Hoppe-Frauenmantel *(Alchemilla hoppeana)*. Bei diesem ist aber die Blattoberseite kahl (bei *A. anisiaca* anliegend behaart).

Verbreitung und Lebensraum:

Endemit der Nordostalpen vom Dachsteinmassiv bis zum Hochschwab, nördlich bis zum Ötscher und südlich bis in die Eisenerzer Alpen und Wölzer Tauern. Abgesprengt davon ein Vorkommen im südlichen Salzburg im Bereich des Kreekares im Großarltal.
Besiedelt Geröllfluren, Felsbänder, steinige Weiderasen und Schneeböden von 1200–2200 m Seehöhe, selten auch tiefer wie an der Enns (550 m). Kalkstet.

Gattung:

Mit etwa 1000 Arten ist die Gattung in den Gebirgen der Alten Welt verbreitet. Hauptverbreitungsgebiete sind der Nordiran, Anatolien und das Kaukasusgebirge. Aber auch die Alpen sind reich an Frauenmänteln und so finden sich allein in der südwestlichen Schweiz über 100 *Alchemilla*-Sippen. Aus den gesamten Alpen sind um die 200 Arten bekannt. Diese großen Zahlen kommen daher, dass die *Alchemilla*-Arten untereinander sehr nahe verwandt und sehr ähnlich sind, weil sie großteils aus Hybriden hervorgegangen sind, die sich aber genetisch isoliert haben und sich daher wie Arten verhalten. Daraus wird verständlich, dass das Bestimmen der Frauenmantel-Arten recht schwierig ist und spezielles Studium erfordert. Viele Arten haben relativ kleine Verbreitungsareale und gelten als Lokalendemiten.

Name:

Der botanische Gattungsname ist vom mittelalterlichen, arabisch-griechisch-französischen Wort „Alchemie“ abgeleitet. Alchemisten verwendeten das in den Blättern der großblättrigen Arten zusammenlaufende Guttationswasser.

Im Deutschen werden die Arten mit bis zum Grund oder fast bis zum Grund zerschnittenen Blättern oft als Silbermantel bezeichnet, die Arten mit den ungeteilten Blättern als Frauenmantel.

Anmerkung:

Locus classicus der Art ist der Natternriegel in den Haller Mauern der Ennstaler Alpen, nicht weit entfernt vom Lugauer, wo sie Pater G. Strobl im Juli 1871 sammelte.

Ennstal-Frauenmantel, *Alchemilla anisiaca*

Weitere Frauenmantel-Arten der Alpen (Auswahl):

1 Kalkalpen-Frauenmantel, *Alchemilla alpigena* **2** Falten-Frauenmantel,*Alchemilla chirophylla* **3** Verwachsen-Frauenmantel agg. *Alchemilla conjuncta* agg. **4** Hoppe-Frauenmantel, *Alchemilla hoppeana* **5** Glanz-Frauenmantel, *Alchemilla nitida* **6** Gelbgrün-Frauenmantel, *Alchemilla xanthochlora*

Der Ennstal-Frauenmantel auf dem Lugauer

Schloss Greifenberg ...

... und sein Ausgedinge

Unsere Tour beginnt in Radmer an der Hasel beim Schloss Greifenberg, welches eher wie das Haus von Rocky Docky als ein Schloss aussieht. Steil zieht sich der Weg durch einen unterwuchsarmen Fichtenwald. Nach der Forststraßenquerung gesellen sich überwachsene Kalkfelsen, Buchen und Lärchen zu den Fichten und die Schnee-Heide bedeckt auf großen Flächen den artenreichen Boden. Hier wächst der Frauenschuh *(Cypripedium calceolus)*, das Schmalblatt-Waldvöglein *(Cephalanthera longifolia)* und andere hübsche Waldblumen. Es folgt ein ausgesetztes Stück über der Felswand, zwar mit einem Seil gesichert, trotzdem nur für erfahrene und trittsichere Wanderer geeignet.

Ist es bisher ununterbrochen fast senkrecht hinauf gegangen, wird es jetzt beim Gspitzten Stein gemütlicher. Auf der felsigen Weide und im anschließenden Bergwald blühen Ennstal-Frauenmantel *(Alchemilla anisiaca)*, Ostalpen-Nelke *(Dianthus alpinus)*, Heilglöckel *(Primula matthioli)*, Witasek-Glockenblume *(Campanula witasekiana)* und viele weitere Berglichter und bis zum Gipfel des Lugauer auf 2217 m reißt diese Blütenpracht nicht ab. Jetzt gesellen sich Clusius-Primel *(Primula clusiana)*, Clusius-Enzian *(Gentiana clusii)* und Aurikel *(Primula auricula)* dazu und die grandiose Aussicht zum Hochtor, dem Tamischbachturm und dem Eisenerzer Reichenstein wird immer beeindruckender.

Anspruch:
hoch

Bergauf:
1370 m

Gehzeit:
7 Std. (ganze Runde)

Blumenpracht:
Krain-Kratzdistel *(Cirsium carniolicum)*; Frauenschuh *(Cypripedium calceolus)*; Pestwurz-Sommerwurz *(Orobanche flava)*; Heilglöckel *(Primula matthioli)*. Beste Blumenzeit: A Juni – E Juli, für den Ennstal-Frauenmantel E Juni – M August

Pflanzenbesonderheiten:
Gebirgs-Frauenfarn *(Athyrium distentifolium)*; Witasek-Glockenblume *(Campanula witasekiana)*; Zwerg-Augentrost *(Euphrasia minima*, gelbblühend beim Gspitzten Stein); Traunsee-Labkraut *(Galium truniacum)*; Holunderblättriger Echt-Baldrian *(Valeriana officinalis* subsp. *sambucifolia)*

Anreise:
Über die Eisenstraße L114 von Leoben bzw. Steyr bis zur Abzweigung nach Radmer an der Hasel zwischen Hieflau und Eisenerz. Der Straße folgen bis zum Schloss Greifenberg, wo genügend Parkplätze zur Verfügung stehen.

Öffentliche Verkehrsanbindung:
Mit der Bahn bis Hieflau, dann mit der Buslinie 921 bis Radmer an der Stube.

Das Tagesziel ist erreicht, 1300 erwanderte Höhenmeter liegen hinter uns und bis zum Gspitzten Stein geht's auf gleichem Wege zurück. Um das ausgesetzte Stück des Anstiegs nicht hinunter passieren zu müssen, wählen wir eine Ausweichroute über den Neuburg-Sattel. Dazu müssen wir noch einmal ein paar Höhenmeter hinauf, um dann einen hübschen, wenig begangenen Steig am Südhang des Haselkogels zu folgen. Dieser führt durch Hochstaudenfluren und lichte Bergfichtenwälder vorbei an einer Vielzahl hübscher Bergblumen wie Akelei-Wiesenraute *(Thalictrum aquilegiifolium)*, Trollblume *(Trollius europaeus)* und Berg-Kreuzkraut *(Senecio subalpinus)*. Bald wird der Weg flacher. Die blumenreichen Fluren ändern sich schlagartig zu artenarmen Heidelbeer-Matten. Ein untrügliches Zeichen, dass der Untergrund von Kalk auf Silikat gewechselt hat. Dafür sind die Baumriesen des ursprünglichen Fichtenwaldes beeindruckend. Am Neuburg-Sattel, 1439 m, folgen wir ein kurzes Stück der Forststraße bis zur Neuburgalm. Die Abzweigung ist schlecht beschildert, nur am Stall ist ein gelbes Schild mit der Aufschrift Radmer/Hasel angebracht. Diesem schön angelegten Weg folgen wir hinunter bis zum Kupfer-Schaustollen in Hinterradmer und gehen dann das kurze Stück zum Schloss Greifenberg zurück. Wem jetzt nicht die Füße brennen, dem zollen wir hier an dieser Stelle tiefsten Respekt.

Am Lugauer unter anderem zu finden:

1 Ostalpen-Nelke, *Dianthus alpinus* **2** Witasek-Glockenblume, *Campanula witasekiana* **3** Kleb-Kratzdistel, *Cirsium erisithales* **4** Clusius-Enzian, *Gentiana clusii* **5** Aurikel, *Primula auricula* **6** Clusius-Primel, *Primula clusiana*

Weitere Freizeitangebote und botanische Ziele im Gebiet:

- Kupferschaubergwerk „Paradeisstollen" in Hinterradmer
- Weidendom bei Gstatterboden
- Almabtrieb in Hinterradmer Mitte September
- Stift Admont mit Kräutergarten
- Traktorenmuseum Vordernberg
- Eisenmuseum Radwerk in Vordernberg
- Schaubergwerk Erzberg
- Abenteuerwelt Mautern am Elfenberg mit Tiergehegen, Sommerrodelbahn usw.
- Erzbergbahnmuseum im Bahnhof Vordernberg
- Köhlermuseum Hieflauer Lend
- Trenchtling, Edelweißboden und Kohlröschenboden (Zwerg-Kohlröschen, *Nigritella minor*; Widder-Kohlröschen, *Nigritella widderi*; Österreich-Kohlröschen, *Nigritella austriaca*; Edelweiß, *Leontopodium alpinum* usw.)
- Radmerhals westlich von Eisenerz (Waldstein-Kratzdistel, *Cirsium waldsteinii*; Krain-Kratzdistel, *Cirsium carniolicum*; verschiedene Kratzdistel-Hybriden usw.)
- Seekar-Moor südöstlich vom Lahngangkogel (Scheiden-Wollgras, *Eriophorum vaginatum*; Alpen-Haarbinse, *Trichophorum alpinum* usw.)

Allermannsharnisch

Allium victorialis, LAUCHGEWÄCHS

Kurzbeschreibung:

Pflanze 30–60 cm hoch; Stängelblätter 1–3, breit-lanzettlich, 10–20 cm lang und 3–6 cm breit; Blütenstand dicht kugelig, ohne Brutzwiebeln; Perigonblätter blass grünlichgelb. Blütezeit Juni – August.

Verwechslungsmöglichkeit:

Unter Umständen mit dem Gelbweiß-Lauch (*A. ochroleucum*). Dieser hat aber viel schmälere, lineal-lanzettliche Blätter und besiedelt in den Alpen nur die südöstlichen Kalkalpen, westlich bis zur Provinz Como reichend.

Verbreitung und Lebensraum:

Eurasiatische Art der Gebirge Eurasiens von den Pyrenäen bis zum Altai und den Aleuten. Die Alpen werden fast flächendeckend besiedelt, nur Teile der Südwestalpen und des äußersten Südens sind ausgespart. Besiedelt Rasengesellschaften, Hochstaudenfluren und Latschengebüsche über Kalk von 1500 bis 2700 m Seehöhe, vereinzelt auch tiefer, wie am Jochweg des Tiroler Lechtals (1080 m) und am Monte Bilimone (1000 m).

Gattung:

Von den rund 690 Lauch-Arten der Gattung kommen etwa 112 in Europa und 27 in den Alpen vor. Mannigfaltigkeitszentren sind der Orient, das Mittelmeergebiet und Zentralasien von Turkestan bis Tibet.

Name:

Der botanische Gattungsname ist lateinischer Herkunft und war schon die Benennung des Knoblauchs bei den Römern, ohne dass eine sinnvolle Herleitung heute möglich ist. Der Artbeiname ist ein alter lateinischer Pflanzenname, abgeleitet von victoria = „Sieg", und verweist auf den Gebrauch der Art als alte Zauberpflanze. Der Volksglaube nahm an, dass der Allermannsharnisch die Menschen, vor allem die Krieger, unverwundbar im Kampf mache. Ausschlaggebend hierfür war die Zwiebel, die von einem dichten Netz abgestorbener Wurzelfasern umhüllt ist und so einem Harnisch ähnelt. Glücksbringer waren in vergangenen Tagen gang und gäbe. Der Adel hatte oftmals Alraunen-Wurzeln bei sich, bei den Älplern war es die Zwiebel des Allermannsharnisches.

Gegenwärtig braucht schon lange keiner mehr eine Kettenrüstung und auch das Mitführen eines Amuletts in Form einer Pflanzenwurzel gehört der Geschichte an – den Namen Allermannsharnisch trägt dieser Lauch aber bis zum heutigen Tag.

Allermannsharnisch, *Allium victorialis*

Weitere Lauch-Arten der Alpen (Auswahl):

1 Kanten-Lauch, *Allium angulosum*, H. Schön **2** Gelb-Lauch, *Allium flavum* **3** Kiel-Lauch, *Allium carinatum* subsp. *carinatum* **4** Schön-Lauch, *Allium carinatum* subsp. *pulchellum* **5** Insubrien-Lauch, *A. insubricum* **6** Berg-Lauch, *Allium lusitanicum* **7** Narzissen-Lauch, *A. narcissiflorum*, W. Kussegg

8 Gelbweiß-Lauch, *A. ochroleucum* **9** Glocken-Lauch, *Allium oleraceum* **10** Rund-Lauch, *Allium rotundum* **11** Rosen-Lauch, *Allium roseum* **12** Schnitt-Lauch, *A. schoenoprasum* **13** Schlangen-Lauch, *A. scorodoprasum* **14** Bärlauch, *Allium ursinum* **15** Weinberg-Lauch, *Allium vineale*

4

WANDERVORSCHLAG: ***Ö – Nordtirol – Lechtaler Alpen***

Der Allermannsharnisch auf dem Hönig

Anspruch:
hoch

Bergauf:
792 m

Gehzeit:
3,5 Std.

Beste Blumenzeit:
E Juni – E Juli, ebenso für den Allermannsharnisch

Berwang als Ausgangspunkt für eine Hönig-Besteigung leitet sich vom Bären ab, warum sollte sich der Hönig dann nicht vom Honig ableiten. Blumen gäbe es dazu mehr als genug, aber so genau kann uns das keiner erklären. Jedenfalls zählt der Hönig zu den schönsten Blumenbergen Tirols, etwa 600 verschiedene höhere Pflanzen sollen im Gebiet einschließlich der Tallagen vorkommen.

Es ist die Geologie, die es hier so bunt blühen lässt. Im Bereich des Thanellers ist der Untergrund Hauptdolomit, hier am Hönig sind es jüngere Schichten. Durch Lawinen sind Urwiesen entstanden, die sich tief talwärts ziehen und eine besonders reiche Artenfülle beheimaten.

Der Hönig selbst kann weder eine bewirtschaftete Hütte, noch einen See sein Eigen nennen, dafür aber umso mehr Blumen und manche muten doch sehr fremd an: Auf dem Älpele etwa wächst Weiß-Germer (*Veratrum album*), der nicht weiß oder grün blüht, wie man ihn kennt, sondern gelb.

Unter anderem im Gebiet zu finden:
1 Kälte-Tragant, *Astragalus frigidus* **2** Strauß-Glockenblume, *C. thyrsoides*
3 Gelb-Enzian, *Gentiana lutea* **4** Westliche Gelb-Platterbse, *Lathyrus laevigatus* subsp. *occidentalis* **5** Grüner Weiß-Germer, *Veratrum album* subsp. *lobelianum*
6 Wald-Wicke, *Vicia sylvatica*

Die Wanderung beginnt in Berwang und führt über Gröben hinein zum Älpelebach und dessen Quelle am Älpele. Hier oben, mit Aussicht auf das Gipfelkreuz des Roten Steins, 2366 m, und neben solchen Blumenschönheiten wie der Fliegen-Ragwurz (*Ophrys insectifera*) lässt es sich gut rasten, bevor der Weg weiter über das Joch zum tiefer gelegenen Hönig-Gipfel, 2036 m, führt.

Hinunter geht's über die Sonnberg-Mähder, in denen Strauß-Glockenblume (*Campanula thyrsoides*), Alpen-Süßklee (*Hedysarum hedysaroides*), Kälte-Tragant (*Astragalus frigidus*) und Alpen-Aster (*Aster alpinus*) blühen. Blumenreich und steil verläuft der Weg bis zur Kögele-Hütte, um dann bequem zurück nach Berwang zu führen.

Blumenpracht:

Strauß-Glockenblume (*Campanula thyrsoides*); Gelb-Enzian (*Gentiana lutea*); Alpen-Süßklee (*Hedysarum hedysaroides*); Westliche Gelb-Platterbse (*Lathyrus laevigatus* subsp. *occidentalis*); Fliegen-Ragwurz (*Ophrys insectifera*); Eikopf-Teufelskralle (*Phyteuma ovatum*)

Pflanzenbesonderheiten:

Alpen-Wachsblume (*Cerinthe alpina*); Fleisch-Fingerwurz (*Dactylorhiza incarnata*); Einblatt-Weichständel (*Malaxis monophyllos*); Brand-Keuschständel (*Neotinea ustulata*); Niedrig-Schwarzwurz (*Scorzonera humilis*)

Anreise:

Von Innsbruck auf der A12 bis zur Abfahrt Telfs, die B189 bis Nassereith, dann die B179 bis Bichlbach und die L21 bis Berwang. Von Ulm auf der A7 bis Füssen, die B179 bis Bichlbach und die L21 bis Berwang.

Öffentliche Verkehrsanbindung:

Mit der Bahn bis Reutte, dann mit der Buslinie 4250 bis Berwang.

Weitere Freizeitangebote und botanische Ziele im Gebiet:

- Stadl-Bräu, höchstgelegene Brauerei Österreichs, in Rinnen
- Naturerlebnisweg Mitteregg 6 km südwestlich von Berwang
- Kneippanlage Berwang am Fußweg zum Jägerhaus
- Sommerrodelbahn Biberwier
- Forscherpfad Lermoos bei der Grubigstein-Mittelstation mit Baumhaus, Spielplatz, Aussichtsturm usw.

Alpen-Mannsschild

Androsace alpina, PRIMELGEWÄCHS

Kurzbeschreibung:

In lockeren Rasen wachsende, bis 5 cm hohe Pflanze; Blätter 3–6 mm lang, lanzettlich, an den Zweigenden rosettenartig gedrängt; Blüten einzeln, 5–9 mm im Durchmesser, rosa oder weiß, mit gelbem Schlund. Blütezeit Juli–August.

Verwechslungsmöglichkeit:

Mit anderen *Androsace*-Arten, vor allem mit Charpentiers-Mannsschild (*A. brevis*). Dessen Blüten sind aber deutlich gestielt und über den Polster gehoben, der Blütenstiel ist mehr als doppelt so lang wie die Blätter (bei *A. alpina* ragen die Blüten kaum über die Blätter, der Blütenstiel ist höchstens doppelt so lang wie die Blätter).

Wulfen-Mannsschild (*A. wulfeniana*) unterscheidet sich durch gekielte, zugespitzte Blätter mit roter Spitze (bei *A. alpina* sind die Blätter nicht gekielt, stumpf und ohne rote Spitze).

Verbreitung und Lebensraum:

Endemische Art der zentralen Alpenkette von der Dauphine bis in die Steiermark.

Besiedelt frische, kalkarme Gesteinsfluren und Grate, von 2000–4000 m Seehöhe, vereinzelt auch tiefer wie am Berninabach in Graubünden (1800 m) oder höher wie am Lauteraarhorn im Berner Oberland (4043 m) oder am Matterhorn (4200 m). Kalkmeidend.

Gattung:

Etwa 150 Arten zählt die Gattung. Der Verbreitungsschwerpunkt liegt in den Gebirgen Ostasiens. Aber auch in den europäischen Gebirgen, in Sibirien und Nordamerika findet man Vertreter der Gattung, in den Alpen sind es 17 Arten.

Name:

Die Entstehung des botanischen Gattungsnamens ist interessant: Da die Gattung in Südeuropa weitgehend fehlt werden die antiken Autoren damit nicht unser Primelgewächs gemeint haben. Wahrscheinlich waren mit dem Namen, der vom altgriechischen „andros“ (= Mann) und „sakos“ (= Schild) herleitet, Korallen des Mittelmeeres gemeint. Genauer gesagt koloniebildende Einzelpolypen vom Stamm der Nesseltiere der europäischen Küsten. Damals wurden diese „Korallen“ ins Pflanzenreich gestellt und MATTHIOLUS hat den Namen dann auf unsere Alpenpflanzen übertragen, weil auch diese teilweise feste, schildartige Polster bilden.

Anmerkung:

In Europa sind alle *Androsace*-Arten problemlos von der nächstverwandten Gattung *Primula* zu unterscheiden. Ganz anders aber in Ostasien, wo die beiden Gattungen ineinander verschmelzen. Womöglich wird die Gattung Mannsschild in den nächsten Jahren ganz aufgelassen und unter *Primula* geführt, wie es heute meist schon mit der Gattung *Cortusa*, dem Heilglöckel, gemacht wird.

Weitere Mannsschild-Arten der Alpen (Auswahl):

1 Wimper-Mannsschild, *Androsace chamaejasme*, H. Schön **2** Acker-Mannsschild, *Androsace maxima* **3** Zotten-Mannsschild, *Androsace villosa* **4** Wulfen-Mannsschild, *Androsace wulfeniana*, G. Tritthart

Alpen-Mannsschild, *Androsace alpina,* G. Tritthart

5 Westalpen-Mannsschild, *Androsace adfinis* **6** Chaix-Mannsschild, *Androsace chaixii* **7** Dolomiten-Mannsschild, *A. hausmannii* **8** Schweiz-Mannsschild, *Androsace helvetica* **9** Milch-Mannsschild, *Androsace lactea* **10** Stumpfblatt-M., *A. obtusifolia* **11** Nordisch-Mannsschild, *A. septentrionalis* **12** Gold-Mannsschild, *Androsace vitaliana*

5

WANDERVORSCHLAG: ***CH – Graubünden – Rätische Alpen***

Der Alpen-Mannsschild auf dem Piz Nair

Anspruch:
hoch

Bergauf:
564 m

Gehzeit:
3 Std. (ab Corviglia, hin und zurück)

Beste Blumenzeit:
A Juli – A August, auch für den Alpen-Mannsschild.

Blumenpracht:
Hänge-Tragant (*Astragalus penduliflorus*); Streifen-Steinröslein (*Daphne striata*); Clusius-Gamswurz (*Doronicum clusii*); Zwerg-Himmelsherold (*Eritrichium nanum*); Kurzblatt-Enzian (*Gentiana brachyphylla*); Ästig-Kranzenzian (*Gentianella ramosa*); Alpen-Leinkraut (*Linaria alpina*, auch ohne Schlundfleck und mit weißem Schlundfleck); Gelbe Alpen-Kuhschelle (*Pulsatilla alpina* subsp. *apiifolia*)

Westlich von St. Moritz ragt der Piz Nair, 3056 m, über die Touristenmetropole im Engadin. Freilich darf man sich hier keine naturbelassene Bergwelt erwarten, andererseits ist es für viele Menschen, die nicht mehr ganz so gut auf den Beinen sind, eine Möglichkeit, hochalpine Bergblumen wie den Alpen-Mannsschild in der Natur zu bewundern.

Eine Standseilbahn führt vom Parkhaus in St. Moritz hinauf bis Corviglia. Menschen mit nicht mehr ganz fittem Gebein können von hier mit der Schwebeseilbahn zur Bergstation fahren, um Mannsschild und Zwerg-Himmelsherold (*Eritrichium nanum*) zu bewundern. Für alle anderen beginnt in Corviglia, 2486 m, die Wanderung.

Der Weg führt, unter Beobachtung der in den Lüften schwebenden Liftbenutzer, über Schuttfluren aus Silikatgestein, die von Einblüten-Hornkraut (*Cerastium uniflorum*), Gletscher-Fingerkraut (*Potentilla frigida*), Bleich-Klee (*Trifolium pallescens*) und Clusius-Gamswurz (*Doronicum clusii*) besiedelt werden.

Vom Weg aus bietet sich ein herrlicher Blick auf den 3380 m hohen Piz Güglia (Piz Julier) und die davorliegenden Gletscher(reste).

Die Augen wieder auf nah gestellt entdecken wir Schweiz-Veilchen (*Viola thomasiana*) und Seguier-Steinbrech (*Saxifraga seguieri*), wieder auf fern gestellt zeigt sich der Piz Bernina mit dem Biancograt, auf nah gestellt Pacher-Löwenzahn (*Taraxacum*

Unter anderem im Gebiet zu finden:

1 Alpen-Aster, *Aster alpinus*, G. Tritthart **2** Alpen-Tragant, *Astragalus alpinus*, G. Tritthart **3** Streifen-Steinröslein, *Daphne striata* **4** Zart-Haarschlund, *Comastoma tenellum* **5** Graubünden-Felsenblümchen, *Draba ladina*, F. G. Dunkel **6** Gelbe Alpen-Kuhschelle, *Pulsatilla alpina* subsp. *apiifolia*

pacheri) und so machen wir das bis zum Gipfel: prächtige Bergblumen vor der beeindruckenden Kulisse der Rätischen Alpen.

Zurück nehmen wir den weiteren Weg über den Lej Suvretta, 2602 m, an dessen Ufern der Gletscher-Hahnenfuß (*Ranunculus glacialis*) blassrosa Matten bildet.

Pflanzenbesonderheiten:

Zwerg-Schafgarbe (*Achillea nana*); Alpen-Sandkraut (*Arenaria marschlinsii*); Stiel-Hornkraut (*Cerastium pedunculatum*); Zart-Haarschlund (*Comastoma tenellum*); Kälte-Felsenblümchen (*Draba dubia*); Hoppe-Felsenblümchen (*Draba hoppeana*); Graubünden-Felsenblümchen (*Draba ladina*); Zweiblüten-Miere (*Minuartia biflora*); Gletscher-Fingerkraut (*Potentilla frigida*); Schneeweiß-Fingerkraut (*Potentilla nivea*); Ganzrand-Primel (*Primula integrifolia*); Seguier-Steinbrech (*Saxifraga seguieri*); Insubrisches Grau-Greiskraut (*Senecio incanus* subsp. *insubricus*); Pacher-Löwenzahn (*Taraxacum pacheri*); Alpen-Pechnelke (*Viscaria alpina*); Schweiz-Veilchen (*Viola thomasiana*)

Anreise:

Von Zürich auf der A3 und der A13 bis Chur, dann auf der B3 bis Silvaplana und auf der B27 bis St. Moritz.

Öffentliche Verkehrsanbindung:

Mit der Bahn bis St. Moritz.

Weitere Freizeitangebote und botanische Ziele im Gebiet:

- Segantini-Museum in St. Moritz
- Engadiner Museum (volkskundliches Heimatmuseum) in St. Moritz
- Der schiefe Turm der Mauritius-Kirche in St. Moritz
- Heidis Blumenweg von Chantarella zur Heidihütte
- Clemgia-Schlucht mit Schloss Tarasp bei Scuol
- Bernina – zwischen Lago Bianco und Lag da Palu (Rhellicanus-Kohlröschen, *Nigritella rhellicani*, in verschiedenen Farbformen; Manns-Knabenkraut, *Orchis mascula* usw.)

Berghähnlein

Anemonastrum narcissiflorum, *(Synonym: Anemone narcissiflora)*

HAHNENFUSSGEWÄCHS

Kurzbeschreibung:

Pflanze 20–40 cm hoch; grundständige Blätter handförmig 3–5-schnittig; Blüten weiß, außen oft rosa überlaufen, mit 5–6 kahlen Blütenblättern, zu 3–8 in einem doldigen Blütenstand; Blütezeit Mai – Juli.

Verwechslungsmöglichkeit:

Keine

Verbreitung und Lebensraum:

Eurasiatisch-nordamerikanische Art von den Pyrenäen bis Kamtschatka; Nordamerika. In Mitteleuropa in den Alpen, dem Alpenvorland, dem Schweizer Jura und auf der Schwäbischen Alb. In den Alpen weit verbreitet, fehlt aber einigen Gebieten der Südalpen, so etwa den Provinzen Como und Verona.
Besiedelt in den Alpen feinerdereiche, frische Rasengesellschaften über Kalk von 1000 bis 2400 m Seehöhe, vereinzelt auch tiefer, wie bei Bürs in Vorarlberg (570 m) oder höher, wie auf der Tilisunaalpe bei Tschagguns (2500 m). Kalkliebend.

Gattung:

Anemone im traditionellen Umfang umfasst rund 150 Arten. Diese Auffassung lässt sich neueren Befunden zufolge jedoch nicht aufrechterhalten. Entweder wird die Gattung in mehrere Gattungen aufgeteilt oder alle *Anemoninae* werden unter *Anemone* geführt, dann müssten aber auch Leberblümchen und Kuhschellen wieder der Gattung *Anemone* angehören.

Name:

In der Literatur wird der botanische Gattungsname Anemone, von dem Anemonastrum abgeleitet ist, mit dem altgriechischen „anemos“ (= Wind) erklärt. Schon THEOPHRAST begründet dies mit dem Umstand, dass bei manchen Arten die Blütenblätter rasch abfallen und leicht vom Wind vertragen werden. Tatsächlich stammt der Name jedoch aus einer älteren, orientalischen Sprache und wurde von den alten Griechen volksetymologisch krampfhaft umgedeutet. Der Artbeiname beschreibt die Ähnlichkeit der Blüten mit denen mancher Narzissen, besonders mit denen der Tazette, *Narcissus tazetta*.

Bei der ursprünglichen Benennung *Anemone uarcissifolia* sind dem Setzer von LINNÉS Standardwerk „Species Plantarum“ zwei Fehler passiert. Das „n“ wurde zum „u“ und das „flora“ zu „folia“. Allerdings erlauben die Nomenklaturregeln Korrekturen von offensichtlichen Tipp- und Setzfehlern.

Die Gattung *Anemonastrum* hatte keinen deutschen Namen und so griffen die Botaniker zum scheinbaren Volksnamen Berghähnlein für das Narzissenblütige Windröschen. Dieser wurde vom Botaniker und Pflanzennamenforscher Wilhelm MEIGEN im Jahr 1898 gebildet.

Taxonomie:

Die Verwandtschaftsgruppe um *Anemonastrum narcissiflorum* stellt besonders in Asien einen Artkomplex nahe verwandter, taxonomisch ungenügend bekannter Sippen dar.

Berghähnlein, *Anemonastrum narcissiflorum*

Berghähnlein-Verwandte der Alpen:
1 Dreiblättchen-Windröschen, *Anemone trifolia* **2** Monte-Baldo-Windröschen, *Anemone baldensis* **3** Busch-Windröschen, *Anemone nemorosa* **4** Gelb-Windröschen, *Anemone ranunculoides* **5** Groß-Windröschen, *Anemone sylvestris* **6** Leberblümchen, *Hepatica nobilis*

WANDERVORSCHLAG: ***Ö – Steiermark – Totes Gebirge***

Auf Berghähnlein-Suche auf dem Schrocken

Totes Gebirge heißen, aber voll blühenden Lebens stecken, eigentlich ein Widerspruch. Der Name leitet sich von der stark verkarsteten Hochfläche und der Wasserarmut, bedingt durch den Kalkuntergrund, ab. Dieses Kalkgestein ist auch verantwortlich für den Blumenreichtum und die rund 600 im Gebiet bekannten Höhlen und Schächte. Die längste Höhle ist das Schönberg-Höhlensystem im westlichen Teil des Toten Gebirges mit einer vermessenen Länge von 125 km bei einer vertikalen Erstreckung von 1.070 m.

Ein ganz prächtiger Berg in diesem Gebirgszug ist der Hochmölbing, 2336 m, mit dem Schrocken im Warscheneck-Stock. Unsere Wanderung beginnt auf dem Parkplatz Wörschachberg und bringt uns schon nach wenigen Gehminuten in ein botanisches Paradies, das Schönmoos.

Hier im Moor wachsen Sonnentau (*Drosera rotundifolia* und *D. anglica*), Honig-Einknolle (*Herminium monorchis*), Einblatt-Weichständel (*Malaxis monophyllus*), Blasensimse (*Scheuchzeria palustris*), Poleigränke (*Andromeda polifolia*), Europa-Moorbärlapp (*Lycopodiella inundata*) und viele andere Besonderheiten.

Ähnlich blumenreich geht's weiter zur Langpoltenalm und zum Grazersteig. Am Wegesrand blühen Krain-Kratzdistel (*Cirsium carniolicum*), Voralpen-Pippau (*Crepis alpestris*), Ostalpen-Nelke (*Dianthus alpinus*), Bärwurz (*Meum athamanticum*),

Anspruch:
hoch

Bergauf:
1377 m

Gehzeit:
9 Stunden (hin und zurück; vorzeitige Abstiegsmöglichkeiten sind mehrfach gegeben, so bei der Hochmölbinghütte über die Liezener Hütte oder beim Mittermölbing über die Brunnalm).

Beste Blumenzeit:
M Juni – M Juli, auch für das Berghähnlein.

Blumenpracht:
Österreich-Glockenblume (*Campanula pulla*); Triglav-Pippau (*Crepis terglouensis*); Ostalpen-Nelke (*Dianthus alpinus*); Stern-Narzisse (*Narcissus radiiflorus*); Nordöstlicher Alpen-Mohn (*Papaver alpinum* subsp. *alpinum*); Clusius-Primel (*Primula clusiana*)

W. Kussegg

Pflanzenbesonderheiten:
Späte Fleisch-Fingerwurz (*Dactylorhiza incarnata* subsp. *serotina*); Sauter-Felsenblümchen (*Draba sauteri*); Europa-Moorbärlapp (*Lycopodiella inundata*); Erzherzog-Johann-Kohlröschen (*Nigritella archiducis-joannis*); Kerner-Lungenkraut (*Pulmonaria kerneri*); Zwerg-Simsenlilie (*Tofieldia pusilla*)

Anreise:
Von Graz oder Wels auf der A9 bis Liezen, dann die B320 bis Wörschach. Am östlichen Ortsrand die Straße nach Wörschachberg nehmen und dieser bis zum Fahrverbot folgen. Ein großer Parkplatz steht den Wanderern zur Verfügung.

Öffentliche Verkehrsanbindung:
Mit der Bahn von Schladming oder St. Michael in der Obersteiermark, mit der Buslinie 940 von Liezen Busbahnhof. Mit dem Taxi bis Schönmoos.

Akelei-Wiesenraute (*Thalictrum aquilegiifolium*) und viele mehr. Eigentlich ist die Wegzeit bis zur Hochmölbinghütte mit zwei Stunden angegeben, wir haben aber über drei gebraucht – natürlich sind die vielen Blumen Schuld. Eingebettet in einem idyllischen Almtal liegt die Hütte und genauso schön wie diese liegt, so gut schmecken auch die Jause und der Most hier.

Wir gehen über den Kleinmölbing hinauf zum Hochmölbing und weiter über die Kreuzspitze zum Gipfelkreuz des Schrocken, 2281 m. Am Weg begegnen wir mehreren Kohlröschen-Arten, dazwischen die entzückenden Sterne des Berghähnleins (*Anemonastrum narcissiflorum*). Die Aussicht hier oben am Kamm ist großartig. Sie reicht im Norden bis ins oberösterreichische Tiefland, im Süden bis in die Schladminger Tauern und im Westen bis zum Dachstein.

Zurück nehmen wir den Weg über den Querlstein, 2084 m, zur Liezener Hütte, 1767 m. Diese liegt am Goldbach und goldig ist das Rinnsal auch, denn es rinnt nur zu einer bestimmten Tageszeit und bleibt den Rest des Tages trocken, wie uns ein Pächter auf der Selbstversorgerhütte sagte. Hier um die Liezener Hütte findet auch alljährlich das höchstgelegene Bergturnfest im deutschsprachigen Raum statt. Im Sinne von Turnvater Jahn gründete Franko Vasold 1925 dieses Fest, an dessen Organisation auch heute noch seine Urenkel beteiligt sind.

Wir verlassen dieses gesegnete Plätzchen Erde und steigen über die Langpoltenalm ab, zurück zum Parkplatz beim Schönmoos.

Unter anderem im Gebiet zu finden:

1 Honig-Einknolle, *Herminium monorchis* **2** Fleisch-Fingerwurz, *Dactylorhiza incarnata* **3** Einblatt-Weichständel, *Malaxis monophyllos* **4** Langblatt-Sonnentau, *Drosera anglica*, K. Schebesta **5** Blasensimse, *Scheuchzeria palustris* **6** Poleigränke, *Andromeda polifolia* **7** Krain-Kratzdistel, *Cirsium carniolicum* **8** Ostalpen-Nelke, *Dianthus alpinus* **9** Bärwurz, *Meum athamanticum*

Burgruine Wolkenstein, H. Raffalt

Weitere Freizeitangebote und botanische Ziele im Gebiet:

- Wörschachklamm
- Burgruine Wolkenstein
- Wörschacher Moos zwischen Wörschach und Weißenbach (Drachenwurz, *Calla palustris*; Traunsteiner Fingerwurz, *Dactylorhiza traunsteineri*; Sibirien-Schwertlilie, *Iris sibirica*; Torf-Glanzkraut, *Liparis loeselii*; Sumpffarn, *Thelypteris palustris* usw.)
- Putterersee-Westufer (Wanzen-Hundswurz, *Anacamptis coriophora*; Strauß-Gilbweiderich, *Lysimachia thyrsiflora*; Groß-Klappertopf, *Rhinanthus serotinus* usw.)
- Spechtensee (Woll-Königskerze, *Verbascum alpinum*; Hybrid-Sonnentau, *Drosera × obovata*; Langblatt-Sonnentau, *Drosera anglica* usw.)
- Niedermoore zwischen Scheiblkogel und Dietrichskogel am Trattenbach im Salzkammergut am SO-Fuß des Sandlingstockes (Zwerg-Birke, *Betula nana*, ehemals; Duft-Mariengras, *Hierochloë odorata*; Stern-Narzisse, *Narcissus radiiflorus*; Mehl-Primel, *Primula farinosa* usw.)

Alpen-Echt-Wundklee

Anthyllis vulneraria subsp. *alpicola*, SCHMETTERLINGSBLÜTLER

Kurzbeschreibung:
Pflanze 5–20 cm hoch, Blätter unpaarig gefiedert mit größerem Endblättchen; die Grundblätter dieser Unterart bestehen oft nur aus dem großen Endblättchen; Blüten goldgelb bis hellgelb, in dichten, kopfigen Blütenständen; Kelch weißhaarig, aufgeblasen. Blütezeit Mai – Juli.

Verwechslungsmöglichkeit:
Mit den anderen Unterarten des Echt-Wundklees. Von diesen unterscheidet sich der Alpen-Wundklee (subsp. *alpicola*) u. a. durch den 13–15 mm langen Kelch (bei den anderen Unterarten 8–13 mm lang) und dem Endteilblatt der oberen Stängelblätter, das beim Alpen-Wundklee etwa doppelt so lang und 2–3 × so breit wie die seitlichen Blättchen ist (bei den anderen Unterarten gleich groß oder nur unbedeutend größer).

Verbreitung und Lebensraum:
Die Unterart *alpicola* ist in den Gebirgen Mittel- und Südeuropas beheimatet. Die Alpen werden fast flächendeckend besiedelt.
Bevorzugte Standorte sind Schuttfluren und steinige Magerrasen von 1000–2700 m Seehöhe, mancherorts tiefer, wie bei Albis und Feldkirch (800 m) oder, wie bei Zermatt (3000 m), höher steigend; kalkliebend.

Gattung:
20 Arten umfasst die Gattung, wovon 19 in Europa und 2 im Gebiet vorkommen (allerdings mit mehreren Unterarten). Mannigfaltigkeitszentrum ist das Mittelmeergebiet.

Name:
Der botanische Gattungsname dürfte eine Verkleinerungsform des altgriechischen „anthos“ (= Blume) sein. Frei übersetzt hieße der Wundklee dann Blümchen. *Vulneraria* als Artbeiname leitet sich vom lateinischen „vulnus“ (= Wunde) ab. Die Heilwirkung der Pflanze ist bereits seit vielen Jahrhunderten bekannt.

Beim Landvolk hat der Wundklee verschiedene Benennungen erhalten, so etwa „Pantofferl“ (Bayern), „Frauenschucherl“ (Niederösterreich), „Bärentatzen“ (Kärnten, Niederösterreich, Tirol) oder „Katzenbratzerl“ (Oberösterreich).

Untergliederung:
Der Echt-Wundklee zählt zu den variabelsten Pflanzenarten Europas. Tutin gibt in seiner Flora Europaea 24 Unterarten allein für Europa an, acht davon besiedeln den Alpenraum:

- subsp. *alpicola*: gesamte Alpen
- subsp. *carpatica*: zerstreut durch die gesamten Alpen, fehlt aber größeren Gebieten in den Süd- und Südwestalpen
- subsp. *forondae*: Südwestalpen
- subsp. *polyphylla*: zerstreut durch die Alpen, fehlt aber größeren Gebieten der Nordalpen
- subsp. *pseudovulneraria*: zerstreut durch die gesamten Alpen
- subsp. *rubriflora*: Südwestalpen und äußerster Rand der Südalpen
- subsp. *valesiaca*: Endemit der Westalpen
- subsp. *vulnerarioides*: Südwestalpen

Anmerkung:
Besondere Bedeutung kommt dem Wundklee als Rohbodenfestiger zu. Als Tiefwurzler festigt er Erdabrisse, Lawinenrunsen, steile Böschungen und mehr.

Alpen-Echt-Wundklee, *Anthyllis vulneraria* subsp. *alpicola*

Weitere Wundklee-Sippen der Alpen (Auswahl):

1 Dinarischer Berg-Wundklee, *A. montana* subsp. *jacquinii*, H. Schön **2** Forondas Echt-Wundklee, *A. vulneraria* subsp. *forondae* **3** Täuschender Echt-Wundklee, *A. vulneraria* subsp. *vulnerarioides* **4** Echter Berg-Wundklee, *Anthyllis montana* subsp. *montana* **5** Karpaten-Echt-Wundklee, *A. vulneraria* subsp. *carpatica* **6** Steppen-Echt-Wundklee, A*nthyllis vulneraria* subsp. *polyphylla* **7** Roter Echt-Wundklee, *Anthyllis vulneraria* subsp. *rubriflora*

Der Alpen-Wundklee auf dem Hohen Brett

Die Frage ist berechtigt, was hier beeindruckender ist: Die fantastische Aussicht zum Königssee oder die Alpenflora. Wir erfreuen uns an beiden und bewältigen die ersten 1200 Höhenmeter bequem mit der Jennerbahn in 20 Minuten. Von hier oben leuchtet im Süden das Steinerne Meer mit der typischen, pyramidenförmigen Schönfeldspitze her. Der Watzmann dominiert im Westen und gegen Norden zu zeigt sich der Berchtesgadener Hochthron.

Diese prächtige Aussicht begleitet uns bis zum Carl von Stahl-Haus, 1731 m, benannt nach dem Österreicher Carl Stahl, der in den USA als Industrieller zu einem Vermögen gekommen war. Er spendete der Sektion Salzburg des Alpenvereins das für den Hüttenbau notwendige Geld und hatte auch Geduld, in Zeiten der Inflation immer noch eins draufzulegen. Die Einweihung seiner Hütte am 22. Juli 1923 erlebte er selbst nicht mehr, jedoch kam seine Witwe, eine jüngere Österreicherin, die er während eines Heimaturlaubs kennengelernt hatte.

War der erste Wegabschnitt eher zum Warmwerden, wird's jetzt an der Südflanke zum Jägerkreuz hin steiler und anspruchsvoller. Österreich-Spitzkiel (*Oxytropis jacquinii*), Wimper-Mannsschild (*Androsace chamaejasme*) und Niedlich-Glockenblume

Anspruch:
hoch

Bergauf:
688 m

Gehzeit:
5 Std. (hin und zurück)

Beste Blumenzeit:
M Juni – E Juli, ebenso für den Alpen-Wundklee.

Blumenpracht:
Kälte-Tragant (*Astragalus frigidus*); Rau-Kranzenzian (*Gentianella aspera*); Edelweiß (*Leontopodium alpinum*); Ähren-Läusekraut (*Pedicularis rostratospicata*); Kugelständel (*Traunsteinera globosa*)

Unter anderem am Weg zu finden:

1 Berghähnlein, *Anemonastrum narcissiflorum* **2** Rundblatt-Täschelkraut, *Noccaea rotundifolia* **3** Ostalpen-Enzian, *Gentiana pannonica* **4** Aurikel, *Primula auricula*

(*Campanula cochleariifolia*) begleiten uns und diese blumenreichen Polsterseggenrasen und Horstseggenrasen waren es auch, in denen die TU München und das Wissenschaftszentrum Weihenstephan Forschungen über die Auswirkungen der Klimaveränderung auf die Gebirgsflora durchführten.

Ein Stück noch und schon sind wir beim Gipfelkreuz des Hohen Bretts, dessen Name sich von der Flachheit des Gipfelplateaus herleitet.

Pflanzenbesonderheiten:

Sauter-Felsenblümchen (*Draba sauteri*); Hybride aus Mücken-Händelwurz × Rhellicanus-Kohlröschen (× *Gymnigritella suaveolens*); Dreiblüten-Simse (*Juncus triglumis*); Einblatt-Weichkraut (*Malaxis monophyllos*); Mannsschild-Miere (*Minuartia cherlerioides*); Zwerg-Simsenlilie (*Tofieldia pusilla*).

Anreise:

Von München auf der A8 bis Bad Reichenhall Nord, dann die B20 bis Königssee zum Parkplatz bei der Jennerbahn-Talstation. Von Salzburg auf der A1 bzw. der A8 bis Bad Reichenhall Nord, dann wie oben.

Öffentliche Verkehrsanbindung:

Mit der Bahn bis Berchtesgaden, dann mit dem RVO-Bus Linie 841 und 842 bis Königssee.

Weitere Freizeitangebote und botanische Ziele im Gebiet:

- Königssee mit Bootsfahrt, Echowand und Sankt Bartholomä
- Salzbergwerk Berchtesgaden
- Haus der Berge in Berchtesgaden
- Almbachklamm und Kugelmühle bei Marktschellenberg
- Eishöhle bei Marktschellenberg
- Enzian-Brennerei Grassl in Berchtesgaden
- Wimbachklamm bei Ramsau (Hoppe-Frauenmantel, *Alchemilla hoppeana*; Stängel-Fingerkraut, *Potentilla caulescens* usw.)

Val-Vestino-Akelei

Aquilegia vestinae, HAHNENFUSSGEWÄCHS

Kurzbeschreibung:
Pflanze 20–50 cm hoch, Stängel drüsig behaart; Blätter blaugrün, mit violetter Aderung; Blüten blauviolett, 20–30 mm lang, Sporn 8–16 mm lang, leicht gekrümmt. Blütezeit Juni.

Verwechslungsmöglichkeit:
Ob sich die Abtrennung dieser Sippe von der sehr ähnlichen Dolomiten-Akelei, *A. einseleana*, im Artrang aufrecht halten lässt, bleibt abzuwarten. Von dieser unterscheidet sich die Val-Vestino-Akelei durch die violetten Blattadern, welche *A. einseleana* fehlen. Nach Meinung maßgeblicher Botaniker handelt es sich um eine Varietät innerhalb der *A. einseleana*.

Verbreitung und Lebensraum:
Bisher nur aus den italienischen Provinzen Brescia und Trento mit Verbreitungsschwerpunkt in den Judikarischen Alpen zwischen Gardasee und Idrosee. Besiedelt hier Steinschutthalden, steinige Säume und lichte Gebüsche von etwa 500–600 m Seehöhe. Kalkstet.

Gattung:

Von den weltweit 80 Akelei-Arten kommen 19 in Europa und 8 in den Alpen vor. Das Hauptverbreitungsgebiet der Gattung liegt in der gemäßigten Zone der nördlichen Hemisphäre. Nördlich reicht sie bis in die boreale Zone und südlich bis in die Berge Nord-Mexikos und Nordafrikas.

Name:

Der botanische Gattungsname ist eine Latinisierung des deutschen Namens „Agleya". Dieser früheste Beleg findet sich bei Hildegard von Bingen aus dem 12. Jahrhundert. Der Artbeiname bezieht sich auf das Val Vestino, den locus classicus dieses Taxons.

Die weiteren Akelei-Arten der Alpen:

1 Westalpen-Akelei, *Aquilegia alpina* **2** Dolomiten-Akelei, *Aquilegia einseleana*
3 Wiesenrauten-Akelei, *Aquilegia thalictrifolia* **4** Echt-Akelei, *Aquilegia vulgaris*

Val-Vestino-Akelei, *Aquilegia vestinae*

5 Bertoloni-Akelei, *Aquilegia bertolonii,* W. Kussegg **6** Dunkel-Akelei, *Aquilegia nigricans,* W. Kussegg
7 Schwarzviolett-Akelei, *Aquilegia atrata*

8

Die Val-Vestino-Akelei um den Monte Penni

Anspruch:
mittel

Bergauf:
438 m

Gehzeit:
4,5 Std. (ganze Runde)

Barrierefreiheit für Kinderwägen/Rollstühle:
Das Val Droanello kann mit einem geländegängigen Kinderwagen/Rollstuhl befahren werden. Dazu sollte das erste steile, sehr grobschottrige, etwa 200 m lange Wegstück mit dem Auto zurückgelegt werden. Dann wird es ebener und weniger schottrig.

Beste Blumenzeit:
E Mai – E Juni, für die Val-Vestino-Akelei A Juni – E Juni.

Blumenpracht:
Purpurblau-Rindszunge (*Buglossoides purpurocaerulea*); Bologna-Glockenblume (*Campanula bononiensis*); Südgeißklee (*Cytisophyllum sessilifolium*); Knoten-Storchschnabel (*Geranium nodosum*); Schwarz-Bilsenkraut (*Hyoscyamus niger*); Gras-Schwertlilie (*Iris graminea*); Dreizahn-Keuschständel (*Neotinea tridentata*); Affen-Knabenkraut (*Orchis simia*); Pracht-Primel (*Primula spectabilis*); Schwarz-Germer (*Veratrum nigrum*).

Einst trennte das Val Vestino das Reich der Habsburger von der Republik Venedig. Bis 1915 gehörten die Bergdörfer zu Österreich-Ungarn, die Grenze verlief entlang des botanisch so reichhaltigen Droanello-Baches. Und auch heute noch leben die rund 500 Einwohner, auf einer Fläche von 5000 Hektar verteilt, in zwei Verwaltungseinheiten. Die Lage im Grenzgebiet und seine schwere Zugänglichkeit haben seit Jahrhunderten das Schicksal des Tals geprägt und seine reiche Flora erhalten.

Viele der in den Insubrischen Alpen zwischen Gardasee und Idrosee in den Karten noch eingezeichneten Wanderwege sind tatsächlich nicht mehr vorhanden, nicht mehr markiert oder in anderer Form nicht mehr begehbar. Irgendwann Anfang der 2000er-Jahre dürfte es hier Sparmaßnahmen gegeben haben, und obwohl diese Wanderungen auf den vielerorts aufgestellten Tourismusschildern mehrsprachig angepriesen sind, gibt es sie tatsächlich nicht mehr. So etwa auch den botanisch so hervorragenden Weg am Westufer des Val-Vestino-Stausees, der nicht mehr freigeschnitten wird und der allmählich verbuscht.

Wir suchen uns daher einen anderen Weg in der für seine Endemiten so bekannten Landschaft im Val Vestino und umrunden den Namloskogel Monte Penni, 1073 m, östlich vom Stausee. Ausgangspunkt der Runde ist der Parkplatz Lignago südlich der Brücke über den Stausee. Von dort geht ein Sträßchen nach Südosten in Richtung Casali mit einigen verfallenen Häusern und weiter bis Mignone, wo noch einige wenige Höfe bewohnt sind. An den Kalkfelsen begrüßen uns bereits hier Krain-Glockenblumen (*Campanula carnica*) und im Wald ist es der Dingel (*Limodorum abortivum*). In Costa schließlich gibt es sogar eine Einkehrmöglichkeit, bevor es weiter aufwärts zum Paolone-Pass geht. Auch hier ist die ehemalige Wegbeschilderung bereits so verblichen und abhandengekommen, dass man besser der Wanderkarte und der eigenen Orientierung folgt. Am Pass mit dem kleinen Parkplatz

Bei der Wanderung unter anderem zu finden:
1 Affen-Knabenkraut, *Orchis simia*, B. Schubert **2** Gras-Schwertlilie, *Iris graminea* **3** Südgeißklee, *Cytisophyllum sessilifolium* **4** Wenigblüten-Zartschötchen, *Hornungia pauciflora* **5** Schwarz-Germer, *Veratrum nigrum* **6** Schwarz-Bilsenkraut, *Hyoscyamus niger*

nimmt man die linke Forststraße, die noch einmal leicht ansteigt und dann durch den Wald stark abfällt, vorbei an einem komplett verfallenen Haus, dem einstigen Finanzamt des Gebietes. Botanisch großartig wird es wieder im Droanello-Tal, wo Pracht-Primel (*Primula spectabilis*, auf 600 m Seehöhe!), Wimper-Alpenrose (*Rhododendron hirsutum*, Seehöhe!), Blau-Mänderle (*Paederota bonarota*) und Val-Vestino-Akelei (*Aquilegia vestinae*) neben Gelb-Taglilie (*Hemerocallis lilioasphodelus*) und dem leicht zu übersehenden, äußerst seltenen Wenigblüten-Zartschötchen (*Hornungia pauciflora*) vorkommen.

Wem diese Runde zu lange ist, der sollte vom Parkplatz Lignago einfach das Droanello-Tal hineingehen.

Weitere Freizeitangebote und botanische Ziele im Gebiet:

- Sternwarte Cima Rest (Tel. 0365-71449 oder 0365-74049 für Anmeldung)
- Heuspeicher mit Strohdächern „Fienili" beim Volkskundemuseum in Cima Rest
- kulinarische Spezialität Tombea-Käse in mehreren Lokalen des Gebiets
- Stausee-Wanderweg am Westufer entlang des Val-Vestino-Stausees von Maso di Bollone weg. Der Weg wird nicht mehr gepflegt und eignet sich nur für Abenteurer, ist aber sehr blumenreich (Schopfteufelskralle, *Physoplexis comosa*; Insubrien-Telekie, *Telekia speciosissima*; Rätien-Flockenblume, *Centaurea rhaetica* usw.)
- Monte Pizzocolo, 1581 m, nordwestlich von Toscolano, südwestlich von Gargnano (Weiß-Affodill, *Asphodelus macrocarpus*; Stern-Narzisse, *Narcissus radiiflorus*; Echt-Pfingstrose, *Paeonia officinalis*; usw.)

Pflanzenbesonderheiten:

Wiesenrauten-Akelei (*Aquilegia thalictrifolia*); Val-Vestino-Akelei (*A. vestinae*); Rhätien-Flockenblume (*Centaurea rhaetica*); Hybride aus Kleb- × Berg-Kratzdistel (*Cirsium × rellichianum*); Dreispalten-Augentrost (*Euphrasia tricuspidata*); Hain-Schwingel (*Festuca spectabilis*); Wenigblüten-Zartschötchen (*Hornungia pauciflora*); Monte-Baldo-Witwenblume (*Knautia baldensis*); Verschiedenblatt-Platterbse (*Lathyrus heterophyllus*); Dingel (*Limodorum abortivum*); Grasskabiose (*Lomelosia graminifolia*); Graugrün-Nabelmiere (*Moehringia glaucovirens*)

Anreise:

Von Innsbruck auf der A13 und der A22 bis zur Abfahrt Riva del Garda, dann die SS240 bis Riva del Garda, die SS45 entlang des Gardasee-Westufers bis Gargnano, dann die SP9 bis Lignano an der Stauseebrücke.

Alpen-Grasnelke

Armeria alpina, BLEIWURZGEWÄCHS

Kurzbeschreibung:

Pflanze 5–20 cm hoch; Blätter in grundständiger Rosette, linealisch; Blütenstand kopfig am Ende des blattlosen Stängels; Blüten lebhaft rosa. Blütezeit Juni – August.

Verwechslungsmöglichkeit:

Mit der Wegerich-Grasnelke (*Armeria arenaria*). Diese hat aber lanzettliche, 5–7 mm breite Blätter (bei *A. alpina* 2–5 mm breit), Blätter 3–7-nervig (bei *A. alpina* 1–3-nervig), Blüten hellrosa (bei *A. alpina* lebhaft rosa).

Verbreitung und Lebensraum:

Mittel- und südeuropäische Gebirgspflanze von Aragonien bis in die Ostkarpaten. In den Alpen von den Seealpen bis zum Alpenostrand verbreitet, aber Teilen der Nordalpen fehlend. Besiedelt alpine Magerrasen und Gesteinsfluren von 1800 bis 2700 m Seehöhe, auch tiefer, wie auf der steirischen Schneealpe (1100 m) oder höher steigend, wie am Roise des Banques (3180 m); bodenvag.

Gattung:

Mit etwa 100 Arten ist die Gattung hauptsächlich atlantisch verbreitet. Vor allem die eurasischen und amerikanischen Gebirgsländer sowie die Arktis und Antarktis werden besiedelt. In Europa, wo 43 Arten beheimatet sind, ist Portugal am artenreichsten. Die Alpen beheimaten 3 Arten.

Name:

Der botanische Gattungsname entstammt einem altfranzösischen Dialekt (Indre, Cher, Nievre, Yonne), ohne dass die genaue Herleitung nachvollziehbar wäre. Wahrscheinlich ist ein Zusammenhang mit dem Beifuß, im französischen Dialekt „armwér" genannt, gegeben.

Regionale Volksnamen sind unter anderem „Schlernhexe", „Almrausch", „Tauernröserl", „Hungerkrollen", „Strohbleamel" und „Drahtbleamel".

Die weiteren Grasnelken der Alpen:

1 **Wegerich-Grasnelke,** *Armeria arenaria* **2** **Sand-Grasnelke,** *A. elongata*

Alpen-Grasnelke, *Armeria alpina,* P. Hubert

9

WANDERVORSCHLAG: ***Südtirol* – *Dolomiten***

Die Alpen-Grasnelke auf dem Peitlerkofel

Anspruch:
hoch

Bergauf:
642 m

Gehzeit:
4,5 Std. (ganze Runde)

Beste Blumenzeit:
E Juni – E Juli, ebenso für die Alpen-Grasnelke.

Pflanzenbesonderheiten:
Purpur-Tragant (*Astragalus hypoglottis* subsp. *gremlii*); Simsen-Segge (*Carex maritima*); Bart-Nelke (*Dianthus barbatus*); Triglav-Enzian (*Gentiana terglouensis*).

Eine Wanderung im Land Südtirol ist wie eine Reise durch die Geschichte. Redet man mit den Einheimischen, spürt man die Verbundenheit des Landes mit dem anderen Tirol, in Sprache und Brauchtum. Die Trennung vom Vaterland ist bis heute vielerorts nicht überwunden und noch viel weniger akzeptiert. Dass die Brennergrenze von den meisten Tirolern als Unrechtgrenze gefühlt wird, hat seine guten Gründe, denn das Tiroler Kernland war ursprünglich Südtirol, das dem Land den Namen gebende Grafengeschlecht lebte auf Schloss Tirol nahe Meran.

Unser heutiges Ziel ist der Peitlerkofel, der imposante nordwestliche Eckpfeiler der Dolomiten. Bei dieser Blumenwanderung sehen wir ihn von allen Seiten, denn der Weg führt in einem großen Kreis um den Berg herum.

Am gebührenpflichtigen Parkplatz Würzjoch, 2005 m, beginnt unsere Tour. Der Weg führt über die Kompatschwiesen gemütlich bergauf und am Rand der beeindruckenden Schlucht des Moibaches vorbei. Hier, in den verschiedenen Gesteinsschichten, liest sich die Erdgeschichte wie in einem offenen Buch. Es zeigen sich die einst unter dem Meeresspiegel gelegenen Kalkriffe, die verwitterten Ablagerungen und das als letztes entstandene

Unter anderem am Weg zu finden:
1 Rätischer Alpen-Mohn, *Papaver alpinum* subsp. *rhaeticum* **2** Feder-Flockenblume, *Centaurea nervosa* **3** Feuer-Lilie, *Lilium bulbiferum*, G. Tritthart **4** Mehl-Primel, *Primula farinosa*

Dolomitgestein. Filz-Alpenscharte (*Saussurea discolor*), Rätischer Alpen-Mohn (*Papaver alpinum* subsp. *rhaeticum*), Mehl-Primel (*Primula farinosa*), Alpen-Grasnelke (*Armeria alpina*) und Edelweiß (*Leontopodium alpinum*) schmücken die Felsfluren und alpinen Rasen. Und dieser Blumenschmuck verlässt uns auf der ganzen Strecke nicht.

Blumenpracht:

Feder-Flockenblume (*Centaurea nervosa*); Feuer-Lilie (*Lilium bulbiferum*); Zweifarben-Kohlröschen (*Nigritella bicolor*); Rhellicanus-Kohlröschen (*Nigritella rhellicani*); Rätischer Alpen-Mohn (*Papaver alpinum* subsp. *rhaeticum*); Dolomiten-Fingerkraut (*Potentilla nitida*); Zwergalpenrose (*Rhodothamnus chamaecistus*)

Anreise:

Von Innsbruck auf der A13 und A22 bis zur Abfahrt Brixen/Pustertal, dann auf der B49 bis Bruneck und auf der L244 bis St. Martin in Thurn, weiter auf der L29 bis zum Würzjoch.
Von Bozen auf der A12 bis zur Abfahrt Klausen-Gröden, dann die Villnösser Straße bis zur L29, dieser bis zum Würzjoch folgen.

Öffentliche Verkehrsanbindung:

Vom Bahnhof Brixen mit dem Bus bis St. Peter-Villnöss oder St. Martin in Thurn. Von beiden Orten fahren im Sommer regelmäßig Busse zum Würzjoch.

Weitere Freizeitangebote und botanische Ziele im Gebiet:

- Naturparkhaus Puez-Geisler in Villnöss (wenig ansprechende Architektur in traumhafter Landschaft)
- Messner-Alpinmuseum in Bruneck
- Ladinisches Landesmuseum in Schloss Thurn bei St. Martin in Thurn
- Mineralienmuseum Teis im Villnösser Tal
- Naturerlebnisweg Zanser Alm – barrierefrei

Wald-Geißbart

Aruncus dioicus, *(Synonym: Aruncus sylvestris)*

ROSENGEWÄCHS

Kurzbeschreibung:

Pflanze 100–180 cm hoch; Blätter 2–3-fach gefiedert; Blüten sehr klein, zu Tausenden in rispig zusammengesetzten Ähren; die Blüten der männlichen Pflanzen sind reinweiß, die der weiblichen cremeweiß. Blütezeit Juni – Juli.

Verwechslungsmöglichkeit:

Keine

Verbreitung und Lebensraum:

Eurasiatische Art von Belgien und den Pyrenäen bis zu den Karpaten. Außerdem im Kaukasusgebiet. Nahe verwandte Sippen in Zentral- und Ostasien und in Nordamerika (Unterarten?). In den Alpen weit verbreitet von den Seealpen bis zum Alpenostrand.
Besiedelt luftfeuchte, schattige Standorte auf sickerfrischen, tiefgründigen Mullböden und ist vorrangig in Schluchtwäldern, an Gebirgsbächen und in Hochstaudenfluren vom Tiefland bis in eine Seehöhe von etwa 1600 m zu finden. Im Wallis bis 1700 m steigend.

Gattung:

Umfasst 3 Arten, wobei die beiden anderen Arten, *A. aethusifolius* und *A. astilboides*, auf Ostasien beschränkt sind.

Name:

LINNÉ übernahm mit dem botanischen Gattungsnamen eine Bezeichnung von PLINIUS für den Ziegenbart, woraus dann auch der deutsche Name gebildet wurde.

Der botanische Artbeiname ist aus den altgriechischen Wörtern „di" (= zwei) und „oikos" (= Haus) zusammengesetzt und benennt zweihäusige, also getrenntgeschlechtliche Pflanzen.

Geläufige Volksnamen im Alpenraum sind „Sunnawendhansel" (Niederösterreich, Steiermark), „Fuchsschwoaf" (Steiermark), „Immenkraut" (Bayern), „Waldspargel" (Tirol), „Unser Herrgotts-Bartl" (Niederösterreich) und „Mahderbuschen" (Kärnten).

Nahe verwandt und entfernt ähnlich:

1 Groß-Mädesüß, *Filipendula ulmaria* **2** Klein-Mädesüß, *Filipendula vulgaris*

Wald-Geißbart, *Aruncus dioicus*

10

WANDERVORSCHLAG: ***Ö – Niederösterreich – Türnitzer Alpen***

Der Wald-Geißbart in der Falkenschlucht

F. Weingartner

Anspruch:
hoch

Bergauf:
872 m

Gehzeit:
6,5 Std. (hin und zurück)

Beste Blumenzeit:
M Mai – A Juli, für den Wald-Geißbart M Juni – M Juli.

Niederösterreich ist ein wunderbares Land zum Blumenwandern und Genießen. Unzählige Möglichkeiten stehen dem Naturbegeisterten zur Verfügung, um Landschaft und Blütenvielfalt zu erleben. Eine dieser vielen hervorragenden Möglichkeiten ist die Falkenschlucht bei Türnitz.

Vom Eisernen Tor, 533 m, führt der Weg entlang des Retzbaches sanft ansteigend talaufwärts. Schon bald erscheinen die ersten botanischen Kostbarkeiten – Windröschen-Schmuckblume (*Callianthemum anemonoides*) und Aurikel (*Primula auricula*) etwa. Auf floristische Schönheiten folgen zugleich landschaftliche Reize, wie das Naturdenkmal „Innerebenegrotte" vor dem Eingang zur Falkenschlucht, aus der eine ganzjährig wasserführende Quelle entspringt, die im freien Fall zur Grottensohle stürzt. Dann, schon in der Klamm, die nächsten Augenweiden, botanisch etwa der Hirschzungenfarn (*Asplenium scolopendrium*), landschaftlich die etwas abseits gelegene Nixhöhle. Die 70 m lange Höhle heißt nicht so, weil man darin ohne Taschenlampe nix sieht, sondern weil die weißlichen Ablagerungen der so genannten Bergmilch früher als Nix bezeichnet wurden.

Dass die Steiganlagen durch die Falkenschlucht so bequem zu begehen sind, ist keine Selbstverständlichkeit. Immer wieder wurden diese durch Lawinen und Hochwasser zerstört, aber ebenso unermüdlich mit Hilfe des Bundesheeres und der Gemeinde Türnitz wieder instandgesetzt.

Nach der Klamm ändert sich die Wegrichtung, die nun über die Ebenbaueralm zum Tirolerkogel führt. Ein Großteil der Holzknechte waren einst gestandene Tiroler, weshalb der Berg seinen etwas deplatziert wirkenden Namen hat. Vom Gipfel des Tirolerkogels bietet sich eine ausgedehnte Rundsicht vom Wienerwald bis zum Hochschwab und zu den Gesäusebergen. Ein Einheimischer gesellt sich zu uns und fragt interessiert, warum wir hier die giftige Hundsbeer fotografieren, und schon waren wir mitten drin im Fachsimpeln. „Hundsbeer", so stellte sich heraus, nennen die Türnitzer die Tollkirsche (*Atropa belladonna*). „Schneekatherl" heißt hier die Schneerose (*Helleborus niger*), der Eisenhut (*Aconitum napellus*) ist das „Tauberl im Nest" und wenn hier wer von „Dirndln" schwärmt, meint er oft ganz unromantisch den Kornelkirschenlikör.

Pflanzenbesonderheiten:
Hirschzunge (*Asplenium scolopendrium*); Windröschen-Schmuckblume (*Callianthemum anemonoides*); Riesen-Haarstrang (*Peucedanum verticillare*); Rote Buchs-Kreuzblume (*Polygala chamaebuxus* var. *grandiflora*); Günther-Brombeere (*Rubus guentheri*); Österreich-Mehlbeere (*Sorbus austriaca*)

Blumenpracht:
Aurikel (*Primula auricula*); Clusius-Primel (*Primula clusiana*); Alpen-Zyklame (*Cyclamen purpurascens*); Kreuz-Enzian (*Gentiana cruciata*); Wild-Mondviole (*Lunaria rediviva*); Prächtiges Manns-Knabenkraut (*Orchis mascula* subsp. *speciosa*); Eberrauten-Greiskraut (*Senecio abrotanifolius*)

1

2

Unter anderem am Weg zu finden:
1 Echt-Akelei, *Aquilegia vulgaris* **2** Alpen-Zyklame, *Cyclamen purpurascens*

Unter anderem am Weg zu finden:

1 Wild-Mondviole (Fruchtstand), *Lunaria rediviva* **2** Holunder-Fingerwurz, *Dactylorhiza sambucina*, K. Schebesta **3** Kreuz-Enzian, *Gentiana cruciata* **4** Aurikel, *Primula auricula*

Am Annaberger Haus lassen wir uns von der Hüttenwirtin Vroni verwöhnen und eine Schautafel auf der Terrasse nennt uns auch die Berge beim Namen, die kaum einer kennt.

Hier in den Gipfelwiesen blühen Holunder-Fingerwurz (*Dactylorhiza sambucina*), Stern-Narzisse (*Narcissus radiiflorus*), Trollblume (*Trollius europaeus*), Wild-Akelei (*Aquilegia vulgaris*) und Langblatt-Waldvögelein (*Cephalanthera longifolia*). Später im Jahr sind es dann Eberrauten-Greiskraut (*Senecio abrotanifolius*), Kreuz-Enzian (*Gentiana cruciata*) und Felsen-Ehrenpreis (*Veronica fruticans*).

Aussicht schön, Essen gut, Leute nett, Blumen viel – so lässt sichs leben und trotzdem wird's Zeit für den Rückmarsch. Über den Lackenkogel und das Dachsental wandern wir zurück zum Retzbach, der neben seiner Blumenpracht auch wegen seiner Erdenergie bekannt ist. Empfindsame Menschen spüren die Energiekreise beim Eingang in die Falkenschlucht, beim Eisernen Tor und bei der Quelle nahe dem Eisernen Tor in Richtung Türnitz.

Weitere Freizeitangebote und botanische Ziele im Gebiet:

- Sommerrodelbahn Eibl bei Türnitz
- K.-u.-k.-Museum Türnitz
- Naturschwimmbad Türnitz
- Feuerwehrmuseum Türnitz (Feuerwehrausrüstungen seit dem Gründungsjahr der FF Türnitz 1872)
- Karnerhofspitze bei Türnitz (Holunder-Fingerwurz, *Dactylorhiza sambucina*; Bermuda-Blauauge, *Sisyrinchium montanum*; Prächtiges Manns-Knabenkraut; *Orchis mascula* subsp. *speciosa* usw.)

Anreise:

Von St. Pölten auf der B20 bis Türnitz. Im Ort links abbiegen in Richtung Weidenau-Falkenschlucht bis zur Talenge des Eisernen Tores, wo sich ein Wanderparkplatz befindet.

Öffentliche Verkehrsanbindung:

Mit dem Zug bis Lilienfeld, dann mit der Buslinie 1545 bis Türnitz, zu Fuß oder mit dem Taxi bis zum „Eisernen Tor".

Norwegen-Tragant

Astragalus norvegicus, SCHMETTERLINGSBLÜTLER

Kurzbeschreibung:
Pflanze 10–30 cm hoch; Blätter gefiedert, mit 6–7 Fiederpaaren; Blättchen eiförmig-elliptisch; Blüten 10–12 mm lang, abstehend bis nickend, einfarbig violettblau. Blütezeit Juli – August.

Verwechslungsmöglichkeit:
Mit dem Alpen-Tragant *(A. alpinus)*, dessen Blätter aber 7–12 Fiederpaare besitzen (*A. norvegicus* 6–7). Sein Blütenschiffchen ist deutlich kürzer als die Fahne (bei *A. norvegicus* etwa gleich lang) und seine Blüten sind zweifarbig violett-weiß (bei *A. norvegicus* einfarbig violettblau).

Verbreitung und Lebensraum:
Arktisch-alpine Art von den skandinavischen Gebirgen bis Süd-Sibirien, außerdem in den Alpen und den zentralen Karpaten. In den Alpen nur in den Tauern Kärntens, Salzburgs, Osttirols und der Steiermark. Besiedelt frische Wiesen und Felsfluren von 1640 m (Hirnkogel) bis 2500 m Seehöhe.

Gattung:

Die Gattung *Astragalus* zählt mit ihren rund 2000 Arten zu den artenreichsten im Pflanzenreich. 127 davon sind in Europa, 21 in den Alpen beheimatet. Mannigfaltigkeitsgebiete sind die Trockengebiete der Alten Welt, insbesondere die Steppen Südwest-Asiens und das Altai-Gebirge Südsibiriens.

Name:

Der botanische Gattungsname ist vom altgriechischen „astragalos" (= Halswirbel, Sprungbein) abgeleitet und ist kein ursprünglicher Pflanzenname, sondern ein anatomischer Terminus, nach einem alten Wort für Knochen gebildet. Die Übertragung auf eine Pflanze geht vom Vergleich der eingeschnürten Hülsen aus.

Anmerkung:

Der Norwegen-Tragant zählt zu den botanischen Kostbarkeiten der Alpen. In der Literatur wird die Art in den Alpen für Salzburg, Kärnten, Osttirol und die Steiermark angegeben. Dabei beruhte die Angabe Steiermark auf alten Funden vom Gregerlenock. Bei Nachsuchen im Jahr 1988 konnte Helmut MELZER feststellen, dass alle Vorkommen dort auf Kärntner Seite liegen und dass die Pflanze steirischen Boden nicht berührt. Daher musste die Angabe Steiermark gestrichen werden. 1996 konnte MELZER den Norwegen-Tragant dann doch für die Steiermark nachweisen. Er fand die Pflanze in wenigen Stöcken in den Amphibolitfelsen am Südhang des Hohenwarts oberhalb vom Fischsee.

Am 26. Juli 2003 wurde ich dann an anderer Stelle im Gebiet des Hohenwarts fündig. In wenigen Stücken stand da der blaue Schmetterlingsblütler nahe der Kuhalmhütte in Richtung Hirnkogel der Wölzer Tauern. Am 13. Juli 2013 wollte ich das Gebiet dann intensiver nach dieser hübschen Pflanze absuchen. Am Südhang des Hirnkogels in Richtung Eiskar standen zu dieser Zeit hunderte Pflanzen in Hochblüte.

Norwegen-Tragant, *Astragalus norvegicus*

Weitere Tragant-Arten der Alpen (Auswahl):

1 Fuchsschwanz-Tragant, *Astragalus alopecurus* **2** Kicher-Tragant, *Astragalus cicer* **3** Dänemark-Tragant, *Astragalus danicus* **4** Boden-Tragant, *A. exscapus*, H. Schön **5** Kälte-Tragant, *Astragalus frigidus* **6** Süß-Tragant, *Astragalus glycyphyllos* **7** Montpellier-Tragant, *Astragalus monspessulanus* **8** Blasen-Tragant, *Astragalus vesicarius* **9** Alpen-Tragant, *Astragalus alpinus* **10** Purpur-Tragant, *Astragalus hypoglottis* **11** Süd-Tragant, *Astragalus australis* **12** Lienz-Tragant, *Astragalus leontinus* **13** Langfahnen-Tragant, *A. onobrychis* **14** Hänge-Tragant, *A. penduliflorus*

WANDERVORSCHLAG: ***Ö – Steiermark – Wölzer Tauern***

Der Norwegen-Tragant im Eiskar

Das Gebiet um den Hohenwart, 2362 m, in den Wölzer Tauern ist bekannt für seinen Blumenreichtum. Verantwortlich dafür sind Kalkeinlagerungen, die vielerorts das Silikatgestein bereichern und auch kalkliebenden Pflanzen eine Wuchsmöglichkeit geben. Einer dieser Orte ist das Gebiet zwischen Schönfeldspitze, 2202 m und Hirnkogel, 1981 m, nördlich vom Hohenwart. Der Gipfelkamm und der Nordhang bestehen aus Urgestein, nur die steilen Südhänge offenbaren den Kalk.

Am besten erreichbar ist das wenig begangene Gebiet vom Parkplatz Blasbauer westlich von Pusterwald aus. Man folgt der Forststraße in Richtung Hohenwart und Pölseckhütte. Bei der Forststraßenabzweigung am Vorderen Pölsenbach verlässt man den markierten Weg und nimmt den rechten, nach Westen führenden Weg hinauf zur ehemaligen Kuhalmhütte, 1588 m. Hier sind großflächig Zirben, teilweise leider auch ortsfremde Blaufichten aufgeforstet worden. Der Weg führt weiter in Richtung Eiskar, fortan ändert sich die Vegetation. Zu Orangerot-Mausohr (*Pilosella aurantiaca*) und Bart-Glockenblume (*Campanula barbata*) gesellen sich nun mehr und mehr kalkliebende Arten. Die Südhänge sind voll mit prächtigen Blumen wie Türkenbund-Lilie (*Lilium martagon*), Blatt-Läusekraut (*Pedicularis foliosa*), Seidenhaar-Spitzkiel

Anspruch:
mittel

Bergauf:
390 m

Gehzeit:
2 Std. (bis ins Eiskar und zurück)

Beste Blumenzeit:
A Juli – E Juli, ebenso für den Norwegen-Tragant.

B. Ocepek

Blumenpracht:
Gebirgs-Echt-Schafgarbe (*Achillea millefolium* subsp. *sudetica*); Alpen-Tragant (*Astragalus alpinus*); Alpen-Prachtnelke (*Dianthus superbus* subsp. *alpestris*); Felsen-Schöterich (*Erysimum sylvestre*); Alpen-Süßklee (*Hedysarum hedysaroides*); Edelweiß (*Leontopodium alpinum*); Alpen-Spitzkiel (*Oxytropis campestris*, auch in einer blasslila Spielform); Seidenhaar-Spitzkiel (*Oxytropis halleri*); Blatt-Läusekraut (*Pedicularis foliosa*)

Pflanzenbesonderheiten:
Norwegen-Tragant (*Astragalus norvegicus*); Skabiosen-Sommerwurz (*Orobanche pancicii*, auf *Knautia drymeia* subsp. *intermedia*); Dreiblüten-Spitzkiel (*Oxytropis triflora*); Läusekraut-Hybride aus *Pedicularis recutita* × *Pedicularis rostratospicata*; Mittel-Wintergrün (*Pyrola media*)

(*Oxytropis halleri*), Österreich-Rippensame (*Pleurospermum austriacum*), Allermannsharnisch (*Allium victorialis*) und dem gesuchten Norwegen-Tragant (*Astragalus norvegicus*).

Ein Stück noch können wir dem unmarkierten Weg folgen, bis zu einer kleinen Hütte, dann ist auch dieser zu Ende und man steht inmitten des Eiskars, umgeben von Tüpfel-Enzianen (*Gentiana punctata*) und anderen prächtigen Bergblumen.

Anreise:
Von Wien/Graz kommend auf der Murtal-Schnellstraße S36 nach Judenburg, auf der Murtal-Bundesstraße B317 ein kleines Stück bis zur Abzweigung Triebenerstraße B114. Auf der Triebener Bundesstraße B114 nach Möderbrugg und weiter über Zistl nach Pusterwald – durch den Ort bis zum Ende der Straße im Hinterwinkel.
Von Klagenfurt kommend auf der S37 bis Scheifling, auf der Murtal-Schnellstraße B317 bis St. Georgen ob Judenburg, auf der 114a bis Pöls, auf der Triebener Bundesstraße B114 bis Möderbrugg, dann wie oben.

Öffentliche Verkehrsanbindung:
Buslinie 871 bis Pusterwald-Hinterwinkel. Allerdings wird diese Strecke zu selten angefahren, als dass sie als Wanderbus brauchbar wäre.

Weitere Freizeitangebote und botanische Ziele im Gebiet:
- Goldwaschen in Pusterwald
- Blumenschmuckgemeinde Pusterwald
- Schaustollen und Naturheilstollen Oberzeiring
- Hohenwart (Gletscher-Nelke, *Dianthus glacialis*; Dreiblüten-Spitzkiel, *Oxytropis triflora*; Filz-Alpenscharte, *Saussurea discolor*; Rudolphi-Steinbrech, *Saxifraga rudolphiana* usw.)
- Großer Hansl (Kopfiges Steppen-Aschenkraut, *Tephroseris integrifolia* subsp. *capitata*; Bunt-Läusekraut, *Pedicularis oederi* usw.)

Am Südhang des Hirnkogels in Richtung Eiskar unter anderem zu finden:

1 Tüpfel-Enzian, *Gentiana punctata* **2** Orange-Mausohr, *Pilosella aurantiaca* **3** Österreich-Rippensame, *Pleurospermum austriacum* **4** Einkorb-Ferkelkraut, *Hypochoeris uniflora* **5** Skabiosen-Sommerwurz, *Orobanche pancicii* **6** Alpen-Spitzkiel, *Oxytropis campestris* **7** Akelei-Wiesenraute, *Thalictrum aquilegiifolium* **8** Rosa Form vom Alpen-Kälberkropf, *Chaerophyllum villarsii*

Groß-Sterndolde

Astrantia major, DOLDENBLÜTLER

Kurzbeschreibung:

Pflanze 30–80 cm hoch; grundständige Blätter 5–7-teilig, Abschnitte breit, spitz gelappt und gezähnt; Blüten grünlichweiß oder hellrosa, von weißlichen Hüllblättern umgeben. Blütezeit Juni – August.

Verwechslungsmöglichkeit:

Mit den anderen Sterndolden-Arten, doch haben diese keine stachelspitzen bis kurzgrannigen Kelchblätter (*A. major* schon); die Hüllblätter zeigen bei *A. major* eine deutliche Quernervatur, bei den anderen alpischen Arten nicht oder nur sehr undeutlich.

Verbreitung und Lebensraum:

Südeuropäisch-montane Art von den Gebirgen Spaniens bis in die Karpaten. In den Alpen verbreitet von den Seealpen bis zum Alpenostrand.
Besiedelt Edellaubwälder, Hochstaudenfluren, Rostseggenrasen und ähnliche Lebensräume von 600 bis 1900 m Seehöhe, gelegentlich auch tiefer, wie im Tessin (220 m), und höher, wie im Aostatal (2000 m) und im St. Galler Murgtal (2000 m); kalkliebend.

Gattung:

10 Arten umfasst die Gattung, wovon 5 in Europa und 4 in den Alpen heimisch sind. Das Verbreitungsgebiet der Gattung reicht von den Pyrenäen bis in den Kaukasus.

Name:

Der botanische Gattungsname geht wahrscheinlich auf das altgriechische „aster“ (= Stern) zurück. Der – in antiken Quellen nicht erwähnte – Pflanzenname (mittellateinisch „astricum“, „ostricium“) ist vielleicht mit dem der Meisterwurz (ostruthium) verwandt. Als Volksnamen gelegentlich zu hören sind „Strenze“, „Magistranz“, „Großschädl“ und „Wohlstand“.

Untergliederung:

Astrantia major unterteilt sich im Gebiet in zwei Varietäten (Unterarten):

- var. *major*: Hülle meist so lang bis nur wenig länger als die Dolde, die Kelchblätter sind etwa gleich lang wie die Kronblätter, in den Alpen weit verbreitet
- var. *involucrata*: Hülle fast doppelt so lang wie die Dolde, die Kelchblätter sind deutlich länger als die Kronblätter, in den Alpen bisher nur aus den Ostalpen bekannt

Anmerkung:

Der große Schweizer Mediziner, Botaniker, Naturforscher, Philosoph und Dichter Albrecht von HALLER (1708–1777) schrieb über die Sterndolde: „Dort wirft ein glänzend Blatt, in Finger ausgekerbet, auf einen hellen Bach den grünen Widerschein, der Blumen zarten Schnee, den matter Purpur färbet, schließt ein gestreifter Stern in weiße Strahlen ein.“

Die weiteren Sterndolden-Arten der Alpen:

1 Bayern-Sterndolde, *Astrantia bavarica* **2** Krain-Sterndolde, *A. carniolica*
3 Klein-Sterndolde, *Astrantia minor*

Groß-Sterndolde, *Astrantia major var. involucrata*

WANDERVORSCHLAG: *Ö – Niederösterreich – Ötscherland*

Die Groß-Sterndolde auf dem Hochbärneck

F. Weingartner

Anspruch:
hoch

Bergauf:
470 m

Gehzeit:
4 Std. (ganze Runde)

Beste Blumenzeit:
A Juni – A August, für die Sterndolde A Juni – M Juli

Blumenpracht:
große Bestände an Rispen-Graslilie, (*Anthericum ramosum*); Purpur-Waldvöglein (*Cephalanthera rubra*); Feuer-Lilie (*Lilium bulbiferum*); Distel-Sommerwurz (*Orobanche reticulata*); Wald-Soldanelle (*Soldanella montana*).

Nostalgisch kann bei dieser Wanderung schon die Anreise sein, wenn man dafür die Mariazellerbahn wählt. Für alle anderen stehen beim Naturparkeingang Sulzbichl auf 616 m Seehöhe genügend Parkplätze für eine Runde um das Hochbärneck zur Verfügung. Gleich am Parkplatz beim Hüttendorf gibt's die erste Einkehrmöglichkeit, den Kiosk Sulzbichl, bevor es bergwärts Richtung Hochbärneck geht. Die ehemalige kleine Forststraße ist 2013 zwar überproportional ausgebaut worden, trotzdem blühen an deren Rändern noch Schönheiten wie massenhaft Rispen-Graslilie (*Anthericum ramosum*) oder Besonderheiten wie der Duft-Kälberkropf (*Chaerophyllum aromaticum*). An einem Quellmoor unterhalb vom Weg, wenige hundert Meter entfernt vom Parkplatz gleich noch eine Besonderheit: Das Pyrenäen-Löffelkraut (*Cochlearia pyrenaica*), das nur an reinsten Gewässern vorkommt und hier noch eine Heimat findet.

Oben beim ganzjährig geöffneten Almgasthaus Hochbärneck beeindruckt eine mächtige, etwa 180 Jahre alte Sommer-Linde, die vom Brand der Almwirtschaft im Jahr 1898 sichtlich gezeichnet ist, aber trotzdem wacker durchhält und Schatten spendet. Im Alpengarten unweit der Almwirtschaft erfreuen Blumen des

Sommerlinde

Trefflingfall ...

... Erfrischung für heiße Sommertage

Ötschergebietes, im Almhaus selbst erfreuen frische Getränke und auf der Aussichtswarte erfreut ein herrlicher Rundumblick. Steil führt nun der Weg wieder hinab bis vor den Eibenboden, wo er abzweigt und an der alten Mühle vorbei zur Erlauf runter führt. Hier lädt der türkisgrüne Bach an heißen Tagen zum Baden ein und das seltene Langblatt-Hasenohr (*Bupleurum longifolium*) erfreut des Wanderers Gemüt, wenngleich seine Schönheit den Blumenfreund in den Bergschuhen belässt. Spektakulär wird's wieder beim Trefflingfall, bei dem man schnell den an sich hübschen Hundsbach-Wasserfall vergisst.

Mit mächtigem Getöse stürzt hier der Trefflingbach in mehreren Kaskaden insgesamt 100 Meter hinunter zur Erlauf und durch die vom Scheibbser Gebirgsverein vor gut 125 Jahren großartig angelegten Steige ist man mitten drinnen im Geschehen. Es war der Puchenstubener Lehrer Franz Baresch, der den Bau der Stege 1886 anregte und damit dafür verantwortlich ist, dass wir heute dieses Naturschauspiel aus nächster Nähe bewundern können. Oben angelangt geht's flach und beschaulich zurück nach Sulzbichl, wo uns schon die mietbaren Stelzenhäuser entgegenlachen und mit etwas Glück der Kiosk noch ein schäumendes Erfrischungsgetränk für uns bereithält.

Pflanzenbesonderheiten:

Langblatt-Hasenohr (*Bupleurum longifolium*); Duft-Kälberkropf (*Chaerophyllum aromaticum*); Pyrenäen-Löffelkraut (*Cochlearia pyrenaica*); Lorbeer-Seidelbast (*Daphne laureola*); Seidenhaar-Backenklee (*Dorycnium germanicum*); Salbei-Sommerwurz (*Orobanche salviae*, recht hfg. zwischen Trefflingfall und Trübenbach auf *Salvia glutinosa*); Kies-Steinbrech (*Saxifraga mutata*)

Anreise:

Von St. Pölten auf der B20 bis Spratzern, dann auf der B39 bis Winterbach und auf der B28 bis Puchenstuben. Nach dem Ort die L5022 hinunter bis zum Stelzendorf Sulzbichl.

Öffentliche Verkehrsanbindung:

Mit der Mariazellerbahn von St. Pölten Hbf. bzw. Mariazell bis Puchenstuben, dann zu Fuß oder mit dem Taxi bis Sulzbichl.

Weitere Freizeitangebote und botanische Ziele im Gebiet:

- Kartause Gaming mit „Kartausenkeller"
- Ötscher-Tropfsteinhöhle oberhalb der Schindl-Hütte
- Klausgraben bei Kettenreith nahe Kilb (Fliegen-Ragwurz, *Ophrys insectifera*; Bleich-Knabenkraut, *Orchis pallens* usw.)
- Kirchstein am Dreieckberg bei Gaming (Lorbeer-Seidelbast, *Daphne laureola*; Müller-Ständelwurz, *Epipactis muelleri*; Kreuz-Enzian, *Gentiana cruciata* usw.)

Besonderheiten um das Hochbärneck:
1 Groß-Sterndolde, *Astrantia major*, W. Kussegg **2** Pyrenäen-Löffelkraut, *Cochlearia pyrenaica,* H. Schön **3** Duft-Kälberkropf, *Chaerophyllum aromaticum*

4 Kamm-Hundswurz, *Anacamptis pyramidalis* **5** Feuer-Lilie, *Lilium bulbiferum* **6** Langblatt-Hasenohr, *Bupleurum longifolium* **7** Kies-Steinbrech, *Saxifraga mutata*

Felsen-Hasenohr

Bupleurum petraeum, DOLDENBLÜTLER

Kurzbeschreibung:

Pflanze 15–30 cm hoch; Stängel nicht ästig, blattlos, nur mit Hochblättern; Grundblätter grasartig, 3–5 mm breit; Dolden mit 5–15 Strahlen; Hüllblätter linealisch bis lanzettlich, hellgrün. Blütezeit Juni – August.

Verwechslungsmöglichkeit:

Vor allem mit dem Hahnenfuß-Hasenohr (*B. ranunculoides*), dessen Stängel aber ästig sind und mehrere Laubblätter besitzen (bei *B. petraeum* ist der Stängel unverzweigt und blattlos).

Verbreitung und Lebensraum:

Endemit der Alpen. Beheimatet in den Süd- und Westalpen von der Drôme und den Seealpen bis in die Karawanken und Steiner Alpen.
Besiedelt Felsspalten, Felsrasen und Polsterseggenrasen von 1300 bis 2200 m Seehöhe, vereinzelt auch höher, wie am Montasch in den Julischen Alpen (2300 m); kalkliebend.

Gattung:

Von den 70 Arten der Gattung besiedeln 39 Europa und 14 die Alpen. Eine Art ist in Südafrika beheimatet, alle anderen auf der nördlichen Welthalbkugel.

Name:

Der botanische Gattungsname entstammt dem Altgriechischen und bedeutet Rindsrippe, der lieblichere deutsche Name vergleicht die Blätter so mancher Art mit den Löffeln des Hasen.

Weitere Hasenohr-Sippen der Alpen (Auswahl):

1 Langblatt-Hasenohr, *Bupleurum longifolium* **2** Hahnenfuß-Hasenohr, *Bupleurum ranunculoides* **3** Rundblatt-Hasenohr, *Bupleurum rotundifolium*

Felsen-Hasenohr, *Bupleurum petraeum*

13

WANDERVORSCHLAG: ***Ö – Kärnten – Karawanken/Petzen***

Das Felsen-Hasenohr auf dem Knieps

Anspruch:
hoch

Bergauf:
402 m

Gehzeit:
5,5 Std. (von Siebenhütten zum Gipfel und zurück, zu Fuß hinunter zum Parkplatz).

Beste Blumenzeit:
E Juni – E Juli, so auch für das Felsen-Hasenohr.

Wir wählen die gemütliche Variante, um auf den Knieps zu gelangen – die Kabinenbahn, die uns bequem bis Siebenhütten auf 1692 Meter Seehöhe bringt. Zugegeben, das Gebiet ist durch den Skibetrieb touristisch beeinträchtigt, dennoch aber auffallend artenreich. Verwunderlich dabei, dass gerade die Skipisten, im Besonderen ihre Ränder, auffallend bunt blumen. Hier wachsen hunderte Türkenbund-Lilien (*Lilium martagon*), mit bis zu 34 Blüten je Stängel, Echt-Akelei (*Aquilegia vulgaris*), Filz-Alpenscharte (*Saussurea discolor*), Eberrauten-Greiskraut (*Senecio abrotanifolius*), Krain-Sterndolde (*Astrantia carniolica*), Heilglöckel (*Primula matthioli*), verschiedene Orchideen und ganz vereinzelt auch schon die ersten Felsen-Hasenohren.

Aber der Reihe nach. Von Siebenhütten geht's hinauf zur ehemaligen Bleiburger-Hütte. Diese wurde 1933 eröffnet, aber schon 1943 durch Partisanen niedergebrannt. Steineralpen-Kohlröschen (*Nigritella lithopolitanica*), Steinschmückel (*Petrocallis pyrenaica*) und andere Berggeister begegnen uns hier. Weiter in Richtung Knieps gesellen sich dann Zwerg-Himmelsherold (*Eritrichium nanum*), Zotten-Mannsschild (*Androsace villosa*) und Wochein-Gänsekresse (*Arabis vochinensis*) dazu.

Ehemalige Stolleneingänge zeugen davon, dass das Petzen-Innere von rund 1000 km Stollen durchbohrt ist, denn schon Kelten, Germanen und Römer bauten im Petzengebiet Blei, Silber und Zink ab. Auch die berühmten Bleikammern Venedigs, das berüchtigste Gefängnis seiner Zeit, bekamen ihr Blei von der Petzen.

Auf den Abraumhalden der Stollen haben sich derweilen Kerner-Alpen-Mohn (*Papaver alpinum* subsp. *kerneri*) und Kärnten-Hornkraut (*Cerastium carinthiacum*) angesiedelt.

Den Berg runter sollten wir gehen und nicht in die Kabinenbahn steigen, denn nur so können wir die erstaunliche Blütenpracht der Skipistenränder erkunden. Da finden sich unter anderem Waldstein-Kratzdistel (*Cirsium waldsteinii*) und Krain-Kratzdistel (*Cirsium carniolicum*), zwei die eigentlich überhaupt nicht zusammen vorkommen sollten, davon aber scheinbar nichts wissen und hier cremefarbene Nachkommen erzeugen (eine äußerst seltene, bisher noch unbeschriebene Hybride).

Anreise:

Von Graz auf der A2 bis zur Abfahrt Griffen, dann die L127 bis Einersdorf, weiter die B81 bis Gonowetz und die L129 bis zur Talstation der Petzen-Seilbahn.
Von Klagenfurt auf der A2 bis zur Abfahrt Völkermarkt West, dann die B70 bis vor Völkermarkt, weiter die B82 bis zum Kreisverkehr Seebach, die L128 bis nach Neumittlern, rechts weg die L128a bis zur B81, diese bis zur Abzweigung der L129 vor Gonowetz folgen und dann die L129 bis zur Talstation der Petzen-Seilbahn.

Öffentliche Verkehrsanbindung:

Mit der Bahn von Wolfsberg bzw. Klagenfurt bis Bleiburg, dann mit dem Taxi.

Weitere Freizeitangebote und botanische Ziele im Gebiet:

- Werner-Berg-Galerie in Bleiburg
- Wassererlebnisanlage mit Mühle und Kneippmöglichkeit in Pudlach südöstlich von Neuhaus
- Schloss Neuhaus
- Liaunig-Museum für zeitgenössische Kunst in Neuhaus
- Wackendorfer Alm in der westlichen Petzen (Waldstein-Kratzdistel, *Cirsium waldsteinii*; Riesen-Taubnessel, *Lamium orvala*, auch in hellrosa; Frauenschuh, *Cypripedium calceolus* usw.)

Blumenpracht:

Gelbweiß-Lauch (*Allium ochroleucum*); Zotten-Mannsschild (*Androsace villosa*); Krainer Strauß-Glockenblume (*Campanula thyrsoides* subsp. *carniolica*); Finger-Zahnwurz (*Cardamine pentaphyllos*); Niedrig-Enzian (*Gentiana pumila*); Kelch-Kranzenzian (*Gentianella anisodonta*); Distel-Sommerwurz (*Orobanche reticulata*); Kerner-Alpen-Mohn (*Papaver alpinum* subsp. *kerneri*); Dolomiten-Teufelskralle (*Phyteuma sieberi*)

Pflanzenbesonderheiten:

Julisch-Hornkraut (*Cerastium julicum*); Norisch-Labkraut (*Galium noricum*); Rau-Felsenblümchen (*Draba aspera*); Karawanken-Enzian (*Gentiana froelichii*); Triglav-Enzian (*Gentiana terglouensis*); Hybride aus Berg-Nelkenwurz mit Bach-Nelkenwurz (*Geum × sudeticum*); Hybriden aus Mücken-Händelwurz mit Steineralpen-Kohlröschen (*× Gymnigritella turnowskyi*) und Steineralpen-Kohlröschen mit Rhellicanus-Kohlröschen (*Nigritella × petzenensis*); Hybride aus Zwerg-Primel mit Wulfen-Primel (*Primula × vochinensis*); Karawanken-Lungenkraut (*Pulmonaria carnica*); Hohenwart-Steinbrech (*Saxifraga hohenwartii*); Karst-Leimkraut (*Silene hayekiana*); Glänzender Gamander-Ehrenpreis (*Veronica chamaedrys* subsp. *micans*)

Besonderheiten des Gebiets:

1 Hybride Kleb- × Waldstein-Kratzdistel, *Cirsium × scopolianum* **2** Krainer Strauß-Glockenblume, *Campanula thyrsoides* subsp. *carniolica* **3** Bart-Nelke, *Dianthus barbatus,* P. Hubert **4** Zwerg-Himmelsherold, *Eritrichium nanum* **5** Karawanken-Enzian, *Gentiana froelichii*

6 Hybride aus Berg- × Bach-Nelkenwurz, *Geum × sudeticum* **7** Hybride aus Steineralpen- × Rhellicanus-Kohlröschen, *Nigritella × petzenensis* **8** Kerner-Alpen-Mohn, *Papaver alpinum* subsp. *kerneri* **9** Hybride aus Zwerg- × Wulfen-Primel, *Primula × vochinensis*

Kerner-Schmuckblume

Callianthemum kernerianum, HAHNENFUSSGEWÄCHS

Kurzbeschreibung:

Pflanze gedrungen, 3–10 cm hoch; Stängel rötlich, kahl, einblütig, mit 1–2 Stängelblättern; Blätter unpaarig gefiedert; Blüte etwa 3 cm im Durchmesser, weiß, manchmal rötlich angelaufen; Kronblätter 9–15. Blütezeit Mai – Juni.

Verwechslungsmöglichkeit:

Mit der Koriander-Schmuckblume (*C. coriandrifolium*). Deren innere Blütenhüllblätter sind breit-eiförmig (bei *C. kernerianum* linealisch bis keilförmig), die grundständigen Laubblätter sind bereits zur Blütezeit entwickelt (bei *C. kernerianum* noch nicht).

Verbreitung und Lebensraum:

Endemit der Südalpen beiderseits des Gardasees: Monte Baldo, Scannuppia-Gruppe, Monte Bondone, Monte Pizzoccolo, Monte Tremalzo.
Besiedelt steinige Rasen und Blaugrashalden an exponierten Kuppen von 1500 bis 2200 m Seehöhe. Kalkstet.

Gattung:

Callianthemum besteht aus 14 Arten, von denen 3 in Europa heimisch sind. Das Mannigfaltigkeitszentrum der Gattung sind die Hochgebirge Mittelasiens.

Name:

Der botanische Gattungsname setzt sich aus den altgriechischen Wörtern „kalli" (= schön) und „anthemon" (= Blume) zusammen, der Büchername „Schmuckblume" ist eine Übersetzung von „Callianthemum".

Der Artbeiname ehrt den großen niederösterreichischen Botaniker Anton Joseph KERNER, Ritter von Marilaun (1831–1898). KERNER fasste die später nach ihm benannte Schmuckblume vom Monte Baldo noch als zur Koriander-Schmuckblume gehörend auf. Als Botanikprofessor schrieb er in das Stammbuch seines Schülers Ignaz DÖRFLER „Es ist nicht leicht, die Sprache, die die Pflanzen sprechen zu erlernen und zu verstehen. In der Studierstube bringt man es bestenfalls zum Buchstabieren. Zum Lesen und zum Verstehen kommt man nur in der freien Natur". DÖRFLER sollte auch kein Unbekannter bleiben. Gut ein Dutzend Pflanzenarten sind ihm zu Ehren benannt und KERNER zu Ehren sind es gar noch mehr (*Alchemilla kerneri, Carduus kerneri, Muscari botryoides* subsp. *kerneri, Pulmonaria kerneri, Rumex kerneri, Thesium kernerianum* usw.).

Die weiteren Schmuckblumen-Arten der Alpen:

1 Windröschen-Schmuckblume, *C. anemonoides*, F. Tod **2** Koriander-Schmuckblume, *Callianthemum coriandrifolium*

Kerner-Schmuckblume, *Callianthemum kernerianum*

WANDERVORSCHLAG: ***I – Verona – Monte Baldo***

Die Kerner-Schmuckblume auf dem Monte Baldo

Anspruch:
hoch

Bergauf:
958 m

Gehzeit:
4,5 Std. (ganze Runde)

Beste Blumenzeit:
A Juni – E Juli, für die Kerner-Schmuckblume E Mai – E Juni

Der Monte Baldo ist ein von Tälern relativ stark isolierter Gebirgsstock der Südalpen, der mit der Cima Valdritta eine Meereshöhe von 2218 m erreicht. An seinem Aufbau sind vor allem mesozoische Kalke beteiligt, in kleinerem Ausmaß auch basische Tuffe und Basalt.

Für viele aus dem Norden kommende Biologen und Pflanzenliebhaber ist der Monte Baldo das Ziel einer botanischen Sehnsucht. Es sind die Vorkommen auffällig blühender Arten, die in Mitteleuropa zumeist selten sind oder fehlen, sowie erste Vorposten der mediterranen Flora und das Gefühl, dem kalten und infolge der Eiszeiten an Pflanzenarten verarmten Mitteleuropa entronnen zu sein.

Im Gegensatz zum Etschtal oder zum Becken des Gardasees, der von einem Gletscher ausgehobelt wurde, waren die Gipfel des Monte Baldo nie vergletschert. Hier überdauerten einige nicht zu kälteempfindliche Arten der alten Tertiärflora bis in die Jetztzeit. Infolge der günstigen lokalklimatischen Lage konnten sich an den Flanken des Monte Baldo später auch reliktische Vorkommen mediterraner Arten behaupten. Die lange geografische Isolierung

Schmetterlings-Hundswurz, *Anacamptis papilionacea*; früher am Südfuß des Mte. Baldo bei Garda, gegenwärtig verschollen., B. Schubert

des Bergstocks ließe erwarten, dass hier zahlreiche Endemiten zu finden sind. Tatsächlich gibt es aber nur einen wirklichen Baldo-Endemiten: Das Büschel-Gipskraut (*Gypsophila papillosa*).

Eine Blumenwanderung auf dem Monte Baldo ist in den Monaten Mai–August praktisch überall ergiebig, in den tieferen Lagen schon ab März. Um die Kerner-Schmuckblume zu finden, empfiehlt sich eine Wanderung auf den Monte Maggiore, 2200 m, auch Punta Telegrafo genannt. Vom Rifugio Novezzina, 1235 m, mit dem botanischen Alpengarten, führt der Weg das Osanna-Tal hinauf. Gelb-Enzian (*Gentiana lutea*), Schild-Hahnenfuß (*Ranunculus thora*), Herzblatt-Gamswurz (*Doronicum columnae*), Echt-Pfingstrose (*Paeonia officinalis*) und viele andere Bergschönheiten verhindern konsequent ein zügiges Weiterkommen. Zwischen den Latschen in Kammnähe dann die ersten Kerner-Schmuckblumen, zusammen mit Pracht-Primel (*Primula spectabilis*) und Zwergalpenrosen (*Rhodothamnus chamaecistus*), ein entzückender Anblick.

Um nicht den gleichen Weg zurück nehmen zu müssen, eignet sich der 652er-Wanderweg, der nordöstlich vom Monte Maggiore abzweigt und zur Bergstraße führt. Leicht bergab, vorbei (oder auch nicht vorbei) am Rifugio Novezza, 1390 m, geht's zurück zum Rifugio Novezzina.

Monte-Baldo-Segge, *Carex baldensis*

Benannt nach dem Berg:

Monte-Baldo-Windröschen (*Anemone baldensis*); Baldo-Wundklee (*Anthyllis vulneraria* subsp. *baldensis*); Baldo-Kohl (*Brassica repanda* subsp. *baldensis*); Monte-Baldo-Hasenohr (*Bupleurum baldense*); Monte-Baldo-Segge (*Carex baldensis*); Monte-Baldo-Witwenblume (*Knautia baldensis*); Monte-Baldo-Labkraut (*Galium baldense*); Flechte *Verrucaria baldensis*

Blumenpracht:

Mte. Baldo insgesamt: Lilien-Becherglocke (*Adenophora liliifolia*); Weiß-Affodill (*Asphodelus macrocarpus*); Frühlings-Lichtblume (*Colchicum vernum*); Holunder-Fingerwurz (*Dactylorhiza sambucina*); Hundszahnlilie (*Erythronium dens-canis*); Silber-Storchschnabel (*Geranium argenteum*); Cengio-Alto-Schwertlilie (*Iris cengialti*); Jupiter-Lichtnelke (*Lychnis flos-jovis*); Striemensame (*Molopospermum peloponnesiacum*); Pracht-Primel (*Primula spectabilis*); Bergscharte (*Rhaponticum scariosum*); Südliche Wild-Tulpe (*Tulipa sylvestris* subsp. *australis*)

Pflanzenbesonderheiten:

Monte Baldo insgesamt: Obir-Steinkraut (*Alyssum ovirense*); Kerner-Schmuckblume (*Callianthemum kernerianum*); Felsen-Glockenblume (*Campanula petraea*); Nickend-Kragenblume (*Carpesium cernuum*, verschollen); Zart-Schachbrettblume (*Fritillaria orientalis*); Gardasee-Ragwurz (*Ophrys benacensis*); Provence-Knabenkraut (*Orchis provincialis*); Schopf-Läusekraut (*Pedicularis comosa*); Ästig-Blauwürger (*Phelipanche ramosa*); Schopfteufelskralle (*Physoplexis comosa*); Vallarsa-Lungenkraut (*Pulmonaria vallarsae*); Tombea-Steinbrech (*Saxifraga tombeanensis*); Echt-Zungenständel (*Serapias vomeracea*); Nacktstängel-Scharte (*Serratula nudicaule*); Bleich-Ehrenpreis (*Veronica pallens*)

Anreise:

Von Innsbruck bzw. Bozen auf der A22 bis zur Abfahrt Ala-Avio, die SP90 bis Avio, dann die SP208 hinauf bis knapp vor den Stausee, links abbiegen auf die SP230, dann wieder links auf die SP3 bzw. die SP8 bis zum Rifugio Novezzina.

Öffentliche Verkehrsanbindung:

Mit der Bahn von Bozen bis Avio.

Barrierefreiheit für Kinderwägen/Rollstühle:

Prächtige Blumen wie Pfingstrosen und Gelb-Enzian kann man von der Bergstraße aus bewundern. Einige der schönsten Blumen blühen direkt am Straßenrand.

1

2

3

4

5

Botanische Besonderheiten des Monte Baldo (Auswahl):

1 Acker-Siegwurz, *Gladiolus italicus* **2** Pracht-Primel, *Primula spectabilis* **3** Schopf-Läusekraut, *Pedicularis comosa* **4** Ästig-Blauwürger, *Phelipanche ramosa*, W. Kussegg **5** Frühlings-Lichtblume, *Colchicum vernum*, H. Schön

6 **Holunder-Fingerwurz,** *Dactylorhiza sambucina* **7** **Bergscharte,** *Rhaponticum scariosum* **8** **Pflugschar-Zungenständel,** *Serapias vomeracea*, B. Schubert **9** **Südliche Wild-Tulpe,** *Tulipa sylvestris* subsp. *australis* **10** **Mastknabenkraut,** *Himantoglossum robertianum*, B. Schubert **11** **Obir-Steinkraut,** *Alyssum ovirense* **12** **Gardasee-Ragwurz,** *Ophrys benacensis*

Weitere Freizeitangebote und botanische Ziele im Gebiet:

- Alpengarten beim Rifugio Novezzina
- Westhang des Monte Luppia nordöstlich von Punta San Vigilio westlich von Garda (empfehlenswert eine Wanderung von Punta San Vigilio bis Torri del Benaco: Judasbaum, *Cercis siliquastrum*; Bienen-Ragwurz, *Ophrys apifera*; Gardasee-Ragwurz, *Ophrys benacensis*; Breitblatt-Steinlinde, *Phillyrea latifolia* usw.)
- Umgebung von Albisano am Südfuß des Monte Baldo (Gardasee-Ragwurz, *Ophrys benacensis*; Dingel, *Limodorum abortivum*, verschiedene Ragwurz-Hybriden usw.)

Breitblatt-Glockenblume

Campanula latifolia, GLOCKENBLUMENGEWÄCHS

Kurzbeschreibung:

Pflanze 50–120 cm hoch; untere Blätter eiförmig bis breit-lanzettlich, ungleich doppelt gezähnt, mit geflügeltem Stiel, obere Blätter sitzend; Krone violettblau, 4–6 cm lang; Kelchzipfel lanzettlich, breiter als 2 mm; Blütezeit Juni – Juli.

Verwechslungsmöglichkeit:

Vor allem mit der ähnlichen Nessel-Glockenblume (*Campanula trachelium*). Deren Stängel ist aber deutlich kantig (bei *C. latifolia* zumindest in der unteren Hälfte stielrund); die Blüten sind bei der Nessel-Glockenblume 3–4 cm lang (bei *C. latifolia* 4–6 cm).

Verbreitung und Lebensraum:

Eurasiatische Art. Beheimatet in großen Teilen Europas von Nordspanien und Schottland bis zum Ural. Abgesprengt davon liegen Vorkommen im Kaukasus-Gebiet, im westlichen Himalaya und im westlichen Altai. Verschleppt auf den Kurilen, in Sachalin und in Ostkanada. In den Alpen findet sich die Art zerstreut von der Drôme bis Niederösterreich. In den Ostalpen ist sie selten und gilt vielerorts nur als eingebürgert. In Kärnten und der Steiermark findet sie sich zerstreut, teilweise in Ausbreitung begriffen. Im westlich anschließenden Osttirol und Südtirol ist sie verschollen.
Besiedelt Hochstaudenfluren und frische, nährstoffreiche Edellaubwälder vom Tiefland bis 1400 m Seehöhe, vereinzelt auch höher, wie am Plöckenpass in Kärnten (1600 m).

Gattung:

421 Arten umfasst die Gattung, wovon 144 Europa und 44 die Alpen besiedeln. Mannigfaltigkeitszentren sind das Kaukasusgebiet, die Balkanhalbinsel und die Ägäischen Inseln. Nördlich reicht die Gattung bis Spitzbergen und Nordgrönland.

Name:

Campanula als botanischer Gattungsname leitet sich vom spätlateinischen „campana“ (= Glocke) ab.

Taxonomie:

Campanula latifolia lässt sich in die drei Varietäten *cordata* (Böhmen, Harz), *macrantha* (Kaukasus) und *latifolia* unterteilen. In den Alpen ist dabei nur die Nominatform heimisch, verwildert findet sich aber auch die kräftigere, dunkelviolett blühende Varietät *macrantha*.

Relativ häufig wird die Art als Zierstaude für den Garten kultiviert, woraus sie leicht verwildert, sodass der Status so mancher Vorkommen ungeklärt ist. Andererseits sind gerade in den letzten Jahren besonders viele neue Funde in den Ostalpen gemacht worden. Es handelt sich dabei durchwegs um die var. *latifolia*, obwohl in der Gartenkultur vermehrt die kaukasische Varietät *macrantha* gezogen wird. Ein Indiz für die Ursprünglichkeit dieser Vorkommen?

Anmerkung:

Alle heimischen Glockenblumenarten sind wertvolle Nahrungsquellen für Insekten. Drei Sandbienenarten, drei Scherenbienenarten, zwei Glanzbienenarten, eine Sägehornbienenart und eine Mauerbienenart haben sich auf Glockenblumen spezialisiert. Sie verproviantieren ihre Brutzellen ausschließlich mit Glockenblumen-Blütenstaub. Als Gäste, oft auch nur als Zufluchtsort bei Regen finden sich Schwebfliegen, Glanzkäfer oder Ameisen in den Blüten ein.

Breitblatt-Glockenblume, *Campanula latifolia*

Weitere Glockenblumen-Arten der Alpen (Auswahl):
1 Knäuel-Glockenblume, *Campanula glomerata* **2** Zois-Glockenblume, *Campanula zoysii* **3** Acker-Glockenblume, *C. rapunculoides* **4** Rasen-Glockenblume, *C. cespitosa* **5** Wald-Glockenblume, *C. persicifolia* **6** Dolomiten-G., *C. morettiana*

7 Borsten-Glockenblume, *Campanula cervicaria* **8** Rundblatt-G., *C. rotundifolia* **9** Scheuchzer-G., *C. scheuchzeri* **10** Alpen-Glockenblume, *Campanula alpina* **11** Bart-Glockenblume, *Campanula barbata* **12** Niederösterreich-G., *Campanula beckiana* **13** Karnisch-Glockenblume, *Campanula carnica* **14** Mont-Cenis-Glockenblume, *C. cenisia*, A. Pleschberger

15 Steppen-Glockenblume, *C. sibirica*, W. Kussegg **16** Niedlich-Glockenblume, *Campanula cochleariifolia* **17** Insubrien-Glockenblume, *C. elatinoides*, A. Pleschberger **18** Felsen-Glockenblume, *C. petraea*, A. Pleschberger **19** Erzherzog-Rainer-Glockenblume, *C. raineri*, A. Pleschberger **20** Ähren-Glockenblume, *Campanula spicata* **21** Nessel-Glockenblume, *Campanula trachelium* **22** Strauß-Glockenblume, *Campanula thyrsoides* subsp. *thyrsoides*

WANDERVORSCHLAG: *Ö – Kärnten – Karnische Alpen*

Die Breitblatt-Glockenblume am Weg zum Säbelspitz

In den Karnischen Alpen wechseln Kalk und Urgestein oft kleinräumig ab und dementsprechend artenreich ist diese Landschaft hier. Unser Weg führt diesmal ins landschaftlich so reizvolle Lesachtal, wo wir durch Nostra fahren und dem schmalen Waldsträßchen bis zur Hubertuskapelle folgen. Zwar dürfte man hier, ungewöhnlich für die Alpen, noch weiter fahren, aber das Auto hat schon genug geleistet bis hierher.

Das Denkmal Hubertuskapelle, der Ausgangspunkt unserer Wanderung, wurde 1916 von den Kärntner freiwilligen Schützen errichtet und gedenkt der mehr als 300 Soldaten, die hier im Winter 1915/1916 bei einer Lawinenkatastrophe ums Leben gekommen sind.

Der Weg führt entlang der geschotterten Almstraße bis zur ehemaligen Zollwacht-Hütte mit der benachbarten Senn-Hütte, in deren Brunnen der durstige Wanderer oftmals Getränke eingekühlt findet. Schon um diese Hütte erfreuen die ersten Besonderheiten: Dolomiten-Akelei (*Aquilegia einseleana*) und Eisenhut-Sommerwurz (*Orobanche lycoctoni*). Letztere hat hier ja wirklich alle Möglichkeiten des Schmarotzens – der

Anspruch:
hoch

Bergauf:
1095 m

Gehzeit:
6 Std. (hin und zurück)

Blumenpracht:
Dolomiten-Akelei (*Aquilegia einseleana*); Breitblatt-Glockenblume (*Campanula latifolia*); Bart-Nelke (*Dianthus barbatus*); Frühlings-Kuhschelle (*Pulsatilla vernalis*)

Beste Blumenzeit:
E Juni – A August, für die Breitblatt-Glockenblume A Juli – E Juli

Pflanzenbesonderheiten:
Felsen-Miere (*Minuartia rupestris*); Eisenhut-Sommerwurz (*Orobanche lycoctoni*); Karst-Läusekraut (*Pedicularis hacquetii*); Hybride aus Krusten-Steinbrech (*Saxifraga crustata*) × Host-Steinbrech (*Saxifraga hostii*); Hybride aus Kleinst-Soldanelle (*Soldanella minima*) × Zwerg-Soldanelle (*Soldanella pusilla*) = *Soldanella × jancheni*; Norisch-Klee (*Trifolium noricum*)

Anreise:
Von Lienz über die B100 bis Oberdrauburg, die B110 bis Kötschach-Mauthen, auf der B111 im Lesachtal bis Birnbaum. Westlich von Birnbaum die Abzweigung nach Nostra nehmen. Inmitten von Nostra zweigt ein kleines Sträßchen links ab, gekennzeichnet mit den gelben Wandermarkierungen. Dieser Straße bis zur Hubertus-Kapelle folgen. Nicht geländegängige Fahrzeuge sollten schon vorher einen Parkplatz suchen, da die Gefahr des Aufsitzens gegeben ist.
Von Villach die A2 bis zur Abfahrt Hermagor, die B111 bis Birnbaum, dann weiter wie oben.

Öffentliche Verkehrsanbindung:
Mit der Buslinie 5050 von Kötschach Bahnhof bzw. Maria Luggau bis Birnbaum. Weiter zu Fuß oder mit dem Taxi

ausschließliche Wirt Wolfs-Eisenhut (*Aconitum lycoctonum*) ist überall, wohin das Auge schaut. Wir folgen dem Weg und kommen schon nach wenigen Minuten zu Hochstaudenfluren, wo die Breitblatt-Glockenblume ihr erstes Stelldichein gibt. Sie soll mancher Literatur zufolge in Kärnten nicht ursprünglich sein. Hat es hier einmal ein Haus gegeben, in dessen Garten die Blume gepflanzt war? Hat bei der Zollwachthütte ein Blumen liebender Zöllner die Art gepflanzt oder aber ist die Breitblatt-Glockenblume hier im Gebiet der Karnischen Alpen, wo sie nicht selten auftritt, urheimisch? Wie dem auch sei, vergesellschaftet mit Rispen-Eisenhut (*Aconitum degenii*), Großblatt-Schafgarbe (*Achillea macrophylla*), Türkenbund-Lilie (*Lilium martagon*), Rippensame (*Pleurospermum austriacum*) und Groß-Fingerhut (*Digitalis grandiflora*) ergibt sie ein schönes Bild für des Wanderers Betrachtung.

Die Schotterstraße wird nun immer steiler und schlängelt sich am Hildenfall vorbei hinauf zur Oberen Wolayeralm, wo es was zu trinken gibt, wenn die Sennin Monika da ist. Das seltene Karst-Läusekraut (*Pedicularis hacquetii*) hat sich für uns am Wegesrand aufgestellt und bis zur Säbelspitze gesellen sich noch solche Schönheiten wie Rätischer Alpen-Mohn (*Papaver alpinum* subsp. *rhaeticum*) oder Norisch-Klee (*Trifolium noricum*) dazu. Nun gabelt sich der Weg. Wir folgen dem Weg zur Kreuzleithöhe, 2070 m, und genießen den Kammweg zum Säbelspitz, 2159 m, mit seinem Ausblick zum Wolayersee.

Weitere Freizeitangebote und botanische Ziele im Gebiet:

- Riesenschaukel St. Lorenzen im Lesachtal bei Podlanig
- Bauerngolf beim Hartler in Niedergail
- Kraftquelle Radegund in St. Lorenzen
- Mühlenweg Maria Luggau
- Mussen (Trichterlilie, *Paradisea liliastrum*; Gattungshybride aus Mücken-Händelwurz × Rot-Kohlröschen usw.)
- Mauthner Alm (Trichterlilie, *Paradisea liliastrum*; Alpen-Mannstreu, *Eryngium alpinum*; Gattungshybride aus Duft-Händelwurz × Rhellicanus-Kohlröschen usw.)
- Mooskofel zur Oberen Valentinalm (ehemaliger Fundort von Spitzel-Knabenkraut, *Orchis spitzelii*; vielleicht noch vorhanden?)

Unter anderem am Weg zu finden:

1 Dolomiten-Akelei, *Aquilegia einseleana* **2** Rätischer Alpen-Mohn, *Papaver alpinum* subsp. *rhaeticum* **3** Wald-Storchschnabel, *Geranium sylvaticum* **4** Alpen-Süßklee, *Hedysarum hedysaroides* **5** Türkenbund-Lilie, *Lilium martagon* **6** Frühlings-Kuhschelle, *Pulsatilla vernalis* **7** Karst-Läusekraut, *Pedicularis hacquetii* **8** Norisch-Klee, *Trifolium noricum* **9** Eisenhut-Sommerwurz, *Orobanche lycoctoni*

Neunblättchen-Zahnwurz

Cardamine enneaphyllos, *(Synonym: Dentaria enneaphyllos)*

KREUZBLÜTLER

Kurzbeschreibung:

Pflanze 20–30 cm hoch, unverzweigt; Stängel kantig; Stängelblätter quirlständig, meist zu 3, alle Laubblätter 3-zählig, frischgrün bis olivgrün, glänzend, beim Austrieb oft purpurbraun; Blütenstand nickend; Kronblätter blassgelb; Blütezeit März – Mai.

Verwechslungsmöglichkeit:

Mit der Vielblättchen-Zahnwurz (*Cardamine kitaibelii*), deren obere Blätter sind aber 7–9-zählig gefiedert (bei *C. enneaphyllos* 3-zählig).

Verbreitung und Lebensraum:

Europäisch-montane Art vom Apennin bis in die Hohe Tatra. In den Alpen vom Allgäu (isoliert bei Oberstdorf) und der Provinz Bergamo an ostwärts.
Besiedelt frische Edellaubwälder, Hochstaudenfluren und Latschengebüsch vom Tiefland bis etwa 2000 m Seehöhe, vereinzelt auch höher, wie an der Gerlossteinwand (2160 m).

Gattung:

Mit etwa 150 Arten (inkl. *Dentaria*) werden vor allem Europa, das Mittelmeergebiet und die tropischen und subtropischen Gebirge Asiens, Afrikas und Südamerikas besiedelt. Europa beheimatet 42 Arten, die Alpen 22.

Name:

Der Gattungsname ist von „cardamina“, einem mittellateinischen Ausdruck für die Garten-Kresse abgeleitet. Auch bei den Griechen war „kardamon“ der Name für die Kresse. Zahnwurz ist die Übersetzung von *Dentaria* (dens = Zahn) – früher oft eine eigene Gattung, heute meist Untergattung innerhalb *Cardamine*. Sie verdankt ihren Namen dem unterirdischen Rhizom, das zahnförmige Niederblätter aufweist.

Anmerkung:

Lange Zeit galt die Sektion *Dentaria* als eigene Gattung. Begründet wurde dies mit den dünnen Nabelsträngen (bei *Cardamine* geflügelt erweitert), dickeren Kotyledonen und der unterschiedlichen Entwicklung der Embryonen. Es wurde sogar eine dritte Gattung Pteroneuron für *Cardamine graeca* und *C. carnosa* aufgestellt, die in ihren Ausprägungen zwischen *Cardamine* und *Dentaria* stehen, doch hat sich diese Gattung nie durchsetzen können. Zurzeit wird *Dentaria* als eine Untergattung von *Cardamine* angesehen. Diese holarktische Sektion *Dentaria* ist gekennzeichnet durch fleischige Rhizome mit fleischigen Niederblättern. Die Samen keimen im Gegensatz zu den anderen Untergattungen unterirdisch.

Weitere Cardamine-Arten der Alpen:

1 Kressen-Schaumkraut, *Cardamine amara* **2** Vielblättchen-Zahnwurz, *Cardamine kitaibelii*, W. Seiche

Neunblättchen-Zahnwurz, *Cardamine enneaphyllos*

3 Finger-Zahnwurz, *Cardamine pentaphyllos* **4** Kleeblatt-Schaumkraut, *Cardamine trifolia*
5 Siebenblatt-Zahnwurz, *Cardamine heptaphylla*

Weitere Cardamine-Arten der Alpen:

6 Haselwurz-Schaumkraut, *Cardamine asarifolia* **7** Zwiebel-Zahnwurz, *Cardamine bulbifera* **8** Reseda-Schaumkraut, *Cardamine resedifolia* **9** Gebirgs-Wiesen-Schaumkraut, *Cardamine rivularis* **10** Save-Zahnwurz, *Cardamine waldsteinii*

WANDERVORSCHLAG: ***Ö – Niederösterreich – Gutensteiner Alpen***

Die Neunblättchen-Zahnwurz im Urgersbachtal

F. Weingartner

Schon im Jahr 1884 schrieb Günther BECK in seiner Flora von Niederösterreich von einem Tal, in dem alpine Pflanzen auffallend tief herabgeschwemmt vorkommen – er meinte das Urgersbachtal im niederösterreichischen Voralpenland. 130 Jahre später wollen wir schauen, ob das immer noch so ist.

Wir beginnen unsere gemütliche Frühlingswanderung bei der Bushaltestelle Klostertal, Abzweigung Urgersbach und wandern das Tal gemächlich einwärts. Schon nach wenigen Gehminuten verengt es sich und hoch aufragende Kalkfelsen bilden eine romantische Schlucht, auf deren Grund der Urgersbach fließt. Hier würde sich ein Erkunden der kleinen Seitentäler auszahlen, etwa des Rossstallgrabens mit seinem Wasserfall und seinen Windröschen-Schmuckblumen (*Callianthemum anemonoides*).

Nach etwa 2,5 km angenehmen Wanderns stehen wir plötzlich vor einer Villa, einem schlossartigen Herrensitz, den wir hier in dieser entlegenen Waldlandschaft nicht erwartet hätten. In der zweiten Hälfte des 19. Jahrhunderts fand der reiche Kohlengrubenbesitzer David BERL Gefallen am Urgersbachtal und setzte sich in den Kopf, diese Tallandschaft nach eigenen Vorstellungen zu gestalten. Er kaufte die wenigen Bauernhöfe auf und siedelte sie ab.

Anspruch:
mittel

Bergauf:
612 m

Gehzeit:
7,5 Std. (ganze Runde)

Beste Blumenzeit:
E April – E Juni, für die Neunblättchen-Zahnwurz A April – A Mai.

Blumenpracht:
Echt-Akelei (*Aquilegia vulgaris*); Woll-Kratzdistel (*Cirsium eriophorum*); Clusius-Enzian (*Gentiana clusii*); Fransenenzian (*Gentianopsis ciliata*); Lauchblatt-Habichtskraut (*Hieracium porrifolium*); Frühlings-Platterbse (*Lathyrus vernus*); Lauch-Scheibenschötchen (*Peltaria alliacea*, im Schwarzgraben); Aurikel (*Primula auricula*); Clusius-Primel (*Primula clusiana*); Mehl-Primel (*Primula farinosa*).

Pflanzenbesonderheiten:
Felsen-Steintäschel (*Aethionema saxatile*); Rasen-Glockenblume (*Campanula cespitosa*); Purpur-Waldvögelein (*Cephalanthera rubra*); Scheiden-Kronwicke (*Coronilla vaginalis*); Weich-Pippau (*Crepis mollis*, auf der Mamauwiese); Lorbeer-Seidelbast (*Daphne laureola*); Österreich-Mehlbeere (*Sorbus austriaca*); Walderbsen-Wicke (*Vicia oroboides*).

Anreise:
Von Wien auf der A2 bis zur Ausfahrt Wöllersdorf, dann die B21 bis Gutenstein. Nach Gutenstein der Straße Richtung Klostertaler Gscheid einige Kilometer bis zur Abzweigung ins Urgersbachtal folgen.

Öffentliche Verkehrsanbindung:
Mit dem Zug oder den Buslinien 7843 oder 7847 bis Pernitz, dann mit der Buslinie 1742 bis Klostertal, Abzweigung Urgersbach.

Barrierefreiheit für Kinderwägen/Rollstühle:
ist im ersten Teil des Weges bis Urgersbach gegeben. Hier sind bereits viele der „Gebirgsschwemmlinge" zu finden.

Wir müssen wieder ein kleines Stück zurück, um dann in Richtung Hutbauerkapelle abzubiegen. In den Kalkfelsen am Bachrand blühen Wimper-Alpenrose (*Rhododendron hirsutum*), Zwergalpenrose (*Rhodothamnus chamaecistus*), Clusius-Primel (*Primula clusiana*), Aurikel (*Primula auricula*), Clusius-Enzian (*Gentiana clusii*), Sternlieb (*Bellidiastrum michelii*), Alpen-Fettkraut (*Pinguicula alpina*), Felsen-Steintäschel (*Aethionema saxatile*), Kugelschötchen (*Kernera saxatilis*), Felsschutt-Pippau (*Crepis jacquinii*), Voralpen-Pippau (*Crepis alpestris*) und Felsen-Baldrian (*Valeriana saxatilis*) auf 600 bis 700 Höhenmetern. Schön zu sehen, dass alle Alpinen des Tieflands, die Beck hier im 19. Jahrhundert fand, nach wie vor da sind und Klimaerwärmung und Forststraßenbau trotzen.

Über die Hutbauerkapelle und das Steinbachtal führt der Weg hinaus zum Klostertal. Im Frühlingswald blühen hier Neunbättchen-Zahnwurz, Klee-Schaumkraut (*Cardamine trifolia*), Lorbeer-Seidelbast (*Daphne laureola*), Knoten-Beinwell (*Symphytum tuberosum*), Schneerose (*Helleborus niger*), Mandel-Wolfsmilch (*Euphorbia amygdaloides*), Frühlings-Platterbse (*Lathyrus vernus*) und einige andere mehr.

Nun geht's ein Stück auf der Bundesstraße bis zum ehemaligen Wegscheidhof und weiter auf der ehemaligen Römerstraße bis zur Mamauwiese. Hier sind es Mehl-Primel (*Primula farinosa*), Bach-Aschenkraut (*Tephroseris crispa*), Lauch-Scheibenschötchen (*Peltaria alliacea*), Gewöhnlich-Steinmispel (*Cotoneaster integerrimus*), Österreich-Mehlbeere (*Sorbus austriaca*) und Heide-Ginster (*Genista pilosa*), die erfreuen. Ihren Namen hat die Mamauwiese von den „Muhmen", geisterhaften Zwergen, die hier der Sage nach einst die Kühe hüteten und dafür hie und da auf ihnen reiten durften. Beck fand hier die Ostalpen-Nelke (*Dianthus alpinus*) und das Kohlröschen (*Nigritella spec.*). Beide kommen hier wahrscheinlich nicht mehr vor, denn auch bei Besuchen im Juni und Juli haben wir hier keine mehr gefunden. Dafür gibt es ein bodenständiges Essen im Gasthaus. Zurück geht's nun über den Schwarzgraben und das Schloss Somaruga zur Talmündung des Urgersbachs.

Weitere Freizeitangebote und botanische Ziele im Gebiet:

- Waldbauernmuseum in Gutenstein
- Raimundmuseum in Gutenstein
- Wallfahrtskirche Mariahilferberg
- Religiöser Landschaftsgarten beim Kloster Mariahilf in Gutenstein
- Wasserleitungsmuseum Kaiserbrunn
- Weißenbachtal südwestlich von Gutenstein (Felsen-Wolfsmilch, *Euphorbia saxatilis*; Gattungshybride aus Fuchs-Fingerwurz × Mücken-Händelwurz, × *Dactylodenia gracilis*; Karpaten-Miere, *Minuartia langii*; Österreich-Sesel, *Seseli austriacum* usw.)

Unter anderem am Weg zu finden:

1 Schneerose, *Helleborus niger* **2** Aurikel, *Primula auricula* **3** Herzblatt-Kugelblume, *Globularia cordifolia* **4** Zwergalpenrose, *Rhodothamnus chamaecistus*

Nick-Ringdistel

Carduus nutans, KORBBLÜTLER

Kurzbeschreibung:
Pflanze 30–100 cm hoch; Stängel bis fast zu den Blütenköpfen beblättert und stachelig geflügelt; Blätter unregelmäßig fiederspaltig; Blütenköpfe 3–5 cm breit, meist nickend, zu 1–3 am Ende der Zweige; Korbhüllblätter etwas über dem Grund deutlich eingeschnürt und geknickt. Blütezeit Juni – September.

Verwechslungsmöglichkeit:
Mit den anderen Carduus-Arten und auch mit Cirsium-Arten, deren Korbhüllblätter aber lanzettlich bis pfriemlich (bei *C. nutans* eilanzettlich) und nicht eingeschnürt sind und deren Blütenköpfe meist kleiner als 3 cm breit sind (bei *C. nutans* breiter als 3 cm). Von der Gattung *Cirsium* unterscheiden sich die *Carduus*-Arten durch die unverzweigten, einfachen Haare des Pappus (Haarschopf an der Spitze der Frucht), welche bei *Cirsium* gefiedert sind.

Verbreitung und Lebensraum:
Europäische Art von Schottland und Nordspanien bis zur Ukraine und in den Kaukasus. In nahe verwandten Sippen in Zentralasien. In Nordamerika eingeschleppt.
Besiedelt trockene Ruderalplätze, Geilstellen in Trockenweiderasen, Brachen, Flussschotter und ähnliche Standorte bis etwa 1600 m Seehöhe, gelegentlich auch höher, wie im Tiroler Pfossental (2068 m).

Gattung:
Von den 91 Arten der Gattung kommen 48 in Europa und 13 in den Alpen vor. Hauptverbreitungsgebiet ist das Mittelmeergebiet. Einige Arten reichen bis Japan und ins tropische Afrika.

Name:
Der botanische Gattungsname ist vom lateinischen „carridus" (= kratzend) hergeleitet. Mit dem ebenfalls lateinischen „nutans" (= nickend) soll auf die Eigentümlichkeit der mehrheitlich nickenden Blütenköpfe hingewiesen werden. Distel geht auf das germanische „distila" (= stechen, spitz) zurück.

Untergliederung:
Die Art wird im Alpenraum in vier Unterarten unterteilt, wobei nicht sicher ist, ob es sich dabei nicht nur um Hybriden von *Carduus nutans* mit anderen *Carduus*-Arten handelt:

- subsp. *nutans*: in den Alpen weit verbreitet von den Seealpen bis ins Burgenland
- subsp. *alpicola*: Endemit der Südwestalpen
- subsp. *macrolepis*: sehr zerstreut in den Alpen, die genaue Verbreitung ist unbekannt
- subsp. *platylepis*: Endemit der Alpen vom Wallis bis Oberösterreich

Anmerkung:
Carduus-Arten neigen zur Bildung von Hybriden mit anderen Ringdistel-Arten, was die Bestimmung erschwert.

Nick-Ringdistel, *Carduus nutans*

Weitere Ringdistel-Arten der Alpen (Auswahl):
1 Kraus-Ringdistel, *Carduus crispus* **2** Haken-Ringdistel, *Carduus hamulosus* **3** Weg-Ringdistel, *Carduus acanthoides* **4** Stieglitz-Ringdistel, *Carduus carduelis* **5** Echte Berg-Ringdistel, *C. defloratus* subsp. *summanus* **6** Streit-Ringdistel, *Carduus litigiosus* **7** Kletten-Ringdistel, *Carduus personata* **8** Schmalkorb-Ringdistel, *Carduus tenuiflorus*

17

WANDERVORSCHLAG: *Ö – Steiermark – Grazer Bergland*

Die Nick-Ringdistel am Schiffall

W. Kussegg

Das Dorfwirtshaus in Laufnitzdorf ist Ausgangspunkt dieser Blumenwanderung, welche dem gut ausgeschilderten 531er-Wanderweg folgt. Nach den letzten Häusern geht es steil durch den Wald hinauf und diese Steilheit zieht sich eigentlich bis zum Gipfel fort. Immer wieder durchquert der Weg Wiesen und artenreiche Weiden, beim Felber-Bauern sind diese Weiden besonders bunt. Echt-Akelei (*Aquilegia vulgaris*), Echt-Hundszunge (*Cynoglossum officinale*), Nick-Ringdistel (*Carduus nutans*), Wermut (*Artemisia absinthium*) und andere nährstoffliebende Lichtpflanzen stellen sich hier ein.

Nun folgt ein kurzes ebenes Wegstück bis zum Gehöft Steiner, wo die ersten Raritäten erscheinen: Karpaten-Spierstrauch (*Spiraea media*) und Wien-Ehrenpreis (*Veronica vindobonensis*), zwei Arten, die zeigen, dass es sich hier um eine Wärmeinsel handelt. Bis zum Hof Obergoisser gesellen sich noch Klein-Hundswurz (*Anacamptis morio*), Echt-Igelsame (*Lappula squarrosa*), Melissen-Immenblatt (*Melittis melissophyllum*) und etliche andere dazu.

Das Artgefüge der Wärmeinsel ändert sich schlagartig beim Waldanstieg zum Gipfel des Schiffalls, 1221 m. Plötzlich tauchen hier alpine Pflanzen auf: Heilglöckel (*Primula matthioli*),

Anspruch:
mittel

Bergauf:
829 m

Gehzeit:
4 Std. (hin und zurück)

Beste Blumenzeit:
E Mai – M Juli, für die Nick-Ringdistel M Juni – E Juli.

Zweiblüten-Veilchen (*Viola biflora*), Alpen-Hahnenfuß (*Ranunculus alpestris*) und Frühlings-Braunwurz (*Scrophularia vernalis*).

Gipfelerlebnis bietet er keines, dieser Schiffall, denn er liegt inmitten des Waldes und allein deshalb zahlt es sich aus, den benachbarten Kreuzkogel, 1181 m, zu besuchen. Der Steig dorthin leitet zwischen Felsen und umgestürzten Baumstämmen hindurch zu einem Felsen, auf dem hoch oben eine Markierung angebracht ist und die beweist, dass auch die Wegmarkierer humorvolle Gesellen sind. Hier am unbewaldeten Kreuzkogel-Gipfel ergibt sich ein ganz anderes Bild. Bei guten Sichtverhältnissen offenbart sich ein großartiger Ausblick zum Rennfeld, dem Floning und zum Hochschwab.

Blumenpracht:
Klein-Hundswurz (*Anacamptis morio*); Rispen-Graslilie (*Anthericum ramosum*); Echt-Akelei (*Aquilegia vulgaris*); Nick-Ringdistel (*Carduus nutans*); Breitblatt-Waldvögelein (*Cephalanthera damasonium*); Alpen-Zyklame (*Cyclamen purpurascens*); Rau-Alant (*Inula hirta*); Melissen-Immenblatt (*Melittis melissophyllum*); Heilglöckel (*Primula matthioli*); Hügel-Veilchen (*Viola collina*)

Pflanzenbesonderheiten:
Giftheil-Eisenhut (*Aconitum anthora*); Filz-Steinmispel (*Cotoneaster tomentosus*); Kanten-Wolfsmilch (*Euphorbia angulata*); Schultes-Labkraut (*Galium schultesii*); Echt-Igelsame (*Lappula squarrosa*); Labkraut-Sommerwurz (*Orobanche caryophyllacea*); Steiermark-Kuhschelle (*Pulsatilla styriaca*); Lederblatt-Rose (*Rosa caesia*); Berg-Rose (*Rosa montana*); Frühlings-Braunwurz (*Scrophularia vernalis*); Hain-Leimkraut (*Silene nemoralis*); Karpaten-Spiere (*Spiraea media*); Groß-Leinblatt (*Thesium bavarum*); Woll-Königskerze (*Verbascum alpinum*); Wien-Ehrenpreis (*Veronica vindobonensis*)

Anreise:
Von Graz auf der A9 bis zum Knoten Deutschfeistritz, dann die S35 bis zur Ausfahrt Laufnitzdorf und ein kleines Stück zurück bis zum Ortswirtshaus.

Öffentliche Verkehrsanbindung:
Regionalbuslinie 100 bis Laufnitzdorf-Schweizerhof.

Weitere Freizeitangebote und botanische Ziele im Gebiet:
- Lurgrotte zwischen Semriach und Peggau (größte aktive Wasserhöhle Österreichs)
- Hauptplatz von Frohnleiten
- Bärenschützklamm bei Mixnitz
- Österreichisches Freilichtmuseum in Stübing
- Harneggkogel bei Frohnleiten (Holunder-Fingerwurz, *Dactylorhiza sambucina*; Hain-Leimkraut, *Silene nemoralis*; Fuchsschwanz-Klee, *Trifolium rubens*; usw.)

Unter anderem am Weg zu finden:

1 Steiermark-Kuhschelle, *Pulsatilla styriaca*, W. Kussegg **2** Breitblatt-Waldvöglein, *Cephalanthera damasonium* **3** Rau-Alant, *Inula hirta* **4** Labkraut-Sommerwurz, *Orobanche caryophyllacea* **5** Woll-Königskerze, *Verbascum alpinum* **6** Klein-Hundswurz, *Anacamptis morio*, B. Schubert

Feder-Flockenblume

Centaurea nervosa, KORBBLÜTLER

Kurzbeschreibung:

Pflanze 10–40 cm hoch, einkörbig; Blätter lanzettlich, entfernt gezähnt; Hülle kugelig-eiförmig, etwa so lang wie breit, Hüllblattanhängsel lang, fiedrig zerteilt und übergebogen, den grünen Teil der Hüllblätter verdeckend; Blüten purpurrosa. Blütezeit Juli – August.

Verwechslungsmöglichkeit:

Mit den nahe verwandten Arten Perücken-Flockenblume (*C. pseudophrygia*) und Schmalschuppen-Flockenblume (*C. stenolepis*), diese sind aber mehrkörbig (*C. nervosa* ist einkörbig), die mittleren und oberen Stängelblätter sind eiförmig, 2–4 × so lang wie breit (bei *C. nervosa* eilanzettlich, 4–8 × so lang wie breit).
Die ebenfalls ähnliche Einkorb-Flockenblume (*C. uniflora*) ist weißfilzig behaart (*C. nervosa* ist behaart, aber nicht weißfilzig), ihre Pappusborsten sind 5–10 mm lang (bei *C. nervosa* 1,5–3 mm lang).
Die Graubünden-Flockenblume (*C. rhaetica*) hat eine fast zylindrische, 8–15 mm breite Hülle (bei *C. nervosa* kugelig-eiförmig, 18–25 mm breit).

Gattung:

Nach Abtrennung von *Cyanus* verbleiben bei der Gattung etwa 350 Arten. Die Hälfte davon ist in Europa beheimatet, 27 in den Alpen. Mannigfaltigkeitszentrum ist das weitere Mittelmeergebiet und der Orient.

Name:

Der botanische Gattungsname ist mit den Kentauren, den heilkundigen Wald- und Bergbewohnern, die bei HOMER noch ohne die ihnen später beigelegte Pferdegestalt aufscheinen, in Verbindung zu bringen. Der Artbeiname ist vom lateinischen „nervus“ (= sehnig, nervig) abgeleitet und bezeichnet in der Regel hervortretende Blattnerven, in unserem Fall eher doch die auffallenden Hüllblattanhängsel.

Untergliederung:

Centaurea nervosa wird in den Alpen in zwei Unterarten unterteilt:

- subsp. *nervosa*: von den Seealpen bis in die Karnischen Alpen, vereinzelt bis in die Julischen Alpen
- subsp. *ferdinandii*: Endemit der Südwestalpen

Verbreitung und Lebensraum:

Südeuropäisch-montane Art der Gebirge von den Westalpen bis in die Ostkarpaten. In den Alpen überwiegend in den Süd- und Westalpen, erreicht in der Schweiz aber auch die Nordalpen.
Besiedelt grasige Hänge, Fettwiesen, Latschengebüsch, Magerrasen, Staudenfluren, Alpenrosengebüsch und ähnliche Standorte von 1200 – 2500 m Seehöhe, gelegentlich auch tiefer, wie im Vallarsa (820 m) oder höher, wie am Murettopass (2600 m).

Feder-Flockenblume, *Centaurea nervosa*

Weitere Centaurea- und Cyanus-Arten der Alpen (Auswahl):

1 Glanz-Flockenblume, *Centaurea splendens* **2** Einkorb-Flockenblume, *Centaurea uniflora* **3** Berg-Blauflockenblume, *Cyanus montanus* **4** Kornblume, *Cyanus segetum*, B. Schubert **5** Bunt-Blauflockenblume, *Cyanus triumfettii* **6** Wiesen-Flockenblume, *Centaurea jacea* **7** Hain-Flockenblume, *Centaurea nemoralis* **8** Schwarz-Flockenblume, *Centaurea nigra* **9** Schwärzlich-Flockenblume, *Centaurea nigrescens* **10** Perücken-Flockenblume, *Centaurea pseudophrygia* **11** Skabiosen-Flockenblume, *Centaurea scabiosa*

WANDERVORSCHLAG:
I – zwischen Ortler und der Adamello-Presanella-Gruppe

Die Feder-Flockenblume auf dem Tonalepass

W. Kussegg

Anspruch:
gering (nur Tonalepass), hoch (bis zum Rifugio Soldanella)

Bergauf:
714 m (ganze Runde bis zum Rifugio Soldanella)

Gehzeit:
4 Std. (ganze Runde)

Beste Blumenzeit:
A Juli – M August, für die Feder-Flockenblume und die Kratzdisteln A Juli – A August

Blumenpracht:
Ähren-Glockenblume (*Campanula spicata*); Kleb-Primel (*Primula glutinosa*); Gletscher-Nelke (*Dianthus glacialis*); Tüpfel-Enzian (*Gentiana punctata*); Berg-Esparsette (*Onobrychis montana*); Gelbe Alpen-Kuhschelle, (*Pulsatilla alpina* subsp. *apiifolia*); Hängefrucht-Rose (*Rosa pendulina*); Gamswurz-Kreuzkraut (*Senecio doronicum*); Westalpen-Klee (*Trifolium alpinum*)

Der 1884 Meter hohe Tonalepass ist eine wichtige West-Ost-Verbindung der Südalpen und war als solche in Kriegszeiten ein strategisch viel umkämpfter Ort. Im Ersten Weltkrieg war der Pass Teil der Kriegsfront zwischen Österreich und Italien.

Heute ist die Passhöhe skitouristisch voll erschlossen. Überproportionale Hotel- und Skianlagen zeigen sich dem Reisenden und trotzdem birgt das Gebiet einen botanischen Schatz. 1,5 km östlich der Passhöhe, beidseitig des Rio Valbiolo, wo sich verschiedene Gesteinsunterlagen treffen, wachsen kalkliebende

Kratzdisteln des Tonalepasses (Auswahl):

1 + 2 Kleb-Kratzdistel, *C. erisithales* **3** Filz-Kratzdistel, *C. heterophyllum* **4** *Cirsium erisithales* × *C. heterophyllum* **5** Berg-Kratzdistel, *C. montanum* **6** *Cirsium erisithales* × *C. montanum* **7** Filz-Kratzdistel, *C. heterophyllum* **8** Alpen-Kratzdistel, *C. spinosissimum* **9** *C. heterophyllum* × *C.spinosissimum*

In der Gemeinschaft der Kratzdisteln am Tonalepass:
1 Wald-Storchschnabel, *Geranium sylvaticum* **2** Bach-Nelkenwurz, *Geum rivale* **3** Schlangen-Knöterich, *Persicaria bistorta* **4** Westalpen-Klee, *Trifolium alpinum*, J. Weinzettl **5** Trollblume, *Trollius europaeus* **6** Grüner Weiß-Germer, *Veratrum album subsp. lobelianum*

Kratzdistel-Arten neben kalkfliehenden und wie man es von der Gattung *Cirsium* gewohnt ist, kreuzen sich alle Arten miteinander. Eine fantastische Farb- und Formvielfalt offenbart sich dem Naturbegeisterten.

Wandert man nun den 231er-Weg weiter Richtung Presanella, verabschieden sich bald die kalkliebenden Arten, dafür erscheint bis zum Rifugio Soldanella eine reiche Auswahl an kalkfliehenden Arten, wie Stern-Hasenohr (*Bupleurum stellatum*), Haller-Laserkraut (*Laserpitium halleri*) und Inntal-Primel (*Primula daonensis*). Zurück geht es über den 209er-Weg zum Tonale-Pass. Vor der Hauptstraße nimmt man aber den Stichweg über die Pojole-Alm zum Ausgangspunkt der Wanderrunde.

Anreise:

Von Bozen auf der B42 bis knapp vor dem Tonale-Pass, dort links den spitzwinkelig abzweigenden Güterweg hinunter zum Rio Valbiolo und dort parken.

Weitere Freizeitangebote und botanische Ziele im Gebiet:

- Festung Strino mit Ausstellung zwischen Vermiglio und dem Tonalepass
- Historisches Dorfzentrum von Vermiglio
- Passo del Maroccaro in der Adamello-Presanella-Gruppe (Zwerg-Himmelsherold, *Eritrichium nanum*; Furchen-Steinbrech, *Saxifraga exarata* usw.)

Pflanzenbesonderheiten:

Großblatt-Schafgarbe (*Achillea macrophylla*); Kreuzung aus Moschus-Schafgarbe × Zwerg-Schafgarbe (*Achillea × intermedia*); Vandelli-Mannsschild (*Androsace vandellii*); Stern-Hasenohr (*Bupleurum stellatum*); Stiel-Hornkraut (*Cerastium pedunculatum*); verschiedene Kratzdistel-Hybriden, Kälte-Felsenblümchen (*Draba dubia*); Bach-Storchschnabel (*Geranium rivulare*); Kükenthal-Habichtskraut (*Hieracium kuekenthalianum*); Felsen-Miere (*Minuartia rupestris*); Inntal-Primel (*Primula daonensis*); Ganzrand-Primel (*Primula integrifolia*); Tiroler Eberrauten-Greiskraut (*Senecio abrotanifolius* var. *tiroliensis*); Sumpf-Dreizack (*Triglochin palustre*)

Silikat-Hornkraut

Cerastium uniflorum, NELKENGEWÄCHS

Kurzbeschreibung:

Pflanze 2–8 cm hoch, zottig und drüsig behaart; Stängel 1–3-blütig; Blätter oval, 5–15 mm lang; Deckblätter ähnlich wie die Laubblätter, ohne Hautrand; Kronblätter weiß, 10–15 mm lang, 1,5–2 × so lang wie die Kelchblätter. Blütezeit Juli – August.

Verwechslungsmöglichkeit:

Mit dem Kalkalpen-Hornkraut (*C. latifolium*), dessen Blätter aber unterhalb der Mitte am breitesten sind (bei *C. uniflorum* oberhalb der Mitte). Die Blätter sind 12–30 mm lang mit 0,3–0,5 mm langen Haaren (bei *C. uniflorum* 4–15 mm lang mit 0,5–1,5 mm langen Haaren).
Das Alpen-Hornkraut (*C. alpinum*) hat Deckblätter mit schmaler Hautspitze (bei *C. uniflorum* ohne Hautspitze), die Haare sind 1,2–4,2 mm lang (bei *C. uniflorum* 0,5–1,5 mm).

Verbreitung und Lebensraum:

Alpisch-karpatische Art von Savoyen bis in die Steiermark und in der Tatra. In den Alpen häufig in den Zentralalpen.
Besiedelt Schieferschuttfluren, Felsspalten und Moränen von 1700 bis 3400 m Seehöhe, gelegentlich auch tiefer, wie im Osttiroler Winklertal (1250 m). Kalkmeidend.

Gattung:

Von den rund 100 Hornkraut-Arten kommen 58 in Europa und 23 im Alpenraum vor. Das Entwicklungszentrum der Gattung liegt im gemäßigten Eurasien. Es gibt ausdauernde und einjährige Arten.

Name:

Der botanische Gattungsname leitet sich vom altgriechischen „keras" (= Horn) ab und beschreibt die hornförmig aus dem Kelch ragenden Früchte.

Weitere Hornkräuter der Alpen (Auswahl):

1 Acker-Hornkraut, *Cerastium arvense* **2** Kleinblüten-Hornkraut, *Cerastium brachypetalum* **3** Südliches Kärnten-Hornkraut, *Cerastium carinthiacum* subsp. *austroalpinum* **4** Kärnten-Hornkraut, *Cerastium carinthiacum* subsp. *carinthiacum* **5** Woll-Hornkraut, *Cerastium eriophorum* **6** Kleb-Hornkraut, *C. glutinosum*, H. Schön

Silikat-Hornkraut, *Cerastium uniflorum*

7 Kalkalpen-Hornkraut, *Cerastium latifolium* **8** Ligurien-Hornkraut, *Cerastium ligusticum* **9** Großfrucht-Hornkraut, *Cerastium lucorum* **10** Stiel-Hornkraut, *Cerastium pedunculatum* **11** Isonzo-Hornkraut, *Cerastium subtriflorum* **12** Wald-Hornkraut, *Cerastium sylvaticum*

WANDERVORSCHLAG: ***Ö – Osttirol – Lasörlinggruppe***

Das Silikat-Hornkraut im Schwarzachtal

G. Tritthart

Anspruch:
hoch

Bergauf:
ca. 500 m (bis zum Wasserfall im Schwarzach-Talschluss)

Gehzeit:
5,5 Std. (bis zum Wasserfall im Schwarzach-Talschluss und zurück)

Beste Blumenzeit:
E Juni – M August, für die Alpenrosen-Blüte E Juni – M Juli, für das Einblüten-Hornkraut E Juni – E Juli.

Die Jagdhausalmen sind eine kulturhistorische Besonderheit. Sie sind eine der ältesten urkundlich belegten Almen Österreichs und wurden bereits im Jahr 1212 erwähnt. Damals wurden sie als Dauersiedlung ganzjährig bewirtschaftet. Aufgrund der Höhenlage musste diese Nutzung jedoch bald aufgegeben werden. Seit zumindest 1406 werden die Gebäude nur mehr als Sommeralm genutzt. Heute liegen das Weiderecht und das Grundeigentum im Besitz von Südtiroler Bauern, die jedes Jahr Mitte Juni rund 330 Jungrinder auf die Alm treiben. Fünf bis sechs Hirten kümmern sich um die Tiere, doch erfolgt die Milchverarbeitung nur mehr im Rahmen des Eigenbedarfes. Noch in den 1950er-Jahren verarbeiteten 37 Senner rund 50.000 Liter Milch.

Die unter Denkmalschutz stehende Jagdhausalm spielt in der Zusammenarbeit mit dem Nationalpark Hohe Tauern eine Vorreiterrolle. Seit etwa 20 Jahren stellen die Besitzer ihr Jagdrevier dem Tiroler Nationalparkfond für Forschungszwecke zur Verfügung. Ebenso war die Jagdhausalm die erste Alm, die am zukunftsweisenden Projekt „Nationalparkzertifikat für Almen" mitgemacht hat und bereits einige wertvolle Maßnahmen daraus umgesetzt hat, wie die Neuerrichtung einer einzigartigen Trockensteinmauer oder die Errichtung einer Kleinkraftanlage für die CO_2-neutrale Energieversorgung des Almdorfes.

Das Innerste Defereggental liegt am Schnittpunkt eines der größten Naturschutzgebiet-Verbunde Europas. Es grenzen nämlich hier der Nationalpark Hohe Tauern, der Naturpark Rieserferner-Ahrn und das Ruhegebiet Zillertaler Hauptkamm unmittelbar aneinander. Dieses Großschutzgebiet umfasst somit das Kerngebiet der Ostalpen und eine zusammenhängende, geschützte Hochgebirgsfläche von rund 2500 km². Gerade im Hochgebirge sind derart großflächige Schutzgebiete von größter Bedeutung für eine langfristige Erhaltung der faszinierenden Natur. In weiten Teilen des Gebietes ist sich die Natur völlig selbst überlassen, daneben gibt es aber auch große Areale der ökologisch wertvollen alpinen Kulturlandschaft, die hier in traditioneller Weise weiter genutzt wird. Dieses Nebeneinander ist mitverantwortlich für den Blumenreichtum und die Artenvielfalt in diesem Gebiet.

Die Wanderung beginnt beim Alpengasthaus Oberhaus, 1700 m, und führt entlang des Schwarzach-Baches zur Jagdhausalm. Zur Alpenrosen-Blüte ist es hier am schönsten. Ein Besuch der Alm löst fast archaische Gefühle aus. Es scheint, als wäre das Almdorf aus einer anderen Welt übriggeblieben und geht man dann noch zum „Pfauenauge“, einem kreisrunden See oberhalb der Alm gelegen, kommt man aus dem Staunen nicht mehr raus.

Blumenpracht:
Streifen-Steinröslein (*Daphne striata*); Gletscher-Nelke (*Dianthus glacialis*); Wild-Nelke (*Dianthus sylvestris*); Alpen-Spitzkiel (*Oxytropis campestris*); Rost-Alpenrose (*Rhododendron ferrugineum*); Gegenblatt-Steinbrech (*Saxifraga oppositifolia*); Grüner Weiß-Germer (*Veratrum album* subsp. *lobelianum*).

Pflanzenbesonderheiten:
Ähren-Glockenblume (*Campanula spicata*); Stiel-Hornkraut (*Cerastium pedunculatum*); Villars-Berufkraut (*Erigeron atticus*); Röhren-Goldstern (*Gagea liotardii*); Rundblatt-Enzian (*Gentiana orbicularis*, Westhang der Jagdhausspitze); Niederliegend-Enzian (*Gentiana prostrata*); Zweiblüten-Miere (*Minuartia biflora*); Herz-Zweiblatt (*Neottia cordata*); Kerner-Läusekraut (*Pedicularis kerneri*); Dünnsporn-Fettblatt (*Pinguicula leptoceras*); Salzburg-Weide (*Salix mielichhoferi*); Zwerg-Simsenlilie (*Tofieldia pusilla*)

G. Tritthart

Anreise:
von Lienz oder Mittersill auf der B108 bis Huben, dann die L25 bis zur Katzleitenbrücke im Defreggental, dann rechts abbiegen die Oberhaus-Mautstraße bis zum Gasthaus Oberhaus.

Öffentliche Verkehrsanbindung:
Mit der Buslinie 4414 von Lienz Bahnhof bis St. Jakob im Defereggental-Mariahilf, dann zu Fuß oder mit dem Taxi bis zum Gasthaus Oberhaus.

Barrierefreiheit für Kinderwägen/Rollstühle:
bei geländegängigen Gefährten am Güterweg zur Jagdhausalm gegeben, von wo aus die Alpenrosenblüte gut beobachtet werden kann.

Auf der anderen Seite des Affentalbaches gehen wir nun zurück bis zur Schwarzach und folgen weiterhin dem Bach zur Schwarzach-Alm, 2123 m, und zum Wasserfall im Talschluss. Überall hier wächst das Einblüten-Hornkraut, besonders üppig aber oben am Rotenmann-Joch, 2886 m.

Weitere Freizeitangebote und botanische Ziele im Gebiet:

- Zirbenwald um das Alpengasthaus Oberhaus
- Umbalfälle bei Prägraten
- Drachenbootrennen am Obersee jeweils Anfang Juli
- Donnerstein bei St. Veit im Defereggental unweit des Durbaches (Küpfer-Hahnenfuß, *Ranunculus kuepferi* usw.)
- Blumenweg zwischen Erlsbacheralm und Seespitzhütte oberhalb St. Jakob im Defereggental (Gelbe Alpen-Kuhschelle, *Pulsatilla alpina* subsp. *apiifolia*; Echt-Alpenscharte, *Saussurea alpina*; Rudolphi-Steinbrech, *Saxifraga rudolphiana* usw.)

Unter anderem im Gebiet zu finden:

1 Echt-Katzenpfötchen, *Antennaria dioica*, P. Hubert **2** Ähren-Glockenblume, *Campanula spicata* **3** Alpen-Kälberkropf (Blatt), *Chaerophyllum villarsii* **4** Breitblatt-Enzian, *Gentiana acaulis*, P. Hubert **5** Rosa-Strahlensame, *Heliosperma pusillum* subsp. *pudibundum* **6** Alpen-Greiskraut, *Senecio cordatus*

Rauhaar-Zwerggeißklee

Chamaecytisus hirsutus, SCHMETTERLINGSBLÜTLER

Kurzbeschreibung:
30–100 cm hoher Strauch; Äste in der Jugend lang zottig behaart; Blätter gestielt, 3-zählig; Blüten zu 1–4 an seitenständigen Kurztrieben, lebhaft gelb, Fahne oft mit einem rötlichbraunem Fleck oder ganz rotbraun. Blütezeit März – Juni.

Verwechslungsmöglichkeit:
Vor allem mit dem Kopf-Zwerggeißklee (*Ch. supinus*), bei welchem die zweijährigen Äste allerdings ziemlich verkahlt sind (bei *Ch. hirsutus* behaart) und dessen Blüten sowohl zu 1–3 an den seitenständigen Kurztrieben, als auch zu 2–6 am Ende der Langtriebe stehen (bei *Ch. hirsutus* nur an den seitenständigen Kurztrieben).

Verbreitung und Lebensraum:
Südeuropäisch-westasiatische Art von Aragonien bis ins Altai. In den Alpen vor allem in den Südalpen von den Seealpen bis ins Burgenland.
Besiedelt lichte Wälder, besonders Eichen-Föhrenwälder, Magerwiesen, Schuttfluren, Felsen und Heidewiesen vom Tiefland bis 2200 m Seehöhe, vereinzelt auch höher, wie beim Passo di Cioto Mieu in den Seealpen (2400 m, subsp. *pumilus*).

Gattung:
Von den etwa 40 Arten der Gattung kommen 35 in Europa und 4 in den Alpen vor. Mannigfaltigkeitszentrum ist die Balkanhalbinsel, besonders viele Arten sind in Bulgarien beheimatet.

Name:
Der botanische Gattungsname ist zusammengesetzt aus den altgriechischen Wörtern „chamaei“ (= niedrig, am Boden) und „cytisus“ (nach PLINIUS angeblich von einer Insel Kythinos abgeleitet).

Untergliederung:
Die Art wird in den Alpen in drei Unterarten gegliedert:

- subsp. *hirsutus*: bis 100 cm hoch, Kelch und Frucht lang abstehend behaart; von den Seealpen bis ins Burgenland
- subsp. *ciliatus*: bis 100 cm hoch, Frucht kahl oder bewimpert; kalkmeidend, in den Südostalpen
- subsp. *pumilus*: bis 25 cm hoch, Kelch und Frucht lang abstehend behaart; kalkliebend, Endemit der Südwestalpen

Rauhaar-Zwerggeißklee, *Chamaecytisus hirsutus*

Weitere *Chamaecytisus*-Sippen der Alpen:

1 Bewimperter Rauhaar-Zwerggeißklee, *Chamaecytisus hirsutus* subsp. *ciliatus* **2** Kleiner Rauhaar-Zwerggeißklee, *Chamaecytisus hirsutus* subsp. *pumilus* **3** Purpur-Zwerggeißklee, *Chamaecytisus purpureus* **4** Kopf-Zwerggeißklee, *Chamaecytisus supinus*

20

Der Rauhaar-Zwerggeißklee auf dem Wildoner Buchkogel

Schloss Freybühel am Westhang des Buchkogels

Anspruch:
gering

Bergauf:
290 m

Gehzeit:
2 Std. (hin und zurück)

Beste Blumenzeit:
je nach Winterverlauf E Februar (*Crocus exiguus*) – A August (*Epipactis pontica*), für den Rauhaar-Zwergginster April – Juni (lange Blütezeit).

Ob der zwischen Graz und Leibnitz gelegene Wildoner Buchkogel noch zu den Alpen zählt, lassen wir hier mal dahingestellt. Sicher ist nur, dass er aus botanischer, archäologischer und geologischer Sicht interessant ist. Zahlreiche Funde zeigen, dass er seit 6000 Jahren durchgehend besiedelt sein dürfte, was ihn zu einem der wichtigsten archäologischen Fundplätze des Südostalpenraumes macht. Aus geologischer Sicht ist der Berg ein Riff aus dem Pannonischen Meer der Tertiärzeit und besteht vorwiegend aus Leithakalk. Und dieser Leithakalk erklärt auch den Blumenreichtum des Hügels.

An der Ostseite des Berges, am Übergang des Steilabfalles in den flachen Hang, ist die Brandungskehle des urzeitlichen Meeres heute noch sichtbar.

Die Herkunft des Bergnamens ist etwas ungewiss. Buchkogel ist eindeutig, aber die Herkunft des Ortsnamen Wildon wird diskutiert. Als Wortwurzel wird „Wilde“ vermutet, die mittelhochdeutsche Bedeutung für Stute, was die Pferdefamilie mit dem größten Berg „Hengst“ (Henigst ist der alte Name für den Buchkogel) und dem kleinsten „Ful“ (Fohlen) vervollständigen würde.

Illyrisch-Krokus, *Crocus exiguus*

Samt-Lungenkraut, *Pulmonaria mollis*

Wie dem auch sei, erfreulicherweise ist mittlerweile auch der Naturschutz auf die Wildoner Berge aufmerksam geworden. Im September 2013 wurde ein Verfahren zur Erklärung des Waldbestandes am Wildoner Buchkogel zum Naturschutzgebiet eingeleitet. Ziel dieser Unterschutzstellung ist die Erhaltung und Entwicklung eines standortgerechten und naturnahen Buchenwaldbestandes mit artenreichem Pflanzenvorkommen, wie es in der Bekanntmachung vom 26. August 2013 heißt.

Ein blumen- und landschaftsmäßig schöner Wanderweg führt von Wildon weg um den Schlossberg zur Buschenschank Bockmoar. Es ist ein sonnenreicher, gastfreundlicher Platz mit einer Aussicht bis zur Koralpe. Eine Rast hier tut gut, denn der nachfolgende Weg bis zum Gipfel ist steiler und am Buchkogel-Gipfel gibt's keine Aussicht, nur eine Betonsäule und viele entzückende Waldblumen.

Zurück geht's den gleichen Weg oder man folgt dem Kammweg ein Stück weiter nach Osten und steigt dann links in Richtung Schlossberg ab, um bei Unterhaus wieder auf den Hinweg zu gelangen.

Blumenpracht:

Flecken-Aronstab (*Arum maculatum*); Illyrisch-Krokus (*Crocus exiguus*); Hundszahnlilie (*Erythronium dens-canis*); Muschelblümchen (*Isopyrum thalictroides*); Dreizahn-Keuschständel (*Neotinea tridentata*); Samt-Lungenkraut (*Pulmonaria mollis*)

Pflanzenbesonderheiten:

Nickend-Kragenblume (*Carpesium cernuum*); Purpur-Waldvögelein (*Cephalanthera rubra*); Wald-Bergminze (*Clinopodium menthifolium*); Übersehene Schmallippen-Ständelwurz (*Epipactis leptochila* subsp. *neglecta*); Pontisch-Ständelwurz (*Epipactis pontica*); Hecken-Nieswurz (*Helleborus dumetorum*); Pyrenäen-Schaftmilchstern (*Loncomelos pyrenaicus*), Pimpernuss (*Staphylea pinnata*); Schwielen-Löwenzahn (*Taraxacum laevigatum*-Gruppe); Hochobir-Aschenkraut (*Tephroseris longifolia*)

Anreise:

Von Graz auf der A9 bis zur Abfahrt Weitendorf-Wildon, dann die Kainachtalstraße L603 bis zur B67, dieser bis in den Ort Wildon folgen.

Öffentliche Verkehrsanbindung:

Mit der Bahn von Graz Hbf. bzw. Leibnitz bis Wildon oder mit der Buslinie 600 von Graz bis Wildon-Kirche.

Am Wildoner Buchkogel zu finden:

1 Übersehene Schmallippen-Ständelw., *Epipactis leptochila* subsp. *neglecta* H. Presser **2** Nickend-Kragenblume, *Carpesium cernuum* H. Schön **3** Hundszahnlilie, *Erythronium dens-canis* **4** Berg-Platterbse, *Lathyrus linifolius* **5** Samt-Lungenkraut, *Pulmonaria mollis* **6** Pimpernuss, *Staphylea pinnata* **7** Hecken-Nieswurz, *Helleborus dumetorum*

7

Weitere Freizeitangebote und botanische Ziele im Gebiet:

- Archäologischer Schauraum Henigstmuseum in Wildon
- Flavia-Solva-Museum und Ausgrabungen in Wagna bei Leibnitz
- Tempelmuseum Frauenberg in Seggauberg westlich von Leibnitz
- Feuerwehrmuseum in Groß St. Florian
- Regioneum Grottenhof in Kaindorf an der Sulm
- „Blühender Straßenrand" im südsteirischen Hügelland um die Kreuzkogel-Aussichtswarte (Bienen-Ragwurz, *Ophrys apifera*; Grünlich-Leimkraut, *Silene chlorantha*; Kamm-Hundswurz, *Anacamptis pyramidalis* usw.)
- Attemsmoor zwischen Straß und Lind südwestlich von St. Veit am Vogau (Walzen-Segge, *Carex elongata*; Brenn-Hahnenfuß, *Ranunculus flammula*; Sumpfabbiss, *Succisella inflexa*; Sumpffarn, *Thelypteris palustris* usw.)

Krain-Kratzdistel
Cirsium carniolicum, KORBBLÜTLER

Kurzbeschreibung:
Pflanze 50–120 cm hoch; Stängel im oberen Teil weiß, später bräunlich filzig-behaart; Grundblätter fiederspaltig, Hochblätter lanzettlich bis lineal; Blütenköpfe einzeln oder zu 2–3, 25–40 mm lang, Blüten blassgelb; Blütezeit Juni – August.

Verwechslungsmöglichkeit:
Mit der Kohl-Kratzdistel (*C. oleraceum*), doch sind deren Korbstiele und äußeren Hüllblätter kahl oder zart spinnwebig behaart (bei *C. carniolicum* dicht behaart) und die eiförmigen Hochblätter überragen meist die Körbe (bei *C. carniolicum* sind die Hochblätter lanzettlich bis linealisch und überragen die Körbe kaum).
Die Körbe der Kleb-Kratzdistel (*C. erisithales*) sind nicht von Hüllblättern umhüllt (bei *C. carniolicum* schon).

Verbreitung und Lebensraum:
Endemit der Ostalpen: südwestliches Niederösterreich, südöstliches Oberösterreich, Steiermark, Kärnten, Salzburg, Slowenien (Steiner Alpen, Karawanken, Julische Alpen) und Italien (Provinzen Brescia, Trento, Udine, Verona und Vicenza). Besiedelt hier Hochstaudenfluren, steinige Weiderasen, Gebüsche und Krummholz von 700–1700 m Seehöhe, gelegentlich auch tiefer, wie im Val Vestino (600 m) oder höher, wie am Hochmölbing (1800 m). Kalkliebend.

Gattung:
Von den etwa 200 Arten der Gattung kommen 60 in Europa und 19 in den Alpen vor. *Cirsium* ist in Eurasien, in Afrika südlich bis Abessinien und in Nord- und Mittelamerika verbreitet.

Name:
Der botanische Gattungsname soll auf das altgriechische „kirsos" (= Krampfader) zurückgehen, gegen welche eine „distelförmige Sippe" bereits bei PLINIUS und DIOSKURIDES helfen sollte. Der Artbeiname verweist auf die Region Krain im zentralen Slowenien als ein Hauptverbreitungsgebiet der Art.

Anmerkung:
Die beiden Gattungen Kratzdistel (*Cirsium*) und Ringdistel (*Carduus*) sind äußerlich oft einander ähnlich, man kann sie an den Pappushaaren unterscheiden: bei der Kratzdistel fiedrig verzweigt, bei der Ringdistel unverzweigt. Beide Gattungen bilden vielfach Hybriden, allerdings immer nur innerhalb der eigenen Gattung.

Kreuzungen der Krain-Kratzdistel sind aus den Ostalpen bekannt mit der Kleb-Kratzdistel (= *C.* × *benacense*), der Kohl-Kratzdistel (= *C.* × *carinthiacum*), der Filz-Kratzdistel (= *C.* × *harzii*), der Ungarn-Kratzdistel (= *C.* × *khekianum*), der Alpen-Kratzdistel (= *C.* × *nevoleanum*), der Sumpf-Kratzdistel (= *C.* × *stoderianum*) und mit der Waldstein-Kratzdistel (bisher unbeschrieben).

Krain-Kratzdistel, *Cirsium carniolicum*

Weitere Cirsium-Arten der Alpen (Auswahl):

1 Erd-Kratzdistel, *Cirsium acaule* **2** Woll-Kratzdistel, *Cirsium eriophorum* **3** Kleb-Kratzdistel, *Cirsium erisithales* **4** Filz-Kratzdistel, *C. heterophyllum* **5** Kohl-Kratzdistel, *Cirsium oleraceum* **6** Berg-Kratzdistel, *Cirsium montanum*

Weitere Cirsium-Arten der Alpen (Auswahl):

1 Bach-Kratzdistel, *Cirsium rivulare* **2** Sumpf-Kratzdistel, *Cirsium palustre* **3** Ungarn-Kratzdistel, *C. pannonicum* **4** Alpen-Kratzdistel, *C. spinosissimum* **5** Lanzen-Kratzdistel, *Cirsium vulgare* **6** Waldstein-Kratzdistel, *C. waldsteinii*

WANDERVORSCHLAG: ***Ö – Oberösterreich – Sengsengebirge***

Die Krain-Kratzdistel auf dem Hohen Nock

F. Weingartner

Das Sengsengebirge bildet im waldbedeckten Abschnitt zwischen den Tälern von Enns und Steyr den am weitesten nach Norden vorgeschobenen und dabei noch wirklich alpine Höhen erreichenden Vorposten der nördlichen Kalkalpen. Den Namen trägt das Gebirge aufgrund der zahlreichen Sensenbetriebe, die in früheren Zeiten um das Gebirge mit Innung in Kirchdorf angesiedelt waren. Die unmittelbare Nachbarschaft zum Gebiet Eisenwurzen mit einer 2500 Jahre andauernden Eisenverhüttungstradition trug zu diesem gehäuften Gewerbe hier bei.

Das Massiv selbst ist noch weitgehend frei von Forststraßen, diesen zweifelhaften Segnungen unserer Fichtenäcker der Neuzeit, sodass seine Besteigung noch immer ein echtes Naturerlebnis darstellt.

Unsere Wanderung beginnt beim Truppenübungsplatz Hopfing und geht vorbei an der verfallenen Alm Mistleben. Mistl-eben oder Mist-leben fragen wir uns und alle sind sich einig – kann nur von der Mistel abzuleiten sein. Allmählich wird es steiler und irgendwann sind wir auf der Feichtaualm, 1360 m, die mit 600 Hektar die größte der 20 bewirtschafteten Almen im Nationalpark Kalkalpen ist. Der urige Wald rundherum wurde viele Jahrzehnte nicht mehr genutzt und zeigt imposante Baumgestalten.

Anspruch:
hoch

Bergauf:
1580 m

Gehzeit:
5,5 Std. (bis zum Hohen Nock und denselben Weg zurück)

Beste Blumenzeit:
M Juni – E Juli, ebenso für die Krain-Kratzdistel.

Blumenpracht:
Milch-Mannsschild (*Androsace lactea*); Windröschen-Schmuckblume (*Callianthemum anemonoides*); Schabenkraut-Pippau (*Crepis pyrenaica*); Fieberklee (*Menyanthes trifoliata*); Nordöstlicher Alpen-Mohn (*Papaver alpinum* subsp. *alpinum*); Heilglöckel (*Primula matthioli*)

Pflanzenbesonderheiten:
Langblatt-Hasenohr (*Bupleurum longifolium*); Traunsee-Labkraut (*Galium truniacum*); Aufrechtes Alpen-Leinkraut (*Linaria alpina* subsp. *petraea*); Kleb-Lein (*Linum viscosum*); Kerner-Lungenkraut (*Pulmonaria kerneri*); Hybride aus Alpen Soldanelle × Österreich-Soldanelle (= *Soldanella × wettsteinii*); Blassgelb-Klee (*Trifolium ochroleucon*)

Anreise:
Von Linz oder Graz auf der A9 bis zur Abfahrt Klaus, dann die B138 und B140 bis Molln, dann die L1325 bis zum Schranken des Truppenübungsplatzes fahren (Übungszeiten des Bundesheeres beachten, bei Übungseinsätzen kann der Weg nicht passiert werden).

Öffentliche Verkehrsanbindung:
Mit dem Zug bis Steyr oder Kirchdorf, dann mit der Buslinie 433 bis Molln.

Oberhalb der Feichtauer Seen, vorbei an Österreich-Glockenblume (*Campanula pulla*) und Österreich-Soldanelle (*Soldanella austriaca*) geht's zum Gipfel des Hohen Nock, 1963 m. Von hier aus führt ein schöner Kammweg nach Westen zum Uwe-Anderle-Biwak, für den man aber einen zweiten Tag und ein zweites Fahrzeug in St. Pankraz oder Klaus benötigt. Benannt ist die seit 1989 sogar mit Photovoltaikstrom ausgerüstete Unterkunft nach dem steirischen Förster Uwe ANDERLE (1943–1973), dessen Lieblingsgebirge das Sengsengebirge war und aufgrund dessen großen persönlichen Einsatzes dieser Höhenweg geschaffen wurde. 1976 wurde das Biwak zu seinen Ehren aufgestellt. Durch seinen plötzlichen Tod konnte er diese Ehrung nicht mehr miterleben.

Botanisch bietet das Sengsengebirge eine breite Palette an Nordostalpen-Endemiten – von der Ostalpen-Nelke (*Dianthus alpinus*) und der Windröschen-Schmuckblume (*Callianthemum anemonoides*), über das Traunsee-Labkraut (*Galium truniacum*) bis hin zum Kerner-Lungenkraut (*Pulmonaria kerneri*).

Weitere Freizeitangebote und botanische Ziele im Gebiet:

- Maultrommel-Schaubetrieb in Molln
- Harnischmacherei und Schwertschmiede in Molln
- Historische Handwerkstraditionen im Dorf-Museum Molln
- Wilderermuseum in St. Pankraz
- Krumme Steyrling östlich von Molln (Klein-Tausengüldenkraut, *Centaurium pulchellum*; Kleb-Lein, *Linum viscosum*; Heilglöckel, *Primula matthioli* usw.)
- Brunnental bei Steyrling nahe Klaus (Flaum-Steinröslein, *Daphne cneorum*, Österreich-Soldanelle, *Soldanella austriaca*; Kugelständel, *Traunsteinera globosa* usw.)

Unter anderem am Weg zu finden:

1 Braun-Storchschnabel, *Geranium phaeum* **2** Aufrechtes Alpen-Leinkraut, *Linaria alpina* subsp. *petraea* **3** Lauchblatt-Habichtskraut, *Hieracium porrifolium* **4** Zypressen-Wolfsmilch, *Euphorbia cyparissias*

Frölich-Pippau

Crepis froelichiana, KORBBLÜTLER

Kurzbeschreibung:

Pflanze 15–40 cm hoch; Stängel 3–10-körbig, blattlos; Rosettenblätter eilanzettlich, 6–8 cm lang; Zungenblüten blasslila bis weiß (subsp. *dinarica*) oder gelb (subsp. *froelichiana*). Blütezeit Mai – Juni.

Verwechslungsmöglichkeit:

Die Nominatform (subsp. *froelichiana*) mit dem Trauben-Pippau (*C. praemorsa*). Dieser hat einen 8–20-körbigen Blütenstand, der von oben nach unten aufblüht (bei *C. froelichiana* 3–10-körbig, von unten nach oben aufblühend), seine Rosettenblätter sind 10–16 cm lang (bei *C. froelichiana* 6–8 cm).

Verbreitung und Lebensraum:

Ostalpisch-illyrische Art vom Tessin bis ins Küstenland der Südostalpen-Ausläufer. Besiedelt Kalkschuttfluren, Föhrenwälder, felsige Trockenrasen, steinige Matten, lichtes Krummholzgebüsch und ähnliche Standorte von 600–1800 m Seehöhe, gelegentlich auch tiefer, wie am Gardasee (60 m), oder höher, wie in den Pragser Dolomiten (1850 m). Kalkstet.

Gattung:

Rund 200 Arten umfasst die Gattung *Crepis*, wobei 70 Europa und 27 die Alpen besiedeln. Mannigfaltigkeitszentrum ist das gemäßigte und subtropische Eurasien.

Name:

Der botanische Gattungsname ist vom altgriechischen „krepis" (= sandalenähnlicher Schuh) abgeleitet, ohne dass ein sinnvoller Bezug hergestellt werden kann.

Die Art ehrt den deutschen Arzt, Botaniker, Naturforscher und Hofmedizinalrat Josef Alois von Frölich (1766–1841). 1796 legte er seine medizinische Doktorarbeit mit dem für diese Fakultät ungewöhnlichen Thema über die Gattung der Enziane vor. Frölich wurde als Ziehvater eines unehelichen Kindes von Jérôme Bonaparte, des jüngsten Bruders von Napoleon, eingesetzt, als dieser nach der Schlacht bei Waterloo zusammen mit seiner Frau aus zweiter Ehe, der württembergischen Prinzessin Katharina, im Schloss Ellwangen gefangen gehalten wurde. Später unternahm er botanische Fußwanderungen bis nach Tirol, um seinen Blumenfreund Johann Rathgeb zu besuchen.

Frölich zu Ehren sind unter anderem die Pflanzengattung *Froelichia* aus der Familie der Fuchsschwanzgewächse, das Moos *Tayloria froelichiana* und der Karawanken-Enzian (*Gentiana froelichii*) benannt.

Pippau als deutscher Name entstammt der polnischen Bezeichnung „pepewa" für den ähnlichen Löwenzahn. Die alte deutsche Benennung „Grundfeste" verweist auf die grundständige Blattrosette einiger Pippau-Arten.

Untergliederung:

Crepis froelichiana tritt in den Alpen in zwei Unterarten auf:

- subsp. *froelichiana*: vom Tessin bis zur Provinz Belluno
- subsp. *dinarica*: von Südtirol östlich des Gadertals bis in die Karawanken

1 Frölich-Pippau subsp. *dinarica* **2+3** Frölich-Pippau subsp. *froelichiana*

Weitere Pippau-Arten der Alpen (Auswahl):

1 Voralpen-Pippau, *Crepis alpestris* **2** Großkorb-Pippau, *Crepis conyzifolia* **3** Berg-Pippau, *Crepis pontana* **4** Wiesen-Pippau, *Crepis biennis* **5** Felsschutt-Pippau, *Crepis jacquinii* **6** Gold-Pippau, *Crepis aurea*, P. Hubert **7** Grün-Pippau, *Crepis capillaris* **8** Trauben-Pippau, *Crepis praemorsa* **9** Zwerg-Pippau, *Crepis pygmaea*, F. Dunkel **10** Pyrenäen-Pippau, *Crepis pyrenaica* **11** Triglav-Pippau, *Crepis terglouensis*

Der Frölich-Pippau im Valcellina

D. Jakely

Es ist eine ganz einfache Wanderung, mehr ein Blumenlustwandeln als eine Wanderung, und für alle, die Gipfelsiege mögen, sicher die falsche Wahl.

Etwa fünf Kilometer südöstlich von Cimolais im Valcellina westlich von Cellino di sopra geht in der Kurve mit der Brücke der 901er-Wanderweg zur Casera Feron ab. Der Güterweg schlängelt sich gemächlich hinauf, vorbei an einem kleinen Wasserfall und quert dann den Wildbach. Plötzlich endet die Schotterstraße und mündet in einen Gehweg. Diesem folgt man bis zum Sattel, wo ein mächtiger Buchenwald Schatten spendet und anschließend eine mit Latschen bewachsene Schuttflur dem Frauenschuh (*Cypripedium calceolus*) Heimat bietet. Die Gehzeit hinauf beträgt 1,5 Stunden (angeschrieben mit 1,25 Std.), durch die reichlich vorkommenden Blumen wird es aber bestimmt doppelt so lang. Diese Verzögerungen verursachen solche Besonderheiten wie Ressmann-Witwenblume (*Knautia ressmannii*), Saccardo-Salbei

Anspruch:
mittel

Bergauf:
380 m

Gehzeit:
3 Std. (hin und zurück)

Beste Blumenzeit:
A Juni – M Juli, ebenso für den Frölich-Pippau.

Unter anderem am Weg zu finden:

1 Strahlen-Ginster, *Genista radiata* **2** Schmerwurz, *Dioscorea communis* **3** Seiden-Ginster, *Genista sericea* **4** Insubrisches Nick-Leimkraut, *Silene nutans* subsp. *insubrica* **5** Rotblatt-Rose, *Rosa glauca* **6** Saccardo-Salbei, *Salvia saccardiana* **7** Ressmann-Witwenblume, *Knautia ressmannii*

(*Salvia saccardiana*) oder Kerners Dreiblüten-Wolfsmilch (*Euphorbia triflora* subsp. *kerneri*) und solche Schönheiten wie Gelb-Taglilie (*Hemerocallis lilioasphodelus*) oder Trichterlilie (*Paradisea liliastrum*), die ja alle beobachtet, berochen und fotografiert werden wollen. Unten an den Steilwänden zum Cellina-Fluss finden sich weitere Prachtpflanzen, wie die Schopfteufelskralle (*Physoplexis comosa*) und die Friaul-Spiere (*Spiraea decumbens*).

Anreise:

Von Udine auf der A23, der A4 und der A28 bis zur Abfahrt Cimpello, dann die SR177 und die SR464 bis Maniago und die SR251 bis kurz nach Cellino di sopra.

Weitere Freizeitangebote und botanische Ziele im Gebiet:

- Naturparkhaus in Cimolais mit interaktivem Fußboden
- Montereale Valcellina – historische Sehenswürdigkeiten und Archäologisches Museum
- Wasserkraftwerk in Malnisio, das erste in Nordost-Italien

Blumenpracht:

Dolomiten-Akelei (*Aquilegia einseleana*); Purpur-Zwerggeißklee (*Chamaecytisus purpureus*); Frauenschuh (*Cypripedium calceolus*); Dolomiten-Nelke (*Dianthus sternbergii*); Strahlen-Ginster (*Genista radiata*); Seiden-Ginster (*Genista sericea*); Gelb-Taglilie (*Hemerocallis lilioasphodelus*); Alpen-Goldregen (*Laburnum alpinum*); Gelb-Mänderle (*Paederota lutea*); Schopfteufelskralle (*Physoplexis comosa*)

Pflanzenbesonderheiten:

Alpen-Knorpellattich (*Chondrilla chondrilloides*); Glanzmutterwurz (*Coristospermum lucidum* subsp. *seguieri*); Rosmarin-Weidenröschen (*Epilobium dodonaei*); Kerners Dreiblüten-Wolfsmilch (*Euphorbia triflora* subsp. *kerneri*); Ressmann-Witwenblume (*Knautia ressmannii*); Saccardo-Salbei (*Salvia saccardiana*); Friaul-Spiere (*Spiraea decumbens*); Schnabel-Leinblatt (*Thesium rostratum*)

Alpen-Krokus

Crocus albiflorus, SCHWERTLILIENGEWÄCHS

Kurzbeschreibung:

Pflanze 5–15 cm hoch, einblütig; Blätter grundständig, lineal, mit weißem Mittelnerv, zur Blütezeit noch wenig entwickelt; Blüte trichterförmig, weiß oder violett; Perigonzipfel 15–40 mm lang. Blütezeit März – Juni.

Verwechslungsmöglichkeit:

Mit dem Illyrien-Krokus (*C. exiguus*), dessen Griffel aber mindestens so lang wie die Staubblätter sind und der einheitlich violett blüht (bei *C. albiflorus* ist der Griffel kürzer als die Staubblätter, die Pflanze blüht weiß oder violett).

Verbreitung und Lebensraum:

Südeuropäisch-montane Art von den Pyrenäen bis zu den Gebirgen Albaniens. In den Alpen weit verbreitet von der Haute Provence bis ins Burgenland.
Besiedelt Bergwiesen und Weiden von 600–2400 m Seehöhe, vereinzelt auch tiefer, wie bei Hochstrass in Niederösterreich (450 m) oder höher, wie im Puschlav (2500 m) und am Mt. Genevre (2600 m).

Gattung:

Von den rund 100 Krokusarten kommen etwa 50 in Europa und fünf ursprünglich in den Alpen vor. Einige Arten werden kultiviert und verwildern daraus, so etwa der Neapel-Krokus (*Crocus purpureus*) in den Nordostalpen vom Tal der Kleinen Erlauf bis zum Wienerwald. Die Mannigfaltigkeitszentren der Gattung liegen auf der Balkanhalbinsel und in Anatolien.

Name:

Der botanische Gattungsname und davon abgeleitet auch die deutsche Benennung entstammen dem altgriechischen „kroke“ (= Faden) und spielen damit wahrscheinlich auf die so wertvollen Griffel des Safrans (*Crocus sativus*) an.

Gelegentlich anzutreffende Volksnamen sind u. a. „Schneegugger“, „Burzigageln“, „Schneebleamel“ und „Kaserlen“.

Weitere Krokus-Arten im Alpenraum:

1 Illyrien-Krokus, *Crocus exiguus* **2** Neapel-Krokus, *Crocus purpureus* (eingebürgert)

Alpen-Krokus, *Crocus albiflorus*

23

WANDERVORSCHLAG: ***Ö – Kärnten – Karawanken***

Der Alpen-Krokus auf der Matschacher Alm des Hochstuhls

Anspruch:
mittel

Bergauf:
421 m

Gehzeit:
2 Std. (hin und zurück)

Beste Blumenzeit:
Hauptblüte E Mai – E Juli. Für den Alpen-Krokus E März – A April, je nach Schneeschmelze.

Blumenpracht:
Monte-Baldo-Windröschen (*Anemone baldensis*); Alpen-Krokus (*Crocus albiflorus*); Streifen-Steinröslein (*Daphne striata*); Schaftdolde (*Hacquetia epipactis*); Wulfen-Primel (*Primula wulfeniana*)

Während unten im Tal schon ein reges Blühen herrscht, beginnt hier oben in den Bergen der Krokus sich durch die Erdkruste zu kämpfen. Oft liegen noch Schneereste, durch die er durch muss, doch unter den Strahlen der Frühlingssonne erwachen ganze Krokusvölker, die so zuversichtlich in die Welt schauen, als wären sie im Schoß des Glückes geboren.

Die Anfahrt erfolgt durchs malerische Bärental, vorbei an der Stouhütte bis zum Parkplatz Johannsenruhe. Von hier weg schlängeln sich die Schotterstraße und der Wanderweg, wie man will, in gemächlichen Kehren hinauf zur Matschacher Alm. Bereits jetzt im zeitigen Frühjahr, wo noch von überall der Schnee her lacht, blüht es vielerorts. Leberblümchen (*Hepatica nobilis*), auffallend oft auch weiß blühend, Schneerosen (*Helleborus niger*) in Hülle und Fülle, Weiß-Pestwurz (*Petasites albus*), Schaftdolde (*Hacquetia epipactis*), Seidelbast (*Daphne mezereum*) und Immergrün-Felsenblümchen (*Draba aizoides*) läuten den Frühling ein. Unbeschreiblich schön wird's aber erst auf der Alm, wo zur Osterzeit unzählige Alpen-Krokusse die Matten weiß und lila färben, malerisch eingebettet vom Felszirkus der Karawanken und

Unter anderem bei der Wanderung zu finden:
1 Schaftdolde, *Hacquetia epipactis* **2** Schneerose, *Helleborus niger* **3** Leberblümchen, *Hepatica nobilis*, weißblühend, **4** Wulfen-Primel, *Primula wulfeniana* **5** Hohl-Lerchensporn, *Corydalis cava* **6** Weiß-Pestwurz, *Petasites albus* **7** Alpen-Soldanelle, *Soldanella alpina*

dazu der azurblaue Himmel. Die Griffel des Alpen-Krokus sind nicht zur Safran-Gewinnung tauglich und damit nicht für kommerzielle Zwecke geeignet. Dem Betrachter jedoch schenkt der Krokus Anblicke, die mit Gold nicht aufzuwiegen sind.

Pflanzenbesonderheiten:

Traunfellner-Hahnenfuß (*Ranunculus traunfellneri*); Burser-Steinbrech (*Saxifraga burseriana*); Karawanken Sporn-Stiefmütterchen (*Viola calcarata* subsp. *zoysii*)

Anreise:

von Klagenfurt auf der B91 bis Kirschentheuer, auf der B85 bis Feistritz im Rosental, zwischen Billa und dem Gasthaus Lausegger links ins Bärental einbiegen und die Bärentalstraße bis zum Parkplatz Johannsenruhe folgen.

Öffentliche Verkehrsanbindung:

Mit der Buslinie 5325 von Ferlach bzw. Rosenbach bis Feistritz im Rosental, dann mit dem Taxi bis zum Parkplatz Johannsenruhe.

Weitere Freizeitangebote und botanische Ziele im Gebiet:

- Gedenkstätte bei der Kapelle St. Margarethen im Bärental zu Ehren des verunglückten ehemaligen Landeshauptmannes.
- Künstlergarten Schloss Ebenau in Weizelsdorf östlich von Feistritz mit zeitgenössischen Werken.
- Narzissenwiesen oberhalb der Stouhütte im Bärental (vom Parkplatz Stouhütte der Markierung 672 und 603a zum verlassenen Anwesen Schneider folgen. Im Mai sind die Wiesen oberhalb vom Schneider weiß gepunktet durch die Blüten der Stern-Narzisse, *Narcissus radiiflorus*).
- Fronwiesen östlich von Maria Elend zwischen Großem Dürrenbach und Kleinem Dürrenbach (Wanzen-Hundswurz, *Anacamptis coriophora*; Schaftdolde, *Hacquetia epipactis*; Gras-Schwertlilie, *Iris graminea*; Helm-Knabenkraut, *Orchis militaris* usw.)

Holunder-Fingerwurz

Dactylorhiza sambucina, ORCHIDEE

Kurzbeschreibung:

Pflanze 10–30 cm hoch; Blätter verkehrt-eilanzettlich, ungefleckt; untere Tragblätter die Blüten überragend; Blüten gelb mit purpurner Zeichnung oder purpurn mit gelbem Lippengrund, Zwischenfarben sind selten. Blütezeit April – Juni.

Verwechslungsmöglichkeit:

Die gelbe Farbvariante kann mit dem Bleich-Knabenkraut (*Orchis pallens*) verwechselt werden. Dieses hat einfarbig gelbe Blüten ohne Zeichnung (*D. sambucina* besitzt immer eine purpurne Lippenzeichnung) und einen aufwärts gebogenen, schmalen Sporn (bei *D. sambucina* abwärts gebogen und dick).
Die rote Farbvariante kann mit der Breitblatt-Fingerwurz (*D. majalis*) verwechselt werden. Diese hat aber keinen gelben Lippengrund und weist meist eine schwarzpurpurne Blattfleckung auf (*D. sambucina* hat einen gelben Lippengrund und ungefleckte Blätter).

Verbreitung und Lebensraum:

Europäische Art von Spanien und Südskandinavien bis in die Karpaten und in die Ukraine. In den Alpen weit verbreitet, fehlt aber Teilen der Nordalpen. Besiedelt frische bis mäßig trockene Magerrasen, Gebüschsäume, Magerweiden, Zwergstrauchheiden und blumenreiche Heuwiesen auf sauren bis schwach basischen Böden vom Tiefland bis etwa 2300 m Seehöhe.

Gattung:

45 Arten umfasst die Gattung der Fingerwurze, von denen 34 in Europa und 12 in den Alpen vorkommen. Mannigfaltigkeitszentren sind Kleinasien, die Balkanhalbinsel, die Alpen und die Britischen Inseln.

Name:

Der botanische Gattungsname ist aus den beiden altgriechischen Wörtern „dactylos" (= Finger) und „rhiza" (= Wurzel) zusammengesetzt und beschreibt damit die charakteristischen, handförmig geteilten Wurzelknollen der Gattung. Der Artbeiname beruht auf einem Irrtum, denn die Art sieht weder wie ein Holunder aus noch duftet sie nach Holunder. Sehr wohl riecht aber das ähnliche Bleich-Knabenkraut, *Orchis pallens*, mit dem die Fingerwurz wohl verwechselt wurde, nach Holunder. Aufgrund der Nomenklaturregeln muss aber der ursprüngliche, wenn auch irreführende Name aufrecht bleiben.

Weitere gebräuchliche Bezeichnungen sind „Holunder-Knabenkraut", „Holler-Kuckucksblume" und „Holunder-Fingerknabenkraut".

Anmerkung:

Die Holunder-Fingerwurz gibt es in zwei Farbformen, einer purpurnen und einer gelben und allen möglichen Mischformen. Dass dies kein Zufall ist, zeigen die Bestäuber. Insekten fliegen die Holunder-Fingerwurz an, obwohl diese keinen Nektar führt. Erfahrungsgemäß lernen die Bestäuber nach mehreren erfolglosen Besuchen nektarleere Blüten zu meiden. Diese Lernfähigkeit der Bestäuber wird durch verschiedenfarbige Blüten ausgeglichen, wodurch die Insekten zum wechselweisen Besuch verschiedenfarbiger Fingerwurze verleitet werden.

Holunder-Fingerwurz, *Dactylorhiza sambucina*, B. Schubert

Die weiteren Fingerwurz-Arten der Alpen:

1 Blut-Fingerwurz, *Dactylorhiza cruenta* **2** Fleisch-Fingerwurz, *D. incarnata* **3** Lappland-Fingerwurz, *D. lapponica* **4** Breitblatt-Fingerwurz, *D. majalis* **5** Fuchs-Fingerwurz, *Dactylorhiza fuchsii* **6** Hohlzungen-Fingerwurz, *Dactylorhiza viridis* **7** Strohgelb-Fingerwurz, *D. ochroleuca*, K. Schebesta **8** Savoyen-Fingerwurz, *D. savogiensis* **9** Traunsteiner-F., *D. traunsteineri*

WANDERVORSCHLAG: ***Ö – Niederösterreich – Kalkvoralpen***

Die Holunder-Fingerwurz auf dem Türnitzer Höger

F. Weingartner

Der wahrscheinlich schönste Weg auf den Türnitzer Höger, 1372 m, beginnt in St. Aegyd am Neuwald und führt über die Zdarsky-Hütte zur Paulmauer. Benannt ist die Hütte nach dem Skipionier Mathias ZDARSKY (1856–1940), der als Sohn einer Müllerfamilie in Mähren geboren wurde. Bis 1883 war er als Lehrer tätig und schlug dann, obwohl auf dem linken Auge blind, eine künstlerische Laufbahn ein. In München und Zürich ließ er sich zum Maler und Bildhauer ausbilden, doch zeit seines Lebens faszinierten ihn auch die Naturwissenschaften. 1889 kaufte er sich den Hof Habernreith in Marktl bei Lilienfeld, wo er sich in der Folgezeit mit der Entwicklung des Lilienfelder Alpenskilaufes und einer für dieses Gelände geeigneten Fahrtechnik und Skibindung beschäftigte. Am 19. März 1905 organisierte er am Muckenkogel unter der Bezeichnung „Wettfahrt" den ersten Torlauf der Skigeschichte, an welchem sich 24 Teilnehmer beteiligten. Damit wurde ZDARSKY zu einem der Urväter des alpinen Skilaufes.

Die Wanderung beginnt beim Pfeifenmuseum inmitten von St. Aegyd. 450 Pfeifen sammelte Pater LEO und seit 1995 stehen diese auch der Öffentlichkeit zur Ansicht bereit. Nun geht's aber aufwärts. Am Linsberg, 1238 m, erreichen wir den Bergkamm,

Anspruch:
hoch

Bergauf:
948 m

Gehzeit:
9 Std. (gesamter Weg)
Anreise: Von St. Pölten auf der B20, der B214 und der B21 bis zum Bergweg in St. Aegyd am Neuwald

Beste Blumenzeit:
A Mai – A Juli, für die Holunder-Fingerwurz A Mai – E Mai.

Blumenpracht:
Bach-Kratzdistel (*Cirsium rivulare*); Alpen-Zyklame (*Cyclamen purpurascens*); Braun-Storchschnabel (*Geranium phaeum*); Stern-Narzisse (*Narcissus radiiflorus*); Buchs-Kreuzblume (*Polygala chamaebuxus*, rot und gelb); Rotblatt-Rose (*Rosa glauca*); Niedrig-Schwarzwurz (*Scorzonera humilis*); Kugelständel (*Traunsteinera globosa*)

Pflanzenbesonderheiten:
Lorbeer-Seidelbast (*Daphne laureola*); Kreuz-Enzian (*Gentiana cruciata*); Hybride aus Prächtigem Manns-Knabenkraut × Bleich-Knabenkraut (*Orchis × haussknechtii* nsubsp. *kisslingii*); Quirl-Haarstrang (*Peucedanum verticillare*); Blaue Ähren-Teufelskralle (*Phyteuma spicatum* subsp. *coeruleum*); Walderbsen-Wicke (*Vicia oroboides*)

Öffentliche Verkehrsanbindung:
Mit der Buslinie 1545 von St. Pölten Hbf. bis St. Aegyd Augasse.

Weitere Freizeitangebote und botanische Ziele im Gebiet:

- Pfeifenmuseum in St. Aegyd am Neuwald (mit rund 600 Exponaten, darunter 450 Pfeifen)
- Herzerl-Mitzi am Neuhof in St. Aegyd am Neuwald (hier entstand das größte Lebkuchen-Herz der Welt mit einer Größe von 31 m²)
- Allwetterrodelbahn „Eibl-Jet" bei Türnitz
- Zisterzienserstift Lilienfeld

Bärlauch, *Allium ursinum*

den wir fortan bis zum Gipfel des Türnitzer Högers nicht mehr verlassen. Auf und ab führt der Weg, im zeitigen Frühjahr blühen hier Schneerosen (*Helleborus niger*) und der Bärlauch (*Allium ursinum*) färbt ganze Waldhänge knallgrün. Später im Jahr sind es vor allem die bunten Wiesen, die begeistern. Stern-Narzissen (*Narcissus radiiflorus*), Trollblumen (*Trollius europaeus*), Echt-Akeleien (*Aquilegia vulgaris*) und mehrere Orchideenarten verleihen den Wiesen ihre Schönheit und mit etwas Glück lässt sich hier auch eine seltene Orchideenhybride erblicken: das × Kissling-Knabenkraut (*Orchis × haussknechtii* nsubsp. *kisslingii*), eine Kreuzung aus dem Prächtigen Manns-Knabenkraut mit dem Bleich-Knabenkraut, welches zu Ehren des deutschen Botanikers und Pflanzenkenners Carl Heinrich Haussknecht (1838–1903) benannt wurde. Die Nothosubspezies ehrt Pater Benedikt Johannes Kissling, einen botanisch interessierten Seelsorger im niederösterreichischen Stift Göttweig. Er fand die Hybride erstmals.

Ebenfalls in den Wäldern und Wiesen des Türnitzer Högers zu finden, wenngleich noch viel seltener und noch versteckter, ist die Wildkatze, die hier bis zur zweiten Hälfte des 19. Jahrhunderts noch spärliche Populationen hatte und ganz vereinzelt auch heute noch hier auftritt.

Vom Gipfel des Türnitzer Högers steigen wir über den Dachsgraben und den Högerbach ab nach Furthof und lassen uns mit dem öffentlichen Bus zurück zum Ausgangspunkt führen.

Unter anderem am Weg zu finden:
1 Braun-Storchschnabel, *Geranium phaeum* subsp. *phaeum* **2** Frühlings-Enzian, *Gentiana verna* **3** Rotblatt-Rose, *Rosa glauca*

Streifen-Steinröslein

Daphne striata, SEIDELBASTGEWÄCHS

Kurzbeschreibung:
5–30 cm hoher, sparrig verzweigter Zwergstrauch; Blätter immergrün, kahl, lederig, schmal-oval, 10–25 mm lang, an den Zweigenden büschelig gehäuft; Blüten rosa, duftend. Blütezeit Mai – Juli.

Verwechslungsmöglichkeit:
Mit dem Flaum-Steinröslein (*Daphne cneorum*), dieses hat aber eine außen dicht anliegend behaarte Perigonröhre (bei *D. striata* kahl) und Blätter, die 3–4 × so lang wie breit sind (bei *D. striata* 5–6 × so lang wie breit).

Verbreitung und Lebensraum:
Endemit der Alpen, aber auch hier großen Gebieten fehlend. Besiedelt trockene, steinige Magerrasen, Felsschuttfluren, Zwergstrauchheiden, Latschengebüsche und lichte Nadelwälder von 1200 – 2600 m Seehöhe, vereinzelt auch tiefer, wie bei Völs in Südtirol (900 m) oder höher, wie am Sass Corviglio in Graubünden (2860 m).

Gattung:

Etwa 50 Arten zählt die Gattung *Daphne*. 17 davon kommen in Europa und 7 in den Alpen vor. Das Hauptverbreitungsgebiet der Gattung ist Asien.

Name:

Daphne als botanischer Gattungsname war bei den alten Griechen der Name des Lorbeers (*Laurus nobilis*). Die Übertragung des Namens vom Lorbeer zum Seidelbast gründet auf dem Lorbeer-Seidelbast (*Daphne laureola*), der mit seinen grünen Blüten, den glänzenden, immergrünen Blättern und den schwarzen Steinfrüchten dem Lorbeer entfernt ähnelt.

„Daphne" findet sich schon in der griechischen Mythologie zur Bezeichnung der Tochter des Flussgottes Peneus, die in einen Lorbeerbaum verwandelt wurde. Carl von LINNÉ benannte 1753 aber den Seidelbast und nicht den Lorbeer mit dem Namen *Daphne*, und so ist dieser heute gültig (der Lorbeer hingegen bekam von den Botanikern dessen lateinischen Namen *Laurus*).

Streifen-Steinröslein, *Daphne striata*

Die *Daphne*-Sippen der Alpen:

1 Weiß-Seidelbast, *Daphne alpina* **2** Königs-Seidelbast, *Daphne blagayana* **3** Flaum-Steinröslein, *Daphne cneorum*, W. Kussegg **4** Lorbeer-Seidelbast, *Daphne laureola* **5** Echt-Seidelbast, *Daphne mezereum* **6** Felsen-Steinröslein, *Daphne petraea* **7** Streifen-Steinröslein.*Daphne striata* **8** × Reichstein-Seidelbast, *Daphne × reichsteinii*

25

WANDERVORSCHLAG: ***Ö – Tirol – Wettersteingebirge***

Das Streifen-Steinröslein beim Steinernen Hüttl

Anspruch:
hoch

Bergauf:
822 m

Gehzeit:
6 Std. (gesamte Runde)

Beste Blumenzeit:
A Juni – A August, für das Streifen-Steinröslein M Juni – M Juli

Wir wandern im Wettersteingebirge und beim Duft des Streifen-Steinrösleins kommen unweigerlich Erinnerungen in den Sinn. Es ist rund 25 Jahre her, als mein Schulfreund und Arbeitskollege Fridolin und ich den Entschluss fassten, eine Blumenwanderung durch die Alpen zu unternehmen. Von Graz nach Nizza zu Fuß, vom 15. Juni bis zum 15. September 1991 sollte es werden. Ich ging zu unserer Chefin Christa und fragte, ob wir im Sommer drei Monate unbezahlten Urlaub haben könnten. Erwartungsgemäß sagte sie nein, weil im Sommer viele Aufträge zu bearbeiten seien und sie da jede verfügbare Hand brauche. Verständnisvoll nickte ich und ging aus dem Büro. Es dauerte nicht lang, da kam sie aus dem Büro gelaufen und sagte „... gell, Norbert, ihr geht trotzdem!“. „Ja“ sagte ich ganz trocken und schon hatten wir unsere drei Monate Freizeit. Die Chefin kam uns sogar in Vorarlberg besuchen und war fortan voll bei der Sache. Die Chefin Christa war nicht nur Chefin, sie war ein Kumpel, sie war Mensch ...

In den folgenden Jahren hatten wir mehrmals unsere Arbeitsplätze kündigen müssen, um auf botanische Exkursionen gehen zu können. So beim Balkanmarsch von Athen in die Südkarpaten, beim Patagonienmarsch in den Anden an der chilenisch-argentinischen Grenze oder beim Australien-Abenteuer. Die Entscheidungen für solche Kündigungen sind uns nie schwer gefallen, denn Gärtnerberuf und Karriere passen so gut zusammen wie Kuh und Surfbrett und bereut haben wir diese mehrmonatigen Unternehmungen im Nachhinein nie.

Zurück nun aber zum Wettersteingebirge. Am 6. Juli 1991 erreichten wir das Wettersteingebirge und abends richteten sich Fridolin und ich einen Platz zum Übernachten. Das ist schnell erledigt, denn die Unterlegsmatte ist gleich ausgerollt und der Schlafsack schnell ausgebreitet. Es wurde dämmrig und plötzlich sagte Fridolin, dass er Musik höre. Und tatsächlich, wann immer der Abendwind eine sanfte Brise Steinrösleinduft schickte war es, als spielte wo eine Ziehharmonika. Ich schaute auf die Wanderkarte und sah nur bestätigt, dass hier weit und breit keine Einkehrmöglichkeit zugegen ist, nur eine unbewirtschaftete Alm namens Steinernes Hüttl. Nachdem die Musik immer wieder vernehmbar war und wir auch keine Kinder von Traurigkeit waren machten wir uns auf den Weg. Und tatsächlich, je näher die Alm, desto deutlicher die Musik.

Beim Steinernen Hüttl angekommen, wurden wir Gestalten aus der Dunkelheit empfangen, als hätte man schon auf uns gewartet. Der Wirt Franz stellte eine Flasche Schnaps auf den Tisch und zwei Krügel Bier – ein lauer, gemütlicher Bergabend begann. Irgendwann kamen weitere Leute aus der Dunkelheit, es waren Thüringer, sie trugen einen handgeschnitzten Schrank vom Tal hier herauf, und hinter der Hütte gab es ein Pferd, das eine dreibeinige Ziege adoptiert hatte und gar rührend mütterlich über sie wachte – es war alles so idyllisch, so friedlich, so harmonisch. Nun, viele Jahre danach hat sich Gott sei Dank nicht viel verändert. Seit 2012 ist die Hütte im Sommer wieder bewirtschaftet und das Essen bringt die Haflinger-Dame Fanny hier herauf, denn eine Forststraße beeinträchtigt bis heute nicht die Landschaft.

Unsere Wanderung beginnt beim Parkplatz Leutasch/Gaistal und führt die Leutascher Ache entlang auf der Forststraße leicht ansteigend bis zur Gaistalalm, 1366 m, und zur Tillfussalm, 1382 m. Wir nennen das Gaistal immer einfach Paradiestal, denn hier gibt es noch die ursprünglichen Fichtenwälder mit mächtigen, stolzen Einzelfichten, zu denen die bedauernswerten Forstfichten, im Abstand 2 × 2 Meter gesetzt, nur sehnsüchtig und neidvoll aufblicken können.

Gleich oberhalb vom Tillfussalmhaus steht das Jagdhaus Hubertus, indem Ludwig Ganghofer (1855–1920) fast 20 Jahre seines Lebens verbrachte und hier viele Werke verfasste, so auch

Blumenpracht:
Streifen-Steinröslein (*Daphne striata*); Bayern-Enzian (*Gentiana bavarica*); Akelei-Wiesenraute (*Thalictrum aquilegiifolium*)

Pflanzenbesonderheiten:
Schweiz-Mannsschild (*Androsace helvetica*); Filz-Felsenblümchen (*Draba tomentosa*); Zweifarben-Kohlröschen (*Nigritella bicolor*); Fliegen-Ragwurz (*Ophrys insectifera*); Salzburger Alpen-Mohn (*Papaver alpinum* subsp. *sendtneri*)

Anreise:
Von München über die A95 bis Sindelsdorf, dann die B472 bis Bichl, die B11 bis Krün, die B2 und B177 bis Griessenbach, dann die L75, L14 und L35 bis Leutasch und zum Parkplatz Salzbachbrücke.
Von Innsbruck auf der A12 bis Telfs, dann die L36 und die L35 bis Bichlwald und zum Parkplatz Salzbachbrücke.

Öffentliche Verkehrsanbindung:
Mit der Bahn bis Seefeld, dann mit der Buslinie 4186 bzw. 4184 bis Leutasch.

Unter anderem am Weg zu finden:
1 Trollblume, *Trollius europaeus* **2** Alpen-Süßklee, *Hedysarum hedysaroides* **3** Bayern-Enzian, *Gentiana bavarica* **4** Breitblatt-Laserkraut (Fruchtstand), *Laserpitium latifolium* **5** Salzburger Alpen-Mohn, *Papaver alpinum* subsp. *sendtneri* **6** Wimper-Alpenrose, *Rhododendron hirsutum*

7 **Huflattich,** *Tussilago farfara* **8** **Nacktstängel-Kugelblume,** *Globularia nudicaulis* **9** **Kriech-Gipskraut,** *Gypsophila repens*

sein Berühmtestes, „Das Schweigen im Walde". GANGHOFER war der meistgelesene und meistverfilmte deutschsprachige Schriftsteller seiner Zeit. Das Jagdhaus wurde bald zu einem beliebten Treffpunkt der Künstlerprominenz. So waren hier unter anderem das Burgtheaterensemble, Richard STRAUSS und Hugo von HOFMANNSTHAL zu Gast.

Wir verlassen die Tillfussalm und wandern durch majestätische Fichtenwälder dem Steinernen Hüttl, 1925 m, entgegen. Am Weg begegnen uns Schönheiten wie die Trollblume (*Trollius europaeus*), die Nacktstängel-Kugelblume (*Globularia nudicaulis*), Schwarzviolett-Akelei (*Aquilegia atrata*), Alpen-Süßklee (*Hedysarum hedysaroides*) und weiter oben Blattlos-Ehrenpreis (*Veronica aphylla*) und Kriech-Gipskraut (*Gypsophila repens*).

Nach einer zünftigen Jause geht's übers Mitterjöchl zur Rotmoosalm, 1904 m, welche 2009 durch eine Lawine komplett zerstört und 2011 neu eröffnet wurde und über die Hämmermoosalm, 1417 m, wieder zurück zum Parkplatz bei der Schlosserhütte/Salzbach. Fünf Hütten auf einer Wanderung und überall Blumen – Genusswandern für alle Sinne.

Weitere Freizeitangebote und botanische Ziele im Gebiet:

- Leutascher Geisterklamm mit Kletterwald
- Ludwig-Ganghofer-Museum in Leutasch
- Kaiser-Maximilian-Wanderweg um den Seefelder Wildsee
- Alpengarten Schachen (Botanischer Alpengarten mit an die 1000 verschiedenen Pflanzenarten, darunter mehrere Scheinmohn-Sippen, *Meconopsis*)
- Wildmoossee westlich von Seefeld (Langblatt-Sonnentau, *Drosera anglica*; Rundblatt-Sonnentau, *Drosera rotundifolia* usw.)

Hoch-Rittersporn

Delphinium elatum, HAHNENFUSSGEWÄCHS

Kurzbeschreibung:

Pflanze 60–180 cm hoch; Blätter handförmig 5–7-spaltig; Blüten strahlendblau, in traubigen, oft verzweigten Blütenständen; das oberste Blütenblatt mit einem langen, an der Spitze abwärts gebogenen Sporn. Blütezeit Juli – September.

Verwechslungsmöglichkeit:

Mit dem Zweifelhaft-Rittersporn (*D. dubium*), der aber mit glatten, glänzenden Haaren behaart ist (*D. elatum* ist mit rauwandigen, matten Haaren, gemischt mit flaschenförmigen Haaren behaart. Starke Vergrößerung notwendig!).

Verbreitung und Lebensraum:

Eurosibirische Art von den französischen Alpen bis in die Mongolei. In den Alpen sehr zerstreut vom Departement Haute-Savoie bis in die Steiermark.
Besiedelt Hochstaudengesellschaften, Schutthalden, Grünerlengebüsch, Bachränder und Waldränder von etwa 800–2000 m Seehöhe.

Gattung:

Von den weltweit rund 380 *Delphinium*-Arten kommen 30 in Europa und, je nach Artabgrenzung, 3 bis 5 in den Alpen vor. Der Verbreitungsschwerpunkt der überwiegend in den nördlich-gemäßigten Zonen vorkommenden Gattung liegt in Asien. Eine morphologisch isolierte Gruppe findet sich aber auch in den Gebirgen des tropischen Afrika, so etwa am Kilimandscharo.

Name:

Der botanische Gattungsname ist vom altgriechischen „delphinion“ (= Delphin) abgeleitet und beschreibt die Gestalt der an Delphine erinnernden Nektarien im Honigsporn.

Rittersporn als deutsche Benennung beschrieb ursprünglich wahrscheinlich den Erdrauch (*Fumaria*) und bezeichnete erst später diese Gattung.

Untergliederung:

Trotz der Seltenheit des Hoch-Rittersporns in den Alpen lässt er sich in vier Unterarten mit fünf zusätzlichen Varietäten unterteilen:

- subsp. *elatum*: eurosibirische Sippe von den Westalpen bis in die Mongolei, in den Alpen selten in Österreich, Liechtenstein und der Schweiz
- subsp. *apolanum*: Endemit Osttirols.
- subsp. *austriacum*: Endemit der Ostalpen von Kärnten, Salzburg und der Steiermark
- subsp. *helveticum*: Endemit der mittleren Alpen von Haute Savoie bis Graubünden und Vorarlberg

1 Delphinium elatum subsp. *austriacum* **2 Delphinium elatum** subsp. *elatum* **3 Delphinium elatum** subsp. *helveticum*

Hoch-Rittersporn, *Delphinium elatum*

26

WANDERVORSCHLAG: *Ö – Steiermark – Gurktaler Alpen*

Der Österreich-Rittersporn am Dieslingsee

Anspruch:
hoch

Bergauf:
564 m bis zum Dieslingsee, 1173 m bis zum Eisenhut-Gipfel.

Gehzeit:
4 Std. bis zum Dieslingsee und zurück, 7 Std. bis zum Eisenhut-Gipfel und zurück.

Beste Blumenzeit:
E Juni – E Juli, für den Österreich-Rittersporn M Juli – M August

Das Gebiet um den Eisenhut in den Gurktaler Alpen ist ein Ziel für Individualisten. Keine bunten Blumenmatten wie in den Kalkbergen, dafür einzelne Besonderheiten, die nur an ganz wenigen Orten vorkommen. Wir sind auf der Suche nach Österreich-Rittersporn und dem Reliktendemiten Alpen-Löffelkraut (*Cochlearia excelsa*).

Bis zum Schranken beim Holzlagerplatz können wir fahren, dann wird's selbst für Wanderer eng, denn beim Schranken-Durchlass für das Fußvolk wurde gespart. Wir folgen der großen Forststraße rechtsseitig des Minibaches und entdecken schon nach wenigen hundert Metern ein Objekt unserer Begierde. Der Österreich-Rittersporn (*Delphinium elatum* subsp. *austriacum*), in der Varietät *stiriaca*, hat sich hier knapp unterhalb der Bachfassung Minibach eingestellt.

Eine große Freude, denn nun wird es etwas spartanischer. Nach etwa 2 km verlassen wir die große Straße und gehen entlang einer hübschen, viel kleineren Forststraße weiter. Rechts und links vom Weg Lupinen (*Lupinus polyphyllus*), die ihre Hauptblüte im Juni haben, jetzt aber noch ordentlich nachblühen und uns so den Weg verschönern. Die Lupine ist zwar nicht urheimisch, sie ist ein Neubürger, der aber nur an Stellen vorkommt, wo der Mensch der Natur Wunden zufügte, wie an Forststraßenrändern oder an offenen Stellen nach dem Einsatz von Großmaschinen bei der Holzernte. Dort ist sie mit ihrem tiefen Wurzelwerk ein wichtiger Festiger der Böschungen und Balsam für die Seele der Wanderer.

Wir queren den Minibach, der seinen Namen nach Regenfällen zu Unrecht trägt, über eine wackelige Holzbrücke und folgen dem Weg hinauf bis zur Perneralm. Zu den Fichten gesellen sich jetzt immer mehr Zirben und Lärchen. Ein fast mystisch-schöner Nadelwald zeigt sich dem Wanderer bis hinauf zum Dieslingsee auf 1818 m. Eingebettet in Zirbenwäldern, umrahmt von steilen Silikatbergen und gespeist von Wasserfällen und Wildbächen – ein herrliches Stück Heimat.

Alpen-Löffelkraut, *Cochlearia excelsa*

Die Suche nach dem unscheinbaren Alpen-Löffelkraut (*Cochlearia excelsa*) erweist sich als weit aufwendiger als die nach dem Österreich-Rittersporn. Wir müssen den Dieslingsee verlassen und weiter in Richtung Eisenhut wandern, denn der Kreuzblütler findet sich im nassen Silikatschutt an den Abhängen des Eisenhuts. Schwer zu finden, genauso wie die anderen Besonderheiten des Gebietes: das Moosglöckchen (*Linnaea borealis*), welches in der Steiermark nur hier vorkommt und das auch noch äußerst selten, und die Koriander-Schmuckblume (*Callianthemum coriandrifolium*), die wir hier nur nahe des Wasserfalls abseits des Wanderwegs gefunden haben.

Jetzt ist der Gipfel des Eisenhuts nicht mehr weit, also gehen wir das Stück noch hinauf, um die freie Sicht zu den Gipfeln der Nockberge und der Schladminger Tauern zu genießen.

Blumenpracht:

Filz-Kratzdistel (*Cirsium heterophyllum*); Gletscher-Nelke (*Dianthus glacialis*); Zwerg-Himmelsherold (*Eritrichium nanum*); Österreich-Rittersporn (*Delphinium elatum* subsp. *austriacum*); Kurzblatt-Enzian (*Gentiana brachyphylla*); Zotten-Primel (*Primula villosa*)

Pflanzenbesonderheiten:

Wulfen-Mannsschild (*Androsace wulfeniana*); Koriander-Schmuckblume (*Callianthemum coriandrifolium*); Wollig-Hornkraut (*Cerastium eriophorum*); Alpen-Löffelkraut (*Cochlearia excelsa*); Flattnitz-Felsenblümchen (*Draba fladnizensis*); Kärnten-Felsenblümchen (*Draba siliquosa*); Einkopf-Berufkraut (*Erigeron uniflorus*); Niederliegend-Enzian (*Gentiana prostrata*); Moosglöckchen (*Linnaea borealis*); Hybride aus Zwerg-Primel × Zotten-Primel (*Primula × sturii*); Nickend-Steinbrech (*Saxifraga cernua*); Habichtskraut-Steinbrech (*Saxifraga hieraciifolia*); Drüsen-Mauerpfeffer (*Sedum villosum*); Alpen-Wiesenraute (*Thalictrum alpinum*)

Anreise:

- Von Murau auf der B97 bis Predlitz, dann auf der B95 nach Süden bis zum Hannebauer, dann links hinein dem Wanderschild folgend bis zum Parkplatz beim Holzlagerplatz.
- Von Klagenfurt auf der B95 nach Norden über die Turracher Höhe bis zum Hannebauer, dann rechts hinein dem Wanderschild folgend bis zum Parkplatz beim Holzlagerplatz.

Unter anderem im Gebiet zu finden:

1 Zotten-Primel, *Primula villosa* **2** Wulfen-Mannsschild, *Androsace wulfeniana*, G. Tritthart **3** Arnika, *Arnica montana* **4** Alpen Pracht-Nelke, *Dianthus superbus* subsp. *alpestris* **5** Villars-Berufkraut, *Erigeron atticus* **6** Orange-Mausohr, *Pilosella aurantiaca* **7** Moosglöckchen, *Linnaea borealis*, B. Ocepek **8** Sumpf-Tarant, *Swertia perennis*

7

8

Öffentliche Verkehrsanbindung:

Mit der Murtalbahn von Unzmarkt bzw. Mauterndorf bis Stadl an der Mur. Mit der Buslinie 8820 von Stadl an der Mur bzw. der Turracher Höhe bis zum Forsthaus Predlitzgraben. Die Fahrintervalle der Linie sind allerdings kaum ausreichend. Taxiservice.

Weitere Freizeitangebote und botanische Ziele im Gebiet:

- Hoher-Steg-Klamm in Predlitz
- „Nockys AlmZeit" auf der Turracher Höhe (Spiel- und Erlebniswelt für Kinder und Eltern)
- Sommerrodelbahn Nocky-Flitzer auf der Turracher Höhe
- Schatzhaus der Natur auf der Turracher Höhe mit Bergkristallen und Achaten
- 3-Seen-Wanderweg auf der Turracher Höhe (Turracher See, Schwarzsee, Grünsee)
- Turracher See (Einfach-Rautenfarn, *Botrychium simplex*; × Bastard-Simsenlilie, *Tofieldia × hybrida*; Khek-Habichtskraut, *Hieracium khekianum*; Turrach-Habichtskraut, *Hieracium carinthiostiriacum*; Quittenblatt-Habichtskraut, *Hieracium cydoniifolium*; Hermann-Zahn-Habichtskraut, Hieracium *hermanni-zahnii* usw.)
- Schwarzsee auf der Turrach (Dreizählig-Labkraut, *Galium trifidum*; Wechselblüten-Tausendblatt, *Myriophyllum alterniflorum* usw.)

Ostalpen-Nelke

Dianthus alpinus, NELKENGEWÄCHS

Kurzbeschreibung:

Pflanze 5–10 cm hoch; Blätter lineal-lanzettlich, 15–35 mm lang; Krone purpurrosa, am Grund purpurrot und weiß gesprenkelt; Kronblätter doppelt so lang wie der Kelch. Blütezeit Juni – August.

Verwechslungsmöglichkeit:

Vor allem mit der Gletscher-Nelke (*D. glacialis*). Diese hat aber eine 9–10 mm lange Kronblattplatte (bei *D. alpinus* 15–18 mm lang), ihre Blätter, auch die untersten, sind nur 1–2 mm breit (bei *D. alpinus* sind die untersten Blätter 3–5 mm breit) und die Verbreitungsgebiete beider Arten schließen einander aus (*D. glacialis* fehlt den nordöstlichen Kalkalpen, dem Verbreitungsgebiet von *D. alpinus*).

Verbreitung und Lebensraum:

Endemit der Nordost-Alpen von Niederösterreich, Oberösterreich und der Steiermark, vom Toten Gebirge bis zum Sonnwendstein im Semmeringgebiet und zum Wiener Schneeberg. Abgesprengt liegt ein Vorkommen im Seekar der steirischen Koralpe, wo sie am 11. Juli 2012 erstmals gefunden werden konnte (Status ungeklärt).
Besiedelt steinige Rasen über Kalk von 1000 bis etwa 2250 m Seehöhe. Manchmal auch tiefer, wie bei der Kummerbrücke im Gesäuse (680 m) und am Galgenhügel bei Tragöß (760 m). Kalkstet.

Gattung:

Von den rund 300 Nelkenarten kommen 115 in Europa und 20 in den Alpen vor. Hauptentfaltungszentren der Gattung sind die Gebirge des mediterran-kaukasischen Florengebietes und der iranisch-vorderasiatisch-turkestanischen Region.

Name:

Der botanische Gattungsname ist altgriechischer Herkunft von „dios“ (= Zeus) und „anthos“ (= Blume). Also ist die Nelke die Blume des Zeus.

Der deutsche Name Nelke war ursprünglich die Bezeichnung für die auf den Molukken heimische Gewürznelke (*Syzygium aromaticum*). Deren getrocknete Blütenknospen ähneln einem Nagel. Aus der mittelhochdeutschen Verkleinerungsform für Nagel „negellin“ entstand unser heutiges Wort Nelke, welches also „Nägelchen“ bedeutet.

Anmerkung:

Dianthus alpinus verhält sich vikariierend zu der in den Ostalpen endemischen Gletscher-Nelke (*Dianthus glacialis*), welche vor allem auf silikatische Gesteine beschränkt ist. Eine nähere Verwandtschaft zur Gletscher-Nelke ist jedoch nicht gegeben.

Weitere Nelken-Arten der Alpen (Auswahl):

1 Büschel-Nelke, *Dianthus armeria* **2** Kartäuser-Nelke, *D. carthusianorum* **3** Heide-Nelke, *D. deltoides*, H. Schön **4** Gabel-Nelke, *Dianthus furcatus* **5** Gletscher-Nelke, *Dianthus glacialis* **6** Feder-Nelke, *Dianthus plumarius*

Ostalpen-Nelke, *Dianthus alpinus*

Weitere Nelken-Arten der Alpen (Auswahl):

1 Pracht-Nelke, *Dianthus superbus* **2** Balbis-Nelke, *Dianthus balbisii* **3** Montpellier-Nelke, *Dianthus hyssopifolius* **4** Bart-Nelke, *Dianthus barbatus* **5** Pfauen-Nelke, *Dianthus pavonius* **6** Wild-Nelke, *Dianthus sylvestris* **7** Dolomiten-Nelke, *Dianthus sternbergii* **8** Seguier-Nelke, *Dianthus seguieri* **9** Kurzstiel-Nelke, *Dianthus subacaulis*

WANDERVORSCHLAG: *Ö – Steiermark – Eisenerzer Alpen*

Die Ostalpen-Nelke auf der Krumpenalm

Anspruch:
hoch

Bergauf:
1249 m

Gehzeit:
6,5 Std. (ganze Runde)

Beste Blumenzeit:
A Juli – E Juli, auch für die Ostalpen-Nelke

Blumenpracht:
Monte-Baldo-Windröschen (*Anemone baldensis*); Österreich-Glockenblume (*Campanula pulla*); Ostalpen-Nelke (*Dianthus alpinus*); Alpen-Milchlattich (*Lactuca alpina*); Felsen-Ehrenpreis (*Veronica fruticans*)

Pflanzenbesonderheiten:
Hybride aus Berg-Ringdistel (*Carduus defloratus*) × Kletten-Ringdistel (*C. personata*); Sauter-Felsenblümchen (*Draba sauteri*); Weiß-Nachtviole (*Hesperis matronalis* subsp. *candida*); Weitast-Habichtskraut (*Hieracium sparsiramum*); Kärntner Dunkel-Mauerpfeffer (*Sedum atratum* subsp. *carinthiacum*); Kapuzen-Löwenzahn (*Taraxacum cucullatum*); Alpenrachen (*Tozzia alpina*); Pyrenäen-Veilchen (*Viola pyrenaica*)

Anreise:
Über die Eisenstraße L114 von Leoben bzw. Hieflau bis Hafning knapp nördlich von Trofaiach, dann das Krumpental hinein bis zur Hirnalm.

Öffentliche Verkehrsanbindung:
Von Leoben Hauptbahnhof mit der Buslinie 820 bis Hafning/Trofaiach, dann zu Fuß oder mit dem Taxi bis zur Hirnalm.

Von Trofaiach führt eine schmale Straße hinein bis zur Hirnalm, 938 m, vorerst geteert, dann wassergebunden. Von hier aus geht's zu Fuß weiter. Anfangs recht eben der Forststraße entlang, später immer steiler ansteigend. Hochstaudenfluren mit Massen an Kleb-Kratzdisteln (*Cirsium erisithales*) durchquert der Weg, dazwischen Schlagfluren mit Weiß-Nachtviole (*Hesperis matronalis* subsp. *candida*), die im Gebiet nicht selten auftritt.

Der Wanderweg zieht sich anfangs flach hinein ins Tal, bis es steil hinauf geht zur Krumpenalm. Prächtige Pölster mit Klein-Strahlensame (*Heliosperma pusillum*) und Österreich-Glockenblume (*Campanula pulla*) erwarten uns hier. Die ganze Alm, in deren Mitte der Krumpensee liegt, lädt ein zum Verweilen und Botanisieren. Im Juli blühen hier allerorts die Ostalpen-Nelken, diese Kleinodien der Alpen.

Farbformen der Ostalpen-Nelke, *Dianthus alpinus*

Weitere Freizeitangebote und botanische Ziele im Gebiet:

- Museum Trofaiach im Schloss Stibichhofen (historische Trachten, Artefakte aus der Vor- und Frühgeschichte usw.)
- Eisenmuseum Radwerk in Vordernberg
- Schaubergwerk Erzberg
- Abenteuerwelt Mautern am Elfenberg mit Tiergehegen, Sommerrodelbahn usw.
- Erzbergbahnmuseum im Bahnhof Vordernberg
- Köhlermuseum Hieflauer Lend
- Trenchtling, Edelweißboden und Kohlröschenboden (Edelweiß, *Leontopodium alpinum*; Österreich-Kohlröschen, *Nigritella austriaca*; Zwerg-Kohlröschen, *Nigritella minor*; Widder-Kohlröschen, *Nigritella widderi* usw.)
- Radmerhals westlich von Eisenerz (Krain-Kratzdistel, *Cirsium carniolicum*; Waldstein-Kratzdistel, *Cirsium waldsteinii*; verschiedene Kratzdistel-Hybriden usw.)

Große, pinkfarbene Blüten auf kurzen Stängeln, die Blütenmitte unterschiedlich gezeichnet und jeder Polster mit einer ein bisschen anderen Farbe. MECENOVIC meldete aus dem Gebiet der Eisenerzer Alpen eine blassgelbe Form der Ostalpen-Nelke. Diese konnten wir trotz intensiven Suchens nie finden, dafür aber eine weiße und eine hellrosa Form.

In Richtung Rottörl blühen Monte-Baldo-Windröschen (*Anemone baldensis*), in Richtung Krumpenhals das Blätter-Läusekraut (*Pedicularis foliosa*) und vielerorts das entzückende Berghähnlein (*Anemonastrum narcissiflorum*).

Weiter geht der Weg hinauf zum Krumpenhals und weiter geht die Blumenpracht. Einmal, als wir gerade wieder die Blumen fotografierten, ist uns hier eine Frau entgegengekommen, die sagte, so etwas Schönes wie hier hätte sie in ihrem ganzen Wanderleben noch nicht gesehen.

Vom Krumpenhals führt ein imposanter Steig hinauf zum Reichenhals und über das Reichenstein-Haus, 2128 m, und das Rottörl schließt sich der Rundweg zur Krumpenalm.

Unter anderem am Weg zu finden:

1 Berghähnlein, *Anemonastrum narcissiflorum* **2** Alpen-Lein, *Linum alpinum* **3** Österreich-Glockenblume, *Campanula pulla* **4** Rote Groß-Bibernelle, *Pimpinella major var. rubra* **5** Blätter-Läusekraut, *Pedicularis foliosa* **6** Ostalpen-Enzian, *Gentiana pannonica*

Diptam

Dictamnus albus, RAUTENGEWÄCHS

Kurzbeschreibung:
Pflanze 60–120 cm hoch; Stängel mit zahlreichen schwarzen Drüsen; Blätter unpaarig gefiedert, mit 3–5 Fiederpaaren; Blüten in endständiger Traube, 5-zählig; Kronblätter rosa, mit dunklen Adern; Blüten nach Zitrone und Nelken duftend. Blütezeit Mai – Juni.

Verwechslungsmöglichkeit:
Keine

Verbreitung und Lebensraum:
Eurasiatische Art von der Iberischen Halbinsel bis ins Amurgebiet. Fehlt den eigentlichen Alpen, kommt aber in den Südwest- und Südalpen vielfach vor und auch in den Nordostalpen strahlt die Art vom pannonischen Gebiet ein wenig bis in die Voralpen ein.
Besiedelt Waldsteppen, trockene Magerwiesen, felsige Hänge, Flaumeichen-Waldsäume und ähnliche Standorte bis etwa 800 m Seehöhe. Kalkliebend, wärmeliebend.

Gattung:

Dictamnus ist monotypisch (es gibt nur diese eine Art, sie umfasst allerdings mehrere geographische Rassen).

Name:

Den botanischen Gattungsnamen nannten schon VERGIL, PLINIUS und ARISTOTELES. Er soll vom Berge Dikte auf Kreta abzuleiten sein. Er bezieht sich nicht auf den Diptam, sondern auf *Origanum dictamnus*, einen stark duftenden und als Arzneipflanze begehrten Lippenblütler (einen Verwandten von Echt-Dost und Majoran), der auf der Insel Kreta endemisch ist. Bei der Übetragung des Namens auf den sehr unähnlichen Diptam spielt vielleicht der starke Duft beider Arzneikräuter eine Rolle.

Der Artbeiname *albus* (weiß) ist verwirrend. Er soll auf den weißlichen Wurzelstock hinweisen. Früher ergab der Name Sinn, denn der Gelbe Günsel (*Ajuga chamaepitys*) war *Dictamnus niger*, also der Schwarze Diptam.

Der deutsche Name ist eine Verballhornung des griechisch-lateinischen Wortes dictamnus. Zu den Volksbezeichnungen gehören „Spechtwurz", „Eschern" (wegen der eschenähnlichen Blätter) und „Brennender Busch".

Anmerkung:

Die Pflanze besitzt eine Schleuderverbreitung. Die Mutterpflanze schleudert die Samen bis zu zwei Meter weit aus. Dieses Schauspiel kann man in einer warmen Julinacht in einer Waldlichtung mit reichlich Diptambewuchs hören. Unaufhörlich springen die Bauchnähte der Früchte auf und entlassen unter Knacken ihre Samen.

Die viel besprochene Selbstentzündung des Diptams kommt in unseren Breiten praktisch nie vor. Berichtet wird aber von kleinen blauen Flämmchen, die bei großer Hitze in der Dämmerung bei Windstille beobachtet wurden. Die reichlich vorhandenen ätherischen Öle dienen der Pflanze als natürlicher Schnecken- und Schadinsektenschutz.

Diptam, *Dictamnus albus*

28

Der Diptam im Naturpark Föhrenberge

Gießhübler Heide

Pflanzenbesonderheiten:
Zusätzlich zu den oben genannten: Dinarischer Berg-Wundklee (*Anthyllis montana* subsp. *jacquinii*), Schmalschuppen-Flockenblume (*Centaurea stenolepis*), Mödlinger Feder-Nelke (*Dianthus plumarius* subsp. *neilreichii*), Schwarz-Föhre (*Pinus nigra*, namengebend für den gesamten Naturpark, bis 800 Jahre alt werdend, mit oft schirmförmiger, majestätischer Krone); Mittel-Tüpfelfarn (*Polypodium interjectum*); Breitblatt-Mehlbeere (*Sorbus latifolia*)

Blumenpracht:
Blaugrüne Berg-Ringdistel (*Carduus defloratus* subsp. *glaucus*); Diptam (*Dictamnus albus*); Dingel (*Limodorum abortivum*, am Parapluiberg); Schwarz-Germer (*Veratrum nigrum*)

Es ist eine Landschaft, die zu jeder Jahreszeit ihre Wunder zeigt. Im zeitigen Frühjahr ist es die Schneeglöckchenblüte, dann kommt die große Zeit des Bärlauchs, gefolgt von der Farbenpracht und vom Duft des Diptams und im Herbst färben sich die Blätter der Felsenbirnen kupferrot.

Dem nicht genug ist es eine Landschaft, die floristisch äußerst ergiebig ist. Das liegt einerseits am Überschneidungsbereich des alpinen und des pannonischen Klimas, andererseits am Kalkuntergrund und am Umstand, dass Forst- und Landwirtschaft (Weinbau) hier recht extensiv ins Landschaftsbild eingreifen.
Zu den botanischen Besonderheiten der Perchtoldsdorfer Föhrenberge zählen hier Dingel (*Limodorum abortivum*), Hoch-Hasenohr (*Bupleurum praealtum*), Piemont-Kreuzlabkraut (*Cruciata pedemontana*), Weißer Schmalkopf-Mohn (*Papaver dubium* subsp. *austromoravicum*) und Violett-Blauwürger (*Phelipanche purpurea*).

Wanderwege gibt es hier viele. Einen, der botanisch besonders interessant ist, möchten wir hier vorstellen. Er beginnt beim großen, kostenpflichtigen Parkplatz in Gießhübl und führt über die große Gießhübler Heide hinunter nach Wassergspreng. Zwar sollte man eine Wanderung nicht mit einer Rast beginnen, aber die

1 *Ophrys holoserica,* B. Schubert **2** Diptam, *Dictamnus albus,* C. Wolf

Gießhübler Heide wäre es wert. Wir rasten freilich nicht wirklich, sondern botanisieren. Hier wachsen ganz seltene Pflanzen wie die Hummel-Ragwurz (*Ophrys holoserica*) und die aparte Adria-Riemenzunge (*Himantoglossum adriaticum*).

Unten im Wassergspreng dann wieder Arten der Bergflora, Berg-Laserkraut (*Laserpitium siler*), Purpur-Waldvöglein (*Cephalanthera rubra*) und Alpen-Ziest (*Stachys alpina*). Die Schneerose (*Helleborus niger*) ist hier bei einer Quelle wohl angepflanzt, denn sie fehlt im trocken-warmen Kalkwienerwald von Natur aus. Das Zusammentreffen der verschiedenen Vegetationstypen macht den Kalkwienerwald für uns Blumenfreunde so spannend.

Nach einem kurzen steilen Stück durch den Wald sind wir bereits bei der ersten Einkehrmöglichkeit: Das Höllensteinhaus. Das Haus fiel 2007 einem Brand zum Opfer und wurde in den Jahren 2008/2009 neu aufgebaut und zur Freude vieler Wanderer am 20. September 2009 im Rahmen einer offiziellen Feier wiedereröffnet. Vom unmittelbar nebenan gelegenen Julienturm, der im Jahr 1880 errichtet wurde, hat man an klaren Tagen eine Sicht bis hin zu Rax und Schneeberg. Knapp unterhalb von dieser Aussichtswarte gleich noch mehr Sehenswertes: die Geoleshöhle. Sie wurde 1930 entdeckt. Der Name setzt sich aus den abgekürzten Vornamen der Forscher zusammen. In ihr wurden römische Keramikreste und hallstattzeitliche Stücke gefunden.

Bei der Seewiese dann der nächste Zwischenhalt. Für die meisten ist es ein kulinarischer im Gasthof, uns begeistert aber neben den Orchideenarten Klein-Hundswurz (*Anacamptis morio*) und Breitblatt-Fingerwurz (*Dactylorhiza majalis*) das Zusammentreffen des alpinen Weiß-Germers (*Veratrum album*) in

Beste Blumenzeit:
A April – A Juli, für den Diptam E Mai – M Juni

Anspruch:
gering

Bergauf:
ca. 380 m

Gehzeit:
2,5 Std. (beide beschriebene Wegvarianten)

Anreise:
Von Wien oder Graz auf der A2 bis zum Knoten Vösendorf, die A21 bis zur Abfahrt Gießhübl, die L153 ein kurzes Stück bis zur L2093 und dieser bis zum großen Wanderparkplatz folgen.

Barrierefreiheit für Kinderwägen/Rollstühle:
Gegeben, wenn anstatt über das Wassergspreng der Direktweg zur Seewiese genommen wird.

Unter anderem im Gebiet zu finden:

1 Glanz-Storchschnabel, *Geranium lucidum* **2** Nickend-Honoriusmilchstern, *Honorius nutans*, H. Schön **3** Duft-Weißwurz, *Polygonatum odoratum* **4** Violett-Dingel, *Limodorum abortivum*, K. Schebesta **5** Zwerg-Schwertlilie, *Iris pumila*, J. Weinzettl **6** Groß-Strahlendolde (Fruchtstand), *Orlaya grandiflora* **7** Sommer-Adonisröschen, *Adonis aestivalis* **8** Frühlings-Adonisröschen, *Adonis vernalis* **9** Karpaten-Felsenblümchen, *Draba lasiocarpa* **10** Bienen-Ragwurz, *Ophrys apifera*, H. Schön **11** Weißer Schmalkopf-Mohn, *Papaver dubium* subsp. *austromoravicum* **12** Groß-Kuhschelle, *Pulsatilla grandis*

Großer Bocksbart, *Tragopogon dubius* – Fruchtstand, B. Schubert

einer Nassstelle, einem ehemaligen See, mit dem wärmeliebenden Schwarz-Germer (*Veratrum nigrum*) im trockenen Wald. Selbst im März, wenn die meisten Blumen noch etwas zögernd im Erdreich stecken und der Diptam gerade erst die Triebspitze zeigt, blüht hier bei der Seewiese schon eine Besonderheit: der Neapel-Krokus (*Crocus purpureus*). Er ist zwar in den Ostalpen nicht urheimisch, wurde hier angesalbt und fühlt sich hier sichtlich wohl, obwohl es sich tatsächlich um eine Florenverfälschung handelt.

In dieser Gangart geht's weiter. Der Teufelstein erfordert dringend eine botanische Rast. Und wie könnte es anders sein, schon wieder eine Einkehrmöglichkeit und von Seidel zu Seidel wird das Bestimmen schwieriger. Aber dass es sich hier nahe der Teufelsteinhütte um einen Österreich-Drachenkopf (*Dracocephalum austriacum*) handelt, ist gewiss. Er gehört zu den ganz großen Besonderheiten der heimischen Flora, genauso wie das Karpaten-Felsenblümchen (*Draba lasiocarpa*) am Abhang zur Mödlinger Klause.

Wessen Auto in Gießhübl steht, sollte hier umkehren und über den Nackten Sattel die Runde beschließen, um dort das einzige mitteleuropäische Vorkommen des Glanz-Storchschnabels (*Geranium lucidum*) zu besuchen. Wer „öffentlich" unterwegs ist, kann noch weiter über die Perchtoldsdorfer Heide mit ihren prächtigen Bienen-Ragwurzen (*Ophrys apifera*) und Adria-Riemenzungen (*Himantoglossum adriaticum*) und vielen anderen Besonderheiten bis Perchtoldsdorf oder Rodaun wandern.

Öffentliche Verkehrsanbindung:

Vom Bahnhof Wien-Liesing mit dem Bus 256 zum Gießhübler Wanderparkplatz. Die Fahrzeit beträgt ca.20 Minuten. Rückfahrt: Von Rodaun mit der Straßenbahnlinie 60 Richtung Hietzing. am Wochenende alle 10 Minuten. Von Hietzing dann weiter mit der U4.

Weitere botanische und kulturelle Sehenswürdigkeiten des Gebiets:

- Ziesel auf der Perchtoldsdorfer Heide
- Aquädukt Mödling
- Seegrotte in Hinterbrühl
- Mödlinger Eichkogel (Deutsch-Alant, *Inula germanica*; Einkopf-Zwitterscharte, *Klasea lycopifolia*; Blaugrau-Blauwürger, *Phelipanche caesia*; Hybride aus Hummel-Ragwurz mit Fliegen-Ragwurz, *Ophrys × devenensis*; Knollen-Brandkraut, *Phlomis tuberosa* usw.)
- Frauenstein zur Mödlinger Klause (Mödlinger Feder-Nelke, *Dianthus plumarius* subsp. *neilreichii*; Karpaten-Felsenblümchen, *Draba lasiocarpa* usw.)
- Hochberg in Perchtoldsdorf (Österreich-Tragant, *Astragalus austriacus*; Adria-Riemenzunge, *Himantoglossum adriaticum* usw.)
- Hinterbrühl, Steinbruchwald beim Weißen Kreuz (Vöth-Ständelwurz, *Epipactis voethii*; Purpur-Knabenkraut, *Orchis purpurea* usw.)

Groß-Fingerhut

Digitalis grandiflora, WEGERICHGEWÄCHS

Kurzbeschreibung:

Pflanze 50–90 cm hoch; Blätter eilanzettlich, bis 25 cm lang; Blüten gelb, innen meist hellbraun gefleckt; Kelchzipfel schmal-lanzettlich. Blütezeit Juni – August.

Verwechslungsmöglichkeit:

Mit dem Klein-Fingerhut (*D. lutea*), dessen Krone aber nur 20–25 mm lang ist mit einem Mündungsdurchmesser von 5–8 mm (bei *D. grandiflora* 30–40 mm lang mit einem Mündungsdurchmesser von 15–20 mm). Seine Blattunterseiten und Stängel sind kahl (bei *D. grandiflora* behaart).

Verbreitung und Lebensraum:

Eurosibirische Art von Frankreich bis zum westlichen Altai. In den Alpen weit verbreitet von den Seealpen bis ins Burgenland.
Besiedelt sonnige Böschungen, Waldränder, Waldschläge, Steinhalden, Gebüsche und Staudenfluren vom Tiefland bis 2100 m Seehöhe, gelegentlich auch höher, wie am Almajurjoch in Nordtirol (2210 m).

Gattung:

Von den 19 Arten der Gattung kommen 12 in Europa und 3 im Alpenraum vor, wobei *Digitalis purpurea* nur eingebürgert auftritt. Mannigfaltigkeitszentren sind das westliche Mittelmeergebiet und die Balkanhalbinsel bis Kleinasien.

Name:

Der botanische Gattungsname erscheint bei FUCHS 1542 das erste Mal und geht auf das altlateinische Wort „digitale" (= Fingerhut als Handwerkzeug des Schneiders) zurück. Zu den gelegentlich verwendeten Volksnamen gehören „Elfenhut" und „Fuchshauben".

Fingerhut-Sippen der Alpen:

1 Groß-Fingerhut × Klein-Fingerhut **2** Groß-Fingerhut × Purpur-Fingerhut **3** Klein-Fingerhut, *Digitalis lutea* **4** Purpur-Fingerhut, *Digitalis purpurea*

Groß-Fingerhut, *Digitalis grandiflora*

29

WANDERVORSCHLAG: ***I* – *Seealpen***

Der Groß-Fingerhut am Weg zum Lago degli Alberghi

Anspruch:
mittel

Bergauf:
668 m

Gehzeit:
3 Std. (bis zum Lago Alberghi und zurück)

Beste Blumenzeit:
M Juni – E Juli, ebenso für den Großblüten-Fingerhut.

Eine kleine Ortschaft mit einem Gasthaus, einem großen Bauernhof und ein paar Steinhäusern, das ist Palanfre, umgeben von mächtigen Buchenwäldern und lieblichen Goldregen-Hainen, und überall die schönsten Blumen. Der erste Wegabschnitt führt durch Buchenwälder, wo Kriech-Gamswurz (*Doronicum pardalianches*), Knoten-Storchschnabel (*Geranium nodosum*) und Großblatt-Schafgarbe (*Achillea macrophylla*) gedeihen. Bald schon lichtet sich der Wald und es erscheinen Alpen-Schachbrettblume (*Fritillaria tubaeformis*), Dünnsporn-Fettblatt (*Pinguicula leptoceras*) und Gelbe Alpen-Kuhschelle (*Pulsatilla alpina* subsp. *apiifolia*), die bald von lichtem Alpenrosen-Gebüsch, durchsetzt von Berghähnlein (*Anemonastrum narcissiflorum*) und Trollblumen (*Trollius europaeus*) abgelöst werden. Ein Alpengarten, von ganz oben geplant, wie er schöner nicht sein kann.

Oberhalb des Lago degli Alberghi, 2038 m, erscheint der Monte Frisson, der wegen seiner Pyramidenform wie ein kleiner Bruder des Matterhorns aussieht. Wir erblicken die erste Wild-Tulpe (*Tulipa sylvestris*) und die Akanthus-Golddistel (*Carlina acanthifolia*) beginnt gerade, ihre eindrucksvollen Köpfchen zu öffnen. Kleine Wunder, wohin man sieht.

Im Gebiet unter anderem zu finden:

1 Alpen-Schachbrettblume, *Fritillaria tubaeformis* **2 Immergrün-Schleifenblume,** *Iberis sempervirens* **3 Alpen-Goldregen,** *Laburnum alpinum* **4 Breitblatt-Primel,** *Primula latifolia* **5 Gelbe Alpen-Kuhschelle,** *Pulsatilla alpina* subsp. *apiifolia*, G. Tritthart **6 Alpen-Helmkraut,** *Scutellaria alpina* **7 Kopfiges Steppen-Aschenkraut,** *Tephroseris integrifolia* subsp. *capitata* **8 Felsen-Berg-Klee,** *Trifolium montanum* subsp. *rupestre*

Weitere Freizeitangebote und botanische Ziele im Gebiet:

- Pinocchio-Museum und völkerkundliches Museum in Vernante
- Pilz- und Kastanienmuseum in Boves (nur jeden ersten Sonntag im Monat geöffnet)
- Colle di Tenda oberhalb Limonetto (Großblüten-Sandkraut, *Arenaria grandiflora*; Weiß-Affodill, *Asphodelus macrocarpus*; Burnat-Schöterich, *Erysimum burnatii*; Schopf-Läusekraut, *Pedicularis comosa*; Kopfiges Steppen-Aschenkraut, *Tephroseris integrifolia* subsp. *capitata* usw.)

Blumenpracht:

Berg-Wundklee (*Anthyllis montana*); Wegerich-Grasnelke (*Armeria arenaria*); Weiß-Affodill (*Asphodelus macrocarpus*); Ähren-Glockenblume (*Campanula spicata*); Akanthus-Golddistel (*Carlina acanthifolia*); Alpen-Schachbrettblume (*Fritillaria tubaeformis*) Jupiter-Lichtnelke (*Lychnis flos-jovis*); Lärchenblatt-Miere (*Minuartia laricifolia*); Schwarzwurzel-Teufelskralle (*Phyteuma scorzonerifolium*); Gelbe Alpen-Kuhschelle (*Pulsatilla alpina* subsp. *apiifolia*); Fieder-Veilchen (*Viola pinnata*)

Pflanzenbesonderheiten:

Kreuzung aus Kleb-Kratzdistel × Berg-Kratzdistel (*Cirsium × rellichianum*); Samt-Witwenblume (*Knautia mollis*); Kreuzung aus Manns-Knabenkraut × Bleich-Knabenkraut (*Orchis × haussknechtii*); Wild-Tulpe (*Tulipa sylvestris*); Allioni-Ehrenpreis (*Veronica allionii*)

Anreise:

Von Turin auf der A6 und der A33 bis Borgo San Dalmazzo, dann die SS20 bis Vernante und die Strada Provinciale Valle Grande 9 km aufwärts bis zum Parkplatz Palanfre.

Öffentliche Verkehrsanbindung:

Im Sommer existiert ein unregelmäßiger privater Buszubringer ab dem Bahnhof Vernante.

Sturzbach-Gamswurz

Doronicum cataractarum, KORBBLÜTLER

Kurzbeschreibung:

Pflanze 70–120 cm hoch; Grundblätter groß, 10–20 cm lang, dotterblumenähnlich in der Form; Blühtriebe im oberen Bereich verzweigt, in 10–20-körbigen Rispen; Blütenkörbe 4–8 cm breit. Blütezeit Juni – Juli.

Verwechslungsmöglichkeit:

Mit der Kriech-Gamswurz (*D. pardalianches*), welche aber dicht behaarte Stängel hat (bei *D. cataractarum* ist der Stängel kahl). Bei der Österreich-Gamswurz (*D. austriacum*) fehlen die Grundblätter zur Blütezeit (bei *D. cataractarum* vorhanden).

Verbreitung und Lebensraum:

Endemit der Koralpe. Das kleinräumige Areal umfasst ausschließlich die Hochlagen der Koralpe. Dort besiedelt sie das Gebiet zwischen Großem Speikkogel im Süden und Weißwasserbach im Norden. Fundorte liegen auf Kärntner Seite im Brunnbacher Graben, entlang des Rassingbaches und des Weißwasserbaches, auf steirischer Seite entlang des Seebachs.
Sie besiedelt hier Bachränder und Quellfluren, besonders über Gneis, von 1480–1830 m Seehöhe, im Rassinggraben schon auf 1270 m.

Gattung:

Von den weltweit etwa 40 Arten der Gattung kommen 12 in Europa und 8 in den Alpen vor. Der Verbreitungsschwerpunkt liegt in den Gebirgen des gemäßigten Asiens.

Name:

Die Herleitung des botanischen Gattungsnamens ist ungeklärt. Der Artbeiname ist lateinisch, bedeutet „der Gießbäche" und beschreibt den bevorzugten Standort am Rande von Sturzbächen.

Anmerkung:

Die Sturzbach-Gamswurz ist eine Reliktpflanze, die in der erdgeschichtlichen Vergangenheit wahrscheinlich weiter verbreitet war, aber heute nur mehr dieses kleine Gebiet im Gipfelbereich der Koralpe besiedelt. In den 1850er-Jahren wurde die Art erstmals von Botanikern gesammelt und irrtümlich für die Kriech-Gamswurz (*Doronicum pardalianches*) gehalten. Der Kärntner Botaniker F. Pehr erkannte 1919 die Eigenständigkeit der Sippe und F. Widder beschrieb sie dann 1925 neu. Locus classicus ist dabei der oberste Weißwassergraben auf der Kärntner Seite der Koralpe.

Weitere Gamswurz-Arten der Alpen:

1 Österreich-Gamswurz, *D. austriacum* **2** Clusius-Gamswurz, *D. clusii* **3** Herzblatt-Gamswurz, *D. columnae* **4** Gletscher-Gamswurz, *D. glaciale* **5** Großkorb-Gamswurz, *D. grandiflorum* **6** Kriech-Gamswurz, *D. pardalianches*

Sturzbach-Gamswurz, *Doronicum cataractarum*, P. Hubert

30

WANDERVORSCHLAG: ***Ö – Kärnten – Koralpe***

Die Sturzbach-Gamswurz im Großen Kar

J. Stopper

Anspruch:
mittel

Bergauf:
240 m

Gehzeit:
3 Std. (ganze Runde)

Beste Blumenzeit:
E Juni – E Juli, für die Sturzbach-Gamswurz M Juni – E Juli

Blumenpracht:
Waldstein-Kratzdistel (*Cirsium waldsteinii*); Ostalpen-Enzian (*Gentiana pannonica*); Sumpf-Tarant (*Swertia perennis*)

Beim ersten Anblick würde man kaum vermuten, dass die Koralpe botanische Kostbarkeiten birgt, von denen manche nirgendwo sonst auf der Erde vorkommen. Ist es doch ein aus kristallinen Schiefern bestehender Gebirgsstock der zentralen Ostalpen, die an sich als artenarm gelten.

Einige Botaniker, allen voran der niederösterreichische Landesgerichtspräsident Eduard Ritter von Josch (1799–1873), Günther Beck-Mannagetta (1856–1931) aus Pressburg, Felix Widder (1892–1974) aus Graz und die Zeitgenossen Adolf Bischofberger aus Deutschlandsberg und Hugo Gutschi aus St. Margarethen im Lavanttal trugen dazu bei, dass sich dieses Bild ändern sollte und dass die botanischen Schätze der Koralpe allmählich bekannt wurden. Zu diesen Schätzen zählen neben der Sturzbach-Gamswurz auch das Koralpen-Berufkraut (*Erigeron glabratus* subsp. *candidus*), der Glimmer-Steinbrech (*Saxifraga paradoxa*), das Moosglöckchen (*Linnaea borealis*) am Nordhang des Bärofen, die Waldsteinie (*Waldsteinia ternata*) im Prössinggraben, die Glockenheide (*Erica tetralix*), wohl eingeschleppt, bei der Reihkehre, der Schön-Klappertopf (*Rhinanthus pulcher*) in großen Teilen der Koralpe, das Tauern-Felsenblümchen (*Draba pacheri*) im Seekar und noch einige mehr.

Neben dieser Blumenpracht gibt es hier auf der Koralpe auch die wohl musikalischsten Rinder der Alpen. Am 12. Juli 2003 fand bei der Hochalmhütte der Almtag statt. Als der Kapellmeister den Musikern das Zeichen zum Einsatz gab und eine wunderbare Volksmusik erklang, ereignete sich ein sonderbares Schauspiel. Die Rinder stürmten zum Festplatz vor der Hütte, spitzten die Ohren, stellten die Schwänze hoch, lauschten gebannt der Musik und rührten sich nicht von der Stelle. Erst als die Musik verstummt war, kehrten die Tiere zurück auf ihre Weide. Ein schönes Erlebnis, nicht nur für uns Wanderer.

Die höchste Erhebung der Koralpe ist der Speikkogel, 2140 m, benannt nach einer ehemals wirtschaftlich wichtigen, aber äußerst unscheinbaren Pflanze, dem Echt-Speik (*Valeriana celtica* subsp. *norica*). Durch den Gehalt an ätherischem Öl riecht der Speik eigenartig und oft bemerkt man den Winzling nur aufgrund seines Geruches. Mindestens 2000 Jahre lang war die Baldrianart eine wichtige Wirtschaftspflanze in den Ostalpen, die vor allem zur Herstellung von Parfüms und Seifen verwendet wurde. Ab dem 15. Jahrhundert war die Stadt Judenburg das Zentrum für den Speikhandel. Bis zu zwei Tonnen an gesammeltem und

Pflanzenbesonderheiten:
Sturzbach-Gamswurz (*Doronicum cataractarum*); Tauern-Felsenblümchen (*Draba pacheri*); Villars-Berufkraut (*Erigeron atticus*); Koralpen-Berufkraut (*Erigeron glabratus* subsp. *candidus*); Clusius-Primel (*Primula clusiana*; am Weg zur Hühnerstütze am Hang Richtung Bärental-Hütte, wahrscheinlich nicht ursprünglich), Schön-Klappertopf (*Rhinanthus pulcher*); Ungarn-Soldanelle (*Soldanella major*)

Anreise:
Von Graz kommend auf der A2 in Richtung Klagenfurt bis zur Abfahrt Lieboch, der B76 bis nach Deutschlandsberg zur Kreuzung mit der B74 bzw. der L619 folgen, im Kreisverkehr mit der gelben Satellitenantenne rechts auf die L619 abbiegen und dieser bis zur Weinebene folgen.
Von Klagenfurt kommend auf der A2 in Richtung Wien bis zur Abfahrt Wolfsberg Nord, auf der B70 bis nach St. Gertraud, dann rechts auf der L148 bis zur Weinebene.

Öffentliche Verkehrsanbindung:
Wanderbus vom Bahnhof Wolfsberg bis zur Göslerhütte auf der Weinebene.
Informationen diesbezüglich unter Regionalmanagement Lavanttal,
www.region-lavanttal.at

Barrierefreiheit für Kinderwägen/Rollstühle:
Mit einem geländegängigen Kinderwagen/Rollstuhl bis zur Grillitsch-Hütte gegeben. Problematisch könnten die Weideübergänge werden.

Weitere Besonderheiten des Koralpen-Stockes:

1 Rückkreuzung Kleb-Kratzdistel × Scopoli-Kratzdistel **2** Hoch-Rittersporn, *Delphinium elatum* subsp. *elatum* **3** Hybride Steineralpen-Kohlröschen × Rot-Kohlröschen *Nigritella × fohringeri* **4** Tauern-Felsenblümchen, *Draba pacheri* **5** Europa-Knollenmiere, *Pseudostellaria europaea* **6** Moosglöckchen, *Linnaea borealis*, S. Kanitsch **7** Koralpen-Berufkraut, *Erigeron glabratus* subsp. *candidus* **8** Save-Zahnwurz, *Cardamine waldsteinii* **9** Schön-Klappertopf, *Rhinanthus pulcher* **10** Glimmer-Steinbrech, *Saxifraga paradoxa* **11** Dreiblatt-Waldsteinie, *Waldsteinia ternata*

getrocknetem Speik wurden hier jährlich umgeschlagen und bis nach Südeuropa, Ägypten und den Sudan gehandelt. Angesichts dieser Zahlen müsste die Pflanze heute ausgerottet sein, doch dank der richtigen Erntetechnik der professionellen Speiksammler ist das nicht der Fall.

Unsere Wanderung beginnt auf der Weinebene, 1668 m, und führt uns relativ eben hinein zur markanten Grillitschhütte. Warum Franz Grillitsch im Jahr 1845 diese runde Bauform wählte ist nicht bekannt, vermutet wird aber, dass er die Idee von seinen Reisen ins Piemont mitbrachte. Übers Schäferkreuz führt der Weg hinunter zum Rassingbach. Hier beginnt das Reich des Großen Kars mit seinen Marmorbändern und auch die Heimat der Sturzbach-Gamswurz. Über den Pomswasserfall führt die Runde durch das Naturschutzgebiet Großes Kar zurück zum Schäferkreuz. Das unterhalb der Hühnerstütze anzutreffende Edelweiß ist hier allerdings nicht ursprünglich.

Weitere Freizeitangebote und botanische Ziele im Gebiet:

- Keltenmuseum Burg Deutschlandsberg
- Lebensbaumpfad in St. Georgen im Lavanttal
- Geopark und Gesteinslehrpfad Glashütten in Gressenberg
- Schloss Wolfsberg im Norden der Stadt Wolfsberg
- Deutschlandsberger Klause (Verschiedenblatt-Nabelmiere, *Moehringia diversifolia*; Glimmer-Steinbrech, *Saxifraga paradoxa* usw.)
- Koralpe, Seekar (Waldstein-Kratzdistel, *Cirsium waldsteinii*; Tauern-Felsenblümchen, *Draba pacheri*; Steineralpen-Kohlröschen, *Nigritella lithopolitanica* usw.)

Bergbach-Weidenröschen

Epilobium fleischeri, NACHTKERZENGEWÄCHS

Kurzbeschreibung:

Pflanze 10–40 cm hoch; Stängel niederliegend bis aufsteigend; Blätter lineal-lanzettlich, 2–4 mm breit, gezähnelt; Blüten purpurn, vierzählig; Samen mit weißem Haarschopf. Blütezeit Juni – August.

Verwechslungsmöglichkeit:

Mit dem Rosmarin-Weidenröschen (*E. dodonaei*), welches aber aufrechte Stängel (bei *E. fleischeri* niederliegend bis aufsteigend) und zumindest oberseits dicht anliegend behaarte Blätter hat (bei *E. fleischeri* kahl).

Verbreitung und Lebensraum:

Endemit der Alpen, von den Seealpen östlich bis ins salzburgische Krimmler Achental reichend.
Besiedelt wechseltrockene Bach- und Flussschotter, Kiesbänke und Moränenschutt von 500–2600 m Seehöhe, vereinzelt auch tiefer, wie am Walensee (425 m) oder höher, wie im Wallis (2700 m). Kalkmeidend.

Gattung:

Die Gattung umfasst etwa 190 Arten, die in Eurasien, Nord- und Südamerika, Südafrika und dem ozeanischen Gebiet beheimatet sind. Weiters finden sich Arten in Neuseeland, Australien und in der Arktis. In Europa sind 24 Arten heimisch, in den Alpen 17.

Name:

Der botanische Gattungsname besteht aus dem altgriechischen „epi“ (= auf, aufrecht) und „lobos“ (= Schote, Hülse) und beschreibt die aufrechten Früchte.

Die Art ist zu Ehren des deutschen Arztes Franz von Fleischer (1801–1878) benannt, der 1825 eine botanische Reise durch Tirol machte und dabei die neue Art im Suldental des Ortler-Stockes entdeckte.

Weitere Weidenröschen-Arten der Alpen (Auswahl):

1 Mieren-Weidenröschen, *Epilobium alsinifolium* **2** Sumpf-Weidenröschen, *Epilobium palustre* **3** Schlag-Weidenröschen, *Epilobium angustifolium* **4** Berg-Weidenröschen, *Epilobium montanum*, J. Weinzettl

Bergbach-Weidenröschen, *Epilobium fleischeri*

5 Rosmarin-Weidenröschen, *Epilobium dodonaei* **6** Zottel-Weidenröschen, *Epilobium hirsutum*
7 Quirl-Weidenröschen, *Epilobium alpestre*

Das Bergbach-Weidenröschen auf dem Gran Paradiso

Anspruch:
hoch

Bergauf:
1120 m

Gehzeit:
6 Std. (ganze Runde)

Beste Blumenzeit:
M Juni – E Juli, für das Bergbach-Weidenröschen E Juni – A August.

Blumenpracht:
Zwerg-Himmelsherold (*Eritrichium nanum*); Bach-Storchschnabel (*Geranium rivulare*); Kronen-Lichtnelke (*Lychnis coronaria*); Jupiter-Lichtnelke (*Lychnis flos-jovis*); Gelb-Hauhechel (*Ononis natrix*); Trichterlilie (*Paradisea liliastrum*); Kreuzung aus Großblüten-Hauswurz (*Sempervivum grandiflorum*) × Berg-Hauswurz (*S. montanum*)

Im Jahr 1856 erklärte König Viktor Emanuel II. die Berge des Gran Paradiso zum Königlichen Jagdrevier. 1920 stiftete der König dieses Naturreservat dem italienischen Staat, der es in einen Naturschutzpark verwandeln sollte. Zwei Jahre später wurde der Nationalpark des Gran Paradiso gegründet, der erste Nationalpark Italiens.

Hier überlebten die letzten Steinböcke der Alpen und als das Naturverständnis der Menschen größer wurde, konnten Tiere aus dem Gran Paradiso auch in anderen Alpengebieten wieder angesiedelt werden.

Seit der Gründung des Nationalparks im Jahr 1922 gibt es hier keine Jagd mehr. Viele Tierarten sind deshalb zu finden. Neben dem Aushängeschild des Parks, dem Steinbock, etwa Fuchs, Luchs, Wildschwein, Wolf, Goldadler, Bartgeier und Murmeltier. Die Natur hält sich hier allein im Gleichgewicht.

Besorgniserregend allerdings ist der Rückgang der Steinböcke. Konnten zu Ende des letzten Jahrhunderts noch an die 6000 Tiere gezählt werden, sind es heute nur mehr knapp 2500. Der Grund für den Rückgang ist die erhöhte Jugendsterblichkeit, nur etwa Dreiviertel der Kitze überleben das erste Lebensjahr. Die Ursache dafür ist bislang ungeklärt. Vermutungen gibt es aber viele, wie etwa, dass durch den Klimawandel das Gras schneller dürr und proteinärmer wird.

Unter anderem im Gebiet zu finden:

1 Fuchsschwanz-Tragant, *Astragalus alopecurus* **2** Knäuel-Glockenblume, *Campanula glomerata* **3** Kamm-Wachtelweizen, *Melampyrum cristatum* **4** Trichterlilie, *Paradisea liliastrum*, G. Tritthart **5** Sand-Blauwürger, *Phelipanche arenaria*, J. Weinzettl **6** Leim-Primel, *Primula hirsuta*, G. Tritthart

An Gefäßpflanzen gibt es hier inklusive dem Aostatal an die 2000 Arten. Mitverantwortlich für diesen Reichtum ist die typisch inneralpine Trockenvegetation. An den Südhängen wächst Sadebaum (*Juniperus sabina*) und Gelb-Hauhechel (*Ononis natrix*), während sich an den Bachrändern Deutsch-Ufertamariske (*Myricaria germanica*) und Bergbach-Weidenröschen wohl fühlen.

Schon beim Startpunkt in Valnontey südlich von Cogne der erste Höhepunkt – der Alpengarten Paradisia, benannt nach der hier nicht seltenen Trichterlilie (*Paradisea liliastrum*). Knapp 1000 Pflanzenarten aus dem Gebiet des Nationalparks, aber auch von anderen Gebirgen der Erde werden hier dem Wanderer vorgestellt.

Unsere Wanderung führt gemütlich das gleichnamige Tal Valnontey aufwärts. Dabei kann entweder der Hauptweg oder jeweils auf der anderen Bachseite der Nebenweg gewählt werden. Vorbei an Gamswurz-Greiskraut (*Senecio doronicum*), Gelber Alpen-Kuhschelle (*Pulsatilla alpina* subsp. *apiifolia*) und vielen anderen Bergschönheiten. Bei der beschilderten Abzweigung zum Rifugio Vittorio Sella findet der einem Spaziergang gleichende Weg ein jähes Ende und führt nun durch Steinschutthalden und Zwergstrauchheiden zur Vittorio Sella-Hütte, 2585 m, und nach einer Stärkung auf direktem Wege wieder zurück nach Valnontey.

Pflanzenbesonderheiten:

Moris-Schafgarbe (*Achillea morisiana*); Thomas-Steintäschel (*Aethionema thomasianum*); Fuchsschwanz-Tragant (*Astragalus alopecurus*); Stern-Hasenohr (*Bupleurum stellatum*); Savoyen-Fingerwurz (*Dactylorhiza savogiensis*); Steinbrech-Habichtskraut (*Hieracium saxifragum*); Rainfarnrauke (*Hugueninia tanacetifolia*); Deutsch-Ufertamariske (*Myricaria germanica*); Sand-Blauwürger (*Phelipanche arenaria*); Pennsylvanien-Fingerkraut (*Potentilla pensylvanica*); Piemont-Primel (*Primula pedemontana*); Gelb-Seifenkraut (*Saponaria lutea*); Diapensien-Steinbrech (*Saxifraga diapensioides*); Flachblatt-Steinbrech (*Saxifraga muscoides*); Alpen-Pechnelke (*Viscaria alpina*)

Anreise:

Von Mailand auf der A4 und der A5 bis Aosta-St.Pierre, dann die SR47 bis Cogne, dann rechts weg nach Valnontey.

Barrierefreiheit für Kinderwägen/Rollstühle:

Im ersten Teil des Weges entlang des Baches für geländegängige Kinderwägen oder Rollstühle gegeben.

Weitere Freizeitangebote und botanische Ziele im Gebiet:

- Bergwerksmuseum in einer ehemaligen Knappensiedlung in Cogne
- Lillaz-Wasserfall östlich von Cogne (beeindruckendes Naturschauspiel)
- Burg von Aymavilles
- Freilichtmuseum Maison Gérard-Dayné in Cogne
- Ausstellung der Geschichte der Spitzen in Cogne (die Kunst der Klöppelspitzen)

Sumpf-Ständelwurz

Epipactis palustris, ORCHIDEE

Kurzbeschreibung:

Pflanze 20–60 cm hoch; Stängel unten kahl, oben behaart; Blätter länglich-lanzettlich, leicht rinnig; Blütenstand lockerblütig, mit 6–20 Blüten, diese weiß, purpurn und gelb gezeichnet. Blütezeit Juni – August.

Verwechslungsmöglichkeit:

Möglicherweise mit den anderen Ständelwurz-Arten, bei denen die Lippe aber kein bewegliches Gelenk besitzt (bei *E. palustris* sind das Vorder- und das Hinterglied der Lippe beweglich miteinander verbunden), die Lippe der anderen in den Alpen vorkommenden Ständelwurz-Arten ist 5–11 mm lang (bei *E. palustris* 10–14 mm lang).

Verbreitung und Lebensraum:

Eurasiatische Art von Spanien und Schottland bis Sibirien, China und zum Iran. In den Alpen weit verbreitet von den Seealpen bis zum Alpenostrand.
Besiedelt kalkreiche Niedermoore und Feuchtwiesen, auch Seeufer. Auf basenreichen, meist kalkhaltigen Sumpfhumusböden, in den Alpen vom Tiefland bis 2225 m Seehöhe.

Illustration: Christina Dombrowski

Gattung:

Von den 52 Arten besiedeln 41 Europa und 16 den Alpenraum. Mannigfaltigkeitszentrum der Gattung ist das nördliche Mittelmeergebiet.

Name:

Epipactis als botanischer Gattungsname benannte früher verschiedene Gattungen, bis ihn Zinn auf die Ständelwurz-Arten eingrenzte. Die deutsche Benennung „Stendelwurtz" findet sich erstmals bei Brunfels im Jahr 1530, der darunter allerdings *Orchis purpurea* verstand. Der Name spielt auf die vermeintlich aphrodisische Wirkung der Orchideen an.

Weitere Ständelwurz-Arten der Alpen (Auswahl):

1 Rot-Ständelwurz, *Epipactis atrorubens*, D. Jakely **2** Kurzblatt-Ständelwurz, *Epipactis distans*, H. Presser **3** Greuter-Ständelwurz, *Epipactis greuteri*, J. Weinzettl **4** Kleinblatt-Ständelwurz, *Epipactis microphylla*

Sumpf-Ständelwurz, *Epipactis palustris*, W. Kussegg

Weitere Ständelwurz-Arten der Alpen (Auswahl):
1 Grün-Ständelwurz, *Epipactis helleborine* **2** Müller-Ständelwurz, *Epipactis muelleri*, W. Lüders **3** Schmallippen-Ständelwurz, *E.leptochila*, S. Hertel **4** Purpur-Ständelwurz, *Epipactis purpurata*, K. Schebesta **5** Vöth-Ständelwurz, *Epipactis voethii*, J. Weinzettl

WANDERVORSCHLAG: ***D/Ö – Allgäu/Bregenzer Wald – Nagelfluhkette***

Die Sumpf-Ständelwurz im Häderichmoor

Diesmal wollen wir eine gemütliche Tour vorstellen. Viel zu interessant ist es, dieses Häderichmoor im bayrisch-vorarlbergischen Grenzgebiet, um nur nebenbei betrachtet zu werden. Die Häderichmoore gelten als die am besten ausgebildeten Deckenmoore Bayerns. Bei diesem Moortyp gehen Flach- und Hochmoorflächen räumlich ineinander über und überziehen die Landschaft mit einer gleichförmig erscheinenden „Decke" aus Torf. Hochmoore entstehen über Jahrtausende durch das Wachstum wasserspeichernder Torfmoose und deren Vertorfung. Torfmoose haben die Eigenschaft, das bis zu Zehnfache ihres Eigengewichtes an Wasser speichern zu können. Dabei saugen sie Regenwasser wie ein Schwamm auf. Sie sind damit in der Lage, ihren Wasserbedarf allein über den Regen zu decken und sind daher nicht mehr vom Grundwasser abhängig. Torfmoose wachsen rasch in die Höhe, der untere Teil der Pflanzen stirbt ab. Mit der Zeit löst sich der Torfkörper vom Grundwasserspiegel ab, sodass das gesamte Moor nur noch vom nährstoffarmen Regenwasser gespeist wird. Seltene und hochspezialisierte Pflanzen und Tiere, wahre Hungerkünstler, besiedeln das Moor. Daher sind alle in der Heimat zu findenden fleischfressenden Pflanzenarten in nährstoffarmen Mooren, Sümpfen oder Gewässern zu finden.

Anspruch:
gering

Bergauf:
3 m

Gehzeit:
3/4 Std. (gesamte Runde)

Beste Blumenzeit:
A Juni – M Juli, für die Sumpf-Ständelwurz E Juni – E Juli

Blumenpracht:
Breitblatt-Fingerwurz (*Dactylorhiza majalis*); Sumpf-Ständelwurz (*Epipactis palustris*); Wiesen von Kuckucks-Lichtnelke (*Lychnis flos-cuculi*) und Schlangen-Knöterich (*Persicaria bistorta*); Sumpf-Vergissmeinnicht (*Myosotis scorpioides*)

Im Häderichmoor unter anderem zu finden:
1 Langblatt-Sonnentau, *Drosera anglica*, W. Kussegg **2** Wiesen-Storchschnabel, *Geranium pratense* **3** Kuckucks-Lichtnelke, *Lychnis flos-cuculi* **4** Moor-Nebelbeere, *Vaccinium uliginosum* **5** Sumpf-Läusekraut, *Pedicularis palustris*

Auf bayerischer Seite beträgt das Naturschutzgebiet 89 Hektar, wobei auf Informationstafeln dem Besucher Wissenswertes in unterhaltsamer Form dargeboten wird. Wir beginnen unsere Wanderung aber auf der Vorarlberger Seite beim kostenpflichtigen Parkplatz der Hochhäderich-Talstation nordöstlich von Krumbach bei Hittisau. Von hier weg führt ein schön angelegter Wanderweg hinein in den Moorkomplex zum Alpstüble Moos. An etlichen Stellen des Weges vibriert der Boden, ein untrügliches Zeichen, dass wir inmitten des Moores sind. Schon bei diesem kurzen Stück Weg passieren wir herrliche Bestände von Groß-Torfbeeren (*Vaccinium oxycoccos*), Schlangen-Knöterich (*Persicaria bistorta*) und Sonnentau (*Drosera rotundifolia*, *D. anglica*). Eine umgestürzte Fichte am Wegesrand zeigt eindrucksvollen Lebenswillen. Ihre Äste wachsen wieder himmelwärts und bilden nun eine ganze Wipfelkette, mittendrin hat es sich eine Eberesche gemütlich gemacht, die wohl nicht gerne nasse Füße hat. Weiter zur Alpe Glutschwanden sind es vor allem die vielen Arnika, die auf der linksseitig gelegenen Almwiese begeistern. Zurück geht's dann über die Alpe Höchwies und spätestens jetzt werden die vielen Einkehrmöglichkeiten zum Verhängnis, denn eine ist besser als die andere. Zum Glück ist es nur eine kurze Wanderung, sodass trotzdem noch genug Zeit bleibt, die herrlichen Blumen der Häderichmoore zu bewundern.

Weitere Freizeitangebote und botanische Ziele im Gebiet:

- Juppenwerkstatt Riefensberg (wie die aufwändige Tracht der Bregenzerwälderinnen entsteht)
- Grenzerpfad Sulzberg (Rundwanderweg mit Spielgelegenheiten für Kinder)
- Waldhochseilgarten Imberg bei Oberstaufen (Allgäu)
- Hutmuseum Lindenberg
- Rheindelta-Wiesen (Spät-Bitterling, *Blackstonia acuminata*; Wassernabel, *Hydrocotyle vulgaris*; Moor-Glanzständel, *Liparis loeselii*; Sommer-Drehähre, *Spiranthes aestivalis* usw.)

Pflanzenbesonderheiten:

Scheiden-Wollgras (*Eriophorum vaginatum*); Echt-Fettblatt (*Pinguicula vulgaris*); Massenbestände an Groß-Torfbeeren (*Vaccinium oxycoccos*)

Barrierefreiheit für Kinderwägen/Rollstühle:

Für geländegängige Rollstühle/Kinderwägen gegeben, wenn die Gefährte auf die Holzstege gehoben werden. Teilweise ist der Untergrund sumpfig, das Führen eines Gefährtes ist dann anstrengend!

Anreise:

Von Bregenz über die B200 bis Hittisau, dann die L22 bis zum Gasthaus Engel in Bolgenach, dann rechts die schmale Straße bis zum beschrankten Parkplatz Hochhäderich.

Öffentliche Verkehrsanbindung:

Mit dem Landbus 25 von Bregenz bis Hittisau, (von Dornbirn mit der Landbus-Linie 41, von Balderschwang-Oberstdorf mit der Linie 98), dann mit der Landbus-Linie 30 bis zum Hochhäderich-Parkplatz.

Schnee-Heide

Erica carnea, HEIDEGEWÄCHS

Kurzbeschreibung:

15–30 cm hoher Zwergstrauch; Blätter nadelartig, kahl, Blattrand umgerollt; Blüten purpurrosa, um 5 mm lang, mit 2–3 mm langen Blütenstielen. Blütezeit Februar – Mai.

Verwechslungsmöglichkeit:

Unter Umständen mit der Grau-Heide (*E. cinerea*), bei welcher die Blätter aber büschelig angeordnet sind (bei *E. carnea* einzeln) oder mit der Besenheide (*Calluna vulgaris*), welche aber vierzeilig angeordnete, sich ziegelartig überdeckende, schuppenartige Blätter besitzt und von Juli bis September blüht (bei *E. carnea* sind die Blätter nadelartig, Blütezeit Februar–Mai).

Verbreitung und Lebensraum:

Südeuropäisch-montane Art der Alpen, des Apennins und der illyrischen Gebirge. In den Alpen weit verbreitet von den Seealpen bis Niederösterreich, den französischen Alpen aber größtenteils fehlend.
Besiedelt vor allem Föhrenwälder und Felsfluren über Karbonatgestein, seltener über Silikat, Quarzit und Serpentin. Steigt bis etwa 2300 m Seehöhe, vereinzelt auch höher, wie am Rothorn in Graubünden (2650 m).

Gattung:

Von den 735 Arten der Gattung kommen 16 in Europa und 4 ursprünglich im Alpenraum vor. Mannigfaltigkeitszentrum mit einem außerordentlichen Formenreichtum ist das südafrikanische Kapland.

Name:

„Ereike" ist der altgriechische Name der Baumheide (*Erica arborea*), bei den antiken Schriftstellern. Dieser Name dürfte sich wegen der brüchigen Äste vom altgriechischen „ereiko" (= brechen) herleiten oder vom keltischen „vereika", dem damaligen Namen für Heidekräuter.

Carnea als botanischer Artbeiname ist lateinischer Herkunft und bedeutet „fleischfarben".

Schnee-Heide wiederum ist passend, denn oftmals blüht der liebliche Strauch schon im Winter und nicht selten kann man seine Blüten aus dem Schnee leuchten sehen. „Senden", „Hoarach", „Zermat" und „Kraß" sind heute selten gewordene Volksnamen.

Schnee-Heide, *Erica carnea*

Weitere ähnliche Heidegewächse der Alpen:
1 Baum-Heide, *Erica arborea* **2** Grau-Heide, *Erica cinerea* **3** Besenheide, *Calluna vulgaris*

33

WANDERVORSCHLAG: ***Ö – Steiermark – Gleinalpe***

Die Schnee-Heide im Kraubather Serpentingebiet

Anspruch:
je nach Ausflug gering bis mittel

Bergauf:
424 m (ganze Runde)

Gehzeit:
5 Std. (ganze Runde über den Preggraben)

Beste Blumenzeit:
für die Schnee-Heide M März – M April, je nach Winterverlauf, für die anderen Besonderheiten Mai – Juli.

Es ist Winter. Wie jeden Abend nehme ich mir ein Blumenbuch zur Hand, denn mit Blumenbildern im Kopf lässt es sich wunderbar träumen. Dieses Mal ist es ein „alter Schinken" über Blumenparadiese der Erde. Ich blättere willkürlich herum und plötzlich sticht mir ein fast unwirklich erscheinendes Bild ins Auge. Es ist ein Wald, der knallrosa leuchtet. Ich denke mir, das ist bestimmt irgendwo im südafrikanischen Kapgebiet oder in der chinesischen Provinz Yunnan. Trotzdem will ich es wissen und lese nach – Steirisches Murtal steht da, ich glaub, mich tritt ein Pferd. 50 Kilometer Luftlinie von mir entfernt und ich Pflanzenfreak kenne es nicht. Sehnsüchtig wird der Frühling herbeigesehnt und dann, nach zwei zu früh gestarteten Anläufen war es so weit.

Der Bergwald um Preg im Murtal stand in Flammen. Ein unfassbarer Anblick. Schon von der Autobahn aus leuchtet es rosa her und gleich am nächsten Tag packte ich meinen Schwiegervater ins Auto mit den Worten „Vati, das musst du gesehen haben". Und dann standen wir zwei Blumennarren wieder da mit offenem Mund und freuten uns angesichts der Pracht, die sich uns hier offenbarte.

Warum die Schnee-Heide gerade hier so dicht vorkommt, erklären Abhandlungen mit dem ultrabasischen Serpentingestein, mit welchem nur wenige Pflanzenarten zurechtkommen. Diese wenigen können dann aber solche Massenbestände bilden.

Die Schnee-Heide ist ein zartes Blümchen, das der letzte Herbst scheinbar vergessen hat. Die Knospen haben ruhig unter der Schneelast gewartet und sobald es anfängt zu tauen, ist sie bereit für ihren Auftritt. Und so steht sie im Regelfall mit ihren grünen Blättchen und vielen, vielen Blüten in der Nachbarschaft von Frühjahrsblühern mit großen Blüten und nimmt all ihre Kraft zusammen, um nicht allzu bescheiden auszusehen. Nur hier im Kraubather Serpentingebiet fehlen die großblütigen Mitstreiter, hier ist sie der einzige Star.

Im selben Gebiet, wenn auch bedeutend später und viel seltener, wächst eine andere Schönheit: Die Serpentin-Hauswurz (*Sempervivum pittonii*), benannt zu Ehren des Direktors des naturwissenschaftlichen Vereins für die Steiermark, Joseph Claudius Pittoni, Ritter von Dannenfeldt (1797–1878). Bei der Art dürfte es sich um ein teritäres Relikt handeln, da die Zerstückelung des Zusammenhanges mit den balkanischen Verwandten weit zurückliegt. Die Verbreitung der Serpentin-Hauswurz beschränkt sich auf den Töringgraben und die Gulsen linksseitig der Mur und auf den Au-, Winter- und Sommergraben rechtsseitig der Mur.

Serpentin-Hauswurz, *Sempervivum pittonii*

Eine Möglichkeit des Schnee-Heide-Genießens ist das Bewandern des Sommergrabens. Dazu fährt man bis Niederdorf-Chromwerk und folgt der Forststraße in den Sommergraben zu Fuß. Irgendwann wird meist umgedreht, Ausdauernde gehen aber weiter bis zum Preggraben und umrunden so den Steinbruch. Das letzte Stück von Preg bis Niederdorf muss dann auf der Landesstraße zurückgelegt werden, andererseits sind gerade hier, knapp nördlich vom Steinbruch an der L553 die schönsten und dichtesten Schnee-Heide-Bestände zu bewundern.

Blumenpracht:
Blaugrüne Berg-Ringdistel (*Carduus defloratus* subsp. *glaucus*); Schnee-Heide (*Erica carnea*)

Pflanzenbesonderheiten:
Sand-Grasnelke (*Armeria elongata*); Serpentin-Kartäuser-Nelke (*Dianthus carthusianorum* subsp. *capillifrons*); Schmalblatt-Vergissmeinnicht (*Myosotis stenophylla*); Europa-Pelzfarn (*Notholaena marantae*); Serpentin-Hauswurz (*Sempervivum pittonii*); Ohrlöffel-Leimkraut (*Silene otites*)

Anreise:
Von Wien, Graz oder Klagenfurt kommend auf der Murtal-Schnellstraße S36 bis zur Abfahrt Kraubath, den Murweg über die Mur, dann die L553 bis Niederdorf-Chromwerk, in den Sommergrabenweg einbiegen und noch ein kurzes Stück bis zum kleinen Parkplatz fahren.

Öffentliche Verkehrsanbindung:
mit der Bahn bis Kraubath an der Mur, dann mit der Buslinie 840 bis Niederdorf-Chromwerk.

Barrierefreiheit für Kinderwägen/Rollstühle:
für geländegängige Fahrzeuge gegeben, durch die Höhenunterschiede aber anstrengend.

Besonderheiten des Kraubather Serpentingebietes:

1 Berg-Steinkraut, *Alyssum montanum* **2** Sand-Grasnelke, *Armeria elongata* **3** Deutsch-Backenklee, *Dorycnium germanicum* **4** Serpentin-Streifenfarn, *Asplenium cuneifolium* **5** Schnee-Heide, *Erica carnea* **6** Serpentin-Kartäuser-Nelke, *D. carthusianorum* subsp. *capillifrons* **7** Europa-Pelzfarn, *Notholaena marantae*

5

6

7

Weitere Freizeitangebote und botanische Ziele im Gebiet:

- Eisenbahnmuseum Knittelfeld
- Wipfelwanderweg Rachau bei Knittelfeld
- Stadtmuseum Judenburg
- Pischkalm am Rennfeld bei Bruck/Mur (Alpen-Krokus, *Crocus albiflorus*; Hundszahnlilie, *Erythronium dens-canis*; Kleinblüten-Fingerkraut, *Potentilla micrantha*; Steiermark-Lungenkraut, *Pulmonaria stiriaca* usw.)

Zwerg-Himmelsherold

Eritrichium nanum, RAUBLATTGEWÄCHS

Kurzbeschreibung:
Pflanze 1–4 cm hoch; Blätter größtenteils rosettig gehäuft, zottig behaart; Blütenstand 3–6-blütig, Blüten leuchtend hellblau, mit gelbem Saum. Blütezeit Juni – August.

Verwechslungsmöglichkeit:
Mit niederen Formen des Alpen-Vergissmeinnichts (*Myosotis alpestris*), dieses hat aber keine Vorblätter und ganzrandige, glatte Teilfrüchte (*Eritrichium nanum* besitzt unter jeder Blüte ein Vorblatt, die Teilfrüchte haben einen geflügelten, kammförmig gezähnten Rand).

Verbreitung und Lebensraum:
Alpisch-karpatische Art. In den Alpen von den Seealpen bis zur Steiermark und zu den Karawanken.
Besiedelt Felsspalten, Gesteinsgrus und offene Rasengesellschaften von 2200–3300 m Seehöhe, gelegentlich tiefer, wie in der Moräne des Fornogletschers (2070 m), oder höher, wie am Piz Kesch (3390 m) oder am Weisstor (3620 m). Über Silikatgestein, Kalk und Dolomit.

Gattung:
Von den rund 30 Himmelsherold-Arten sind 4 in Europa und eine in den Alpen heimisch. Mannigfaltigkeitszentren sind die Gebirge Asiens und Amerikas.

Name:
Der botanische Gattungsname setzt sich aus den altgriechischen Wörtern „eri" (= sehr) und „triches" (= Haare) zusammen. Der Artbeiname ist lateinisch und beschreibt die zwergige Wuchsform der Pflanze.

Mit Himmelsherold ist die deutsche Benennung weit lieblicher als die wissenschaftliche ausgefallen. Die Bezeichnung verdanken wir REICHENBACH.

Weitere blau blühende Raublattgewächse aus tieferen Alpenlagen:

1 Barrelier-Ochsenzunge, *Anchusa barrelieri* **2** Echt-Hundszunge, *Cynoglossum officinale* **3** Wegerich-Natternkopf, *Echium plantagineum* **4** Echt-Natternkopf, *Echium vulgare*, K. Schebesta **5** Strauch-Moltkie, *Moltkia suffruticosa* **6** Frühlings-Gedenkmein, *Omphalodes verna*

Zwerg-Himmelsherold, *Eritrichium nanum*

7 Italien-Ochsenzunge, *Anchusa azurea* **8** Purpurblau-Rindszunge, *Buglossoides purpurocaerulea*
9 Gewöhnlich-Igelsame, *Lappula squarrosa*

34

WANDERVORSCHLAG: ***I – Trentino – Dolomiten***

Der Himmelsherold auf dem Padonkamm

Anspruch:
hoch

Bergauf:
428 m

Gehzeit:
4,5 Std. (gesamte Runde)

Beste Blumenzeit:
M Juni – A August, für den Zwerg-Himmelsherold A Juli – E Juli.

Wie ein Stückchen zur Erde gefallener Himmel, so sieht er aus, der Himmelsherold. Im Fels der höchsten Gipfel fühlt er sich wohl, dort wo er dem Himmel ohnehin schon am nächsten ist. Und hier am Padonkamm ist viel vom Himmel auf die Erde gefallen.

Wir starten am Fedaia-Pass, 2057 m, östlich vom gleichnamigen Stausee und wandern hinauf zur Padon-Hütte, 2369 m (Rifugio Padon), begleitet von vielen Prachtexemplaren der Türkenbund-Lilie (*Lilium martagon*), des Hänge-Tragants (*Astragalus penduliflorus*) und der Langblatt-Witwenblume (*Knautia longifolia*). Schon ist die größte Steigung erledigt, denn ab jetzt verläuft der Weg in westlicher Richtung am Südhang des Padonkammes ziemlich flach. In den vom Kamm gebrochenen Felsen fühlt sich der Himmelsherold besonders wohl – wie blau muss es dann erst oben am Kamm selbst sein. Alpen-Sandkraut (*Arenaria marschlinsii*) und Rätischer Alpen-Mohn (*Papaver alpinum* subsp. *rhaeticum*) begleiten das Raublattgewächs.

Es ist ein echtes Genusswandern hier oben, denn linker Hand hat man die beeindruckende Aussicht zur Marmolada und zum Fedaia-Stausee, rechter Hand die Bergblumen und die gewaltigen Felsen des Padonkammes.

Porta Vescovo, jetzt verbreitert sich der Weg, der einst sogar von Karawanen befahren war, die Waren vom naheliegenden Fassatal zum Cordevoletal transportierten, weil dieser sicherer als der Talboden war. Lange Zeit geriet der Weg in Vergessenheit, bis um die Wende vom 19. ins 20. Jahrhundert der deutsche Alpinist Dr. Karl Bindel den Weg wiederbelebte, der bis heute den Namen „Bindelweg" trägt. Bindel gelangen auch mehrere Erstbegehungen im Gebiet. Die Murfreitspitze südlich des Grödner Jochs trug lange Zeit den Namen Bindelturm.

Büschelgras dominiert nun den Weg, um das Rifugio Viel dal Pan, 2437 m, wird es orchideenreich. Besonders fallen die großblütigen Rhellicanus-Kohlröschen (*Nigritella rhellicani*) auf, die schon stark an das Mont-Cenis-Kohlröschen (*Nigritella cenisia*) erinnern und auch die Gattungshybride aus Rhellicanus-Kohlröschen und Weißzüngel (*Pseudorchis albida*) ist hier in mehreren Stücken zu finden.

Zurück geht's über den Weg zum Westufer des Fedaia-Stausees und über das für den Verkehr gesperrte Südufer gelangen wir wieder zum Ausgangspunkt der Tour.

Blumenpracht:
Monte-Baldo-Windröschen (*Anemone baldensis*); Zwerg-Himmelsherold (*Eritrichium nanum*); Prächtiges Manns-Knabenkraut (*Orchis mascula* subsp. *speciosa*); Rätischer Alpen-Mohn (*Papaver alpinum* subsp. *rhaeticum*); Dolomiten-Fingerkraut (*Potentilla nitida*); Haller-Primel (*Primula halleri*); Frühlings-Kuhschelle (*Pulsatilla vernalis*).

Pflanzenbesonderheiten:

Alpen-Sandkraut (*Arenaria marschlinsii*); Hänge-Tragant (*Astragalus penduliflorus*); Frölich-Pippau (*Crepis froelichiana* subsp. *froelichiana*); Verkannt-Berufkraut (*Erigeron neglectus*); Krummblatt-Miere (*Minuartia recurva*); Blau-Mänderle (*Paederota bonarota*); Gattungshybride aus Rhellicanus-Kohlröschen × Weißzüngel (× *Pseuditella micrantha*); Zwergkugelschötchen (*Rhizobotrya alpina*); Filz-Alpenscharte (*Saussurea discolor*); Nickend-Steinbrech (*Saxifraga cernua*); Fassa-Steinbrech (*Saxifraga depressa*); Hybride aus Mannsschild-Steinbrech × Fassa-Steinbrech (*Saxifraga × vierhapperi*); Großlippen-Aufrecht-Ziest (*Stachys recta* subsp. *labiosa*)

Anreise:

Von Innsbruck auf der A13 bzw. der A22 bis Klausen-Gröden, weiter die B12 und die B242 bis Canazei, dann die SP641 bis zum Fedaipass bis knapp nach dem Fedaia-Stausee.

Barrierefreiheit für Kinderwägen/Rollstühle:

Am Südufer des Fedaia-Stausees gegeben. Auch hier kann man prächtige Alpenblumen wie Großkopf-Gamswurz (*Doronicum grandiflorum*), Rätischen Alpen-Mohn (*Papaver alpinum* subsp. *rhaeticum*), Dolomiten-Teufelskralle (*Phyteuma sieberi*) und Wimper-Alpenrose (*Rhododendron hirsutum*) bewundern.

Weitere Freizeitangebote und botanische Ziele im Gebiet:

- Die größte Krippe der Welt in St. Christina im Grödnertal
- Erlebnis-Hochseilweg in St. Ulrich im Grödnertal
- Musterschau des Grödner Kunsthandwerkes im Kongresshaus von St. Ulrich im Grödnertal
- Holzbildhauerei Galerie Unika in St. Ulrich im Grödnertal
- Pordoi-Joch (Pordoi-Kohlröschen, *Nigritella hygrophila*; Zweifarben-Kohlröschen, *Nigritella bicolor* usw.)

Unter anderem am Weg zu finden:

1 Feuer-Lilie, *Lilium bulbiferum* **2** Alpen-Wachsblume, *Cerinthe alpina* **3** Hybride aus Rhellicanus-Kohlröschen × Weißzüngel **4** Schmalsporn-Fettblatt, *Pinguicula leptoceras*, G. Tritthart **5** Zwergkugelschötchen, *Rhizobotrya alpina*, F. Dunkel **6** Gamswurz-Greiskraut, *Senecio doronicum*

Alpen-Mannstreu

Eryngium alpinum, DOLDENBLÜTLER

Kurzbeschreibung:
Pflanze 40–80 cm hoch; grundständige Blätter ungeteilt, mit dem Stiel bis 20 cm lang, obere Blätter tief geteilt, grannig gezähnt; Blüten blauviolett, dicht gedrängt auf einer verlängerten Achse sitzend, Blütendolde von vielspaltigen, langborstigen Hüllblättern umgeben und überragt. Blütezeit Juli – August.

Verwechslungsmöglichkeit:
Mit der Weißstachel-Mannstreu (*Eryngium spinalba*), welche aber tief zerteilte Grundblätter und einen bläulich-weißen Blütenstand hat (bei *E. alpinum* sind die Grundblätter ungeteilt, der Blütenstand ist stahlblau bis blauviolett). Die in den Alpen, so bei Masescha in Liechtenstein, in Seewiesen und Bad Aussee in der Steiermark, bei Perchtoldsdorf in Niederösterreich usw. verwilderte Riesen-Mannstreu (*E. giganteum*) aus dem Kaukasus ist zweijährig und hat 5–10 cm lange Köpfchen (*E. alpinum* ist mehrjährig und hat 3–5 cm lange Köpfchen).

Verbreitung und Lebensraum:
Alpisch-illyrische Art der Alpen, des französischen Hochjuras und der Gebirge der nördlichen Balkanhalbinsel, südlich bis Montenegro. In den Alpen sehr zerstreut von den Seealpen bis in die Südostalpen. Besiedelt Hochstaudenfluren und felsige Weiden von etwa 1500–2400 m Seehöhe. Kalkliebend.

Gattung:
240 Arten umfasst die Gattung, wovon 26 in Europa und 4 im Alpenraum beheimatet sind. In Afrika ist sie nur im Mittelmeergebiet vertreten.

Name:
Der botanische Gattungsname ist unsicher, kommt aber vielleicht vom altgriechischen „eryngano“ (= ich rülpse), weil einzelne Arten als Heilmittel gegen Blähungen aller Art dienten. Mannstreu als deutsche Benennung soll von der angeblich aphrodisischen Wirkung einiger Arten kommen.

Weitere Arten, die in den Alpen zu finden sind:

1 Feld-Mannstreu, *Eryngium campestre* **2** Riesen-Mannstreu, *Eryngium giganteum* **3** Weißstachel-Mannstreu, *Eryngium spinalba*, F. Dunkel

Alpen-Mannstreu, *Eryngium alpinum*

35

WANDERVORSCHLAG: ***Ö – Vorarlberg – Rätikon***

Die Alpen-Mannstreu im Gamperdonatal

Anspruch:
hoch

Bergauf:
984 m

Gehzeit:
5,5 Std.

Beste Blumenzeit:
E Juni – A August, für die Alpen-Mannstreu A Juli – M August.

Blumenpracht:
Westalpen-Akelei (*Aquilegia alpina*); Breitblatt-Glockenblume (*Campanula latifolia*); Strauß-Glockenblume (*Campanula thyrsoides*); Großkorb-Gamswurz (*Doronicum grandiflorum*); Salzburger Alpen-Mohn (*Papaver alpinum* subsp. *sendtneri*); Blätter-Läusekraut (*Pedicularis foliosa*); Bergscharte (*Rhaponticum scariosum* subsp. *rhaponticum*); Fuchsschwanz-Klee (*Trifolium rubens*); Zwerg-Baldrian (*Valeriana supina*); Sporn-Stiefmütterchen (*Viola calcarata* subsp. *calcarata*)

Der Himmel von Nenzing befindet sich in Vorarlberg und mit ihm eines von nur zwei bekannten Vorkommen der Alpen-Mannstreu in Österreich. Zum einen hier im Gamperdonatal und zum anderen an ganz wenigen Stellen im Südwesten Kärntens. Für die Vorarlberger Vorkommen findet sich folgende Textstelle im Naturschutzbericht: „Die für das Natura-2000-Netzwerk nominierten Flächen im Gamperdonatal decken den Hauptbestand des Vorkommens in Vorarlberg ab. Da die Hochstaudenfluren einen natürlichen Vegetationstyp darstellen, sind derzeit keine besonderen Maßnahmen für den Erhalt dieser seltenen Vorkommen nötig."

Es ist aber nicht nur die Edel-Distel, die hier begeistert, auch Bergscharte (*Rhaponticum scariosum* subsp. *rhaponticum*), Westalpen-Akelei (*Aquilegia alpina*), Sporn-Stiefmütterchen (*Viola calcarata* subsp. *calcarata*), Gelb-Enzian (*Gentiana lutea*) und einige mehr sind hier zu finden.

Es ist die landschaftliche Schönheit mit ihren Naturschätzen, die dieses Tal so beliebt macht. Im Laufe der Jahre entstand hier am Nenzinger Himmel ein Feriendorf mit über 200 Hütten, einem Gasthaus mit Hotelbetrieb, einem Kaffeehaus und einem Lebensmittelgeschäft. Bauberechtigt sind hier nur Nenzinger Bürger, wodurch ein Großteil des Tourismus im Gamperdonatal bis heute einheimischen Ursprungs ist. Die Feriensiedlung definiert sich als Erholungsgebiet und bei dieser Abgeschiedenheit am

Unter anderem am Weg zu finden:
1 Zwerg-Baldrian, *Valeriana supina* **2** Sporn-Stiefmütterchen, *Viola calcarata* subsp. *calcarata* **3** Schweizer Hoch-Rittersporn, *Delphinium elatum* subsp. *helveticum*
4 Bergscharte, *Rhoponticum scariosum* subsp. *rhaponticum*, W. Seiche
5 Alpenrachen, *Tozzia alpina*

Talende wird das zu keiner Sekunde bezweifelt. Ruhe wird hier im Himmel groß geschrieben. Hier scheint die Zeit still zu stehen: Ein paar Gamperdönler, wie man die Hüttenbewohner nennt, in Liegestühlen, ein paar Wanderer und jede Menge Kühe sorgen dafür, dass hier oben sicher niemals Hektik aufkommen wird.

Erreichbar ist der Nenzinger Himmel mit dem Wanderbus Gantner von Nenzing aus. Für den Individualverkehr ist die Straße ins Gamperdonatal gesperrt.

Das gesamte Tal inklusive des 1074 Hektar großen Pflanzenschutzgebietes ist eine einzige Naturschönheit. Herausragend hierbei seien ein paar Naturdenkmäler genannt, wie der „Bärenwald" auf der Alpe Vals, ein Spirkenwald mit mehreren dort wachsenden Orchideenarten, das Felsentor am Fuß des Rauen Berges gegen den Nenzinger Himmel, die größte Tanne Vorarlbergs mit 55 Meter Höhe und 3 Metern Stammumfang im Gamperdonatal, Gneisfindlinge beim Kühbruck-Kirchlein, Wasserfälle und und und. All diese Herrlichkeiten werden begleitet von weiteren kleinen Wundern, von Frauenschuh (*Cypripedium calceolus*), Alpen-Mannstreu (*Eryngium alpinum*) und anderen Blumenschönheiten.

Botanisch besonders empfehlenswert ist eine Wanderung vom Himmel, 1370 m, über die Güfel-Alm zur Pfälzer-Hütte am Bettlerjoch, 2103 m, und über den Liechtensteinerweg wieder zurück zum Ausgangspunkt.

Pflanzenbesonderheiten:
Errötend-Frauenmantel (*Alchemilla colorata*); Südlich-Tragant (*Astragalus australis*); Schweiz-Rittersporn (*Delphinium elatum* subsp. *helveticum*); Klein-Fingerhut (*Digitalis lutea*); Villars-Berufkraut (*Erigeron atticus*); Alpen-Mannstreu (*Eryngium alpinum*); Härchen-Augentrost (*Euphrasia hirtella*); Knorpellattich-Habichtskraut (*Hieracium chondrillifolium*); Bunt-Läusekraut (*Pedicularis oederi*); Filz-Rose (*Rosa tomentosa*)

Anreise:
Von Bregenz auf der A14 bis Nenzing, dann zur Bazulstraße 3 zum Busunternehmen A. Gantner

Öffentliche Verkehrsanbindung:
Mit der Bahn bis Nenzing, dann wie oben.

Barrierefreiheit für Kinderwägen/Rollstühle:
im weitläufigen Gebiet des Himmels gegeben.

Weitere Freizeitangebote und botanische Ziele im Gebiet:

- Burgruine Welsch-Ramschwag in Nenzing
- Museum in der Schattenburg in Feldkirch
- Wildpark Feldkirch
- Bromen im Koblacher Ried bei Götzis (Duft-Lauch, *Allium suaveolens*; Braun-Zypergras, *Cyperus fuscus*; Lungen-Enzian, *Gentiana pneumonanthe*; Sumpf-Siegwurz, *Gladiolus palustris*; Knötchen-Simse, *Juncus subnodulosus* usw.)
- Rheindammböschung beim Zollamt Koblach (Knäuel-Glockenblume, *Campanula glomerata*; Bienen-Ragwurz, *Ophrys apifera*; Hummel-Ragwurz, *Ophrys holoserica* usw.)

Hundszahnlilie

Erythronium dens-canis, LILIENGEWÄCHS

Kurzbeschreibung:
Pflanze 8–20 cm hoch; Stängel unter der Mitte mit 2 gegenständigen, lanzettlichen, bis 10 cm langen, braun gescheckten Blättern; Blüten einzeln, Perigonblätter purpurn, innen am Grund braungelb und weiß gezeichnet. Blütezeit März – April.

Verwechslungsmöglichkeit:
Keine

Verbreitung und Lebensraum:
Eurasiatische Art von Spanien bis zur Balkanhalbinsel und nach Asien. In den Alpen auf die Süd- und Südwestalpen beschränkt. Besiedelt Edellaubwälder und frische Wiesen vom Tiefland bis etwa 1800 m Seehöhe.

Gattung:
Von den 20 Arten der Gattung ist eine in Europa und in den Alpen ursprünglich. Die meisten Arten beheimatet Nordamerika.

Name:
Der botanische Gattungsname leitet sich vom altgriechischen „erythros“ (= rot) ab. Der Artbeiname ist lateinisch, bedeutet „Hundezahn“ und beschreibt die schmale, oben spitz gezähnte Zwiebel. Möglicherweise sind damit aber auch die Filamente gemeint, wie das Bild links unten zeigt.

Hundszahnlilie, *Erythronium dens-canis*

36

WANDERVORSCHLAG: ***Ö – Kärnten – St. Pauler Berge***

Die Hundszahnlilie am Kasparstein

Anspruch:
mittel

Bergauf:
547 m

Gehzeit:
3,5 Std. (ganze Runde)

Beste Blumenzeit:
M Mai – E Juni, für die Hundszahnlilie je nach Winterverlauf M März – M April

Während es oben in den Bergen noch unfreundlich kalt ist, macht sich in den tieferen Lagen der südlichen Alpen eine Blume auf den Weg ins Licht, die gar exotisch schön anmutet – die Hundszahnlilie. Waldgeist, Norne oder ein ähnlich lieblicher Name wären hier als Benennung angebracht, aber ganz Phantasielose haben bei dieser Blume den botanischen Artbeinamen einfach wörtlich übersetzt und das ergab dann halt den Hundszahn. Die unterirdische Zwiebel ähnelt einem solchen, aber hat die Blüte nicht auch Ähnlichkeit mit lieblicheren Dingen? Wie dem auch sei, südlich vom Stift St. Paul liegt auf einer Anhöhe die Ruine Rabenstein, 691 m. Die Feste wurde im Jahr 1091 errichtet, verfiel nach einem Brand am 16. April 1636 zur Ruine und gehört heute der Familie Handl, die auch den unterhalb liegenden Gasthof bewirtschaftet.

Botanisch großartig ist es gleich in den Magerwiesen nahe der Ruine. Schwärzliche Wiesen-Kuhschelle (*Pulsatilla pratensis* subsp. *nigricans*), Kanten-Wolfsmilch (*Euphorbia angulata*), Wald-

W. Kussegg

erbsen-Wicke (*Vicia oroboides*), Türkenbund-Lilie (*Lilium martagon*) und im zeitigen Frühjahr jede Menge Hundszahnlilien.

Wo die Pflanzenwelt noch in Ordnung ist, ist meist auch die Tierwelt artenreich und so finden sich im Gebiet unter anderem Gamswild, Haselwild, Schwarzwild, Fuchs, Dachs, Steinmarder, Edelmarder, Iltis, Hornviper, Waldkauz, Kolkrabe und mehrere Spechtarten. Der letzte hier balzende Auerhahn ist Überlieferungen zufolge im Jahre 1960 beim vulgo Weissegger beobachtet worden und dorthin führt uns auch der Wanderweg. Auerhahn sehen wir keinen, dafür aber jede Menge prächtiger Blumen wie den Hain-Salbei (*Salvia nemorosa*), den Dreizahn-Keuschständel (*Neotinea tridentata*) oder die Grünlich-Waldhyazinthe (*Platanthera chlorantha*).

Ein Stück noch durch den Buchenwald und bald ist der Kammweg erreicht, der über den Kasparstein, 841 m, zum Gipfelkreuz des Martinikogels, 841 m, und bis zum Eiser Sattel führt. Dann geht's runter nach St. Martin und über den Fastl zurück zur Ruine Rabenstein. Die Artenvielfalt der St. Pauler Berge spiegelt die Lebensraumvielfalt wider. Die unterschiedliche Geologie und die geografischen Gegebenheiten sind Grund für eine große Zahl unterschiedlichster Lebensräume mit vielen seltenen Pflanzenarten, was diese Wanderung so herrlich abwechslungsreich und blumenbunt werden lässt.

Blumenpracht:
Dreiblättchen-Windröschen (*Anemone trifolia*); Klein-Tausendgüldenkraut (*Centaurium pulchellum*); Alpen-Zyklame (*Cyclamen purpurascens*); Schwarz-Bilsenkraut (*Hyoscyamus niger*); Muschelblümchen (*Isopyrum thalictroides*); Riesen-Taubnessel (*Lamium orvala*); Acker-Wachtelweizen (*Melampyrum arvense*); Schopf-Traubenhyazinthe (*Muscari comosum*); Fliegen-Ragwurz (*Ophrys insectifera*)

Besonderheiten der St. Pauler Berge:

1 Schwarz-Bilsenkraut, *Hyoscyamus niger* **2** Feder-Nelke, *Dianthus plumarius* **3** Gebirgs-Hexenkraut, *Circaea alpina* **4** Gelb-Lein, *Linum flavum* **5** Muschelblümchen, *Isopyrum thalictroides* **6** Acker-Wachtelweizen, *Melampyrum arvense*

7 **Bunt-Blauflockenblume,** *Cyanus triumfettii* **8** **Schopf-Traubenhyazinthe,** *Muscari comosum* **9** **Früh-Täschelkraut,** *Noccaea praecox* **10** **Deutsch-Ziest,** *Stachys germanica*

Barrierefreiheit für Kinderwägen/Rollstühle:

Vom Stift St. Paul bis zum Gasthof Rabensteiner gegeben, aber steil und anstrengend. Besser ist es, um den Gasthof Rabensteiner die Blumen auf relativ ebenen Wegstücken zu bewundern.

Weitere Freizeitangebote und botanische Ziele im Gebiet:

- Benediktinerstift Sankt Paul mit Kunstsammlung und Basilika
- Obstbau-Museum Zogglhof in St. Paul
- Lavanthaus-Museum in Wolfsberg (vermittelt multimedial ein Panorama der Region Lavanttal)
- Südhang des Kasparsteins (Fliegen-Ragwurz, *Ophrys insectifera*; Ohnsporn-Knabenkraut, *Orchis anthropophora*; Herbst-Drehständel, *Spiranthes spiralis* usw.)

Pflanzenbesonderheiten:

Siebenbürgen-Steinkraut (*Alyssum repens* subsp. *transsilvanicum*); Klein-Hundswurz (*Anacamptis morio*); Gebirgs-Hexenkraut (*Circaea alpina*); Bunt-Blauflockenblume (*Cyanus triumfettii*); Flaum-Steinröslein (*Daphne cneorum*); Hoppes Feder-Nelke (*Dianthus plumarius* subsp. *hoppei*); Kleinblatt-Ständelwurz (*Epipactis microphylla*); Riesen-Schachtelhalm (*Equisetum telmateia*); Gelb-Lein (*Linum flavum*); Früh-Täschelkraut (*Noccaea praecox*); Koch-Sommerwurz (*Orobanche kochii*); Hain-Salbei (*Salvia nemorosa*); Deutsch-Ziest (*Stachys germanica*); Trauben-Gamander (*Teucrium botrys*)

Anreise:

Von Graz oder Klagenfurt auf der Südautobahn A2 bis zur Ausfahrt St. Andrä im Lavanttal, beim Kreisverkehr rechts der B70 bis zur Abzweigung der L135 folgen, auf dieser bis St. Paul zum Benediktinerstift. Südlich vom Stift der Bergstraße Richtung Johannesberg/Ruine Rabenstein – bis zum Gasthof Rabensteiner folgen.

Öffentliche Verkehrsanbindung:

Mit dem Zug oder Bus vom Bahnhof Wolfsberg bzw. Hauptbahnhof Klagenfurt bis St. Paul, dann zu Fuß bis zum Gasthof Rabensteiner. Schon auf dieser Strecke sind schöne Blumen wie die Walderbsen-Wicke (*Vicia oroboides*) oder das Groß-Leinblatt (*Thesium bavarum*) zu finden.

Österreich-Wolfsmilch

Euphorbia austriaca, WOLFSMILCHGEWÄCHS

Kurzbeschreibung:

Pflanze 40–80 cm hoch; mittlere und obere Stängelblätter schmal-elliptisch bis verkehrt-eilänglich, 7–10 cm lang, 2–3,5 cm breit, oberseits kahl, unterseits weichhaarig; Hüllblätter der Blütenstandsstrahlen eiförmig, gelbgrün. Blütezeit Mai – Juli.

Verwechslungsmöglichkeit:

Vor allem mit der sehr nahe verwandten Flaum-Wolfsmilch (*E. villosa*), welche aber oberseits einen kahlen Stängel besitzt (bei *E. austriaca* oberseits behaart), die seitlichen Teilblütenstände überragen zuletzt die endständigen Scheindolden deutlich (bei *E. austriaca* nicht) und die Blättern sind 1–2 cm breit (bei *E. austriaca* 2–3,5 cm breit).

Verbreitung und Lebensraum:

Endemit der Nordostalpen von Niederösterreich, Oberösterreich, Salzburg und der Steiermark. Westlich reicht die Art bis zum Schafberg, östlich bis zum Kernhofer Gscheid, südlich bis zum Grimming und in die Eisenerzer Alpen. Locus classicus ist Bodenwies im oberösterreichischen Unterlaussatal.

Besiedelt frische, kalkreiche, lichte Wälder, Hochstaudenfluren, Fettweiden, Bachufer und Krummholz über Kalk von 800 – 2100 m Seehöhe. Mancherorts auch tiefer, so bei Molln (490 m), Obertraun (500 m) und Weißenbach am Attersee (550 m).

Gattung:

Euphorbia ist mit etwa 2160 Arten eine der größten Gattungen im Pflanzenreich. Ihr Formenreichtum ist beeindruckend: Er reicht von winzigen einjährigen Ackerbeikräutern bis hin zu 15 Meter hohen Gehölzen. Etwa 900 Arten davon werden den Sukkulenten zugerechnet. Zur Gattung gehören so bekannte Gewächse wie der Weihnachtsstern (*E. pulcherrima*) oder der Milchbusch (*E. tirucalli*), dessen Milchsaft zur Treibstoffgewinnung herangezogen wird.

Die Gattung ist über fast die ganze Erde verbreitet. Viele Arten sind auf einzelnen Inseln endemisch, besonders artenreich sind dabei die Kanarischen Inseln. In Europa sind 105 Arten beheimatet, in den Alpen 35, weitere treten eingebürgert oder verwildert auf.

Name:

Der botanische Gattungsname dürfte auf König Juba II. von Mauretanien (50 v. d. Z.–23 n. d. Z.) zurückgehen. Dieser benannte die Wolfsmilch nach seinem Leibarzt Euphorbos, einem Bruder des Antonius Musa, dem Leibarzt Kaiser Augustus'. Die Entlehnung aus dem altgriechischen „euphorbia“ (= gute Nahrung) ist sehr unwahrscheinlich, denn keine der Arten ist genießbar.

Der deutsche Name Wolfsmilch weist auf die Giftigkeit des weißen Milchsaftes hin (Wolf und Hund sind Pseudonyme für gefährlich bzw. minderwertig).

Anmerkung:

Eine ähnliche Sippe, *Euphorbia sojakii*, wächst in den Nordkarpaten der Ukraine, Polens und der Slowakei. Von manchen Autoren wird diese Sippe auch als Unterart zu *E. austriaca* geführt.

Österreich-Wolfsmilch, *Euphorbia austriaca*

Weitere mehrjährige Wolfsmilch-Arten der Alpen (Auswahl):

1 Krain-Wolfsmilch, *Euphorbia carniolica* **2** Palisaden-Wolfsmilch, *E. characias* **3** Süß-Wolfsmilch, *Euphorbia dulcis* **4** Pannonisch-Wolfsmilch, *E. glareosa*

Weitere mehrjährige Wolfsmilch-Arten der Alpen (Auswahl):
1 Mandel-Wolfsmilch, *Euphorbia amygdaloides* **2** Bunt-Wolfsmilch, *E. polychroma* **3** Steppen-Wolfsmilch, *E. seguieriana* **4** Warzen-Wolfsmilch, *E. verrucosa* **5** Dorn-Wolfsmilch, *Euphorbia spinosa* **6** Zypressen-Wolsmilch, *Euphorbia cyparissias* **7** Kerner-Dreiblüten-Wolfsmilch, *Euphorbia triflora* subsp. *kerneri* **8** Flaum-Wolfsmilch, *Euphorbia villosa*

WANDERVORSCHLAG: ***Ö – Oberösterreich – Ennstaler Alpen***

Die Österreich-Wolfsmilch auf dem Pyhrgas

Der Große Pyhrgas, 2244 m, die westliche Bastion der Haller Mauern, ist als lohnendes Bergziel und Aussichtspunkt unter den Wanderern und Blumenfreunden bekannt. Der markant geformte Gipfel verdient seinen Zusatznamen „Großer" nicht nur dank seiner Masse, sondern ebenso deshalb, weil er schöne Touren mit einer herrlichen Alpenflora bietet.

Die Wanderung startet im Ortsteil Grünau von Spital am Pyhrn und beginnt gleich mit einem landschaftlichen Erlebnis – der Wassererlebniswelt Dr.-Vogelgesang-Klamm. Es ist die längste begehbare Klamm Oberösterreichs und wahrscheinlich die einzige Klamm der Ostalpen mit akademischem Titel. Namenspatron ist Moritz VOGELGESANG, ehemaliger Gemeindearzt von Spital am Pyhrn, Obmann des hiesigen Verschönerungsvereines und maßgeblicher Initiator zur Erschließung des Klammbaches. Die Dr.-Vogelgesang-Klamm wurde 1906 erstmals für die Sommerfrischler begehbar gemacht. 1908 zerstörte ein Hochwasser die Anlagen. 1926–1927 wurde die ganze Felsenschlucht von der Gemeinde Spital am Pyhrn mit Stiegen und Stegen, die im senkrechten Felsen verankert sind, zum Durchwandern hergerichtet. Beim Durchstieg sind etwa 500 Stufen zu erklimmen, gesäumt

Anspruch:
hoch

Bergauf:
1586 m

Gehzeit:
7 Std. (ganze Runde)

Beste Blumenzeit:
M Juni – E Juli, für die Österreich-Wolfsmilch A Juni – A Juli.

Blumenpracht:
Bunt-Eisenhut (*Aconitum variegatum*); Monte-Baldo-Windröschen (*Anemone baldensis*); Gletscher-Gamswurz (*Doronicum glaciale*); Großkorb-Gamswurz (*Doronicum grandiflorum*); Rundblatt-Enzian (*Gentiana orbicularis*); Ostalpen-Enzian (*Gentiana pannonica*); Prächtiges Manns-Knabenkraut (*Orchis mascula* subsp. *speciosa*, auch weißblühend); Distel-Sommerwurz (*Orobanche reticulata*); Burser-Steinbrech (*Saxifraga burseriana*); Eberrauten-Greiskraut (*Senecio abrotanifolius*)

Pflanzenbesonderheiten:
Kälte-Tragant (*Astragalus frigidus*); Langblatt-Hasenohr (*Bupleurum longifolium*); Alpen-Hornkraut (*Cerastium alpinum*); Sternhaar-Felsenblümchen (*Draba stellata*); Filz-Felsenblümchen (*Draba tomentosa*); Westliche Gelb-Platterbse (*Lathyrus laevigatus* subsp. *occidentalis*); Mannsschild-Miere (*Minuartia cherlerioides*); Gattungshybride aus Traunsteiner-Fingerwurz × Weißzüngel (× *Pseudadenia*, ehemals ?); Hybride aus Weiß-Waldhyazinthe × Grünlich-Waldhyazinthe (*Platanthera* × *hybrida*); Mauerpfeffer-Steinbrech (*Saxifraga sedoides*); Holunderblättriger Echt-Baldrian (*Valeriana officinalis* subsp. *sambucifolia*)

Anreise:
Von Linz oder Graz kommend auf der A9 bis zur Abfahrt Spital am Pyhrn, dann durch den Ort. Kurz vor dem Hallenbad rechts in die wassergebundene Straße einbiegen und der Beschilderung etwa 2 km bis zu den Parkplätzen der Dr.-Vogelgesang-Klamm in Grünau folgen.

Öffentliche Verkehrsanbindung:
von Linz Hauptbahnhof mit der Bahn, von Liezen mit der Buslinie 911 bis Spital am Pyhrn.

von Rundblatt-Steinbrech (*Saxifraga rotundifolia*), Wild-Mondviole (*Lunaria rediviva*) und Wald-Geißbart (*Aruncus dioicus*).

Bald nach dem Klammausstieg der nächste Höhepunkt, wenngleich ein kulinarischer – die Bosruckhütte, 1042 m, und mit dem Pyhrgasgatterl, 1308 m, wieder ein botanischer. Hier hat Ludwig Freidinger 1987 die bisher unbekannte und bis heute unbenannte Kreuzung aus Traunsteiner-Fingerwurz (*Dactylorhiza traunsteineri*) mit Weißzüngel (*Pseudorchis albida*) entdeckt. Eigene Nachsuchen erbrachten zwar keinen Erfolg, vorhanden könnte diese Seltenheit aber immer noch sein.

Über den anspruchsvollen Hofer-Steig führt der Weg zum Gipfel, vorbei an Österreich-Wolfsmilch und Ostalpen-Nelke (*Dianthus alpinus*). Trittsicherheit ist erforderlich, dafür genießt man oben ein herrliches Panorama mit Sicht zu den Gesäuse-Gipfeln, dem Toten Gebirge und zum Dachstein. Bei besonders günstigen Bedingungen soll der Blick sogar bis ins Mühlviertel und bis zum Glockner schweifen können. Als botanische Besonderheit ist hier oben der Kälte-Tragant (*Astragalus frigidus*) zu finden, den schon Brittinger im Jahr 1862 von hier meldet. Später galt die Pflanze als verschollen für Oberösterreich, doch noch heute kommen einige Exemplare dieser Art hier vor. Die Gesellschaft ist mit Zwerg-Simsenlilie (*Tofieldia pusilla*), Niedrig-Enzian (*Gentiana pumila*), Ostalpen-Baldrian (*Valeriana elongata*) und Echt-Speik (*Valeriana celtica* subsp. *norica*) nicht weniger interessant.

Hinunter führt der Weg dann über den Lugkogelsattel und die Hofalmhütte, 1305 m, zum Ausgangspunkt unserer botanischen Runde. Auch hier sollte man aufgrund der stellenweisen Ausgesetztheit mehr auf den Weg als auf die umgebenden prächtigen Blumen achten, zumindest bis es wieder flacher wird. Gott sei Dank blumt es hier im Flachen ja auch ganz gewaltig.

Weitere Freizeitangebote und botanische Ziele im Gebiet:

- Heimatmuseum Windischgarsten im Heimathaus
- Wald-Hochseilgarten am Gleinkersee
- Barfuß-Parcours und Bootsverleih am Gleinkersee
- Fossilienhaus und Naturlehrpfad beim Brunnsteiner See auf der Wurzeralm
- Sommerrodelbahn Windischgarsten
- Fels-Hochseilgarten Hexenkessel
- Bogenschießen am Wurbauerkogel
- Wilderermuseum in St. Pankratz
- Alpinetum in Hinterstoder (Alpinmuseum)
- Glöckelteich in Roßleithen (Schlank-Wollgras, *Eriophorum gracile*; Braun-Knopfried, *Schoenus ferrugineus* usw.)
- Pürgschachenmoos bei Ardning (Kalmus, *Acorus calamus*; Schlamm-Segge, *Carex limosa*; Gift-Wasserschierling, *Cicuta virosa*; Strauß-Gilbweiderich, *Lysimachia thyrsiflora*; Sumpf-Haarstrang, *Peucedanum palustre*; Weiß-Schnabelried, *Rhynchospora alba*; Blasensimse, *Scheuchzeria palustris* usw.)

Unter anderem im Gebiet zu finden:

1 Herzblatt-Kugelblume, *Globularia cordifolia* **2** Clusius-Fingerkraut, *Potentilla clusiana* **3** Ostalpen-Enzian, *Gentiana pannonica* **4** Hain-Gilbweiderich, *Lysimachia nemorum*

Moggridge-Schachbrettblume

Fritillaria tubaeformis subsp. moggridgei, LILIENGEWÄCHS

Kurzbeschreibung:
Pflanze 8–20 cm hoch, kahl; Stängel aufrecht, im aufgeblühten Zustand mit überhängender Blüte, fast bis zum unteren Drittel beblättert; Blätter meist 5, wechselständig, 8–12 mm breit, olivgrün bis blaugrün; Blüte glockenförmig, Perigonblätter gelb, mit angedeutetem purpurnen Schachbrettmuster. Blütezeit Mai – Juni, in der Regel 2–3 Wochen nach der Schneeschmelze.

Verwechslungsmöglichkeit:
Wegen der gelben Blütenfarbe keine.

Verbreitung und Lebensraum:
Endemit der französischen und italienischen Seealpen. Besiedelt frische Bergwiesen von etwa 1000–2000 m Seehöhe. Kalkliebend.

Gattung:

Von den 100 Arten der Gattung sind 24 in Europa und 4 in den Alpen beheimatet. Die größte Artenvielfalt hat Asien.

Name:

Der botanische Gattungsname ist lateinisch und heißt übersetzt „Würfelbecher“. Der ebenfalls lateinische Artbeiname bedeutet „tubaförmig“, die Unterart ist zu Ehren des englischen Botanikers John Traherne MOGGRIDGE (1842–1874) benannt. Krankheitsbedingt hielt sich MOGGRIDGE an der Riviera auf und schrieb hier, unterstützt von seinem Vater Mathew MOGGRIDGE, eine „Flora von Mentone“.

Untergliederung:

Fritillaria tubaeformis tritt in den Alpen in zwei Unterarten auf:

- subsp. *tubaeformis*: Perigonblätter purpurn, von den Seealpen bis zur Provinz Trento
- subsp. *moggridgei*: Perigonblätter gelb, braunpurpurn gezeichnet, nur in den Seealpen

1 Echt-Schachbrettblume, *Fritillaria meleagris* **2** Östlich-Schachbrettblume, *Fritillaria orientalis*, W. Seiche **3** Südalpen-Schachbrettblume, *Fritillaria tubaeformis* subsp. *tubaeformis*

Moggridge-Schachbrettblume,
Fritillaria tubaeformis subsp. *moggridgei*

Die Moggridge-Schachbrettblume am Weg zum Laghetti de Marguerite

Anspruch:
hoch

Bergauf:
bis zu den Moggridge-Schachbrettblumen etwa 450 Höhenmeter

Gehzeit:
3 Std. (bis zu den Moggridge-Schachbrettblumen und zurück)

Beste Blumenzeit:
A Juni – E Juli, für die Moggridge-Schachbrettblume A Mai – E Mai (je nach Schneeschmelze)

Ein kleiner Lebenstraum geht in Erfüllung, einmal die gelben Schachbrettblumen der Alpen zu sehen. Eine weite Anreise ist dazu notwendig, 1000 Kilometer in der Nacht, aber für Blumen nimmt man halt vieles in Kauf. Die Reise geht in den Naturpark Oberes Pesiotal und Tanaraotal (Alta Valle Pesio e Tanaro) im äußersten Süden der Provinz Cuneo, im Osten der Seealpen bzw. Norden der Ligurischen Alpen, das sieht jede Literatur etwas anders. Die besondere geographische Lage jedenfalls und die daraus resultierenden unterschiedlichen Mikroklimata sorgen für eine reiche Pflanzenvielfalt. An die 1500 verschiedenen Pflanzenarten sollen in dem rund 6800 Hektar großen Gebiet vorkommen. Seit Mitte der 1990er-Jahre ist hier auch wieder der Wolf beheimatet. Neben einem Rudel im Pesio-Tal streifen zwei Rudel durch das Tanaro-Tal.

Kulturell besonders erwähnenswert ist die hier noch zu findende okzitanische Sprache. Sie entstammt dem Vulgärlatein und ist seit 1999 als Minderheitensprache in Italien gesetzlich geschützt. Neben der Sprache drückt sich die okzitanische Kultur

Unter anderem im Gebiet zu finden:

1 Piemont-Schöterich, *Erysimum jugicola* **2** Villars-Enzian, *Gentiana burseri* subsp. *villarsii*, O. Gerbaud **3** Küpfer-Hahnenfuß, *Ranunculus kuepferi* **4** Wellrand-Primel, *Primula marginata* **5** Schwarzwurz-Teufelskralle, *Phyteuma scorzonerifolium* **6** Fels-Berg-Klee, *Trifolium montanum* subsp. *rupestre*

in ihrer Musik, ihren Tänzen, ihren Traditionen und der lokalen Küche aus und kann bei einer Wanderung hautnah erlebt werden.

Unsere Schachbrettblumensuche beginnt bei Chiuso di Pesio, 987 m, von wo eine Forststraße kontinuierlich in Richtung Laghetti de Marguerite, 1817 m, und Pointe Marguerite, 2650 m, bergauf führt. Vorbei an einzelnen verlassenen Höfen bis zur Waldgrenze, wo nach und nach mehr Wiesenstücke die Landschaft bereichern. Blaustern (*Scilla bifolia*), Leberblümchen (*Hepatica nobilis*), Holunder-Fingerwurz (*Dactylorhiza sambucina*) und Küpfer-Hahnenfuß (*Ranunculus kuepferi*) stellen sich ein und dann, wie ein freudiger Schock fährt es ins Gebein – die erste Moggridge-Schachbrettblume. Zwischen dem maigrünen Laub der austreibenden Buchen und im Antlitz der noch schneeverhangenen Berggipfel – ein wunderbares Naturschauspiel.

Blumenpracht:

Alpen-Goldregen (*Laburnum alpinum*); Finger-Zahnwurz (*Cardamine pentaphyllos*); Wollkorb-Habichtskraut (*Hieracium pilosum*); Halbstrauch-Lein (*Linum suffruticosum* subsp. *appressum*); Jupiter-Lichtnelke (*Lychnis flos-jovis*); Trichterlilie (*Paradisea liliastrum*); Wellrand-Primel (*Primula marginata*); Küpfer-Hahnenfuß (*Ranunculus kuepferi*); Fels-Berg-Klee (*Trifolium montanum* subsp. *rupestre*)

Pflanzenbesonderheiten:

Alpen-Aronstab (*Arum cylindraceum*); Einkorb-Flockenblume (*Centaurea uniflora*); Moggridge-Schachbrettblume (*Fritillaria tubaeformis* subsp. *moggridgei*); Diapensien-Steinbrech (*Saxifraga diapensioides*); Valderia-Stiefmütterchen (*Viola valderia*)

Anreise:

Von Turin auf der A6 bis zur Ausfahrt Mondovi, dann die SP12, links in die SP42 abbiegen bis zum großen Parkplatz bei Chiuso di Pesio.

Weitere Freizeitangebote und botanische Ziele im Gebiet:

- Keramikmuseum in Mondovi
- Museum San Sebastiano in Cuneo
- Naturpark Argentera (Narzissen-Lauch, *Allium narcissiflorum*; Argentera-Steinbrech, *Saxifraga florulenta*; Argentera-Stiefmütterchen, *Viola argenteria* usw.)

Clusius-Enzian

Gentiana clusii, ENZIANGEWÄCHS

Kurzbeschreibung:
Pflanze 4–10 cm hoch; grundständige Blätter in einer Rosette, breit-lanzettlich, spitz, bis 5 cm lang, Stängelblätter kleiner, in 0–3 Paaren; Blüten einzeln auf kurzem Stängel, 4–6 cm lang, leuchtend dunkelblau; Kelchzähne mindestens halb so lang wie die Kelchröhre. Blütezeit April – Juli.

Verwechslungsmöglichkeit:
Mit dem Breitblatt-Enzian (*G. acaulis*), dieser hat auf der Kroneninnenseite olivgrüne, fleckige Streifen (*G. clusii* nicht), seine Kelchzipfel sind am Grund meist etwas eingeschnürt und kürzer als die halbe Kelchröhre (bei *G. clusii* sind die Kelchzipfel am Grunde nie eingeschnürt und so lang oder länger als die halbe Kelchröhre).
Beim Westalpen-Enzian (*G. alpina*) sind die grundständigen Blätter nur 1–2 cm lang und nur wenig länger als breit (bei *G. clusii* 2–5 cm lang und 2–5 × so lang wie breit).
Der Schmalblatt-Enzian (*G. angustifolia*) hat in den Buchten zwischen den Kelchzipfeln eine Verbindungshaut, seine Rosettenblätter sind bis 10 cm lang (bei *G. clusii* fehlt die Verbindungshaut in den Kelchzipfelbuchten, die Rosettenblätter sind bis 5 cm lang).

Gattung:
361 Arten umfasst die Gattung nach Ausschluss von *Gentianella*, *Gentianopsis* und *Comastoma*. Mit Abstand am meisten Arten kommen in den Gebirgen Eurasiens vor. Die Alpen beheimaten 26 Arten. Mannigfaltigkeitszentren sind die Gebirge Zentralasiens und Europas. Andere Gebiete beherbergen nur wenige Arten und in Afrika fehlt die Gattung ganz.

Name:
Der botanische Gattungsname ist nach Gentios, dem letzten König der illyrischen Labeaten in Skodra (jetzt Nordalbanien), benannt. Dieser starb 168 v. d. Z. und soll der erste gewesen sein, der die Heilwirkung des Gelben Enzians erkannte.

Die Art ehrt Carolus Clusius (1526–1609) aus Flandern. Eines seiner Hauptarbeitsgebiete waren die Ostalpen, wo er etliche Pflanzenarten neu beschrieb und den Ötscher erstbestieg. In seinem Wiener Garten zog er viele der gesammelten Bergblumen und verschickte Saatgut oder Ableger an befreundete Botaniker. Auf diesen Austausch geht etwa die Verbreitung der Alpen-Aurikeln zurück, welche er 1582 nach Holland sandte. Wien wurde durch Clusius zu einem Zentrum der Gartenkultur. Tulpe, Narzisse, Hyazinthe, Flieder, Kaiserkrone, Platane und viele andere traten von hier aus ihren Weg zur Eroberung der europäischen Gärten an. Wien verdankt Clusius die erste Rosskastanie (1576), die erste Kartoffel (1588), aber auch die Verbreitung der Tulpe in den europäischen Gärten. Dass daraus eine richtige Tulpenmanie wurde, bei der eine Tulpenzwiebel Anfang 1637 bis zu 10.000 Gulden, umgerechnet rund 800.000 Euro, kostete, musste Clusius nicht mehr miterleben.

Clusius war einer der größten Botaniker des 16. Jahrhunderts. Sein Scharfblick im Erkennen und Unterscheiden verwandter Pflanzenarten war richtungsweisend. Keiner hat vor ihm so viele neue Arten entdeckt. Mit seinem Buch über die Pflanzenwelt Ostösterreichs legte er einen Grundstein für die Schaffung der ersten „Flora“ im heutigen Sinne.

Ihm zu Ehren sind neben dutzenden Pflanzenarten die Clusius-Gasse im 9. Wiener Gemeindebezirk oder der Clusius-Naturwildpark bei Güssing benannt, aber auch die dortige Clusius-Forschungsgesellschaft trägt seinen Namen.

An Volksnamen sind vor allem „Almglocken“, „Guggerschuh“, „Fingerhuet“ und „Schneller“ gelegentlich in Verwendung.

Clusius-Enzian, *Gentiana clusii*

Farbspielform

Verbreitung und Lebensraum:

Südeuropäisch-montane Art von den Pyrenäen bis zu den Ostkarpaten. In den Alpen vom Departement Isère bis Niederösterreich. Fehlt großen Teilen der Südwestalpen. Besiedelt kalkreiche Magerrasen, vor allem Blaugras-Horstseggenrasen, Fels und Geröllfluren, Niedermoore und lichte Föhrenwälder von 800–2600 m Seehöhe, gelegentlich auch tiefer, wie an der Steyr bei Leonstein (450 m) oder im südlichen Tessin (220 m) und höher, wie am Serles bei Innsbruck (2630 m); kalkliebend.

Vielfalt der alpinen Glocken-Enziane:
1 Breitblatt-Enzian, *Gentiana acaulis*; Farbspielform **2** Breitblatt-Enzian, *Gentiana acaulis* **3** Ligurien-Enzian, *Gentiana ligustica*; Farbspielform **4** Schmalblatt-Enzian, *Gentiana angustifolia* **5** Silvia-Zenari-Enzian, *G. froelichii* subsp. *zenariae*, F. Dunkel

Weitere Enzian-Arten der Alpen (Auswahl):

1 Kurzblatt-Enzian, *Gentiana brachyphylla*, P. Hubert **2** Bayern-Enzian, *Gentiana bavarica* **3** Kreuz-Enzian, *Gentiana cruciata*, W. Kussegg **4** Gelb-Enzian, *Gentiana lutea* **5** Tüpfel-Enzian, *Gentiana punctata* **6** Ostalpen-Enzian, *Gentiana pannonica* **7** Schwalbenwurz-Enzian, *Gentiana asclepiadea*

Weitere Enzian-Arten der Alpen (Auswahl):

8 Purpur-Enzian, *Gentiana purpurea*, F. Weberndorfer **9** Niedrig-Enzian, *Gentiana pumila* **10** Schleicher-Enzian, *Gentiana schleicheri*, O. Gerbaud **11** Triglav-Enzian, *Gentiana terglouensis*, W. Kussegg **12** Blasen-Enzian, *Gentiana utriculosa* **13** Frühlings-Enzian, *Gentiana verna* **14** Villars-Enzian, *Gentiana burseri* subsp. *villarsii*, O. Gerbaud

39

Auf Clusius-Enzian-Suche um den Brennkogel

Der Brennkogel, 1265 m, südlich von Neuhaus gehört zu den gänzlich unbekannten Bergen der Alpen. Kein Wanderweg führt auf ihn, kein Gipfelkreuz schmückt ihn und seine drei Gipfel sind mit Wald bedeckt und nicht als solche wahrnehmbar. Der Reiz des Brennkogels liegt, wie so oft, nicht im Gipfelbereich, sondern im Tal, denn der Dreikopf wird von lieblichen, blumenreichen Bächen umsäumt. Faltlbach, Höllertalbach und vor allem die Weiße Ois sind die Ziele dieser Blumenwanderung.

In Neuhaus am Zellerrain beginnt die Wanderung, hinauf zur Faltlhöhe, 1099 m, und dann wieder abwärts zur Weißen Ois, dem Quellbach der Ybbs. Nur die ersten etwa fünf Kilometer heißt der Bach Weiße Ois, dann ist er die Ois und ab Lunz am See bis zur Mündung in die Donau die Ybbs. Am schönsten ist das Gewässer allerdings dort, wo es noch Weiße Ois heißt und genau dort sind wir heute. Es ist das Gebiet um den Zellerhut, zu dem auch der 648 Hektar große Oiswald gehört – eines der letzten Naturwaldrefugien Österreichs, das seit dem Jahr 2010 für Besucher wieder zugänglich ist.

Anspruch:
hoch

Bergauf:
287 m

Gehzeit:
3 Std. (ganze Runde)

Beste Blumenzeit:
M Juni – E Juli, für Clusius-Enzian M Mai – M Juni

Blumenpracht:
Frauenschuh (*Cypripedium calceolus*); Zwergalmrausch (*Rhodothamnus chamaecistus*); Sumpf-Tarant (*Swertia perennis*)

Pflanzenbesonderheiten:

Windröschen-Schmuckblume (*Callianthemum anemonoides*); Österreich-Glockenblume (*Campanula pulla*); Hybride aus Lappland-Fingerwurz (*Dactylorhiza lapponica*) × Fuchs-Fingerwurz (*D. fuchsii*); Honig-Labkraut (*Galium meliodorum*); Clusius-Primel (*Primula clusiana*)

Anreise:

Von Bruck an der Mur bzw. St. Pölten auf der B20 bis Mariazell, dann auf der B71 bis Neuhaus am Zellerrain.

Öffentliche Verkehrsanbindung:

Mit der Buslinie 193 von Mariazell Busbahnhof bzw. von Lackenhof am Ötscher bis Neuhaus am Zellerrain.

Weitere Freizeitangebote und botanische Ziele im Gebiet:

- Basilika Mariazell mit Schatzkammern
- Erlebniswelt Holzknechtland auf der Bürgeralpe nördlich von Mariazell
- Erlaufsee mit Bootsverleih
- Montanmuseum Gusswerk
- Dürrenstein bei Lunz am See (Widder-Kohlröschen, *Nigritella widderi;* Filz-Alpenscharte, *Saussurea discolor* usw.)

Frauenschuh, *Cypripedium calceolus* U. Heidtke

Hier gibt es noch viel prächtige Natur – Luchs, Apollofalter, Alpen-Gelbling, Alpen-Perlmuttfalter, Goldener Scheckenfalter und viele Prachtblumen wie Sumpf-Tarant (*Swertia perennis*), Österreich-Glockenblume (*Campanula pulla*), Windröschen-Schmuckblume (*Callianthemum anemonoides*), Clusius-Primel (*Primula clusiana*), Mehl-Primel (*Primula farinosa*), Aurikel (*Primula auricula*) und Zwergalpenrose (*Rhodothamnus chamaecistus*). Verzaubernd schön aber zeigt sich hier der Frauenschuh (*Cypripedium calceolus*), wenn er hinter einer wettergezeichneten Fichte im warmen Licht entgegenlacht und dem nichts nachstehend der Clusius-Enzian. Der Enzian ist eine der mythischen „blauen Blumen", welche man in Erzählungen, Liedern und Poesien wiederfindet. Und tatsächlich denkt man sich manchmal in eine andere Welt versetzt, sieht man die Blume auf einer Waldlichtung oder auf Bergeshöhen. Das Herz wird plötzlich frei von Sorgen und die Mundwinkel bewegen sich unbemerkt nach oben – in der Freude, so etwas Schönes sehen zu dürfen.

Immer wieder muss das Ufer der Weißen Ois gewechselt werden. Ein richtiger Wanderweg ist es ja nicht, eher ein selten begangener Erlebnispfad. In Richtung des Kalbengatterls ist die Weiße Ois dann schon so jung, dass man sie schon trockenen Fußes überspringen kann. Jetzt wird es Zeit, den hübschen Bach zu verlassen und über das Höllerbachtal wieder nach Neuhaus zurückzukehren.

Unter anderem im Gebiet zu finden:
1 Österreich-Glockenblume, *Campanula pulla* **2** Alpen-Ampfer (Austrieb), *Rumex alpinus* **3** Silberwurz, *Dryas octopetala*

Rätisch-Kranzenzian

Gentianella rhaetica, ENZIANGEWÄCHS

(aus der Artengruppe des Deutsch-Kranzenzians, *Gentianella germanica* agg.)

Kurzbeschreibung:
Pflanze 5–30 cm hoch; grundständige Blätter rosettig, lanzettlich, zur Blütezeit meist vertrocknet, obere Blätter eilanzettlich; Krone 5-teilig, lila bis rotviolett, 23–30 mm lang; Kelch bis über die Mitte 5-teilig, mit spitzen Buchten und breit-dreieckigen Kelchzipfeln. Blütezeit Mai – Oktober.

Verwechslungsmöglichkeit:
Schwierig in der Abgrenzung zu anderen Sippen.
Der Deutsch-Kranzenzian (*G. germanica* subsp. *str.*) hat eine 2–2,5 × so lange Krone wie der Kelch (bei *G. rhaetica* nur 1,5–2 × so lang), der Fruchtknotenstiel ist meist mehr als ½ × so lang wie der Kelch (bei *G. rhaetica* meist weniger als ½ × so lang).
Der Österreich-Kranzenzian (*G. austriaca*) hat runde Kelchbuchten (bei *G. rhaetica* spitz).
Der Kelch-Kranzenzian (*G. anisodonta*) hat auffallend ungleich gestaltete Kelchzipfeln (bei *G. rhaetica* ± gleich gestaltet).
Der Rau-Kranzenzian (*G. aspera*) hat 30–39 mm lange Kronen und am Rande raue Kelchzipfel (*G. rhaetica* hat 23–30 mm lange Kronen und kaum raue Kelchzipfelränder).

Gattung:
Umfasst rund 100 Arten, von denen 17 in Europa und 11 in den Alpen vorkommen.

Name:
Der botanische Gattungsname ist eine Verkleinerungsform zu Enzian (*Gentiana*), den schon Caspar BAUHIN (1560–1624) gebildet hat. Der Artbeiname geht auf die antike Völkergruppe der Räter zurück, die vor allem in den Tälern der Südalpen vom Piavetal bis zum Comersee, in Südtirol, Graubünden und dem Rheintal bis zum Bodensee siedelten.

Anmerkung:
Die meisten der in den Alpen vorkommenden *Gentianella*-Sippen sind sehr vielgestaltig und reichlich durch Übergangspopulationen miteinander verbunden und verdienen daher vielleicht nur den Rang von Unterarten.

Verbreitung und Lebensraum:
Gentianella germanica s. *lat.* (inkl. *G. germanica, G. kerneri, G. rhaetica, G. solstitialis* und *G. wettsteinii*) ist eine europäische Artengruppe, die von England bis in die Karpaten verbreitet ist und in den größten Teilen der Alpen vorkommt, aber großen Teilen der Südwestalpen fehlt.

Besiedelt vor allem Magerrasen und Niedermoore über Kalk- und Silikatgestein bis 2400 m Seehöhe, gelegentlich auch höher, wie am Ewigschneehorn (2700 m).

Rätisch-Kranzenzian, *Gentianella rhaetica*

Weitere Arten der Alpen:

1 Kelch-Kranzenzian, *G. anisodonta* **2** Österreich-Kranzenzian, *G. austriaca* **3** Insubrien-Kranzenzian, *G. insubrica*, A. Pleschberger **4** Feld-Kranzenzian, *G. campestris* **5** Rau-Kranzenzian, *G. aspera*, P. Hubert **6** Deutsch-Kranzenzian, *G. germanica* **7** Karpaten-Kranzenzian, *G. praecox*, A. Pleschberger **8** Ästig-Kranzenzian, *G. ramosa* **9** Fransenenzian, *Gentianopsis ciliata*, W. Kussegg

WANDERVORSCHLAG: ***Ö – Oberösterreich – Totes Gebirge***

Der Rätisch-Kranzenzian auf dem Röllsattel

Ausgangspunkt dieser Blumenwanderung ist der Almsee. Der majestätisch thronenden Bergkulisse des Toten Gebirges liegt er zu Füßen, welches ein farbenfroh schillerndes Spiegelbild auf seine Oberfläche wirft. Die Landschaft ist es, die hier den Ton angibt. Die Natur, das sorgsam behütete Land am Nordfuß des Toten Gebirges. Der Almsee ist einer von wenigen Gebirgsseen, die vom Kommerz verschont geblieben sind. Bis heute ist er mit seiner vielfältigen Pflanzen- und Tierwelt ein Juwel der Alpen. So ist er Heimat von so seltenen Arten wie Virginia-Rautenfarn (*Botrychium virginianum*, zwischen Wolfsau und Seehaus) oder Hammarby-Weichständel (*Malaxis paludosa*).

Faszinierend hier am Almsee auch das Echoblasen der Grünauer Bläsergruppe. Jeden Mittwoch im Sommer ertönen abends wunderbare Klänge über die verzauberte Landschaft. Damit gehört das Echoblasen zu den wenigen Ereignissen, bei denen es gelingt, trotz einer Ansammlung von oft hunderten von begeisterten Zuhörern eine vollkommene Stille zu erwirken. Beim jährlichen Bläserfest am Almsee Mitte August erreicht das Echoblasen seinen Höhepunkt. Bläsergruppen aus ganz Österreich nehmen daran teil.

Anspruch:
hoch

Bergauf:
1168 m

Gehzeit:
6 Std. (bis zum Röllsattel und zurück)

Beste Blumenzeit:
E Juni – A August, für den Rätisch-Kranzenzian M Juli – E August.

Blumenpracht:
Bunt-Eisenhut (*Aconitum variegatum*); Rasen-Glockenblume (*Campanula cespitosa*); Österreich-Glockenblume (*Campanula pulla*); Ostalpen-Nelke (*Dianthus alpinus*); Großkorb-Gamswurz (*Doronicum grandiflorum*); Bayern-Enzian (*Gentiana bavarica*); Ostalpen-Enzian (*Gentiana pannonica*); Fransenenzian (*Gentianopsis ciliata*); Dichthaar-Habichtskraut (*Hieracium valdepilosum*); Clusius-Primel (*Primula clusiana*); Zwergalpenrose (*Rhodothamnus chamaecistus*)

Pflanzenbesonderheiten:
Dolomiten-Streifenfarn (*Asplenium seelosii*); Virginia-Rautenfarn (*Botrychium virginianum*); Kamm-Wurmfarn (*Dryopteris cristata*, Almsee); Zart-Wollgras (*Eriophorum gracile*); Hammarby-Weichständel (*Malaxis paludosa*); Hybride aus Wimper-Nabelmiere × Moos-Nabelmiere (*Moehringia × hybrida*); Kerner-Lungenkraut (*Pulmonaria kerneri*); Burser-Steinbrech (*Saxifraga burseriana*); Österreich-Soldanelle (*Soldanella austriaca*); Sumpffarn (*Thelypteris palustris*)

Anreise:
Von Linz bzw. Wien auf der A1 und der A9 bis zur Abfahrt Ried im Traunkreis, dann die L562 und die B120 bis Scharnstein, dann den grünen Wegweisern auf der L549 bis zum Almsee-Südufer folgen.

Wir wandern sanft ansteigend in die „Röll" hinein, um diesen gemütlichen Weg beim Beginn des Sepp-Huber-Steiges rechterhand zu verlassen. Benannt ist dieser prächtig angelegte Weg, der Trittsicherheit und Schwindelfreiheit voraussetzt, nach Sepp HUBER, der sich für die Erschließung des Toten Gebirges von Norden aus einsetzte. So war er ausschlaggebend für die Schaffung des Grießkarsteiges, die Errichtung der Welser Hütte im Jahr 1920 und weiterer wichtiger Projekte zur Erschließung dieses Gebirgsteils. Als begeisterter Bergsteiger schrieb er: „Wenn wir, die noch Lebenden, uns zu verschiedenen Anlässen treffen, gibt es kurzweilige Stunden, wo trotz der Beschwernisse des Alters das Heitere, die Erinnerungen an die guten Zeiten überwiegen. Die Freunde, Kameraden, die mit mir unterwegs waren, ich habe sie nicht vergessen – aber auch jene nicht, die dabei waren, wenn es hieß, Vermisste zu suchen, Verletzte zu retten, Tote zu bergen.

Die Bergsteiger besitzen das schöne Symbol der Seilschaft, des Verbundenseins auf Leben und Tod. Sie sind aufeinander angewiesen, müssen Rücksicht nehmen, sich bedingungslos verlassen können. Und sie erleben gemeinsam das Gebirge in all seiner Schönheit und Größe. Wenn ich mich nun zurück erinnere, kann ich nur Dank sagen für das gemeinsam Erlebte, für diese herrliche Zeit."

Viele seiner Lieblingsblumen säumen den nach ihm benannten Steig: Türkenbund-Lilie (*Lilium martagon*), Ostalpen-Enzian (*Gentiana pannonica*), Rätisch-Kranzenzian (*Gentianella rhaetica*), Akelei-Wiesenraute (*Thalictrum aquilegiifolium*) und Trollblume (*Trollius europaeus*) und ehe wir alle Prachtblumen bewundern konnten, haben wir unser Tagesziel, den Röllsattel, 1755 m, erreicht.

Öffentliche Verkehrsanbindung:
Mit der Bahn oder den Buslinien 533 oder 534 bis Grünau, dann mit der Buslinie 535 bis zum Gasthaus Seehaus am Almsee.

Barrierefreiheit für Kinderwägen/Rollstühle:
Ist im floristisch so reichhaltigen Gebiet um den Almsee und „In der Röll" gegeben.

Weitere Freizeitangebote und botanische Ziele im Gebiet:
- Sensenmuseum Geyerhammer in Scharnstein
- Natur-Wildpark in Grünau im Almtal
- Kriminalmuseum in Scharnstein
- Salzberg Hallstatt, Güterweg oberhalb des Maria-Theresia-Stollens (Engelwurz-Laserkraut, *Laserpitium archangelica*, Heimat Karpaten, eingebürgert im Gebiet von Bad Ischl bis Hallstatt).

Unter anderem im Gebiet zu finden:
1 Kleb-Kratzdistel, *Cirsium erisithales* **2** Hammarby-Weichständel, *Malaxis paludosa*, B. Schubert **3** Alpen-Bärentraube, *Arctostaphylos alpinus* (Herbstfärbung) **4** Sumpf-Herzblatt, *Parnassia palustris*

Silber-Storchschnabel

Geranium argenteum, STORCHSCHNABELGEWÄCHS

Kurzbeschreibung:

Pflanze 5–15 cm hoch; Blätter bis zum Grund in 5–7 tief geteilte Lappen zerteilt, beiderseits silbrig-seidenhaarig, dadurch silbrig-graugrün erscheinend; Blüten 2,5–3 cm breit, hellrosa, mit dunkleren Adern; Früchte etwa 3 cm lang, auf den Schnäbeln angedrückt silberhaarig. Blütezeit Juni – Juli.

Verwechslungsmöglichkeit:

Kaum, unter Umständen mit dem Blut-Storchschnabel (*G. sanguineum*), welcher aber purpurrosa Blüten und nicht grau-seidenhaarige Blätter besitzt (*G. argenteum* hat hellrosa Blüten und silbrig-graugrüne Blätter).

Verbreitung und Lebensraum:

Alpisch-apenninische Art der Südalpen, des Toskanischen und des Umbrischen Apennins. In den Alpen sehr zerstreut in den südlichen Ketten von der Dauphiné bis in die Julischen Alpen. Das Vorkommen auf der steirischen Seite der Rax ist eine Verwilderung aus dem einstmals beim Habsburger Haus befindlichen Alpengarten und auch das Indigenat dieser Art auf der Seiser Alm ist unsicher.
Besiedelt Kalk- und Dolomitfelsfluren von 1690–2200 m Seehöhe. Kalkstet.

Gattung:

Von den 429 Arten der Gattung kommen 38 in Europa und 21 in den Alpen vor. *Geranium* ist in den gemäßigten Zonen der ganzen Erde verbreitet, in den Tropen ist es auf die Gebirge beschränkt.

Name:

Geranium ist vom altgriechischen „geranos“ (= Kranich) abgeleitet und soll auf die Ähnlichkeit der Frucht mit dem Schnabel des Vogels hinweisen. Storchschnabel als deutsche Bezeichnung würde eigentlich auf *Pelargonium*, abgeleitet von „pelargos“ (= Storch), passen. Aber schon bei HILDEGARD von Bingen (1098–1179) hießen die Pflanzen „Storckenschnabel“. Carl von LINNÉ führte *Pelargonium* unter der Gattung *Geranium* und erst der französische Botaniker Charles Louis L'HERITIER trennte 1789 *Pelargonium* von *Geranium* ab.

Weitere mehrjährige Storchschnäbel der Alpen (Auswahl):

1 Braun-Storchschnabel, *Geranium phaeum* subsp. *phaeum* **2** Blut-Storchschnabel, *Geranium sanguineum* **3** Wald-Storchschnabel, *Geranium sylvaticum* **4** Felsen-Storchschnabel, *Geranium macrorrhizum* **5** Wiesen-Storchschnabel, *Geranium pratense*, W. Kussegg **6** Lila Braun-Storchschnabel, *G. phaeum* subsp. *lividum*

Silber-Storchschnabel, *Geranium argenteum*

41

WANDERVORSCHLAG: ***Slo – Julische Alpen***

Der Silber-Storchschnabel auf der Črna prst

Anspruch:
hoch

Bergauf:
1371 m

Gehzeit:
5 Std. (hin und zurück)

Beste Blumenzeit:
A Juni – M Juli, so auch für den Silber-Storchschnabel

Blumenpracht:
Schmalblatt-Eisenhut (*Aconitum angustifolium*); Zotten-Mannsschild (*Androsace villosa*); Berg-Wundklee (*Anthyllis montana*); Felsen-Hasenohr (*Bupleurum petraeum*); Widerbart (*Epipogium aphyllum*); Zwerg-Himmelsherold (*Eritrichium nanum*); Alpen-Mannstreu (*Eryngium alpinum*); Südostalpen-Gelb-Enzian (*Gentiana lutea* subsp. *vardjanii*); Krain-Lilie (*Lilium carniolicum*); Kleb-Lein (*Linum viscosum*); Rosen-Schwarzwurz (*Scorzonera rosea*)

Pflanzenbesonderheiten:
Milch-Mannsschild (*Androsace lactea*); Bertoloni-Akelei (*Aquilegia bertolonii*); Niederliegend-Gänsekresse (*Arabis procurrens*); Krain-Sterndolde (*Astrantia carniolica*); Zois-Glockenblume (*Campanula zoysii*); Stieglitz-Ringdistel (*Carduus carduelis*); Zotten-Nabelmiere (*Moehringia villosa*); Laserkraut-Sommerwurz (*Orobanche laserpitii-sileris*); Karst-Läusekraut (*Pedicularis hacquetii*); Traunfellner-Hahnenfuß (*Ranunculus traunfellneri*); Bergscharte (*Rhaponticum scariosum* subsp. *rhaponticum*);

In den südlichen Bergen der Julier ist die Vielfalt an Bergblumen besonders groß, da das Gebiet in der Eiszeit teilweise unvergletschert blieb und so manche Pflanze überleben ließ. Seit über 200 Jahren wird dieser Berg von Botanikern besucht. Inzwischen ist er so berühmt, dass ihn jeder, der die Flora der Julier kennenlernen möchte, besteigt. Der Blumenreichtum, aber auch der Name des Berges, übersetzt „Schwarze Erde", sind durch den Gesteinsaufbau bedingt. In dem hellen Triaskalk sind dunkle Schichten von Juraschiefer eingelagert.

Der Weg beginnt in Wocheiner-Feistritz, Bohinjska Bistrica, östlich vom Wocheiner See gelegen, und führt steil hinauf zur Koča Janeza Mencingerja, 804 m, und weiter hinauf zum

Unter anderem im Gebiet zu finden:
1 Kleb-Lein, *Linum viscosum* **2** Stieglitz-Ringdistel, *Carduus carduelis* **3** Langblatt-Witwenblume (Fruchtstand), *Knautia longifolia* **4** Drachenmaul, *Horminum pyrenaicum* **5** Pracht-Telekie, *Telekia speciosa* **6** Krain-Lilie, *Lilium carniolicum*, W. Franz

Gipfelkamm der Črna prst. Im späten Frühjahr leuchten im Unterholz der lichten Bergwälder, die man beim Aufstieg durchwandert, die gelb-grünen Dolden der Schaftdolde (*Hacquetia epipactis*). Krain-Lilien (*Lilium carniolicum*) und Türkenbund-Lilien (*Lilium martagon*) säumen den Wegrand. Die Wiesen leuchten an manchen Stellen rosa von unzähligen Blütenköpfen der Rosen-Schwarzwurz (*Scorzonera rosea*), dazwischen die schön gezeichneten Blüten der Gras-Schwertlilie (*Iris graminea*).

Alpen-Mannstreu (*Eryngium alpinum*), Karst-Läusekraut (*Pedicularis hacquetii*) und das Julisch-Läusekraut (*Pedicularis julica*) wurden auf der Črna prst erstbeschrieben.

Pflanzenbesonderheiten:

Zwerg-Alpenscharte (*Saussurea pygmaea*); Hohenwart-Steinbrech (*Saxifraga hohenwartii*); Großkorb-Färberscharte (*Serratula macrocephala*); Norisch-Klee (*Trifolium noricum*); Bleich-Klee (*Trifolium pallescens*); Halbstrauch-Ehrenpreis (*Veronica fruticulosa*); Pyrenäen-Veilchen (*Viola pyrenaica*); Zierlich-Wimperfarn (*Woodsia pulchella*)

Anreise:

Von Villach über die A11 bis Bled/Lesce, dann die 209 bis Wocheiner Feistritz (Bohinjska Bistrica).

Öffentliche Verkehrsanbindung:

Mit dem Zug von Villach bis Wocheiner Feistritz (Bohinjska Bistrica).

Weitere Freizeitangebote und botanische Ziele im Gebiet:

- Savica-Wasserfall (Foto oben)
- Bienenlehrpfad Bohinj
- Botanischer Garten Gorica
- Meierhof des Baron Zois in Stara Fužina (Zois-Schloss)
- Historisches Bergbauerndorf Studor knapp östlich von Stara Fužina
- Südfuß des Triglavs zum Wocheinersee (Alpen-Flockenblume, *Centaurea alpina*; Cengio-Alto-Schwertlilie, *Iris cengialti* usw.)

Kriech-Nelkenwurz

Geum reptans, ROSENGEWÄCHS

Kurzbeschreibung:

Pflanze 5–20 cm hoch, mit langen oberirdischen Ausläufern und grundständiger Blattrosette; Rosettenblätter einfach gefiedert, mit tief eingeschnittenen, 3–5-teiligen Teilblättern; Blüten gelb, einzeln, 3–5 cm im Durchmesser, mit 6–8 Blütenblättern; die federig behaarten Griffel bilden nach dem Blühen einen Schopf. Blütezeit Juli – August.

Verwechslungsmöglichkeit:

Mit der Berg-Nelkenwurz (*G. montanum*), die aber keine Ausläufer bildet (*G. reptans* bildet deutliche Ausläufer) und Blätter mit viel größerem Endblättchen hat (bei *G. reptans* sind die Endblättchen nur wenig größer als die Seitenblättchen).

Verbreitung und Lebensraum:

Südeuropäisch-montane Art von den Alpen bis zu den Karpaten und den Gebirgen der Balkanhalbinsel. In den Alpen verbreitet von den Seealpen bis in die Steiermark.
Besiedelt Felsschuttfluren, Moränen, Bachalluvionen, Felsen und offene Halden von 1700–3400 m Seehöhe, vereinzelt auch tiefer, wie am Hüfigletscher (1450 m), oder höher, wie an der Grivola in den Grajischen Alpen (3800 m).

Gattung:

Mit um die 40 Arten ist die Gattung fast weltweit verbreitet. Sie fehlt allerdings den Tropen und den arktischen Gebieten, auch Australien und der Himalaya sind von Natur aus nicht besiedelt. Europa besiedeln 12 Arten, die Alpen 6.

Name:

Der botanische Gattungsname wird erstmals bei Plinius d. Ä. erwähnt, ohne dass heute eine sinnvolle Herleitung möglich ist. Der Artbeiname verweist auf die kriechenden Ausläufer des Gletscher-Petersbarts, wie die Art auch gerne genannt wird.

Ihren deutschen Namen Nelkenwurz verdankt die Gattung dem gewürznelkenartigen Geruch des Rhizoms der Echt-Nelkenwurz (*Geum urbanum*), verursacht durch den Gehalt an Eugenol. „Grantiger Jager" ist ein geläufiger Volksname, findet aber auch bei etlichen anderen Alpenblumen mit schopfartigem Fruchtstand Verwendung.

Nelkenwurz-Sippen der Alpen:

1 Berg-Nelkenwurz, *Geum montanum* **2** Kriech-Nelkenwurz, *Geum reptans* **3** Bach-Nelkenwurz, *Geum rivale* **4** Wald-Nelkenwurz, *Geum sylvaticum* **5** Echt-Nelkenwurz, *Geum urbanum* **6** Hybride aus Berg-Nelkenwurz × Bach-Nelkenwurz, *Geum × sudeticum*

Kriech-Nelkenwurz, *Geum reptans*

WANDERVORSCHLAG: ***Ö – Steiermark – Schladminger Tauern***

Die Kriech-Nelkenwurz in den Klafferkesseln

Anspruch:
hoch

Bergauf:
ca. 1200 m (bis in die Klafferkessel)

Gehzeit:
etwa 7 Std. (bis in die Klafferkessel und zurück, etwa 9 Std. bis zum Greifenberg, 2618 m, und über die Gollingalm zurück).

Beste Blumenzeit:
E Juni – M August, so auch für die Kriech-Nelkenwurz

Blumenpracht:
Rispen-Eisenhut (*Aconitum degenii*); Perücken-Flockenblume (*Centaurea pseudophrygia*); Tüpfel-Enzian (*Gentiana punctata*); Endivien-Habichtskraut (*Hieracium intybaceum*); Kleb-Primel (*Primula glutinosa*); Rosenwurz (*Rhodiola rosea*); Moos-Steinbrech (*Saxifraga bryoides*); Sumpf-Tarant (*Swertia perennis*)

Pflanzenbesonderheiten:
Felsen-Berufkraut (*Erigeron schleicheri*); Zwerg-Himmelsherold (*Eritrichium nanum*); Herzblatt-Habichtskraut (*Hieracium amplexicaule*); Silikat-Gamskresse (*Hornungia alpina* subsp. *brevicaulis*); Sand-Kugel-Donarbart (*Jovibara globifera* subsp. *arenaria*); Farnblatt-Läusekraut (*Pedicularis aspleniifolia*); Sumpf-Läusekraut (*Pedicularis palustris*, Riesachsee)

Die Klafferkessel bestehen aus mehreren, von Gipfeln umrahmten Karen, in denen eine Vielzahl von Bergseen in Höhen von 2100 bis 2300 Meter eingebettet liegt. Von Grün bis Tiefblau variiert die Farbe der Seen, die teils ganzjährig Eisschollen tragen. Dunkle Felswände, der helle Kalk des Dachsteins oder leuchtend grüne Rasenflecken spiegeln sich auf ihren Oberflächen. Die unter Schutz gestellten Klafferkessel sind ein Naturwunder der Alpen und sollten Herzstück des geplanten Nationalparks Niedere Tauern werden.

Bei der Hin- oder Rückfahrt durch das Schladminger Untertal sollte man einen kurzen Abstecher ins Tettermoos beim Gasthof Tetter machen. In diesem Durchströmungsmoor, das mit der Hilfe der Spendenaktion „Schüler retten Naturlandschaften“ 1990 von der Österreichischen Naturschutzjugend erworben und geschützt werden konnte, finden sich solche Seltenheiten wie Lanzett-Froschlöffel (*Alisma lanceolatum*), Zwerg-Igelkolben (*Sparganium natans*) und Hammarby-Weichständel (*Malaxis paludosa*). Dass das Begehen dieses sensiblen Biotops nur ganz behutsam und außerhalb der Einzäunung erfolgen darf, wird für jeden Pflanzenfreund selbstverständlich sein.

Weiter geht's zum kostenpflichtigen Parkplatz beim Wilden Wasser. Ein Steig mit spektakulärer Brücke führt hinauf zur Gföhler Alm am Riesachsee, 1338 m. Wie die Fassung eines Edelsteins umgeben prächtige Grate und Gipfel die Ebene. Weit hinten, am südöstlichen Talschluss erhebt sich eine Geländestufe,

Unter anderem im Gebiet zu finden:
1 Endivien-Habichtskraut, *Hieracium intybaceum* **2** Sand-Kugel-Donarsbart, *Jovibara globifera* subsp. *arenaria*, W. Kussegg **3** Farnblatt-Läusekraut, *Pedicularis aspleniifolia*, P. Hubert **4** Krainer Grau-Greiskraut, *Senecio incanus* subsp. *carniolicus* **5** Knotenfuß (Fruchtstand), *Streptopus amplexifolius* **6** Gänseblümchen-Ehrenpreis, *Veronica bellidioides*, W. Kussegg

auf der die Preintaler Hütte steht. Dahinter türmt sich die dunkle Nordwand des rund 2700 Meter hohen Waldhorns auf. Ein Fahrweg führt am Riesachsee entlang und über eine Steilstufe gelangen wir zur Hütte, 1657 m. Wer die Klafferkessel in Ruhe genießen will und nicht zu den Frühaufstehern gehört, sollte auf der Hütte nächtigen und den selbst gemachten Preiselbeersaft ausprobieren.

Von der Hütte zieht der Weg hinauf in die Untere Klafferscharte und windet sich dann zwischen von Gletschern abgeschliffenen Felsbuckeln hinauf zu den Seen, vorbei an Stutz-Läusekraut (*Pedicularis recutita*), Sumpf-Tarant (*Swertia perennis*), Ostalpen-Enzian (*Gentiana pannonica*) und Kriech-Nelkenwurz. Jetzt heißt es, sich Zeit zu nehmen und die fantastische Bergwelt auf sich wirken lassen. Vielleicht kann man ja einen Teil dieser Eindrücke einpacken und mit ins Tal nehmen um dann, wenn der Alltag versucht einen einzuholen, zu diesem Päckchen greifen zu können und die Dinge etwas entspannter zu sehen.

Anreise:

Von Graz oder Linz auf der A9 bis Liezen, dann auf der B320 bis Schladming, weiter nach Rohrmoos und ins Untertal zum kostenpflichtigen Parkplatz „Wilde Wasser“.

Öffentliche Verkehrsanbindung:

Mit der Bahn bis Schladming, dann mit der Buslinie 974 oder mit dem Taxi vom Bahnhof Schladming bis Untertal-Riesachfall.

Weitere Freizeitangebote und botanische Ziele im Gebiet:

- Gipfel-Barfußweg Donnersbachwald
- Gondelbahn auf den Dachstein mit Aussichtsplattform und Eispalast
- Sattental im Schladminger Untertal (Aufrecht-Lauch, *Allium strictum*; Slowakei-Schöterich, *Erysimum hungaricum* usw.)
- Tettermoor im Schladminger Untertal (Lanzett-Froschlöffel, *Alisma lanceolatum*; Hybrid-Sonnentau, *Drosera × obovata*; Hammarby-Weichständel, *Malaxis paludosa*; Zwerg-Igelkolben, *Sparganium natans* usw.)
- Simonymoos in Pichl-Preunegg nahe der Gasselhöhehütte (Rosmarinheide, *Andromeda polifolia*; Scheiden-Wollgras, *Eriophorum vaginatum* usw.)
- Toteisbodenmoor im Schladminger Untertal am Fuß des 2204 m hohen Krügerlzinken (Zwerg-Birke, *Betula nana*; Moor-Birke, *Betula pubescens*; Klein-Torfbeere, *Vaccinium microcarpum* usw.)

Apenninen-Sonnenröschen

Helianthemum apenninum, ZISTROSENGEWÄCHS

Kurzbeschreibung:
Pflanze 10–30 cm hoch; Blätter dünnfilzig behaart, ihr Rand umgerollt, lineal-länglich, 2–4 mm breit; Kronblätter weiß, am Grunde mit gelbem Fleck, 20–30 mm im Durchmesser. Blütezeit Mai – Juli.

Verwechslungsmöglichkeit:
Mit dem Rauhaar-Sonnenröschen (*H. hirtum*), welches ebenfalls weiß blüht. Dieses hat aber nur 14–18 mm große Blüten (bei *H. apenninum* 20–30 mm) und 4–6 mm breite Blätter (bei *H. apenninum* 2–4 mm breit).

Verbreitung und Lebensraum:
Mediterrane Art von Südspanien und Südengland bis Kleinasien. In den Alpen nur in den Süd- und Südwestalpen.
Besiedelt trockenwarme Felsrasen, Steppenwiesen und lichte Gehölze vom Tiefland bis etwa 1200 m Seehöhe.

Gattung:
Etwa 110 Arten umfasst die Gattung der Sonnenröschen, mit einem Hauptverbreitungsgebiet um das Mittelmeer. Die Iberische Halbinsel ist besonders reich an Endemiten. Europa beheimatet 31 Arten, die Alpen 8.

Name:
Der botanische Gattungsname setzt sich zusammen aus den altgriechischen Wörtern „helios“ (= Sonne) und „anthemon“ (= Blume). Wörtlich also Sonnenblume. Nachdem dieser Name schon für *Helianthus* vergeben ist, bleibt der passende liebliche Name Sonnenröschen, denn alle Arten sind wahre Sonnenkinder, die einen hellen Standort verlangen.

Weitere Sonnenröschen-Sippen der Alpen:

1 Ligurien-Sonnenröschen, *Helianthemum lunulatum* **2** Italien-Sonnenröschen, *Helianthemum italicum* **3** Bertero-Sonnenröschen, *H. nummularium* subsp. *berteroanum* **4** Rauhaar-Sonnenröschen, *Helianthemum hirtum* **5** Grau-Sonnenröschen, *Helianthemum canum* **6** Alpen-Sonnenröschen, *Helianthemum alpestre* **7** Kahles Echt-Sonnenröschen, *Helianthemum nummularium* subsp. *glabrum*

Apenninen-Sonnenröschen, *Helianthemum apenninum*

43

WANDERVORSCHLAG: ***I – Grajische Alpen***

Das Apenninen-Sonnenröschen auf dem Rocciamelone

Anspruch:
hoch

Bergauf:
3048 m

Gehzeit:
14 Std. (hin und zurück)

Beste Blumenzeit:
E Juni – A August, für das Apenninen-Sonnenröschen A Juni – M Juli

Blumenpracht:
Westalpen-Akelei (*Aquilegia alpina*); Weiß-Affodill (*Asphodelus macrocarpus*); Pfauen-Nelke (*Dianthus pavonius*); Schlauch-Enzian (*Gentiana utriculosa*); Dingel (*Limodorum abortivum*); Trichterlilie (*Paradisea liliastrum*); Villar-Stiefmütterchen (*Viola calcarata* subsp. *villarii*)

Zum Wallfahrtsort wurde der Rocciamelone bereits, als Bonifacio ROTARIO aus Asti am 1. September 1358 den 3.538 Meter hohen Berg bestieg und dort in einer Felsspalte ein Madonnen-Triptychon aufstellte. Als Dank, der Sklaverei bei den Türken entkommen zu sein, so der kleinste gemeinsame Nenner der vielen Legenden, die sich um diese erste dokumentierte Besteigung eines richtigen Alpengipfels ranken. Die Schutzhütte Rifugio Ca d'Asti auf 2854 m am Südhang der Rocciamelone ehrt mit ihrem Namen den Heimatort des Erstbesteigers.

Obwohl das dreigeteilte Gemälde bereits seit 1673 nicht mehr auf dem Gipfel steht, riss der Strom der Pilger nie mehr ab. Und als dann 1896 auch noch 130.000 Kinder einem Aufruf der Zeitschrift „Innocenza" folgten, ihr Gespartes zusammenlegten und dem Gipfel eine drei Meter hohe bronzene Madonna spendierten, wurde der Gipfel zum Publikumsmagneten. Auf dem Gipfel steht heute neben dieser Marienstatue eine Kapelle, die höchstgelegene der Alpen. Die Wallfahrt zur Madonna della Neve findet jedes Jahr am 5. August statt.

Der Rocciamelone galt lange Zeit als höchster Berg der Alpen. Etwa 3000 Höhenmeter liegen zwischen der Stadt Susa und dem Gipfel, der zu den leichtesten Dreieinhalbtausendern der Alpen

Unter anderem im Gebiet zu finden:

1 Pfauen-Nelke, *Dianthus pavonius*, W. Kussegg **2** Bienen-Kugeldistel, *Echinops sphaerocephalus* **3** Gelb-Enzian, *Gentiana lutea* **4** Blasen-Enzian, *Gentiana utriculosa* **5** Rot-Seifenkraut, *Saponaria ocymoides* **6** Chaix-Königskerze, *Verbascum chaixii*

zählt und so sind bei einer Wanderung sowohl mediterran geprägte Pflanzen wie auch kälteliebende Arten der nivalen Stufe und alle möglichen dazwischen zu finden. Unten im Susatal sind es etwa Steinweichsel (*Prunus mahaleb*), Spieren-Alant (*Inula spiraefolia*), Blasenschötchen (*Alyssoides utriculosa*), Spornblume (*Centranthus ruber*), Nadel-Johanniskraut (*Hypericum coris*), Apenninen-Sonnenröschen und Filz-Schafgarbe (*Achillea tomentosa*), die noch reichlich Wärme bezeugen. Auch das aus Ostasien stammende Balfour-Springkraut (*Impatiens balfourii*), wächst hier und es stellt sich die Frage, ob man sich darüber freuen soll. Hübsch ist es ja, wäre da nicht der enorme Ausbreitungsdrang der verschiedenen Springkraut-Arten.

Im Eichen-Mehlbeeren-Rotföhren-Buchen-Ahorn-Mischwald geht's zur Pian Berco-Alm, wo Esparsetten-Wicke (*Vicia onobrychioides*), Grünblüten-Wintergrün (*Pyrola chlorantha*) und Trauben-Graslilie (*Anthericum liliago*) erfreuen und irgendwann, völlig erschöpft, aber zufrieden haben wir den Gipfel erreicht.

Die Aussicht hier oben ist großartig und reicht vom gesamten lombardisch-piemontesischen Alpenbogen bis zum Mont Blanc, zum Monte Rosa und zum Adamello.

Weitere Freizeitangebote und botanische Ziele im Gebiet:

- Schluchtenklettersteig Sentiero attrezzato Orrido di Foresto zwischen Susa und Bussoleno
- Felsschlucht Riserva naturale speciale Orrido di Chianocco bei Chianocco nordöstlich von Bussoleno
- Um den Mt. Cenis-Stausee (Mt. Cenis-Kohlröschen, *Nigritella cenisia*; Mt. Cenis-Hauhechel, *Ononis cristata*; Gelb-Seifenkraut, *Saponaria lutea* usw.)

Pflanzenbesonderheiten:

Mont-Cenis-Kohlröschen (*Nigritella cenisia*); Doldiges Rundblatt-Täschelkraut (*Noccaea rotundifolia* subsp. *corymbosa*); Niederliegend-Alpenscharte (*Saussurea depressa*); Waldenser-Steinbrech (*Saxifraga valdensis*); Südlich-Tulpe (*Tulipa sylvestris* subsp. *australis*); Mont-Cenis-Stiefmütterchen (*Viola cenisia*); Gattungshybride aus Mücken Händelwurz × cf. Mont Cenis-Kohlröschen

Anreise:

Von Turin auf der A32 bis zur Ausfahrt Susa West, dann über den Fluss nach San Giuseppe.

Öffentliche Verkehrsanbindung:

Mit der Bahn von Turin Porta Nuova bis Susa oder mit dem Bus von Bussoleno bis Susa.

Schneerose

Helleborus niger, HAHNENFUSSGEWÄCHS

Kurzbeschreibung:

Pflanze 15–30 cm hoch; Stängel ohne Laubblätter, nur mit 1–2 blassen Hochblättern; Laubblätter dunkelgrün, überwinternd, ledrig, mit keilförmigen Blättchen; Blüten weiß, 6–10 cm im Durchmesser; Nektarblätter gelbgrün, stanitzelförmig. Blütezeit Februar – Mai, manchmal schon ab Dezember.

Verwechslungsmöglichkeit:

Nach dem Blühen färben sich die Blütenhüllblätter grünlich. Dann könnte die Schneerose mit der Grün-Nieswurz (*H. viridis*) verwechselt werden. Durch einen Blick auf das Laub, welches bei der Grün-Nieswurz nicht überwinternd ist (bei *H. niger* überwinternd) und den Stängel, der bei der Grün-Nieswurz beblättert ist (bei *H. niger* nicht beblättert), lässt sich Klarheit schaffen.

Verbreitung und Lebensraum:

Südosteuropäische Gebirgspflanze der Alpen, des nördlichen Apennins und der Gebirge des nördlichen Balkans mit Verbreitungsschwerpunkt in den östlichen Kalkalpen.
Besiedelt frische Edellaubwälder, besonders Fichten-Tannen-Buchenwälder, aber auch Rotföhrenwälder, Latschengebüsch und Kalkschutt vom Tiefland bis etwa 1800 m Seehöhe.

Gattung:

Mit 21 Arten kommt die Gattung in Europa, Kleinasien und isoliert in Westchina vor. 11 Arten sind in Europa heimisch, 5 davon in den Alpen. Das Hauptverbreitungsgebiet der Gattung liegt auf der Balkanhalbinsel.

Name:

Der botanische Gattungsname ist sehr alt und entstammt möglicherweise den altgriechischen Wörtern „ellos" (= Hirschkalb) und „boros" (= gefräßig), was aber wenig Sinn ergibt. Sicher ist jedenfalls, dass zwei ganz unterschiedliche Pflanzen von den Alten Helleborus genannt wurden: Der Germer (*Veratrum*) als *„helleborus candidus"* und die Nieswurz bzw. die Schneerose als *„helleborus niger"*. Beide Arten enthalten in ihrem Rhizom Niesreiz erregende Stoffe, die noch heute in der Medizin eingesetzt werden. In der antiken Säftelehre galt das Niesen als bestes Mittel gegen den Wahnsinn und andere psychische Krankheiten. Man glaubte, dass während des Niesens das Tor zur Anderswelt geöffnet ist und musste diese Zeit mit einem Segensspruch entschärfen. Ein Brauch, der sich mit dem Wort „Gesundheit" bis heute gehalten hat. Der Artbeiname ist lateinischer Herkunft und beschreibt den im Vergleich zum Germer dunklen Wurzelstock.

An Volksnamen sind vor allem „Julrose", „Christrose", „Weihnachtswurz", „Schneekatzen", „Schneebleamel" und „Schelmrose" geläufig, als Büchername „Schwarze Nieswurz".

Untergliederung:

Helleborus niger tritt in den Alpen in zwei nur schwach voneinander getrennten Unterarten auf, die teilweise durch Zwischenformen verbunden sind, sodass die Rangstufe der Varietät vielleicht angebrachter wäre:

- Subsp. *niger*: Von der Provinz Varese und Vorarlberg ostwärts
- Subsp. *macranthus*: Endemit der mittleren Südalpen (Tessin bis Vicenza)

Schneerose; *Helleborus niger*

Die weiteren Helleborus-Arten der Alpen:
1 Grün-Nieswurz, *Helleborus viridis* **2** Stink-Nieswurz, *Helleborus foetidus* **3** Hecken-Nieswurz, *Helleborus dumetorum* **4** Duft-Nieswurz, *Helleborus odorus*

WANDERVORSCHLAG: ***Ö – Niederösterreich – Gutensteiner Alpen***

Schneerosen auf dem Staff

Noch stöhnen die Buchen in den Sturmnächten der kalten Jahreszeit, doch schon bald wird ihnen ihre Stimme wiedergegeben sein, wenn die Blätter im Frühlingswind wieder rauschen. Jetzt aber hat der Winter das Land noch fest im Griff und niemand würde vermuten, dass das blühende Leben schon einzelne Fleckchen der Berge aus dem Winterschlaf erweckt hat. Die Schneerosen trotzen dem noch schneebedeckten Waldboden und kämpften sich hinauf zum Licht. Ihr symbolträchtiges Weiß steht für Neubeginn und Tatendrang und lässt Trübsinn und Traurigkeit, angesammelt in den lichtarmen Wintermonaten, verfliegen. Es mag zwar etwas Leichtsinn in ihrem frühzeitigen Erblühen erkennbar sein, aber es ist der Leichtsinn der Freude, die nicht lange abwägt, sondern mit vollen Händen ihren überquellenden Schatz ausstreut und uns Blumenfreunden die lange Wartezeit des Winters verkürzt.

Es ist ein unscheinbarer Berg, den wir der Schneerosen wegen besuchen wollen. Der Staff, 786 m, bei St. Veit an der Gölsen. Manche wissen schon um den Blumenreichtum des Hügels, wo

Anspruch:
mittel

Bergauf:
538 m

Gehzeit:
2,5 Std. (ganze Runde)

Beste Blumenzeit:
E April – M Juni, für die Schneerose A März – E März, je nach Schneeschmelze.

Blumenpracht:
Groß-Windröschen (*Anemone sylvestris*); Purpur-Waldvöglein (*Cephalanthera rubra*); Alpen-Zyklame (*Cyclamen purpurascens*); Pracht-Nelke (*Dianthus superbus* subsp. *superbus*); Kreuz-Enzian (*Gentiana cruciata*); Hochstiel-Kugelblume (*Globularia bisnagarica*); Schneerose (*Helleborus niger*); Tüpfel-Gilbweiderich (*Lysimachia punctata*); Helm-Knabenkraut (*Orchis militaris*); Fuchsschwanz-Klee (*Trifolium rubens*)

Pflanzenbesonderheiten:
Kamm-Hundswurz (*Anacamptis pyramidalis*); Niederösterreich-Glockenblume (*Campanula beckiana*); Trauben-Pippau (*Crepis praemorsa*); Bleich-Knabenkraut (*Orchis pallens*); Blaue Ähren-Teufelskralle (*Phyteuma spicatum* subsp. *coeruleum*); Siebenblättchen-Fingerkraut (*Potentilla heptaphylla*); Blassgelb-Klee (*Trifolium ochroleucon*); Berg-Ehrenpreis (*Veronica montana*)

Anreise:
Von Wien auf der A2 und der A21 bis Alland, dann die B11, L131 und B18 bis St. Veit an der Gölsen mit guter Parkmöglichkeit beim Sportplatz.
Von St. Pölten auf der B20 und der B18 bis St. Veit an der Gölsen.

Öffentliche Verkehrsanbindung:
Mit dem Regionalexpress 6613 von St. Pölten Hbf.

17 Orchideenarten, Echt-Akelei (*Aquilegia vulgaris*), Groß-Windröschen (*Anemone sylvestris*), Trauben-Pippau (*Crepis praemorsa*), Trollblume (*Trollius europaeus*), Niederösterreich-Glockenblume (*Campanula beckiana*) und viele andere mehr eine Heimat haben. Diese kommen alle erst später im Jahr und jetzt im Spätwinter/Vorfrühling zeigt neben der Schneerose (*Helleborus niger*) erst die Kornelkirsche (*Cornus mas*) Farbe.

Wir beginnen die Wanderung am Sportplatz von St. Veit, gehen rechtsseitig den Gölsenbach ein Stück aufwärts und können beim „St. Veiter Steingarten“, einem geologischen Freilichtmuseum an der alten Wehrkirchenmauer, hineinschauen. Wir überqueren die Gölsen und folgen der Markierung durch den Brillergraben entlang des Bächleins hinauf zum Saustein. Schon hier im Fichtenwald leuchten uns die ersten Schneerosen entgegen, das ist aber nichts gegen das, was die Buchenwälder in den höheren Lagen des Staffs für uns parat haben. Wir passieren eine imposante Mehlbeere mit gedrehtem Stamm und freuen uns fortan über die stete Vermehrung des Objekts unserer Begierde. Ein schmaler Steig zweigt nun auf die Staffspitze ab, wo Wallformen, Gräben und spärliche Mauerreste einer frühmittelalterlichen Burg erhalten sind.

Der Gipfel des Staffs liegt im Wald, das „Gipfelkreuz“ ist originell und der Abstieg zur Staffhütte durch den Buchenwald steil. Die Hütte auf 652 m ist rundum erneuert, mit Spielplatz und vielen Sitzgelegenheiten im Freien, aber leider noch geschlossen. Erst ab Anfang April gibt's hier an Sonn- und Feiertagen was zu essen und trinken.

Über den Reitbauer und den Pfarrerwald geht's wieder zurück zum Sportplatz von St. Veit an der Gölsen bzw. zum Bahnhof.

Weitere Freizeitangebote und botanische Ziele im Gebiet:

- Hinterleitner Eiche in Hainfeld, Gegend Egg 28, mit einem Stammumfang von rund acht Metern. Sie soll etwa 800 Jahre alt sein.
- Bierkrugmuseum Hainfeld
- Geschirrmuseum Wilhelmsburg
- Schneeglöckchenblüte auf der „Hahnwiese“ am Ebenwald-Aufstieg südlich des Sengenebenberges, 1104 m.
- Frühlings-Knotenblüte auf den „Märzenbecherwiesen“ nördlich vom Göllersreiter nahe der Kerschenbacherhöhe.

Unter anderem im Gebiet zu finden:

1 Groß-Windröschen, *Anemone sylvestris* **2** Pracht-Nelke, *Dianthus superbus*, K. Schebesta **3** Kamm-Hundswurz, *Anacamptis pyramidalis*, B. Schubert **4** Hochstiel-Kugelblume, *Globularia bisnagarica* **5** Tüpfel-Gilbweiderich, *Lysimachia punctata* **6** Blaue Ähren-Teufelskralle, *Phyteuma spicatum* subsp. *coeruleum*

Gelb-Taglilie

Hemerocallis lilioasphodelus, TAGLILIENGEWÄCHS

Verbreitung und Lebensraum:
Beheimatet in den Südostalpen von der Provinz Brescia bis Kärnten und Ungarn. Eine nächst verwandte, vielleicht konspezifische Sippe wächst in China und der Mongolei. Nicht wenige Botaniker bezweifeln allerdings das Indiginat dieser prächtigen Art in den Alpen und halten sie für einen Gartenflüchtling. Besiedelt frische Wiesen, feuchte, lichte Wälder, in höheren Lagen auch vollsonnige, ziemlich trockene Hänge; vom Tiefland bis etwa 1500 m Seehöhe, vereinzelt auch höher, wie am Monte Verzegnis (1600 m).

Gattung:
Von den 15 Arten der Gattung ist diese eine wahrscheinlich in Europa, nämlich in den Alpen beheimatet. Das Mannigfaltigkeitszentrum liegt in Ostasien.

Name:
Der botanische Gattungsname setzt sich aus den altgriechischen Wörtern „hemera" (= Tag) und „kallos" (= Schönheit) zusammen, da die einzelnen Blüten nur einen Tag lang blühen. Mit dem Artbeinamen zeigte LINNÉ auf, dass die Blüten an gewisse Arten der Gattung Lilie (*Lilium*), als auch an Junkerlilien (*Asphodeline*) erinnern, die zu jener Zeit noch zur Gattung Affodill (*Asphodelus*) gerechnet wurden.

Verwechslungsmöglichkeit: Keine

Kurzbeschreibung:
Pflanze 50–100 cm hoch; Blätter 40–80 cm lang, 6–17 mm breit; Blütenstand mit 6–12 Blüten; Kronblätter gelb, mit glattem Rand, 5–7 cm lang, duftend. Blütezeit Juni.

WANDERVORSCHLAG: ***I – Friaul***

Die wilden Taglilien des Monte Verzegnis

Als in den Alpen nicht heimisch, lediglich eingebürgert, wird die Gelb-Taglilie in mancher Literatur genannt, so etwa bei Meusel, Jäger und Weinert 1965 oder bei Melzer 1976. Ist man allerdings viel in den Südostalpen unterwegs, wird schnell klar, dass es sich sehr wahrscheinlich um eine einheimische Art handelt. Ein gutes Beispiel hierfür ist der Monte Verzegnis, an dessen Hängen die Prachtblume bis etwa 1600 Meter Seehöhe reichlich vorkommt, abseits jeglicher Besiedelung. Woraus sollte sie verwildert sein und warum sollte sie nur in den Südostalpen flächendeckend verwildern, anderenorts nicht?

Der Monte Verzegnis ist ein Berg in Friaul, der weder Seen, noch Wasserfälle, noch bewirtschaftete Hütten sein Eigen nennen kann. Dementsprechend wenig wird er bewandert, denn die wenigsten wissen von seiner Blumenpracht. Am Schönsten ist es hier von Mitte Juni bis Mitte Juli, wenn die Hänge gelb vom Strahlen-Ginster (*Genista radiata*) erblühen. Dazwischen Lilienfelder aus Trichterlilie (*Paradisea liliastrum*), Krain-Lilie (*Lilium carniolicum*), Feuer-Lilie (*L. bulbiferum*), Türkenbund-Lilie (*L. martagon*) und Gelb-Taglilie. Alpen-Mannstreu (*Eryngium alpinum*),

Anspruch:
hoch

Bergauf:
980 m

Gehzeit:
5,5 Std. (hin und zurück)

Beste Blumenzeit:
M Juni – M Juli, ebenso für die Gelb-Taglilie.

Blumenpracht:
Weiß-Affodill (*Asphodelus macrocarpus*); Krainer Strauß-Glockenblume (*Campanula thyrsoides* subsp. *carniolica*); Bart-Nelke (*Dianthus barbatus*); Südostalpen-Gelb-Enzian (*Gentiana lutea* subsp. *vardjanii*); Felsen-Storchschnabel (*Geranium macrorrhizum*); Gelb-Taglilie (*Hemerocallis lilioasphodelus*); Krain-Lilie (*Lilium carniolicum*); Trichterlilie (*Paradisea liliastrum*), Schwarz-Germer (*Veratrum nigrum*)

Pflanzenbesonderheiten:
Alpen-Elfenblume (*Epimedium alpinum*); Alpen-Mannstreu (*Eryngium alpinum*); Ressmann-Witwenblume (*Knautia ressmanni*); Pirona-Schneckenklee (*Medicago pironae*); Hybride aus Blau-Mänderle × Gelb-Mänderle (*Paederota × churchillii*); Schopfteufelskralle (*Physoplexis comosa*); Grannen-Schwarzwurz (*Scorzonera aristata*); Großkorb-Färberscharte (*Serratula macrocephala*); Friaul-Spiere (*Spiraea decumbens*); Barrelier-Ehrenpreis (*Veronica barrelieri*)

Anreise:
von Villach auf der A2 bzw. in Italien auf der A23 bis zur Abfahrt Tolmezzo, dann die SS52 bis Tolmezzo – Fiume Tagliamento und die SP1 bis zum Chianzutan-Pass.

Weitere Freizeitangebote und botanische Ziele im Gebiet:

- Museum für Volkskunde und Kunsthandwerk in Tolmezzo
- Naturpark Val Alba nordöstlich von Moggio di Sotto (Krain-Lilie, *Lilium carniolicum*; Schopfteufelskralle, *Physoplexis comosa* usw.)

Krainer Strauß-Glockenblume (*Campanula thyrsoides* subsp. *carniolica*), Pyrenäen-Schaftmilchstern (*Loncomelos pyrenaicus*), Rosa-Schwarzwurz (*Scorzonera rosea*) und viele weitere Schönheiten gesellen sich dazu. Da bleibt eigentlich keine Zeit, einmal nach oben zu sehen, wo die Geier ihre Kreise ziehen.

Bartgeier, W. Kussegg

Trichterlilie, *Paradisea liliastrum*

Ausgangspunkt für die Wanderung ist der südwestlich von Tolmezzo liegende Chianzutan-Pass, 955 m. Hier gibt es einen großen Parkplatz und Gastronomie, um die Wasservorräte aufzufüllen.

Ein Sträßchen mit Fahrverbot geht nördlich vom Pass ab und zieht sich dann am 809er-Wanderweg Richtung Nordosten. Aus dem Sträßchen wird bald ein Wanderweg und später ein Trampelpfad. Bei den Alpen-Mannstreu-Vorkommen ändert sich die Wegrichtung, die nun über den Kamm nach Westen bis zum ehemaligen Bergbaugebiet führt, wo noch heute Schienen und Liftstützen ersichtlich sind. Blumenreich ist es hier überall, von der Passhöhe bis zum Bergbaugebiet und bis zum Gipfel des Monte Verzegnis, 1914 m, der über einen Trampelpfad erreichbar ist.

Unter anderem im Gebiet zu finden:

1 Krain-Lilie, *Lilium carniolicum* **2** Weiß-Affodill, *Asphodelus macrocarpus* **3** Strahlen-Ginster, *Genista radiata* **4** Alpen-Elfenblume, *Epimedium alpinum* **5** Gras-Schwertlilie, *Iris graminea* **6** Pirona-Schneckenklee, *Medicago pironae* **7** Hybride aus Blau-Mänderle × Gelb-M., *Paederota × churchillii* **8** Friaul-Spiere, *Spiraea decumbens* subsp. *decumbens*

Flecken-Johanniskraut

Hypericum maculatum, JOHANNISKRAUTGEWÄCHS

Kurzbeschreibung:

Pflanze 20–60 cm hoch; Stängel vierkantig, Kanten nicht geflügelt; Blätter länglich-oval, 2–4 cm lang; Kronblätter gelb, schwarz gefleckt, 2–3 × so lang wie der Kelch. Blütezeit Juni – August.

Verwechslungsmöglichkeit:

Mit dem Echt-Johanniskraut oder Arznei-J. (*H. perforatum*); dieses hat aber einen stielrunden Stängel mit 2 gegenüber liegenden Längsleisten (bei *H. maculatum* ist der Stängel vierkantig).
Schwieriger ist die Abgrenzung zum – noch nicht ausreichend erforschten – Stumpf-Johanniskraut, welches entweder als Art (*H. dubium*) oder als Unterart (*H. maculatum* subsp. *obtusiusculum*) geführt wird. Es hat meist spitze, oben unregelmäßig gezähnte Kelchblätter und die Kronblätter sind auch am Rand schwarz gepunktet (bei *H. maculatum* sind die Kelchblätter meist stumpf und ganzrandig an der Spitze, die Kronblätter sind am Rand meist nicht schwarz gepunktet).

Verbreitung und Lebensraum:

Eurosibirische Art von Irland bis Westsibirien. In den Alpen weit verbreitet, fehlt aber großen Teilen der Südwestalpen.
Besiedelt frische bis wechselfeuchte, kalkarme Magerwiesen und Weiden, Bürstlingrasen, Säume, Waldschläge, Hochstaudenfluren und Flachmoore vom Tiefland bis 2300 m Seehöhe, vereinzelt auch höher, wie im Schanfigg in Graubünden (2650 m). Kalkmeidend.

Gattung:

Hypericum umfasst 420 Arten. Diese sind über fast die ganze Weltkugel verbreitet. Hauptverbreitungsgebiete der Gattung sind das Mittelmeergebiet, der Himalaya und die Anden. Europa beheimatet 56 Arten, die Alpen 15.

Name:

Die Deutung des botanischen Gattungsnamen ist unklar und umstritten. Eine Theorie leitet den Namen vom altgriechischen „hypereikon" ab, einer Pflanze der Alten mit heidekrautähnlichen Laubblättern, oder von „hypo ereikon", einer Pflanze, die „unter der Baumheide" wächst. Gemeint könnte *Hypericum empetrifolium* sein. Eine andere Möglichkeit ist die Herleitung von den altgriechischen Wörtern „hyper" (= über) und „eikon" (= Bild) und könnte auf die alte Nutzung gegen krankhafte Einbildung zurückgehen.

Johanniskraut als deutsche Benennung nimmt auf die Blütezeit im Frühsommer um Johannes (24. Juni) Bezug.

„Tüpfel-Hartheu", „Tausendlöcherlkraut", „Teufelsflucht" und „Färberkräutl" sind Bezeichnungen für das als wichtige Arzneipflanze bekannte Echt-Johanniskraut.

Anmerkung:

Hypericum maculatum ist keine offizielle Arzneipflanze und darf in den Apotheken nicht angeboten werden, obwohl sie volkstümlich verwendet wird und vermutlich dieselben Wirkstoffe wie das Echt-Johanniskraut enthält.

Weitere Johanniskraut-Arten der Alpen (Auswahl):

1 Berg-Johanniskraut, *Hypericum montanum* **2** Echt-Johanniskraut, *Hypericum perforatum* **3** Flaum-Johanniskraut, *Hypericum hirsutum*

Flecken-Johanniskraut, *Hypericum maculatum*

4 Mannsblut-Johanniskraut, *Hypericum androsaemum* **5** Bart-Johanniskraut, *Hypericum barbatum* **6** Grisebach-Johanniskraut, *Hypericum richeri* subsp. *grisebachii*

WANDERVORSCHLAG: *Ö – Osttirol – Lienzer Dolomiten*

Das Flecken-Johanniskraut auf dem Eggenkofel

Anspruch:
hoch

Bergauf:
1094 m

Gehzeit:
5,5 Std. (hin und zurück)

Beste Blumenzeit:
E Juni – A August, ebenso für das Berg-Johanniskraut.

Blumenpracht:
Alpen-Aster (*Aster alpinus*); Filz-Kratzdistel (*Cirsium heterophyllum*); Fuchs-Fingerwurz (*Dactylorhiza fuchsii*); Streifen-Steinröslein (*Daphne striata*); Breitblatt-Enzian (*Gentiana acaulis*); Schlauch-Enzian (*Gentiana utriculosa*); Frühlings-Kuhschelle (*Pulsatilla vernalis*); Kugelständel (*Traunsteinera globosa*)

Die blumenreichen Wiesen und Almen der Lienzer Dolomiten gehören zu den floristischen Schätzen der Heimat. Bekannt sind diese bunten Blumenwiesen von der Mussen oder vom Golzentipp, kaum bekannt hingegen sind die Kircher Almen am Südfuß des Eggenkofels, 2590 m.

Von Untertillach kommend darf die Strecke bis zum Kirchberg, 1524 m, gefahren werden. Ein kleiner Parkplatz steht hier zur Verfügung, dann geht's zu Fuß auf der Forststraße weiter, bis sich der Fichtenforst lichtet und erste kleine Wiesen mit Flecken-Johanniskraut, Bart-Nelke (*Dianthus barbatus*), Großwurzel-Pippau (*Crepis conyzifolia*) und Kugelständel (*Traunsteinera globosa*) zeigen. Abrupt endet der Wald und eine riesige Alm tut sich vor uns auf – die Kircher Alm, ein Kleinod der Heimat. Unzählige Exemplare von Arnika (*Arnica montana*), Frühlings-Kuhschelle (*Pulsatilla vernalis*), Rhellicanus-Kohlröschen (*Nigritella rhellicani*) und Österreichischer Alpen-Kuhschelle (*Pulsatilla alpina* subsp. *alba*) blühen hier, dazwischen solche Besonderheiten wie die Gattungshybride aus Rhellicanus-Kohlröschen und Weißzüngel (× *Pseuditella micrantha*) oder die alpine Unterart der Breitblatt-Fingerwurz (*Dactylorhiza majalis* subsp. *alpestris*).

Unter anderem im Gebiet zu finden:

1 Hahnenfußblättriger Wolfs-Eisenhut, *Aconitum lycoctonum* subsp. *ranunculifolium* **2** Aufrechte Bart-Glockenblume, *Campanula barbata* subsp. *strictopedunculata* **3** Nessel-Glockenblume, *Campanula trachelium* **4** Bart-Nelke, *Dianthus barbatus*, P. Hubert **5** Breitblatt-Enzian, *Gentiana acaulis*, W. Kussegg **6** Kreuzung aus Duft-Händelwurz × Rhellicanus-Kohlröschen, × *Gymnigritella heufleri*

Gegen den Hals zu, so heißt der Sattel zwischen Kircher Alm und Eggenkofel, treten vermehrt kalkliebende Arten auf, die kalkfliehenden sind schon geflohen, und ab dem Sattel gibt es nur mehr die Kalk- bzw. Dolomitarten:

Schlauch-Enzian (*Gentiana utriculosa*), Dolomiten-Teufelskralle (*Phyteuma sieberi*), Blau-Mänderle (*Paederota bonarota*), Sparrig-Steinbrech (*Saxifraga squarrosa*), Edelweiß (*Leontopodium alpinum*) und Dolomiten-Fingerkraut (*Potentilla nitida*), um nur einige zu nennen. Der Steig auf den Gipfel erfordert Trittsicherheit und Schwindelfreiheit.

Pflanzenbesonderheiten:

Dolomiten-Schafgarbe (*Achillea oxyloba*); Aufrechtblütige Bart-Glockenblume (*Campanula barbata* subsp. *strictopedunculata*); Hybride aus Kleb-Kratzdistel × Alpen-Kratzdistel (*Cirsium × flavescens*); Gattungshybride Mücken-Händelwurz × Rhellicanus-Kohlröschen (× *Gymnigritella suaveolens*); Gattungshybride Duft-Händelwurz × Rhellicanus-Kohlröschen (× *Gymnigritella heufleri*); Gattungshybride Rhellicanus Kohlröschen × Weißzüngel (× *Pseuditella micrantha*)

Anreise:

Von Villach über die A2 bis zur Abfahrt „Hermagor-Gailtal", der B111 bis Untertilliach folgen. Im Ort nach dem Ferienhaus Lugger rechts hinauf bis Kirchberg.

Öffentliche Verkehrsanbindung:

mit der Bahn bis Sillian, dann mit der Buslinie 4416 bis Untertilliach-Winkl.

Weitere Freizeitangebote und botanische Ziele im Gebiet:

- Wallfahrtsort Maria Luggau im Lesachtal
- Puppenmuseum in Oberlienz
- Golzentipp bei Obertilliach (Hänge-Tragant, *Astragalus penduliflorus*; Rosa-Strahlensame, *Heliosperma pusillum* subsp. *pudibundum*; Hybride aus Zweifarben-Kohlröschen × Rhellicanus-Kohlröschen usw.)
- Tuffbad im Lesachtal (Frauenschuh, *Cypripedium calceolus*; Späte Fleisch-Fingerwurz, *Dactylorhiza incarnata* subsp. *serotina*; Fliegen-Ragwurz, *Ophrys insectifera* usw.)
- Mussen bei Kötschach-Mauthen (Trichterlilie, *Paradisea liliastrum*; Halbstrauch-Ehrenpreis, *Veronica fruticulosa* usw.)

Sibirien-Schwertlilie

Iris sibirica, SCHWERTLILIENGEWÄCHS

Kurzbeschreibung:

Pflanze 50–80 cm hoch, mit langen, schmalen, etwas bläulichgrünen Blättern; äußere Perigonblätter 4–5 cm lang, weißlich mit violettblauen Adern, gegen den Grund gelb, innen nicht bärtig, die inneren Perigonblätter violettblau. Blütezeit Mai – Juni.

Verwechslungsmöglichkeit:

Mit der in den eigentlichen Alpen fehlenden Salzwiesen-Schwertlilie (*I. spuria*), die aber 5–12 mm breite Blätter und eine geschnäbelte Frucht hat (bei *I. sibirica* sind die Blätter 2–6 mm breit, die Frucht ist ungeschnäbelt).

Verbreitung und Lebensraum:

Eurosibirische Art von Norditalien und Skandinavien bis ins westsibirische Flachland. In den Alpen ist die Verbreitung auf die Osthälfte konzentriert. Besiedelt wechselnasse bzw. periodisch überschwemmte Wiesen vom Tiefland bis 1200 m Seehöhe, vereinzelt auch höher, wie bei Innerlaterns in Vorarlberg (1280 m).

Illustration: **Christina Dombrowski**

Gattung:

Ungefähr 210 Arten umfasst die Gattung der Schwertlilien, wovon 30 in Europa und neun im Alpenraum vorkommen. Alle Arten sind auf der Nordhalbkugel und hier vorwiegend in der gemäßigten und subtropischen Klimazone verbreitet.

Name:

Iris als botanischer Gattungsname ist altgriechischer Herkunft, bedeutet Regenbogen und beschreibt die Farbenpracht der Blüten. Der Artbeiname nennt einen kleinen Teil des Verbreitungsgebietes.

Weitere, im Alpenraum vorkommende Schwertlilien:

1 Deutsch-Schwertlilie, *Iris (×) germanica,* W. Kussegg **2** Gras-Schwertlilie, *Iris graminea* **3** Salzwiesen-Schwertlilie, *Iris spuria*

Sibirien-Schwertlilie, *Iris sibirica*

Weitere, im Alpenraum vorkommende Schwertlilien:
1 Bunt-Schwertlilie, *Iris variegata* **2** Zwerg-Schwertlilie, *Iris pumila,* R. Kalz **3** Tyrrhenien-Schwertlilie, *Iris chamaeiris* **4** Cengio-Alto-Schwertlilie, *Iris cengialti,* W. Kussegg **5** Wasser-Schwertlilie, *Iris pseudacorus*

WANDERVORSCHLAG: ***FL – Liechtenstein***

Die Sibirien-Schwertlilie im Ruggeller Riet

Im Norden Liechtensteins, am Fuße des Schellen- bzw. Eschnerbergs befindet sich das Ruggeller Riet, welches mit dem Vorkommen von 450 Gefäßpflanzenarten, 216 Pilzarten, 72 Moosarten, 146 Vogelarten und 534 Schmetterlingsarten die reichhaltigste Naturfläche Liechtensteins darstellt. Es handelt sich dabei um ein Flachmoor, das vor etwa 10.000 Jahren durch Verlandung von Hinterwässern des Rheins entstanden ist.

Ausgangspunkt unserer Blumenwanderung ist der Bangshof, eine Jausenstation nördlich von Ruggell mit Hofladen und eigener Käserei, wo immer wieder und überall ein „Burezmorge" (= Bauernfrühstück) angeboten wird. Ein Güterweg führt von hier den Mühlbach begleitend nach Norden, vorbei an Äckern und Wirtschaftswiesen, aber auch an blumenreichen Rietwiesen. Störche brüten hier wieder, lange Zeit waren sie verschwunden, erzählt ein ansässiger Bauer. Und auch Biber kommen hier wieder vor.

Anspruch:
gering

Bergauf:
0 m

Gehzeit:
2 Std. – amtlichen Lichtbildausweis mitnehmen!

Beste Blumenzeit:
A Mai – E Juni, für die Sibirien-Schwertlilie M Mai – A Juni.

Unter anderem im Gebiet zu finden:

1 Lungen-Enzian, *Gentiana pneumonanthe* **2** Sumpf-Siegwurz, *Gladiolus palustris*, U. Heidtke **3** Wasser-Schwertlilie, *Iris pseudacorus* **4** Hummel-Ragwurz, *Ophrys holoserica*, B. Schubert

Ein nostalgisches Schild mit der Aufschrift „Kaiserthum Österreich“ macht klar, bereits in Vorarlberg zu sein. Bis zur L53, der Rheinstraße, führt der Weg, vorbei an Schwertlilien-Wiesen, bevor der Rückweg westlich vom Hinweg beginnt. Hier sollte man den Rheindamm öfter mal absuchen, vielleicht zeigt sich ja die Hummel-Ragwurz (*Ophrys holoserica*), und auch ein Abstecher runter zum Rhein-Arm ist lohnend. Mit etwas Glück zeigt sich in den stehenden Altarmen der Groß-Wasserschlauch (*Utricularia australis*).

Pflanzenbesonderheiten:

Duft-Lauch (*Allium suaveolens*); Traunsteiner-Fingerwurz (*Dactylorhiza traunsteineri*); Langblatt-Sonnentau (*Drosera anglica*); Hybrid-Sonnentau (*Drosera × obovata*); Kamm-Wurmfarn (*Dryopteris cristata*); Rosmarin-Weidenröschen (*Epilobium dodonaei*); Aufrecht-Wolfsmilch (*Euphorbia stricta*); Heide-Augentrost (*Euphrasia stricta*); Preussisch-Laserkraut (*Laserpitium prutenicum*); Moor-Glanzständel (*Liparis loeselii*); Bodensee-Vergissmeinnicht (*Myosotis rehsteineri*, hier nur 1981 aufgetreten); Brenn-Hahnenfuß (*Ranunculus flammula*); Schlitzblatt-Hahnenfuß (*Ranunculus polyanthemophyllus*); Einfach-Igelkolben (*Sparganium emersum*); Einfach-Wiesenraute (*Thalictrum simplex*); Faden-Klee (*Trifolium dubium*); Groß-Wasserschlauch (*Utricularia australis*); Sumpf-Veilchen, (*Viola palustris*, einziger Fundort in Liechtenstein)

Anreise:

Von Bregenz auf der A14 bis zur Abfahrt Feldkirch, dann die B190, die L53 und die L60 bis zum Grenzübergang Schellenberg, dann die Noflerstraße bis Ruggell und die Unterdorfstraße und die Giessenstraße bis zum Bangshof.

Öffentliche Verkehrsanbindung:

Mit dem Zug bis Feldkirch, dann mit der Buslinie 11 bis Eschen und der Buslinie 31 bis Ruggell.

Barrierefreiheit für Kinderwägen/Rollstühle:

gegeben

Weitere Freizeitangebote und botanische Ziele im Gebiet:

- Dorfmuseum Küefer-Martis-Huus in Ruggell
- Briefmarkenmuseum in Vaduz
- Naturschutzgebiet Bangs-Matschels (Duft-Lauch, *Allium suaveolens*; Gelb-Zypergras, *Cyperus flavescens*; Lungen-Enzian, *Gentiana pneumonanthe*; Sumpf-Siegwurz, *Gladiolus palustris*; Einfach-Wiesenraute, *Thalictrum simplex* usw.)

Blumenpracht:

Kamm-Hundswurz (*Anacamptis pyramidalis*); Klein-Tausendgüldenkraut (*Centaurium pulchellum*); Fleisch-Fingerwurz (*Dactylorhiza incarnata*); Pracht-Nelke (*Dianthus superbus* subsp. *superbus*); Lungen-Enzian (*Gentiana pneumonanthe*); Sumpf-Siegwurz (*Gladiolus palustris*); Wasser-Schwertlilie (*Iris pseudacorus*); Hummel-Ragwurz (*Ophrys holoserica*, Rheindamm); Echt-Fettkraut (*Pinguicula vulgaris*); Akelei-Wiesenraute (*Thalictrum aquilegiifolium*)

Gamsheide

Kalmia procumbens, *(Synonym: Loiseleuria procumbens)*

HEIDEGEWÄCHS

Kurzbeschreibung:

2–15 cm hoher, reich verzweigter Teppichzwergstrauch; Blätter elliptisch bis lanzettlich, 4–6 mm lang, ledrig; Doldentraube endständig, 2–5-blütig, mit aufrechten Blüten; Kelch dunkelrot, Krone rosa. Blütezeit Mai – Juli.

Verwechslungsmöglichkeit:

Unter Umständen mit der Besenheide (*Calluna vulgaris*), welche aber schuppenförmige, 1–3 mm lange Blätter besitzt und im Spätsommer blüht (*Kalmia procumbens* hat 4–6 mm lange Blätter und blüht im Frühsommer bald nach der Schneeschmelze).

Verbreitung und Lebensraum:

Eurosibirisch-nordamerikanische Art von Island und den Pyrenäen bis Sachalin und Kamtschatka; nördliches Nordamerika. In den Alpen von den Seealpen bis Niederösterreich verbreitet und in den Zentralalpen häufig.
Besiedelt in den Alpen bodensaure, windexponierte Zwergstrauchheiden von 1500–2400 m Seehöhe. Vereinzelt auch höher, wie beim Lauteraargletscher im Berner Oberland (2820 m) und am Gornergrat im Wallis (2950 m), oder tiefer, wie Gindelalpe bei Schliersee (1240 m) und Sihl hinter Studen im Kanton Schwyz (900 m).

Gattung:

Die ehemalige, noch geläufigere, monospezifische Gattung *Loiseleuria* muss in einem phylogenetischen System der Gattung *Kalmia* eingegliedert werden. Diese umfasst dann etwa 10 Arten, mit Mannigfaltigkeitszentrum in Nordamerika. Die Alpen beheimaten nur diese Art.

Name:

Benannt zu Ehren des schwedisch-finnischen Botanikers Pehr KALM (1716–1779), einem Schüler LINNÉS, der in dessen Auftrag in den Jahren 1748 bis 1751 Nordamerika bereiste und dabei die ersten amerikanischen *Kalmia*-Pflanzen nach Europa brachte.

Der bisher verwendete, noch geläufige Gattungsname *Loiseleuria* ehrt den französischen Arzt und Botaniker Jean-Louis-Auguste LOISELEUR-DESLONGCHAMPS (1774–1849), der unter anderem eine „Flora Gallica“ verfasste. Neben dieser Gattung sind auch einige Arten nach ihm benannt, so *Draba loiseleurii, Vicia loiseleurii, Alyssum loiseleurii, Pinus loiseleuriana* usw.

Geläufige Volksbenennungen bzw. Büchernamen sind „Alpenazalee“, „Gamsheidrich“, „Felsenröschen“ und „Alpenheide“.

Weitere Heidegewächse der Alpen (Auswahl):

1 Arznei-Bärentraube, *Arctostaphylos uva-ursi* **2** Rosmarinheide, *Andromeda polifolia* **3** Besenheide, *Calluna vulgaris*

Gamsheide, *Kalmia procumbens*

Weitere Heidegewächse der Alpen (Auswahl):

1 Gamsheide, *Kalmia procumbens* **2** Alpen-Nebelbeere, *Vaccinium gaultherioides* **3** Groß-Torfbeere, *Vaccinium oxycoccos* **4** Moor-Nebelbeere, *Vaccinium uliginosum* **5** Heidelbeere, *Vaccinium myrtillus* **6** Preiselbeere, *Vaccinium vitis-idaea*

WANDERVORSCHLAG: ***Ö – Steiermark – Seckauer Tauern***

Die Gamsheide am Hochreichart

Namhafte Botaniker forschten im Gebiet der Seckauer Tauern, so Anton HAYEK (*Silene hayekiana*), Gustav von PERNHOFFER (*Galeopsis × pernhofferi* [= *G. bifida × G. speciosa*]) und Helmut MELZER (*Ranunculus melzeri*).

Dass die floristische Erforschung der Alpen allerdings noch immer voll im Gange ist, sieht man etwa am Neufund von *Saxifraga carpatica* hier in den Seckauer Tauern. Gerald SCHNEEWEISS konnte diese Art im Sommer 1997 am Nordhang des Seckauer Zinken, unweit vom Hochreichart, neu für die Alpen entdecken. Auch gegenwärtig werden immer wieder interessante Neufunde für dieses Gebiet gemeldet.

Hauptgesteine hier sind Granit und Gneis, kleinflächig finden sich aber immer wieder Einschlüsse von kalkhaltigen Gesteinen, welche auch die Blumenvielfalt an manchen Stellen erklären. Zwischen Hochreichart und Hirschkarl zeigt uns ein Geologe eine Linse aus Plagioklasglimrärgestein und ein paar Aplite-Einschlüsse. Wir verstehen nur Bahnhof, wenn er spricht und genauso geht es ihm, wie er sagt, wenn ich die botanischen Pflanzennamen in mein Diktiergerät spreche. Sonst verstehen wir uns aber gut.

Anspruch:
hoch

Bergauf:
1278 m

Gehzeit:
5,5 Std. (ganze Runde)

Beste Blumenzeit:
E Juni – E Juli, für die Gamsheide E Mai – E Juni

Blumenpracht:
Alpen-Glockenblume (*Campanula alpina*); Waldstein-Kratzdistel (*Cirsium waldsteinii*); Steirische Clusius-Gamswurz (*Doronicum clusii* subsp. *villosum*); Kurzblatt-Enzian (*Gentiana brachyphylla*); Einblüten-Moosauge (*Moneses uniflora*); Zwerg-Teufelskralle (*Phyteuma confusum*); Zwerg-Primel (*Primula minima*); Zwerg-Seifenkraut (*Saponaria pumila*); Safran-Schuppenleuenzahn (*Scorzoneroides crocea*); Steiermark-Hauswurz (*Sempervivum stiriacum*); Wulfen-Hauswurz (*Sempervivum wulfenii*); Sumpf-Tarant (*Swertia perennis*).

Pflanzenbesonderheiten:
Karpaten-Hundskamille (*Anthemis carpatica*); Österreich-Glockenblume (*Campanula pulla*); Alpen-Löffelkraut (*Cochlearica excelsa*); Sternhaar-Felsenblümchen (*Draba stellata*); Tauern-Enzian (*Gentiana frigida*); Faltenlilie (*Lloydia serotina*); Herz-Zweiblatt (*Neottia cordata*); Bunt-Läusekraut (*Pedicularis oederi*); Portenschlag-Läuserkraut (*Pedicularis portenschlagii*); Zotten-Primel (*Primula villosa*); Schön-Klappertopf (*Rhinanthus pulcher*); Rau-Steinbrech (*Saxifraga aspera*); Wimper-Steinbrech (*Saxifraga blepharophylla*); Habichtskraut-Steinbrech (*Saxifraga hieraciifolia*); Wulfen-Steinbrech (*Saxifraga retusa*); Rudolphi-Steinbrech (*Saxifraga rudolphiana*); Steiermark-Steinbrech (*Saxifraga styriaca*); Einjahrs-Mauerpfeffer (*Sedum annuum*); Drüsen-Mauerpfeffer (*Sedum villosum*); Langblatt-Sternmiere (*Stellaria longifolia*)

Kalmia procumbens, G. Tritthart

Die Wanderung beginnt bei der Waldsäge rund zwei Kilometer vor dem Ingeringsee und führt über den Brandstättergraben zum Brandstättertörl, 2021 m. Je nach Jahreszeit blühen hier Alpen-Pracht-Nelke (*Dianthus superbus* subsp. *alpestris*), Zwerg-Seifenkraut (*Saponaria pumila*) und jede Menge Gamsheide. Steil geht's nun hinauf zum Hochreichart-Gipfel, 2416 m, fast berühmt für seine Aussicht zum Hochschwab, Dachstein, Reichenberg, Triglav und einigen Größen mehr.

Genusswandern nenne ich dann den Abstieg über den Schmähhausrücken, mit Blick zum Ingeringsee. Unten angekommen, gönnen wir uns noch einen Abstecher zum Ingeringsee und entdecken hier die seltene Langblatt-Sternmiere (*Stellaria longifolia*). Ja, ja, zum Entdecken gibt es noch so vieles.

Anreise:
Von Wien auf der A2, der S6 und der S36 bis Knittelfeld West, dann auf der L549 und der L515 bis Ingering 2, dann den Ingeringseeweg rechts weg bis zum Parkplatz nach dem ehemaligen Gasthaus.
Von Graz auf der A9 und der S36 bis Knittelfeld West, dann wie oben.

Öffentliche Verkehrsanbindung:
mit der Buslinie 844 vom Busbahnhof Knittelfeld bis Ingering 2, Abzweigung Ingeringsee, dann mit dem Taxi.

Weitere Freizeitangebote und botanische Ziele im Gebiet:
- Käfer-Museum in Ingering 2, Gaal
- Wipfelwanderweg Rachau
- Militärluftfahrtausstellung in Zeltweg
- Kräuterlehrpfad im Gaalgraben
- Alpinpark Steinmühle in Knittelfeld-Gaal
- Seckauer Zinken (Karpaten-Hundskamille, *Anthemis carpatica*; Alpen-Löffelkraut, *Cochlearia excelsa*; Karpaten-Steinbrech, *Saxifraga carpatica* usw.)

Im Gebiet unter anderem zu finden:

1 Drüsen-Mauerpfeffer, *Sedum villosum* **2** Alpen-Glockenblume, *Campanula alpina*, G. Tritthart **3** Waldstein-Kratzdistel, *Cirsium waldsteinii* **4** Zwerg-Primel, *Primula minima* **5** Safran-Schuppenleuenzahn, *Scorzoneroides crocea* **6** Karpaten-Hundskamille, *Anthemis carpatica*

Alpen-Milchlattich

Lactuca alpina, *(Synonym: Cicerbita alpina)*

KORBBLÜTLER

Kurzbeschreibung:

Pflanze 60–130 cm hoch; Stängel oben meist purpurn überlaufen und braun drüsenhaarig; Stängel kräftig, hohl, vielkörbig; Blätter tief fiederteilig, mit großem Endabschnitt; Zungenblüten hellblau. Blütezeit Juli.

Verwechslungsmöglichkeit:

Mit dem Plumier-Milchlattich (*L. plumieri*), welcher aber kahle Stängel, Korbstiele und Hüllen hat (bei *L. alpina* braun drüsenhaarig); der Blau-Lattich (*L. perennis*) besitzt Blütenkörbe, die in einer lockeren Rispe angeordnet sind (bei *L. alpina* in einer vielkörbigen, schlanken Traube oder Rispe) und einen kahlen, schmalen Stängel (bei *L. alpina* drüsenhaarig und breit).

Verbreitung und Lebensraum:

Europäisch-montane Art von Schottland und den Pyrenäen bis in die Karpaten. In den Alpen von den Seealpen bis Niederösterreich verbreitet, kaum einem größeren Gebiet fehlend. Besiedelt Hochstaudenfluren, staudenreiche Edellaubwälder, Gebirgsbachränder, Schlagflächen, Grünerlengebüsche und ähnliche Standorte von 900–2000 m Seehöhe, gelegentlich auch tiefer, wie bei Feldkirch in Vorarlberg (580 m) oder höher, wie im Kanton Glarus (2200 m). Kalkliebend.

Gattung:

Von den rund 100 Arten der Gattung (inkl. *Cicerbita* und *Mycelis*) kommen 17 in Europa und 9 in den Alpen vor. Besonders artenreich sind Asien und das tropische Ostafrika.

Name:

Der botanische Gattungsname ist vom lateinischen Wort „lac" (= Milch) abgeleitet und bezieht sich auf die milchsaftführende Eigenschaft der Pflanze, die aber für alle Zungen-Korbblütler (*Cichorieae*) genauso zutrifft.

Weitere *Lactuca*-Arten im Alpenraum (Auswahl):

1 Mauer-Lattich, *Lactuca muralis* **2** Kompass-Lattich, *Lactuca serriola* **3** Blau-Lattich, *Lactuca perennis*

Alpen-Milchlattich, *Lactuca alpina*

49

WANDERVORSCHLAG: ***Ö – Vorarlberg – Bregenzerwald***

Der Alpen-Milchlattich auf der Hohen Kugel

W. Kussegg

Anspruch:
hoch

Bergauf:
1260 m

Gehzeit:
6,5 Std. (ganze Runde)

Beste Blumenzeit:
M Juni – M Juli, für den Alpen-Milchlattich A Juli – E Juli.

Blumenpracht:
Purpur-Waldvöglein (*Cephalanthera rubra*); Orangerot-Mausohr (*Pilosella aurantiaca*); Strauch-Kronwicke (*Hippocrepis emerus*); Kugelständel (*Traunsteinera globosa*)

In Götzis beginnt die Wanderung, die über die Örflaschlucht zur Hohen Lug, 973 m, und weiter zum Götzner Moos führt. Lange Zeit war dieses Moor ein geschundenes Moor. Alte Entwässerungsgräben hatten das Hochmoor so stark ausgetrocknet, dass standortfremde Gehölze aufkommen konnten. Teilweise bildeten sie bereits dichte Bestände und verstärkten die Austrocknung des Hochmoores und die damit verbundene Torfmineralisierung. Damit das Götzner Moos seinen Charakter und seine Funktion als Lebensraum für seltene Arten langfristig wahren konnte, erarbeitete der Naturschutzbund Vorarlberg gemeinsam mit der Marktgemeinde Götzis und den Grundbesitzern, der Agrargemeinschaft Götzis, ein Entwicklungskonzept mit einem Maßnahmenplan. In den Jahren 2012 bis 2014 folgte dann die Umsetzung. Stauwehre wurden eingesetzt, die den mooreigenen Wasserhaushalt verbesserten. Die Renaturierung von Hochmooren ist nicht nur ein wichtiger Beitrag zur Erhaltung der biologischen Vielfalt, sondern auch ein Beitrag zum Klimaschutz. Ein Hektar entwässertes Hochmoor gibt im Jahr durch Torfmineralisierung bis zu 7000 kg CO_2 ab.

Sibirien-Schwertlilie (*Iris sibirica*), Groß-Torfbeere (*Vaccinium oxycoccos*), Lungen-Enzian (*Gentiana pneumonanthe*) und Rundblatt-Sonnentau (*Drosera rotundifolia*) finden so wieder geeignete Lebensgrundlagen in diesem vor den Maßnahmen zusehends degradierenden Moor.

Unter anderem im Gebiet zu finden:

1 Bunter Wiesen-Augentrost, *Euphrasia officinalis* subsp. *picta* **2** Turin-Meier, *Asperula taurina* **3** Purpur-Waldvöglein, *Cephalanthera rubra* **4** Hirschzunge, *Asplenium scolopendrium*, B. Schubert **5** Knöllchen-Scharbockskraut, *Ficaria verna* **6** Lungen-Enzian, *Gentiana pneumonanthe*, H. Schön

Über den Schwimmersboden, vorbei an Stechpalme (*Ilex aquifolium*), Eibe (*Taxus baccata*) und Hirschzunge (*Asplenium scolopendrium*) geht's hinauf zum Gipfel der Hohen Kugel, 1645 m, dem Berg mit dem schönsten Rheintalblick, wie die Einheimischen hier sagen.

Den Rückweg treten wir über Millrütte, Wiesel und die Kirche St. Wolfgang in Meschach an. Frauenschuh (*Cypripedium calceolus*), Kleinblüten-Fingerhut (*Digitalis lutea*) und Berg-Ehrenpreis (*Veronica montana*) sind unsere Wegbegleiter, bevor es über die Örflaschlucht zurück nach Götzis geht. Und auch diese Schlucht bietet mit jeder Menge Turin-Meier (*Asperula taurina*) eine floristische Besonderheit.

Pflanzenbesonderheiten:

Rosmarinheide (*Andromeda polifolia*); Turin-Meier (*Asperula taurensis*); Lungen-Enzian (*Gentiana pneumonanthe*); Sibirien-Schwertlilie (*Iris sibirica*); Echt-Färberscharte (*Serratula tinctoria*); Alpenrachen (*Tozzia alpina*)

Anreise:

Von Bregenz auf der A14 bis zur Abfahrt Altach, dann die Götznerstraße und die Rheinstraße bis zur B190. Dieser rechts abgebogen bis zum Sutterlüty folgen, dann die Montfortstraße L50 bis zur Kreuzung Marktstraße und die Bulitta bis zum Parkplatz Ringsportzentrum.

Öffentliche Verkehrsanbindung:

Mit der Bahn bis zum Bahnhof Götzis, weiter zu Fuß oder mit dem Ortsbus bis zum Schwimmbad.

Weitere Freizeitangebote und botanische Ziele im Gebiet:

- Rolls-Royce-Museum in Gütle östlich von Dornbirn
- Heimatmuseum Schattenburg in Feldkirch
- Freilichtmuseum Stoffels Sägemühle in Hohenems
- Erlebnisausstellung Inatura in Dornbirn
- Bodenseeufer bei Reutenen zwischen Lindau und Kressbronn (Bodensee-Vergissmeinnicht, *Myosotis rehsteineri*)

Riesen-Taubnessel

Lamium orvala, LIPPENBLÜTLER

Kurzbeschreibung:

Pflanze 40–90 cm hoch; Stängel kantig; Blätter gegenständig, 4–7 cm breit, mit gesägtem Blattrand; Krone purpurrot, 3–4 cm lang. Blütezeit April – Juni.

Verwechslungsmöglichkeit:

Mit der Groß-Taubnessel (*L. maculatum*), diese hat aber 2–4 cm breite Blätter (bei *L. orvala* 4–7 cm breit) und 2–2,5 cm lange Kronen (bei *L. orvala* 3–4 cm lang).

Verbreitung und Lebensraum:

Ostalpisch-illyrische Art vom Veltlin bis zum Plattensee und bis Siebenbürgen. In den Alpen in den Südostalpen, südöstlich bis Marburg, allgemein verbreitet.
Besiedelt lichte Edellaubwälder, Hochstaudenfluren, Säume, Bachränder und Gebüsche vom Tiefland bis 1600 m Seehöhe.

Gattung:

Von den etwa 30 Taubnessel-Arten kommen 13 in Europa und 7 im Alpenraum vor. Die Gattung besiedelt ursprünglich Europa, das außertropische Asien und Nordafrika. Als Begleiter der menschlichen Siedlungen hat sich das Areal mehrerer Taubnessel-Arten ausgeweitet.

Name:

Lamium als botanischer Gattungsname wird abgeleitet vom altgriechischen „laimos" bzw. vom lateinischen „lama". Beides bedeutet Schlund bzw. Rachen und spielt auf die Blütenform an. Der deutsche Name Taubnessel bedeutet so viel wie „taube" (= stumpfe, nicht brennende) Nessel aufgrund der Ähnlichkeit ihrer Blätter mit denen der Brennnessel. Die Alten unterschieden die weibliche, unbewehrte Taubnessel, von der männlichen, bewehrten Brennnessel.

Lamium orvala unterscheidet sich von den anderen heimischen Taubnessel-Arten durch ihre beeindruckende Größe und wird deshalb oft „Nesselkönig" genannt.

Riesen-Taubnessel, *Lamium orvala*

Weitere Taubnessel-Verwandte der Alpen:
1 Weiß-Taubnessel, *Lamium album* **2** Gargano-Taubnessel, *Lamium garganicum* **3** Stängelumfass-Taubnessel, *Lamium amplexicaule* **4** Groß-Taubnessel, *Lamium maculatum* **5** Riesen-Taubnessel, *Lamium orvala* (hellblütige Form) **6** Berg-Goldnessel, *Galeobdolon montanum*

WANDERVORSCHLAG: ***Ö – Kärnten – Karawanken***

Die Riesen-Taubnessel in der Trögener Klamm

G. Tritthart

Eine wildromantische Schluchtenlandschaft mit schroffen Kalkfelsen und kristallklarem Wasser, so kann man die Erscheinung der Trögener Klamm auf den Punkt bringen. Im Wasser tummeln sich Forellen zwischen buntem Konglomeratgestein, welches durch das Wildwasser prachtvoll geschliffen erscheint. Dem nicht genug gilt die Klamm als Fundgrube für Fossilien und für die bunte Pracht sorgen Alpenblumen, die hier tief unten ein Refugium gefunden haben.

Der waldreiche Kessel, der zwischen Kärntner Storschitz und Koschuta eingebettet liegt, wird als Trögern bezeichnet. Nur mehr wenige Bauern leben hier. Bis zum Anfang des vergangenen Jahrhunderts war das Gebiet nur von Süden, vom Seeland (Jezersko) über einen Ziehweg erreichbar, denn nach Norden durchfließt der Trögern-Bach rund drei Kilometer eine enge Klamm mit steilen Felswänden. Als Seeland 1919 an Jugoslawien fiel, musste von Norden ein Zugang nach Trögern durch die Klamm geschaffen werden. 1925 war dieser fertiggestellt und heute lässt sich die Klamm trockenen Fußes durchwandern.

Anspruch:
mittel

Bergauf:
232 m (bis zur Bergkirche Trögern)
Gehzeit: 2 Std. (bis zur Bergkirche Trögern und zurück)

Beste Blumenzeit:
E Mai – E Juli, für die Riesen-Taubnessel A Mai – M Juni

Blumenpracht:
Krain-Wolfsmilch (*Euphorbia carniolica*); Riesen-Taubnessel (*Lamium orvala*); Krain-Lilie (*Lilium carniolicum*); Melissen-Immenblatt (*Melittis melissophyllum*); Moosauge (*Moneses uniflora*)

Pflanzenbesonderheiten:
Dolomit-Streifenfarn (*Asplenium seelosii*); Großblüten-Bergminze (*Clinopodium grandiflorum*); Gelb-Mänderle (*Paederota lutea*); Wulfen-Primel (*Primula wulfeniana*); Schildblatt-Hahnenfuß (*Ranunculus thora*); Traunfellner-Hahnenfuß (*Ranunculus traunfellneri*); Blaugrün-Mauerpfeffer (*Sedum hispanicum*)

Barrierefreiheit für Kinderwägen/Rollstühle:
Gegeben

Anreise:
Von Klagenfurt auf der A2 bis Völkermarkt West, dann die B70 bis vor Völkermarkt, dann rechts auf die B82 bis Bad Eisenkappel. Auf der L131 in Richtung Ebriach-Schaidasattel bis zur Beschilderung „Trögener Klamm", dort links abbiegen bis zum gleichnamigen Parkplatz.

Öffentliche Verkehrsanbindung:
Mit dem Bus nur bis Bad Eisenkappel oder Zell-Pfarre, dann mit dem Taxi.

Weitere Freizeitangebote und botanische Ziele im Gebiet:

- Schaidasattel westlich von Trögern (Kleb-Lein, *Linum viscosum*; Schildblatt-Hahnenfuß, *Ranunculus thora* usw.)
- Koschutnikturm vom Koschutahaus aus (Krain-Sterndolde, *Astrantia carniolica*; Holunder-Fingerwurz, *Dactylorhiza sambucina*; Traunfellner-Hahnenfuß, *Ranunculus traunfellneri* usw.)

Hier in der Klamm, in 800 bis 900 Meter Seehöhe findet man Pflanzen, die im Allgemeinen nur oberhalb der Baumgrenze anzutreffen sind wie Wulfen-Primel (*Primula wulfeniana*), Clusius-Enzian (*Gentiana clusii*) und Zwergalpenrose (*Rhodothamnus chamaecistus*). Dort, wo sich Erdreich ansammeln konnte, findet auch der Einblatt-Weichständel (*Malaxis monophyllos*) eine Heimat, zusammen mit Krain-Lilie (*Lilium carniolicum*), Riesen-Taubnessel und etlichen anderen Prachtblumen.

Typisches Konglomeratgestein der Klamm

Am Eingang der Klamm gibt es genügend Parkplätze. Hier beginnt die Wanderung auf der schmalen, asphaltierten Straße hinauf zum Gasthof Franzl und weiter zum Kircherl von Trögern mit Ausblick hinab zur Klamm. Am Ende der Klamm, direkt am Trögern-Bach beginnt das Reich des Salamandi. Er ist das Maskottchen der Wassererlebniswelt Trögener Klamm, wo Kinder Schleusen öffnen, Seilbahn fahren oder im Tschurtschenkistenhaus (Tschurtschen heißen in Kärnten die Zapfen) spielen können. Salamandi informiert auf Tafeln über die Pflanzen und Tiere der Klamm.

Mutige können den Rückweg im Bachbett zurücklegen. Dazu sind hohe Stiefel oder ein kälteunempfindliches Gebein notwendig. Belohnt wird dieser Abenteuerausflug mit eindrucksvollen Ausblicken auf die Kalkzinnen und farbintensiven Felsen, welche im Wasser noch schöner leuchten als im Trockenen.

Unter anderem im Gebiet zu finden:

1 Schildblatt-Hahnenfuss, *Ranunculus thora* **2** Immenblatt, *Melittis melissophyllum* **3** Clusius-Enzian, *Gentiana clusii* **4** Blumen-Esche, *Fraxinus ornus,* D. Jakely **5** Krain-Lilie, *Lilium carniolicum* **6** Kleb-Lein, *Linum viscosum* **7** Moosauge, *Moneses uniflora* **8** Wulfen-Primel, *Primula wulfeniana* **9** Rot-Lichtnelke, *Silene dioica*

Gelb-Platterbse

Lathyrus laevigatus, *(Synonyme: L. ochraceus, L. luteus)*

SCHMETTERLINGSBLÜTLER

Kurzbeschreibung:

Pflanze 20–60 cm hoch; Stängel ungeflügelt; Blätter mit 3–6 Fiederpaaren und grannenartiger Spitze, ohne Ranke; Krone hellgelb, beim Verblühen ockerorange; in 3–14-blütiger Traube. Blütezeit Juni – Juli.

Verwechslungsmöglichkeit:

Mit der Walderbsen-Wicke (*Vicia oroboides*) möglich, deren Blätter aber nur 1–3 Fiederpaare haben (bei *Lathyrus laevigatus* 3–6 Fiederpaare) und deren Blütenstand fast sitzend ist (bei *Lathyrus laevigatus* deutlich gestielt).

Verbreitung und Lebensraum:

Europäische Art von den Pyrenäen bis ins Baltikum. In den Alpen in zwei Unterarten von der Drôme bis in die Steiermark. Besiedelt Hochstaudenfluren, Wiesen und lichte Wälder von 500–2000 m Seehöhe, vereinzelt auch tiefer, wie bei Lavey im Kanton Waadt (450 m), oder höher, wie an den Dents de Morcles (2025 m). Kalkstet.

Gattung:

Von den 160 Arten der Gattung kommen 54 in Europa und 24 in den Alpen vor. Hauptverbreitungsgebiet ist die gemäßigte Zone der nördlichen Hemisphäre.

Name:

Mit dem botanischen Gattungsnamen benannte THEOPHRAST eine Hülsenfrucht. Der Name ist möglicherweise aus den altgriechischen Wörtern „la“ (= sehr) und „thuros“ (= reizend) zusammengesetzt, in Anspielung auf eine vermeintlich aphrodisierende Wirkung. Möglich erscheint auch eine etymologische Verknüpfung mit der verwandten Linse, die gleich *Lathyrus sativus* der menschlichen Ernährung dient.

Unterteilung:

Kommt in den Alpen in zwei Unterarten vor:

- Subsp. *laevigatus*: Blätter meist ganz kahl, die unteren Kelchzähne kürzer als die halbe Kelchröhre, in den Südostalpen von der Provinz Brescia ostwärts
- Subsp. *occidentalis*: Blattunterseite und Blattstiele behaart, die unteren Kelchzähne halb so lang bis so lang wie die Kelchröhre. In den größten Teilen der Alpen

Lathyrus-Arten des Alpenraums (Auswahl):

1 **Einjahrs-Platterbse,** *Lathyrus annuus* **2** **Ranken-Platterbse,** *Lathyrus aphaca*
3 **Kicher-Platterbse,** *Lathyrus cicera*

Gelb-Platterbse, *Lathyrus laevigatus*

Lathyrus-Arten des Alpenraums (Auswahl):

1 Verschiedenblatt-P., *L. heterophyllus* **2** Breitblatt-Platterbse, *Lathyrus latifolius* **3** Schwarz-Platterbse, *Lathyrus niger* **4** Gras-Platterbse, *Lathyrus nissolia* **5** Pannonien-P., *Lathyrus pannonicus* **6** Frühlings-Platterbse, *Lathyrus vernus* **7** Berg-Platterbse, *Lathyrus linifolius* **8** Wiesen-Platterbse, *Lathyrus pratensis* **9** Saat-Platterbse, *Lathyrus sativus* **10** Borstenblatt-P. *Lathyrus setifolius* **11** Wild-Platterbse, *Lathyrus sylvestris* **12** Bunt-Platterbse, *Lathyrus venetus*

WANDERVORSCHLAG: ***Ö – Vorarlberg – Bregenzerwald***

Die Gelb-Platterbse auf dem Hohen Freschen

H. Raffalt

Stolz thront König Freschen über dem Rheintal und so verwundert es nicht, dass er zu den beliebtesten Aussichtsbergen im Ländle gehört. Von hier oben bietet sich ein überwältigender Rundblick. An klaren Tagen zeigen sich in der Runde Säntis, Schesaplana, Silvretta, Lechquellengebirge, Allgäuer Alpen, Hoher Ifen, Zitterklapfen und der komplette Bodensee. Besonders aussichtsreich ist eine Wanderung vom Furkajoch über die Gäviser Höhe bis zum Matonajöchle. Allerdings führt dieser Panoramaweg großteils durch Silikatgestein und entsprechend artenarm ist hier die Flora. Wir wählen einen blumenreichen Weg vom Skilift Innerlaterns weg. Dieser Ort wird auch im Sommer vom Landbus angefahren und schon nach wenigen Metern ist man auf Kurs in Richtung Freschen. Es geht vorbei am Herrenried und etlichen anderen Sümpfen mit prächtigen Beständen an Breitblatt-Fingerwurz (*Dactylorhiza majalis*). Beim Lesegatter, 1576 m, ändert sich das Landschaftsbild. Der Leseweg schlängelt sich fast waagrecht quer durch die steilen, rutschgefährdeten Hänge und nicht selten leuchtet ein Frauenschuh (*Cypripedium calceolus*) oder ein Berghähnlein (*Anemonastrum narcissiflorum*) dem Wanderer entgegen.

Anspruch:
hoch

Höhenmeter:
867 m

Gehzeit:
5,5 Std. (hin und zurück)

Beste Blumenzeit:
M Juni – E Juli, für die Gelb-Platterbse E Juni – E Juli.

Blumenpracht:
Alpen-Wachsblume (*Cerinthe alpina*); Nacktstiel-Kugelblume (*Globularia nudicaulis*); Sibirien-Schwertlilie (*Iris sibirica*); Manns-Knabenkraut (*Orchis mascula*); Blätter-Läusekraut (*Pedicularis foliosa*); Kugelständel (*Traunsteinera globosa*); Wald-Wicke (*Vicia sylvatica*)

Unter anderem im Gebiet zu finden:

1 Gebirgs-Kriech-Quendel, *Thymus praecox* subsp. *polytrichus* **2** Hänge-Tragant, *Astragalus penduliflorus* **3** Alpen-Kratzdistel, *Cirsium spinosissimum* **4** Einkorb-Ferkelkraut, *Hypochoeris uniflora* **5** Quirl-Läusekraut, *Pedicularis verticillata*, W. Kussegg **6** Mittel-Wintergrün, *Pyrola media* **7** Rot-Lichtnelke, *Silene dioica* (weibliche Pflanze) **8** Strauß-Glockenblume, *Campanula thyrsoides*, G. Tritthart

8

Nahe dem Freschenhaus liegt der Eingang zur etwa 700 Meter langen Freschenhöhle und auch ein kleiner, liebevoll gestalteter Alpengarten, der vorrangig die Pflanzenwelt der Umgebung zeigen will, ist hier zu finden. Es ist mehr ein Liebhaber-Alpinum, weshalb nicht alles für bare Münze genommen werden sollte, was auf den Schildern steht. So entpuppt sich etwa die als heimische Berg-Nelkenwurz angeschriebene Pflanze als Scharlach-Nelkenwurz aus dem Balkan. Doch der Wille zählt fürs Werk und manchmal sollte man auch fünfe gerade sein lassen. Mehr kluge Sprüche fallen mir jetzt dazu nicht mehr ein. Den Anstoß zum Zustandekommen des Alpengartens gaben Othmar Heinzle und Otto Nesensohn und bereits im Jahre 1964 wurde mit der Verwirklichung ihrer Idee begonnen. Gleich artenreich wie der Alpengarten sind auch die Berghänge in der Umgebung, ganz besonders die Matona-Alpe, wo unter anderem Strauß-Glockenblume (*Campanula thyrsoides*), Westliche Gelb-Platterbse (*Lathyrus laevigatus* subsp. *occidentalis*) und Alpen-Wachsblume (*Cerinthe alpina*) vorkommen.

Pflanzenbesonderheiten:

Hänge-Tragant (*Astragalus penduliflorus*); Strauß-Glockenblume (*Campanula thyrsoides*); Frauenschuh (*Cypripedium calceolus*); Sumpf-Läusekraut (*Pedicularis palustris*); Mittel-Wintergrün (*Pyrola media*); Niedrig-Schwarzwurz (*Scorzonera humilis*); Thal-Klee (*Trifolium thalii*)

Anreise:

Von Bregenz auf der A14 bis Feldkirch Nord, dann die L51 bis Innerlaterns.

Öffentliche Verkehrsanbindung:

Mit dem Landbus 65 von Rankweil bis Innerlaterns/Schilift.

Weitere Freizeitangebote und botanische Ziele im Gebiet:

- Sommerrodelbahn und Trampolinanlage Innerlaterns
- Freilichtmuseum „Villa Rustica" in Rankweil-Brederis
- Museum für Druckgrafik in Rankweil, Hartmanngasse
- Kinderlehrpfad „Rund ums Dorf" in Damüls
- Waldseilgarten Damüls
- Blumenlehrpfad Hahnenkopf bei Faschina
- Gadental bei Buchberg im Großen Walsertal (Frauenschuh, *Cypripedium calceolus*; Duft-Händelwurz, *Gymnadenia odoratissima*; Fliegen-Ragwurz, *Ophrys insectifera* usw.)

Edelweiß

Leontopodium alpinum, KORBBLÜTLER

Kurzbeschreibung:
Pflanze 3–20 cm hoch, unverzweigt, wollig-weißfilzig behaart; Blätter schmal-lanzettlich, gegen den Grund verschmälert; Blütenköpfchen zu 2–10 doldig gehäuft, Köpfchenstand von 5–15 sternförmig ausgebreiteten, weißfilzigen Hochblättern umgeben. Blütezeit Juni – September.

Verwechslungsmöglichkeit:
Keine

Verbreitung und Lebensraum:
Südeuropäisch-montane Art von den Pyrenäen bis zu den Karpaten. In den Alpen weit verbreitet von den Seealpen bis Niederösterreich.
Besiedelt sonnige, steinige Rasen, feinerdearme Felsböden und Felsfluren von 1600–3000 m Seehöhe, gelegentlich auch tiefer, wie um Mallnitz in Kärnten (1180 m) oder am Isonzo-Ufer bei Most na Soči (220 m). Ausnahmen nach oben finden sich etwa am Gornergrat bei Zermatt (3105 m) oder am Oberrothorn (3140 m). Kalkliebend.

Gattung:

Von den 35 Arten der Gattung kommt nur eine in Europa und den Alpen vor. Das Mannigfaltigkeitszentrum der Gattung ist das südwestchinesisch-burmanische Hochland. Die Gattung ist gänzlich auf Eurasien beschränkt. Sie steigt am Mt. Everest bis 6100 m Seehöhe.

Name:

Leontopodium ist aus den altgriechischen Wörtern „leon" (= Löwe) und „podion" (= Füßchen) zusammengesetzt. Der Name benannte ursprünglich eine andere, heute nicht mehr bestimmbare Pflanze. 1569 übertrug MATTIOLI den Namen auf das Edelweiß.

Edelweiß als deutsche Benennung ist kein, wie manchmal behauptet, künstlicher Werbename. Er ist schon seit Jahrhunderten aus dem Gebiet der Hohen Tauern bekannt und verbreitete sich von hier aus über fast ganz Europa. Auch in anderen Sprachen, wie im Französischen, heißt die Blume Edelweiß.

Anmerkung:

Die früher häufig vertretene Ansicht, der dichte, weiße Haarfilz sei ein Verdunstungsschutz, ist nicht haltbar. Es ist vielmehr ein Merkmal, welches die Art schon von den Vorfahren der asiatischen Hochsteppen übernommen hat. Bestätigt wird diese Ansicht durch die Tatsache, dass *Leontopodium souliei* aus China einen dichten Haarfilz aufweist, aber nur auf sumpfigen Standorten wächst.

Gelegentlich finden sich abnorm große Blütenkörbe mit einem Durchmesser von bis zu zehn Zentimetern, die „Edelweißkönige" genannt werden und auch heute noch in der Sagenwelt weiterleben.

Edelweiß, *Leontopodium alpinum*

52

WANDERVORSCHLAG: ***D – Allgäu***

Das Edelweiß der Höfats

Anspruch:
hoch

Bergauf:
977 m

Gehzeit:
6,5 Std. (gesamte Runde)

Beste Blumenzeit:
M Juni – E Juli, für das Edelweiß ebenso.

Die Höfats in den Allgäuer Alpen ist wegen ihrer reichhaltigen Flora weithin bekannt. Im Besonderen ist es das Edelweiß, das seit Jahrzehnten die Menschen auf den Blumenberg zieht. Diese Bekanntheit tat dem „Alpensterndl" aber gar nicht gut. Anfang des 20. Jahrhunderts war das Edelweiß auf der Höfats beinahe ausgerottet. Diese Entwicklung veranlasste die Allgäuer Bergwacht unter der Führung von Georg Frey, ab dem Jahr 1935 einen Zeltposten unterhalb der Höfatsgufel einzurichten.

Dadurch konnten die letzten Edelweißbestände vor der endgültigen Ausrottung bewahrt werden. Außerdem gingen durch die ständige Präsenz der Bergwacht die tödlichen Bergunfälle stark zurück. Dank der Bewachung durch die Allgäuer Bergwacht haben sich die Edelweißbestände heute wieder erholt und eine Überwachung ist dank des gestiegenen Umweltbewusstseins der Bergsteiger nicht mehr notwendig. In Erinnerung an die Rettung des Edelweißes auf der Höfats heißt der Bergwacht-Stützpunkt, der 1969 zum Schutze der Blume aufgestellt wurde, Georg-Frey-Stützpunkt.

Die Höfats hat insgesamt vier beinahe gleich hohe Gipfel, daher wurde sie in der Vergangenheit wegen ihrer schlanken und aufstrebenden Linien mit einem gotischen Dom verglichen. Ihren Namen verdankt sie ihrer alten Benennung „Höchatz". „Atz" war in der Walser Mundart das Wort für eine Ziegenweide und dass ein „ch" in der Oberstdorfer Mundart als „f" gesprochen wird, ist keine Ausnahme. „Höfats" bedeutet also so viel wie hochgelegene Ziegenweide.

Unsere Wanderung um die Höfats beginnt knapp südlich von Oberstdorf, wo ein kostenpflichtiger Parkplatz namens Renksteg den Gästen zur Verfügung steht und gestrandete Boote den Beweis liefern, dass hier alles einst Meer war.

Es beginnt ein Straßenmarsch hinauf bis zur alten Walsersiedlung Gerstruben. Doch schon hier am Straßenrand entdecken wir blumenreiche Moorwiesen und Bergwälder mit Duft-Händelwurz (*Gymnadenia odoratissima*), Sumpf-Ständelwurz (*Epipactis palustris*) und Purpur-Waldvögelein (*Cephalanthera rubra*). Mit etwas Glück findet man hier auch die seltene Lungenflechte (*Lobaria pulmonaria*), die nur dort vorkommt, wo der Urwald oder zumindest der naturnahe Wald niemals ganz abgeholzt war. Oben in Gerstruben begeistert ein altes, unheimlich stilvolles Jagdhaus. Gerstruben ist bzw. war mit seinen 1155 m Seehöhe das höchst gelegene Dorf Deutschlands. Bis zum Jahr 1892 war es ganzjährig von Bergbauern bewohnt, bis ein niemals umgesetztes Stauseeprojekt die Einwohner zum Abwandern bewog.

Eine Bergahorn-Allee führt hinein ins Dietersbachtal zur gleichnamigen Jausenstation, wo dem Wanderer Getränke und kalte Speisen angeboten werden. Nach Regenfällen zeigt sich hier dem Naturbegeisterten ein eindrucksvoller Talschluss mit Wasserfällen. Für den fortan steilen Anstieg zum Älpelesattel ist es aber besser, wenn trockenes Wetter vorherrscht. Hunderte Stufen muss man passieren, um zum Sattel zu gelangen. Beeindruckend

Blumenpracht:
Purpur-Waldvöglein (*Cephalanthera rubra*); Gelb-Enzian (*Gentiana lutea*); Edelweiß (*Leontopodium alpinum*); Massenbestände an Alpen-Milchlattich (*Lactuca alpina*) und Eisenhut-Hahnenfuß (*Ranunculus aconitifolius*)

Pflanzenbesonderheiten:
Süd-Tragant (*Astragalus australis*); Zart-Haarschlund (*Comastoma tenellum*; Westgipfel); Kälte-Felsenblümchen (*Draba dubia*); Flattnitz-Felsenblümchen (*Draba fladnizensis*); Endivien-Habichtskraut (*Hieracium intybaceum*, in Bayern nur hier); Felsen-Miere (*Minuartia rupestris*, im Gipfelbereich); Eikopf-Teufelskralle (*Phyteuma ovatum*, in verschiedenen Farben von weiß über stahlblau bis fast schwarz); Lungenflechte (*Lobaria pulmonaria*)

Anreise:
Von Kempten über die B19 bis Oberstdorf, dann links die Walserstraße und Stillachstraße bis zum Parkplatz Renksteg.

Öffentliche Verkehrsanbindung:
Mit dem Zug bis Oberstdorf, dann mit dem Bus bis Renksteg bzw. bis zum Golfplatz, Abzweigung Gerstruben.

Barrierefreiheit für Kinderwägen/Rollstühle:
Mit einem geländegängigen Kinderwagen/Rollstuhl ist es vom Renksteg aus bis zur Jausenstation Dietersbachtal bzw. im Oytal bis zur Jausenstation Käseralm möglich zu fahren (gute Kondition der Schieber vorausgesetzt).

Weitere Freizeitangebote und botanische Ziele im Gebiet:

- Kletterwald Söllereck
- Sommerrodelbahn Söllereck
- Breitachklamm bei Tiefenbach
- Heimatmuseum Oberstdorf
- Moorlehrpfad beim Moorbad Oberstdorf
- Nebelhorn (Pyrenäen-Frauenmantel, *Alchemilla pyrenaica*; Bayern-Enzian, *Gentiana bavarica* usw.)
- Gottesackerwände (Gelb-Enzian, *Gentiana lutea*; Purpur-Enzian, *Gentiana purpurea* usw.)

dabei am Weg eine „Luftfichte“. Es ist ein alter Baum, der aussieht, als würde er schweben. Seine Wurzeln entspringen einem Kalkfelsen und erst über dem Abgrund bildete er seinen Stamm aus – ein Naturwunder. Vom Älpelesattel, 1780 m, weg kann man noch ein Stück lang den unmarkierten Weg Richtung Höfats und Richtung Edelweiß folgen, der aber bald schwierig wird und zur Umkehr zwingt. Es beginnt der Abstieg zur Käseralm. Teile des Weges hier oben sind abgerutscht oder ausgeschwemmt. Es sind die tonreichen Hänge über Juragestein, die so rutschgefährdet sind, andererseits auch die reichste Alpenflora beheimaten. Andere Wegabschnitte führen durch nicht wirklich freigeschnittene Grünerlengebüsche (Stand 2013), wo aber wiederum Unmengen von Eisenhut-Hahnenfuß (*Ranunculus aconitifolius*) und Alpen-Milchlattich (*Lactuca alpina*) begeistern.

Unten im Oytal angelangt gibt es gleich drei Einkehrmöglichkeiten: Die Jausenstation Käseralm, die Untere Gutenalm und das Oytal-Haus. Am blumenreichsten ist die oberste Alm, die Käseralm. Der Name Oytal kommt wahrscheinlich von Uital und das Ui war sehr wahrscheinlich ein Begeisterungsausbruch, so schön ist es hier. Wasserfälle, so etwa der Stuibenfall (wo auch das der Begeisterung entlockte ui drinnen steckt) donnern ins Tal, prächtige Bergblumen, wohin das Auge schaut und eine unfassbare schöne Bergkulisse – einfach traumhaft!

Besonders auffällig hier ist der Farbenreichtum der Eikopf-Teufelskralle (*Phyteuma ovatum*), die hier nicht nur im gewohnten violettschwarz blüht, sondern auch in stahlblau und weiß. Letztere Farbform ist dann leicht mit der hier ebenfalls vorkommenden Ähren-Teufelskralle (*Phyteuma spicatum*) zu verwechseln.

Beim Oytalhaus kann man sich nun kostenpflichtig (6 €, Stand 2013) einen Roller ausborgen und den Großteil des verbleibenden Weges rollen anstatt zu gehen.

Im Gebiet unter anderem zu finden:

1 Eisenhut-Hahnenfuß, *Ranunculus aconitifolius* **2** Schwalbenwurz-Enzian, *Gentiana asclepiadea*, W. Kussegg **3** Türkenbund-Lilie, *Lilium martagon*, W. Kussegg **4** Eikopf-Teufelskralle (Spielform), *Phyteuma ovatum* **5** Echt-Felsenbirne (Herbstfärbung), *Amelanchier ovalis* **6** Hainsalat, *Aposeris foetida*

Feuer-Lilie

Lilium bulbiferum, LILIENGEWÄCHS

Kurzbeschreibung:
Pflanze 20–80 cm hoch; Stängel dicht beblättert, mit oder ohne Brutknöllchen; Blätter schmal-lanzettlich, wechselständig, sitzend; Blüten endständig, aufrecht, einzeln oder zu 2–5 in doldigem Blütenstand; Perigonblätter lebhaft orange. Blütezeit Juni – Juli.

Verwechslungsmöglichkeit:
Von botanischen Laien mit der Gelbrot-Taglilie (*Hemerocallis fulva*), die vielerorts verwildert auftritt. Bei dieser sind aber alle Blätter grundständig (bei *Lilium bulbiferum* stängelständig).

Verbreitung und Lebensraum:
Südeuropäisch-montane Art von den Pyrenäen bis zu den nördlichen Gebirgen der Balkanhalbinsel. In den Alpen weit verbreitet, wenngleich selten, von den Seealpen bis Niederösterreich. Besiedelt magere Wiesen, Waldränder und Gebüsche vom Tiefland bis etwa 2300 m Seehöhe, gelegentlich auch höher, wie an der Cima de Efra im Tessin (2400 m).

Gattung:

100 Arten umfasst die Gattung der Lilien, wovon 10 in Europa und 4 in den Alpen heimisch sind. Mannigfaltigkeitszentren sind China und Nordamerika.

Name:

Das Wort Lilie entstammt ursprünglich wahrscheinlich einer Sprache der Mittelmeerländer und bedeutete Blume schlechthin. Im ostmediterranen Raum ist die Madonnen-Lilie die erste bekannte Zierpflanze überhaupt. Im altgriechischen „leiros" (= zart, dünn) könnte die Namenswurzel liegen. Der botanische Artbeiname ist lateinischer Herkunft und beschreibt die Eigenart der Feuer-Lilie, Brutzwiebelchen in den oberen Blattachseln zu tragen.

Gelegentlich verwendete Volksnamen sind „Donnerrosen", „Wilde Ilgen" und „Rotilgen".

Untergliederung:

Tritt in den Alpen in zwei Unterarten auf:

- subsp. *bulbiferum*: mit Brutzwiebeln in den oberen Blattachseln, Perigonblätter meist ohne Flecken, hauptsächlich in den östlichen Alpen
- subsp. *croceum*: ohne Brutzwiebeln in den Blattachseln, Perigonblätter mit schwärzlichen Flecken, hauptsächlich in den westlichen Alpen

Feuer-Lilie; *Lilium bulbiferum*

Die weiteren Lilien-Arten der Alpen, zusätzlich die Gelbrot-Taglilie

1 Krain-Lilie, *Lilium carniolicum* **2** Türkenbund-Lilie, *Lilium martagon* **3** Pompon-Lilie, *Lilium pomponicum,* W. Kussegg **4** Gelbrot-Taglilie, *Hemerocallis fulva*

53

WANDERVORSCHLAG: ***Ö – Steiermark – Ennstaler Alpen, Gesäuse***

Die Feuer-Lilie auf dem Grabnerstein der Haller Mauern

Anspruch:
hoch

Bergauf:
1012 m

Gehzeit:
5,5 Std. (gesamte Runde)

Beste Blumenzeit:
M Juni – A August, für die Feuer-Lilie M Juni – M Juli.

Blumenpracht:
Milch-Mannsschild (*Androsace lactea*); Dunkel-Wucherblume (*Leucanthemum atratum*); Alpen-Lein (*Linum alpinum*); Stern-Narzisse (*Narcissus radiiflorus*); Nordöstlicher Alpen-Mohn (*Papaver alpinum* subsp. *alpinum*); Clusius-Primel (*Primula clusiana*); Burser-Steinbrech (*Saxifraga burseriana*)

Pflanzenbesonderheiten:
Ostalpen-Meier (*Asperula neilreichii*); Moschus-Erdbeere (*Fragaria moschata*); Bärwurz (*Meum athamanticum*); Weiß-Sommerwurz (*Orobanche alba*); Kerner-Lungenkraut (*Pulmonaria kerneri*); Mauerpfeffer-Steinbrech (*Saxifraga sedoides*); Frühlings-Braunwurz (*Scrophularia vernalis*); Ostalpen-Baldrian (*Valeriana elongata*)

D. Jakely

Das Gesäuse ist eine der beeindruckendsten Hochgebirgsszenerien der Ostalpen. Schon Peter Rosegger schwelgte über das „Xeis" als großartigste Landschaft Österreichs. Der von der Enns verursachten Geräuschkulisse, ihrem hellen Brausen und Sausen im unruhigen Bett verdankt das Gesäuse seinen Namen. 48 Orchideenarten beherbergt das Gebiet und tausende Tierarten leben hier, weswegen dieser Teil der Ennstaler Alpen möglicherweise die Region mit der höchsten Artenvielfalt in Mitteleuropa ist. Eine Besonderheit ist der Alpenbock (*Rosalia alpina*) und in den Buchenwäldern leben die seltenen, bläulich-grün gefärbten Grünen Regenwürmer (*Allolobophora smaragdina*).

Pater Gabriel Strobl (1846–1925), der Mönch mit der Botanisiertrommel aus dem Benediktinerstift Admont, verfasste ein Buch über die Haller Mauern. Zahlreiche botanische Wanderungen beschrieb der Hexenturm-Südrinnen-Erstbegeher, wobei er den Grabnerstein den „schönsten Blumenberg der Steiermark" nannte. Strobl: „Herrlich ruht es sich aus nach dem anstrengenden Emporklimmen durch die Berg- und Voralpenregion auf der elastischen, weichen Unterlage der Azalee und doppelt froh schaut man hinaus in die herrliche Gotteswelt, wo tief unten die Alpenröschen glühen, die grünen Weideplätze lachen und die unwegsamen Latschenwälder sich dehnen, bis der schweigsame Fichtenwald sich auftut, darüber hinaus die grünen Ebenen des Ennstales sich erschließen und ringsum gewaltige Felskolosse der Kalk- und Tauernkette sich aufbauen. Unsere Augen sind entzückt von der Fülle der im herrlichsten Farbenfeuer erprangenden Gebilde. Wohl fehlt Edelweiß und Edelraute, aber dieser

Unter anderem im Gebiet zu finden:

1 Berghähnlein, *Anemonastrum narcissiflorum* **2** Zypressen-Wolfsmilch, *Euphorbia cyparissias*, D. Jakely **3** Zotten-Habichtskraut, *Hieracium villosum*, W. Kussegg **4** Gamander-Ehrenpreis, *Veronica chamaedrys*

Mangel wird überreich ausgeglichen.“ 889 Pflanzenarten zählt Strobl von den Haller Mauern auf.

Unsere Wanderung beginnt am Buchauer Sattel und führt hinauf zur Grabner Alm. Hier oben berichten Schautafeln entlang des Weges kurzweilig über die Aufgaben, das Funktionieren und die Bedeutung der Almwirtschaft. Das Prächtige Manns-Knabenkraut (*Orchis mascula* subsp. *speciosa*) und das Bleich-Knabenkraut (*Orchis pallens*) blühen auch auf der Alm und hie und da lässt sich sogar das hellrosa Kind (*Orchis* × *haussknechtii* nsubsp. *kisslingii*) dieser beiden sehen.

Der Weg führt weiter in Richtung Admonter Hütte, 1725 m. Linkerhand im Tal die Ortschaft Hall, deren Name wahrscheinlich aus dem Keltischen stammt, einer indoeuropäischen Sprache, die u. a. mit Griechisch, Lateinisch und Germanisch verwandt ist, was man dem Wort für Salz ablesen kann: hals (altgriech.), sol (lat.) und Salz haben dieselbe uralte Wurzel. Tatsächlich wurde bis in die Mitte des 16. Jahrhunderts bei Hall Salz gewonnen, weshalb im Ort auch ein Salzlehrpfad mit einer Kleingradieranlage eingerichtet wurde. Gradieranlagen dienten ursprünglich dazu, die Konzentration des im Wasser gelösten Salzes zu erhöhen. Heute setzt man sie therapeutisch zur Linderung von Atemwegsproblemen ein.

Feuer-Lilien und Krain-Kratzdisteln (*Cirsium carniolicum*) leuchten entgegen und in den alpinen Matten beim Admonter Haus sind es Zweifarben-Kohlröschen (*Nigritella bicolor*) und Zotten-Habichtskraut (*Hieracium villosum*), die begeistern. Ein Kammweg, flankiert von hunderten Berghähnlein (*Anemonastrum narcissiflorum*) führt nun zum Gipfel des Grabnersteins, 1847 m, und auch der Abstieg wieder zur Grabneralm ist bezaubernd blumenreich.

Anreise:

Von Linz auf der A1 und der A9 bis zur Ausfahrt Ardning-Admont, dann die B146 bis Admont und die B117 bis zum Buchauer Sattel.
Von Graz auf der A9 bis Trieben, dann die L713 bis Admont und die B117 bis zum Buchauer Sattel.

Öffentliche Verkehrsanbindung:

Mit der Bahn bis Admont, dann mit der Buslinie 912 bis zum Buchauer Sattel.

Weitere Freizeitangebote und botanische Ziele im Gebiet:

- Salzlehrpfad in Hall
- Wallfahrtskirche Frauenberg
- Buchauer Sattel (Perücken-Flockenblume, *Centaurea pseudophrygia*; Widerbart, *Epipogium aphyllum* usw.)
- Pürgschachenmoos bei Ardning westlich von Admont (Rosmarinheide, *Andromeda polifolia*; Blasensimse, *Scheuchzeria palustris*; Moor-Nebelbeere, *Vaccinium uliginosum* usw.)
- Edlacher Moor zwischen Trieben und Rottenmann im Paltental (Strauch-Birke, *Betula humilis*; Kamm-Wurmfarn, *Dryopteris cristata*; Moor-Glanzständel, *Liparis loeselii*; Karlsszepter-Läusekraut, *Pedicularis sceptrum-carolinum* usw.)

Alpen-Leinkraut

Linaria alpina, LÖWENMAULGEWÄCHS

Kurzbeschreibung:
Pflanze 2–20 cm hoch, im Schutt kriechend, kahl; Blätter zu 3–4 quirlständig, lineal-lanzettlich, bläulich bereift, fleischig; Blüten in kurzen, endständigen Trauben; Krone blauviolett, mit orangem Unterlippenwulst, seltener mit weißem oder ohne „Gaumenfleck"; Sporn 8–15 mm lang. Blütezeit Juni – August.

Verwechslungsmöglichkeit:
Mit dem Streifen-Leinkraut (*L. repens*), welches aber helllila bis gelbliche Blüten hat und dessen Sporn nur 3–5 mm lang ist (bei *L. alpina* sind die Blüten kräftig blauviolett, der Sporn ist 8–15 mm lang). Das Streifen-Leinkraut besiedelt im Gegensatz zum Alpen-Leinkraut Ruderalstandorte.

Verbreitung und Lebensraum:
Südeuropäisch-montane Art von den Gebirgen der iberischen Halbinsel bis zum Balkan und zur Hohen Tatra. In den Alpen fast flächendeckend von den Seealpen bis Niederösterreich. Besiedelt Steinschuttfluren von 500 m (subsp. *petraea*) – 3000 m (subsp. *alpina*) Seehöhe, gelegentlich auch höher, wie am Rimpfischhorn im Wallis (4100 m). Kalkliebend.

Gattung:
Von den etwa 150 Arten der Gattung kommen an die 70 in Europa und 11 im Alpenraum vor. Hauptverbreitungsgebiet der Gattung ist der westliche Mittelmeerraum, aber auch in Ostasien, Nord- und Südamerika finden sich einzelne Arten.

Name:
Der botanische Gattungsname bezieht sich auf die Ähnlichkeit der Blätter des Echt-Leinkrauts (*Linaria vulgaris*) mit denen des Echt-Leins (*Linum usitatissimum*). Des Weiteren benutzten die Frauen des Mittelalters den Absud des Echt-Leinkrauts, mit Alaun verstärkt, um das Leinenzeug besser plätten zu können.

Volksbenennungen sind u. a. „Froschgoscherl", „Maultaschen", „Schrattelkraut", „Maulafferl" und „Narren".

Untergliederung:
Linaria alpina untergliedert sich in den Alpen in zwei Unterarten:

- subsp. *alpina*: Pflanze 3–10 cm hoch, niederliegend; Kelchzipfel verkehrt-eilanzettlich, Zipfel der Kronenoberlippe 1–2 × so lang wie breit; häufig, in der alpinen bis subnivalen Stufe
- subsp. *petraea*: Pflanze 10–20 cm hoch, bogig aufsteigend; Kelchzipfel halblanzettlich, Zipfel der Kronenoberlippe 2–3 × so lang wie breit; selten, in der montane Stufe der Nordostalpen und der Westalpen

Alpen-Leinkraut; *Linaria alpina*

Leinkraut-Arten im Alpenraum (Auswahl):

1 Streifen-Leinkraut, *Linaria repens* **2** Aleppo-Leinkraut, *Linaria chalepensis* **3** Ginster-Leinkraut, *Linaria genistifolia* **4** Bergamo-Leinkraut, *Linaria tonzigii*, F. Dunkel **5** Niederliegend-Leinkraut, *Linaria supina* **6** Pellicier-Leinkraut *Linaria pelisseriana* **7** Echt-Leinkraut, *Linaria vulgaris*

WANDERVORSCHLAG: ***Ö – Kärnten – Hafner***

Das Alpen-Leinkraut bei den Lanischseen

Es ist ein weites, freundliches Trogtal – das Pöllatal. Einst wurden hier Gold und Arsen abgebaut und die im Jahr 1973 errichtete Schauhütte berichtet von den schweren Abbaubedingungen der damaligen Zeit. Entlang der Lieser führt der Wassererlebnisweg. Spätestens beim Jagdhaus Pölla, 1371 m, ist dann Schluss mit dem Fahren, ab jetzt wird gegangen. Und schafft man es im Sommer nicht früh genug hierher, ist schon beim ersten Parkplatz Schluss, denn das Land- und Naturschutzgebiet Pöllatal ist von 9.00 Uhr bis 17.00 Uhr behördlich für alle PKWs gesperrt. Nur die „Tschu-Tschu"-Bahn darf dann noch fahren. Und das ist gut so, denn nur so können die Blumen der Wiesen und lichten Lärchenwälder in Ruhe bestaunt werden.

Auffallend hier ist das unterschiedliche Gestein und damit die abwechslungsreiche Flora. So wächst das kalkliebende Kriech-Schleierkraut (*Gypsophila repens*) neben der ebenfalls kalkliebenden Echten Berg-Ringdistel (*Carduus defloratus* subsp. *summanus*) und dem kalkfliehenden Hügel-Weidenröschen (*Epilobium collinum*).

Hinter dem ersten großen Wasserfall dann eine Überraschung für viele Wanderer – das erste Edelweiß (*Leontopodium alpinum*). Und weil der Naturschutzgedanke heute schon praktisch in allen Köpfen steckt, wächst das „Himmelssterndl" auch an gar nicht so ausgesetzten Stellen. Schön zu sehen, wie harmonisch Wanderer und Natur miteinander auskommen.

Anspruch:
hoch

Bergauf:
938 m

Gehzeit:
5,5 Std. (bis zu den Lanischseen und zurück)

Beste Blumenzeit:
A Juli – M August, so auch für das Alpen-Leinkraut

Blumenpracht:
Alpen-Tragant (*Astragalus alpinus*); Perücken-Flockenblume (*Centaurea pseudophrygia*); Alpen Pracht-Nelke (*Dianthus superbus* subsp. *alpestris*); Wald-Storchschnabel (*Geranium sylvaticum*); Gegenblatt-Steinbrech (*Saxifraga oppositifolia*); Wulfen-Hauswurz (*Sempervivum wulfenii*)

Pflanzenbesonderheiten:
Norwegen-Tragant (*Astragalus norvegicus*); Issler-Flachbärlapp (*Diphasiastrum* (×) *issleri*); Kälte-Felsenblümchen (*Draba dubia*); Niederliegend-Enzian (*Gentiana prostrata*); Großkorb-Habichtskraut (*Hieracium grossicephalum*); Bitterkraut-Habichtskraut (*Hieracium picroides*); Kärnten-Tauernblümchen (*Lomatogonium carinthiacum*); Faltenlilie (*Lloydia serotina*); Voralpen-Täschelkraut (*Noccaea caerulescens*); Flachblatt-Steinbrech (*Saxifraga muscoides*); Zwerg-Simsenlilie (*Tofieldia pusilla*)

Anreise:
Von Salzburg oder Villach auf der A10 bis zur Abfahrt Rennweg, dann in das Pöllatal bis zum ersten Parkplatz beim Grillplatz. Bis zum zweiten Parkplatz darf in der Wandersaison nur vor 9 Uhr gefahren werden. Von 9–17 Uhr ist die Straße für den Privatverkehr behördlich gesperrt. Es verkehrt aber eine sogenannte „Tschu-Tschu"-Bahn, die von Rennweg weg bis zum 2. Parkplatz tuckert. Fährt man mit dem Privatfahrzeug bis zum 2. Parkplatz, darf erst wieder ab 17 Uhr die Rückfahrt angetreten werden.

Öffentliche Verkehrsanbindung:
Mit der Bahn bis Spittal an der Drau, dann mit der Buslinie 5132 bis Rennweg, dann mit der „Tschu-Tschu"-Bahn oder dem Taxi ins Pöllatal.

Barrierefreiheit für Kinderwägen/Rollstühle:
Im Pöllatal gegeben.

Dass die Lieser oberhalb der Wasserfälle mehr Wasser führt als unterhalb ist keine optische Sinnestäuschung, sondern so erklärbar, dass ein Teil des Wassers zum Kölnbreinspeicher abgeleitet wird.

Gemütlich schlängelt sich der Güterweg hinauf bis zur Ochsenhütte, 1948 m. Und weil der Weg so einfach zu begehen ist, bleibt genügend Zeit, um die beeindruckenden Sturzbäche, Wasserfälle und Quellmoore mit ihren Steinbrechteppichen zu bewundern.

Auf der Ochsenhütte lässt sichs gut abrasten und es verwundert, dass die Wanderer so erheitert vom abseits gelegenen Häusl zurückkommen. Doch bald wird klar, dass hier einige lehrreiche Dinge fürs Leben zu lesen sind. So solle man beim Haarewaschen die Klobrille mit der Hand halten, damit diese nicht auf den Kopf fallen kann.

Weiter geht's zu den Lanischseen, den grünsten Smaragdaugen der Ostalpen, wie im hiesigen Tourismusbüro zu lesen ist. Und prächtig liegen sie wirklich, die zwei großen und die vielen kleinen Seen, umrahmt von Gletscher-Gamswurz (*Doronicum glaciale*), Gletscher-Hahnenfuß (*Ranunculus glacialis*) und Bach-Steinbrech (*Saxifraga aizoides*).

Weitere Freizeitangebote und botanische Ziele im Gebiet:

- Blumengemeinde Rennweg
- Schatzsuche mit GPS-Geräten am Katschberg
- Segway-Fahren am Katschberg
- 3 D Bogenschießpark am Katschberg
- Waldseilgarten am Katschberg
- Wolfsbachtal, das „Tal der tausend Orchideen" westlich von Rennweg (Perücken-Flockenblume, *Centaurea pseudophrygia*; Breitblatt-Fingerwurz, *Dactylorhiza majalis*; Feuer-Lilie, *Lilium bulbiferum*; Weißzüngel, *Pseudorchis albida* usw.)

Im Gebiet zu finden:

1 Gletscher-Gamswurz, *Doronicum glaciale*, P. Hubert **2** Kreuzung aus Zweiblüten-Steinbrech × Gegenblatt-Steinbrech, *Saxifraga × kochii*, P. Hubert **3** Liegend-Enzian, *Gentiana prostrata*, G. Tritthart **4** Berg-Ringdistel, *Carduus defloratus* subsp. *summanus* **5** Zwerg-Primel, *Primula minima*

Kleb-Lein

Linum viscosum, LEINGEWÄCHS

Kurzbeschreibung:

Pflanze 20–60 cm groß; Stängel stielrund, abstehend zottig-weichhaarig; Blätter länglich, spitz, 3–5-nervig, am Rand drüsig bewimpert; Blüten in traubig angeordneten Wickeln; Kelchblätter drüsig bewimpert; Kronblätter 17–22 mm lang, rosarot, dunkler geadert. Blütezeit Mai – Juli.

Verwechslungsmöglichkeit:

Mit dem Zottel-Lein (*L. hirsutum*), dieser hat aber lilablaue Blüten und meist drüsenlose Kelchblätter (*L. viscosum* hat rosarote Blüten und drüsige Kelchblätter).

Verbreitung und Lebensraum:

Südeuropäisch-montane Art von der Iberischen Halbinsel bis ins westungarische Komitat Zala. In den Alpen auf die Ost- und die Südwestalpen beschränkt. Besiedelt kalkreiche Wiesen, Säume, lichte Föhrenwälder und Waldlichtungen von der Hügelstufe bis auf 1900 m Seehöhe. Wärmeliebend.

Gattung:

Rund 200 Arten zählt die Gattung mit Verbreitungsschwerpunkt im Mittelmeergebiet. Europa besiedeln 36 Arten, die Alpen 14.

Name:

Der botanische Gattungsname ist der lateinische Name für die alte Kulturpflanze Lein/Flachs (*Linum usitatissimum*), die seit 8000 Jahren verwendet wird. Davon abgeleitet ist auch das lateinische Wort „linea" = Leinenfaden → Linie).

Weitere Lein-Arten der Alpen (Auswahl):

1 Österreich-Lein, *Linum austriacum* **2** Gelb-Lein, *Linum flavum* **3** Zottel-Lein, *Linum hirsutum* **4** Narbonne-Lein, *Linum narbonense* **5** Aufrecht-Lein, *Linum strictum* **6** Schmalblatt-Lein, *Linum tenuifolium* **7** Alpen-Lein, *Linum alpinum* **8** Glocken-Lein, *Linum campanulatum* **9** Purgier-Lein, *Linum catharticum* **10** Halbstrauch-Lein, *Linum suffruticosum* subsp. *appressum*

Kleb-Lein, *Linum viscosum*

7

8

9

10

Der Kleb-Lein in den Plan-Wiesen

Anspruch:
mittel

Bergauf:
je nachdem ca. 300 m

Gehzeit:
je nach Intensität etwa 6 Std. (hin und zurück)

Beste Blumenzeit:
M Mai – A Juli, so auch für den Kleb-Lein

Blumenpracht:
Kiel-Lauch (*Allium carinatum*); Rispen-Graslilie (*Anthericum ramosum*); Schwarzviolett-Akelei (*Aquilegia atrata*); Deutsch-Ginster (*Genista germanica*); Fransenenzian (*Gentianopsis ciliata*); Blut-Storchschnabel (*Geranium sanguineum*); Immenblatt (*Melittis melissophyllum*); Stern-Narzisse (*Narcissus radiiflorus*); Kerner-Lungenkraut (*Pulmonaria kerneri*); Kugelständel (*Traunsteinera globosa*)

Pflanzenbesonderheiten:
Kamm-Hundswurz (*Anacamptis pyramidalis*); Färber-Meier (*Asperula tinctoria*); Trauben-Pippau (*Crepis praemorsa*); Sumpf-Siegwurz (*Gladiolus palustris*); Natternzunge (*Ophioglossum vulgatum*); Fliegen-Ragwurz (*Ophrys insectifera*)

Anreise:
Von Linz auf der A1 und der A9 bis zur Abfahrt Inzersdorf-Kirchdorf, dann auf der B138 bis Eisbach, rechts hinein in Richtung „In der Krems".

Zwischen Micheldorf und Molln liegt ein großflächiges Naturschutzgebiet namens „Planwiesen", die sich südwestlich von Leonstein und Hambaum erstrecken, weitgehend unbekannt sind, aber eine reiche Artenvielfalt beheimaten. Bei den Planwiesen handelt es sich um alte Rodungsinseln, die sich an den südseitigen Dolomithängen des Steyrtals bis heute waldfrei erhalten haben.

Die Mahd vieler Flächen ist bereits vor Jahrzehnten aufgegeben worden, musste doch das Futter teilweise sogar mit Rutschen ins Tal gebracht werden. Die Rolle des Biotoppflegers zur Verhinderung der Wiederbewaldung wird offensichtlich teilweise vom Wild übernommen. Davon zeugen die zwar überall reichlich angeflogenen, aber bis zur Unkenntlichkeit verbissenen, bonsaiartigen Krüppeleschen. Auch das Bundesheer hilft, wie uns ein Ansässiger erzählt, um die Fläche offen und artenreich zu erhalten.

Den Einstieg in die Flora des Gebietes erleichtert ein Besuch im Himmelreich-Biotop südlich von Micheldorf. Das Zentrum des Himmelreiches ist als botanisches Freilichtmuseum gestaltet. In den angrenzenden Magerwiesen und naturnahen Waldflächen

Unter anderem im Gebiet zu finden:

1 Trübgrünes Echt-Sonnenröschen, *Helianthemum nummularium* subsp. *obscurum* **2** Wiesen-Margerite, *Leucanthemum ircutianum* **3** Hügel-Klee, *Trifolium alpestre* **4** Groß-Ehrenpreis, *Veronica teucrium*

konnten bisher 20 Orchideenarten nachgewiesen werden. Auch der im Land Oberösterreich äußerst seltene Kleb-Lein stellt sich hier ein. Der Weg führt nun unmarkiert nach Osten, die Bahntrasse passierend bis nach Wienerweg, erst da kreuzt der Prälatenweg. Ein Stück geht's nun markiert weiter, doch schon vor der Bundesstraße zweigen wir links auf den Radweg R2 ab in Richtung Dietlgut und Demlau – der Ausgangspunkt für einen Besuch der Planwiesen. Nun wird's wild und anstrengend, wenn man die weitläufigen Wiesen und Brachen der Planwiesen botanisch erkunden will. Aber es zahlt sich aus, denn um die 500 Gefäßpflanzenarten konnten hier bisher festgestellt werden, darunter solche Besonderheiten wie Berg-Kronwicke (*Coronilla coronata*) und Langblatt-Hasenohr (*Bupleurum longifolium*) und solche Schönheiten wie Kleb-Lein und Sumpf-Siegwurz (*Gladiolus palustris*).

Weitere Freizeitangebote und botanische Ziele im Gebiet:

- Kulturschmiede Micheldorf mit Sensenmuseum
- Minigolf „In der Schön" südlich von Micheldorf
- Burg Alpernstein bei Micheldorf
- Stift Schlierbach nördlich von Kirchdorf
- Rinnerbergerklamm östlich von Kirchdorf
- Glöckelteich in Roßleithen (Schlank-Wollgras, *Eriophorum gracile*; Braun-Knopfried, *Schoenus ferrugineus* usw.)

Öffentliche Verkehrsanbindung:

Mit der Bahn bis Kirchdorf an der Krems, dann mit der Buslinie 433 oder 430 bis Micheldorf Abzweigung Wienerweg.

Barrierefreiheit für Kinderwägen/Rollstühle:

Ist am Steyrtal-Radweg vom Kraftwerk Steyrdurchbruch bis zu den Planwiesen gegeben. Schon vom Radweg aus können Blumenbesonderheiten wie der Kleb-Lein beobachtet werden. Auch Teile des „Himmelreichs" sind durch einen kinderwagen- und rollstuhlgerechten Lehrwanderweg erschlossen. Entlang des von Teich zu Teich führenden Hauptweges, der mit Schautafeln, Rast- und Aussichtsplätzen ausgestattet ist, sind verschiedene interessante Pflanzen und Tiere zu sehen.

Jupiter-Lichtnelke

Lychnis flos-jovis, *(Synonym: Silene flos-jovis)*

NELKENGEWÄCHS

Kurzbeschreibung:

Pflanze 30–60 cm hoch, dicht weißfilzig; Blätter lanzettlich; Blütenstand kopfig, 4–10-blütig; Kronblätter dunkelrosa, 2–3 cm lang, ausgerandet oder wenig tief zweiteilig. Blütezeit Juni – Juli.

Verwechslungsmöglichkeit:

Mit der Kronen-Lichtnelke (*L. coronaria*). Diese hat aber lilapurpurne Blüten, welche einzeln stehen und 3–10 cm lang gestielt sind (bei *L. flos-jovis* sind die Blüten dunkelrosa, kopfig angeordnet und nur 0,5–1 cm lang gestielt).

Verbreitung und Lebensraum:

Westalpisch-apenninische Art von den Ligurischen Alpen bis Südtirol und abgesprengt im zentralen Apennin.
Besiedelt Felssteppen, Gebüsche, Bergwiesen und lichte Bergwälder von 1100–2400 m Seehöhe, vereinzelt auch tiefer, wie bei Prazzo (800 m).
Kalkmeidend.

Gattung:

Von den rund 20 Arten der Gattung (exkl. *Viscaria*) kommen 6 in Europa und 3 in den Alpen vor. Das Gesamtareal der Gattung umfasst das extratropische Eurasien.

Name:

Lychnis als botanischer Gattungsname leitet sich vom altgriechischen „lychnos" (= Lampe) ab, da die filzig behaarten Blätter von *L. coronaria* im Altertum als Lampendochte dienten. Der Artbeiname ist lateinisch, bedeutet „Jupiterblume" und bezeichnete vorlinneisch das Wild-Stiefmütterchen (*Viola tricolor*).

Nah verwandte Nelkengewächse der Alpen:

1 Kornrade, *Agrostemma githago* **2** Kronen-Lichtnelke, *Lychnis coronaria* **3** Kuckucks-Lichtnelke, *Lychnis flos-cuculi* **4** Echt-Pechnelke, *Viscaria vulgaris*

Jupiter-Lichtnelke, *Lychnis flos-jovis*

WANDERVORSCHLAG: ***I* – *Seealpen***

Die Jupiter-Lichtnelken des Monte Garbella

Anspruch:
hoch

Bergauf:
1104 m

Gehzeit:
4,5 Std. (hin und zurück)

Beste Blumenzeit:
M Juni – E Juli, ebenso für die Jupiter-Lichtnelke.

Ein kleines Blumenparadies sind die Wiesen oberhalb von Trinità in Richtung Monte Garbella. Der Untergrund kann sich hier nicht recht entscheiden, ob er nun kalkreich oder kalkarm sein soll und dementsprechend bunt erscheint hier die Pflanzenwelt. Seien es die Wiesen voller Jupiter-Lichtnelken, die hunderten Türkenbund-Lilien (*Lilium martagon*) oder Richtung Gipfel zu die liebliche Kombination aus Alpen-Schachbrettblume (*Fritillaria tubaeformis*) und Holunder-Fingerwurz (*Dactylorhiza sambucina*).

Südöstlich von Entracque liegt der kleine Ort Trinità, 1096 m, der Ausgangspunkt einer Blumenwanderung zum Colle Garbella, 2170 m, nördlich vom Gipfel des Monte Garbella, 2306 m. Im Ort die Dreifaltigkeitskirche Chiesa della Santissima, welche im 18. Jahrhundert vom Architekten Francesco Gallo errichtet wurde und ein sehr eigenartiges Gemäldemotiv auf der orangen Fassade aufweist. Eigentlich wollten wir die Kirche auch von innen sehen, da leuchtet eine Trauben-Graslilie (*Anthericum liliago*) entgegen, daneben ein Alpen-Helmkraut (*Scutellaria alpina*). Es ist wie so oft: Die Kultur muss warten, viel zu schön erweist sich die Natur. Anfänglich durchquert der Weg Wälder und bunte Wiesen, um später steil über Kalkhänge aufzusteigen. Oben bei Gias Perafoco

Unter anderem im Gebiet zu finden:

1 Berg-Wundklee, *Anthyllis montana* **2** Schafgarbenblatt-Edelraute, *Artemisia chamaemelifolia* **3** Berg-Lacksenf, *Coincya cheiranthos* subsp. *montana* **4** Bunt-Blauflockenblume, *Cyanus triumfettii* **5** Schmalblatt-Lavendel, *Lavandula angustifolia* **6** Allioni-Ehrenpreis, *Veronica allionii*

ändert sich wieder das Bild. Die Jupiter-Lichtnelken treten jetzt immer mehr auf, ein Zeichen dass der Kalkgehalt des Bodens weniger wird und je höher wir steigen, desto häufiger stellen sich Trichterlilie (*Paradisea liliastrum*) und Rost-Alpenrose (*Rhododendron ferrugineum*) ein und am Gipfelgrat ist es das Cavillier-Stiefmütterchen (*Viola calcarata* subsp. *cavillieri*), welches hier in lila, gelb, weiß, dunkelpurpurn und allen möglichen Kombinationen auftritt und begeistert.

Weitere Freizeitangebote und botanische Ziele im Gebiet:

- „Wolf und Mensch" in Entracque (Faunazentrum Entracque)
- Schmugglermuseum im oberen Valle Stura im „Mizoun del Countrabandier"
- Val Sabbione südlich von Trinità (Barrelier-Hundszunge, *Anchusa barrelierii*; Alpen-Schuppenkopf, *Cephalaria alpina*; Wund-Mauerpfeffer, *Hylotelephium anacampseros* usw.)

Blumenpracht:

Trauben-Graslilie (*Anthericum liliago*); Berg-Wundklee (*Anthyllis montana*); Weiß-Affodill (*Asphodelus macrocarpus*); Montpellier-Tragant (*Astragalus monspessulanus*); Alpen-Schachbrettblume (*Fritillaria tubaeformis*); Gelb-Enzian (*Gentiana lutea*); Schmalblatt-Lavendel (*Lavandula angustifolia*); Halbstrauch-Lein (*Linum suffruticosum*); Trichterlilie (*Paradisea liliastrum*, tausende); Schweizer Ähren-Läusekraut (*Pedicularis rostratospicata* subsp. *helvetica*); Wellrand-Primel (*Primula marginata*); Alpen-Helmkraut (*Scutellaria alpina*)

Pflanzenbesonderheiten:

Fleisch-Mannsschild (*Androsace carnea*); Öhrchen-Wachsblume (*Cerinthe minor* subsp. *auriculata*); Gabel-Nelke (*Dianthus furcatus*); Richer-Johanniskraut (*Hypericum richeri*); Burnat-Wucherblume (*Leucanthemum burnatii*); Apenninen-Klappertopf (*Rhinanthus ovifugus*); Rosa Berg-Klee (*Trifolium montanum* subsp. *rupestre*); Radblüte (*Trochiscanthes nodiflora*)

Anreise:

Von Turin auf der A6 und der A33 bis Borgo San Dalmazzo, dann die SP22 bis Entracque und weiter nach Trinità.

Barrierefreiheit für Kinderwägen/Rollstühle:

Gegeben um Trinita, wo die Wiesen besonders bunt blühen, und eine weite Strecke hinein in Richtung Val Sabbione mit schönen Goldregen-Wäldern und kleinen Wasserfällen.

Krummblatt-Miere

Minuartia recurva, NELKENGEWÄCHS

Kurzbeschreibung:
Pflanze 3–15 cm hoch, dichtrasig bis polsterförmig, am Grund oft verholzt; Laubblätter pfriemlich-borstenförmig, sichelförmig gekrümmt; Kronblätter weiß, so lang wie der Kelch oder etwas länger; Kelchblätter oft violett überlaufen. Blütezeit Juli – August.

Verwechslungsmöglichkeit:
Mit fast allen Arten der Gattungen *Minuartia, Moehringia* und *Arenaria*! Man achte auf die Gestalt, Größe und Behaarung der Blätter und der Kelchblätter, die Länge der Kronblätter und die Zahl der Griffel!
Insbesondere zu verwechseln mit der Alpen-Frühlings-Miere (*M. gerardii*), die aber 3-nervige Kelchblätter (bei *M. recurva* 5-nervig) und ± gerade Blätter hat (bei *M. recurva* sichelförmig gekrümmt).
Die Felsen-Miere (*M. rupestris*) unterscheidet sich durch lanzettliche Blätter (bei *M. recurva* pfriemlich-borstenförmig), die Lärchenblatt-Miere (*M. laricifolia*) unterscheidet sich durch vorne breit abgerundete Kelchblätter (bei *M. recurva* spitz) und größere, 5–8 mm lange Kronblätter (bei *M. recurva* 3–5 mm lang).

Gattung:
Von den rund 120 Arten sind 53 in Europa und 18 in den Alpen beheimatet. Mannigfaltigkeitszentren sind das Mittelmeergebiet und die angrenzenden Gebirge.

Name:
Benannt ist die Gattung zu Ehren des spanischen Arztes und Botanikers Juan MINUART (1693–1768), der vor allem im westlichen Mittelmeergebiet botanisierte. Der Artbeiname bezieht sich auf die zurückgekrümmten Blätter.

Taxonomie:
Neben der Nominatform kommt in den Gebirgen des Mittelmeergebietes auch eine subsp. *juressi* vor, die von manchen Autoren als Art *Minuartia juressi* geführt wird.

Verbreitung und Lebensraum:
Südeuropäisch-montane Art von den Cevennen und den Gebirgen der iberischen Halbinsel bis zu den Rhodopen und Karpaten. In den Alpen in den Zentralalpen weit verbreitet, fehlt aber großen Teilen der Nord- und Nordostalpen. Besiedelt Krummseggenrasen und windgefegte Kuppen von 1800–3000 m Seehöhe, gelegentlich auch tief herabgeschwemmt wie bei Ratzen in Südtirol (1200 m) oder an der Möll bei Sagritz (1000 m). Teilweise auch höher steigend, wie etwa im Wallis (3100 m) oder auf der Hochwilde bei Obergurgl (3400 m). Kalkmeidend.

Krummblatt-Miere, *Minuartia recurva*

Weitere Mieren-Verwandte der Alpen (Auswahl):

1 Österreich-Miere, *Minuartia austriaca* **2** Alpen-Frühlings-Miere, *Minuartia gerardii* **3** Lärchenblatt-Miere, *Minuartia laricifolia* **4** Schnabel-Miere, *Minuartia mutabilis*

Weitere Mieren-Verwandte der Alpen (Auswahl):

1 Büschel-Miere, *Minuartia rubra* **2** Zwerg-Miere, *M. sedoides*, G. Tritthart **3** Borsten-Miere, *Minuartia setacea*, H. Schön **4** Felsen-Miere, *Minuartia rupestris* **5** Wimper-Sandkraut, *Arenaria ciliata* **6** Zweiblüten-Sandkraut, *Arenaria biflora* **7** Großblüten-Sandkraut, *Arenaria grandiflora* **8** Vielstängel-Sandkraut, *A. multicaulis*, W. Kussegg

WANDERVORSCHLAG: ***Südtirol – Stubaier Alpen***

Die Krummblatt-Miere auf dem Wilden Freiger

L. Griebl

Der Wilde Freiger, 3418 m, gehört zu den relativ leicht begehbaren Dreitausendern der Alpen. Am einfachsten ist die Besteigung vom Ridnauntal aus, hinauf zur höchst gelegenen Schutzhütte Südtirols, dem Becherhaus am Bechergipfel, 3191 m. Doch wer baut in solcher Höhe auf einem Gipfel eine Schutzhütte, stellt sich zwangsläufig die Frage.

Im Sommer 1892 stand Prof. Carl Arnold, der Vorsitzende der Sektion Hannover des Deutschen und Österreichischen Alpenvereins erstmals auf dem Bechergipfel und war gefesselt von der Idee, hier eine Hütte zu errichten.

Man schrieb an den Kaiser. Ein solch beachtliches Unterfangen sollte natürlich einen großen Namen tragen. Das Haus sollte den Namen der Kaiserin tragen: „Kaiserin-Elisabeth-Schutzhaus". Die gewährende Antwort kam postwendend. Viele Freunde des Becherhauses nennen es auch heute wieder gern bei seinem ersten Namen.

Anspruch:
hoch

Bergauf:
1490 m

Gehzeit:
14 Std. (hin und zurück)

Beste Blumenzeit:
M Juli – M August, für die Krummblatt-Miere M Juli – A August

Blumenpracht:

Alpen-Mannsschild (*Androsace alpina*); Tüpfel-Enzian (*Gentiana punctata*); Kriech-Nelkenwurz (*Geum reptans*); Endivien-Habichtskraut (*Hieracium intybaceum*); Grasblatt-Teufelskralle (*Phyteuma hemisphaericum*); Kleb-Primel (*Primula glutinosa*, hier bis 3100 m steigend); Leim-Primel (*Primula hirsuta*); Berg-Hauswurz (*Sempervivum montanum*); Westalpen-Klee (*Trifolium alpinum*)

Pflanzenbesonderheiten:

Stiel-Hornkraut (*Cerastium pedunculatum*); Dünnsporn-Fettkraut (*Pinguicula leptoceras*); Gletscher-Fingerkraut (*Potentilla frigida*); Quellwiesen-Löwenzahn (*Taraxacum* cf. *fontanicola*)

Anreise:

Von Innsbruck oder Bozen auf der A22 bis Sterzing, dann die B44 bis Gasteig und dann rechts weg taleinwärts bis Maiern zum Parkplatz an der Erzaufbereitung am Talende.

Öffentliche Verkehrsanbindung:

Mit der Bahn bis Sterzing, dann mit der Buslinie 312 ins Ridnauntal bis Maiern.

Weitere Freizeitangebote und botanische Ziele im Gebiet:

- Schaubergwerk Ridnaun-Schneeberg
- Burkhardklamm in Maiern
- Landesmuseum für Jagd und Fischerei im Schloss Wolfsthurn in Mareit-Ratschings
- Gilfenklamm am Eingang zum Ratschingstal
- Hühnerspiel bei Sterzing (Schneeweiß-Fingerkraut, *Potentilla nivea*; Pacher-Löwenzahn, *Taraxacum pacheri* usw.)

L. Griebl

Im März 1894 begann die eigentliche Bauphase. Das Märzwetter war unerwartet freundlich und relativ rasch bekam man das Gros der 25 Tonnen Baumaterialien hier herauf. Da verschlechterte sich das Wetter. Über eine Woche quälten tiefer Frost, Sturm und Schnee die Männer. Nach wenigen Stunden mussten sie am Ende ihrer Kräfte wieder zu den Räumlichkeiten der 600 m tiefer gelegenen Teplitzer Hütte absteigen, um am nächsten Tag wieder aufzusteigen. Kaum vorstellbar, welche Leistung den Männern abverlangt wurde. Noch im Juni hatte der Becher mehr Schnee als zu Baubeginn im März. Der voreilig angesetzte Eröffnungstermin schien ins Wasser zu fallen. Aber letzte Reserven machten das Unmögliche wahr: Am Abend des 17. August begannen die Öffnungsfeierlichkeiten und pünktlich zur mitternächtlichen Stunde konnte man zudem noch auf den Geburtstag des Kaisers anstoßen. Welch eine Meldung: Das Kaiserin-Elisabeth-Haus auf dem Gipfel des Becherfelsen, in 3195 m Höhe, wurde am Geburtstage seiner Majestät des Kaisers feierlich eröffnet.

Unser Weg ist auch kaiserlich und beginnt in Maiern im Ridnauntal und führt über die Teplitzer Hütte zum Becherhaus, wobei die tote Gletscherzunge südöstlich des Bechers zu queren ist. Die Teplitzer Hütte wurde vom DuÖAV in den Jahren 1887 bis 1889 erbaut und 1918 vom italienischen Staat enteignet. Viele typische Silikat-Hochgebirgspflanzen sind am Weg zu finden: Alpen-Weidenröschen (*Epilobium anagallidifolium*), Alpen-Säuerling (*Oxyria digyna*), Zwerg-Soldanelle (*Soldanella pusilla*), Gletscher-Hahnenfuß (*Ranunculus glacialis*), Alpen-Gelbling (*Sibbaldia procumbens*) und etliche mehr.

Vom Becherhaus ist es dann nur mehr eine Stunde bis zum Gipfel an der künstlichen Grenzlinie, die Nordtirol von Südtirol trennt. Auch dieser Weg ist ohne Gletscherausrüstung und Steigeisen zu bewältigen.

Im Gebiet unter anderem zu finden:

1 Gletscher-Hahnenfuß, *Ranunculus glacialis*, P. Hubert **2** Kriech-Nelkenwurz, *Geum reptans*, P. Hubert **3** Gamsheide, *Kalmia procumbens* **4** Alpen-Leinkraut, *Linaria alpina* **5** Leim-Primel, *Primula hirsuta* **6** Zwerg-Soldanelle, *Soldanella pusilla*, G. Tritthart

Alpen-Vergissmeinnicht

Myosotis alpestris, RAUBLATTGEWÄCHS

Kurzbeschreibung:

Pflanze 5–30 cm hoch; aufrecht bis aufsteigend, behaart; Blätter elliptisch bis länglich-lanzettlich, Rosettenblätter allmählich in den Stiel verschmälert; Krone lebhaft blau, mit gelbem Saum. Blütezeit Juni – August.

Verwechslungsmöglichkeit:

Mit dem Wald-Vergissmeinnicht (*M. sylvatica*), bei dem die Rosettenblätter aber plötzlich in den Stiel verschmälert sind (bei *M. alpestris* allmählich) und dessen Teilfrüchte 1,6–2 mm lang, vorn spitz, unter der Spitze scharf gekielt und unterhalb der Mitte am breitesten sind (bei *M. alpestris* 2–2,5 mm lang, vorn stumpf, unter der Spitze nur undeutlich gekielt und in der Mitte am breitesten). Eine sichere Unterscheidung ist nur anhand der Klausen (= Teilfrüchte) möglich. Das Schmalblatt-Vergissmeinnicht (*M. stenophylla*) hat spitze Stängelblätter (bei *M. alpestris* nicht spitz) und einen ± angedrückt behaarten Kelch (bei *M. alpestris* abstehend behaart). Sehr ähnlich ist auch das Kälte-Vergissmeinnicht (*M. decumbens*).

Gattung:

Myosotis umfasst etwa 50 Arten, von denen 41 in Europa und 16 in den Alpen vorkommen. Mannigfaltigkeitszentren sind das gemäßigte Eurasien und Nordamerika.

Name:

Der Gattungsname entstammt dem Altgriechischen und bedeutet „Mausohr" („myos", die Maus und „ous", das Ohr), was auf die Form der Blätter zurückgeführt wird.

Der liebliche deutsche Name Vergissmeinnicht ist sehr alt und lässt sich bis mindestens ins 14. Jahrhundert zurückverfolgen. Schon der Südtiroler Dichter Hans Vintler, gestorben 1419, erwähnt das Vergissmeinnicht mehrmals in seinen Poesien. Bei keiner anderen Pflanze kann man die Volkspoesie besser erkennen als beim Vergissmeinnicht. Ist doch erstaunlich, dass sich über Berge, Täler, Länder und Sprachen hinweg ein und derselbe Name durchgesetzt hat.

Verbreitung und Lebensraum:

Arktisch-alpin-asiatisch-nordamerikanische Art. In den Alpen fast flächendeckend verbreitet.
Besiedelt Magerrasen, Magerweiden und gefestigte Schutthalden von 1400–3000 m Seehöhe, gelegentlich auch tiefer, wie im Puschlav (1220 m) und bei Pontegana im südlichen Tessin (280 m) oder höher, wie am Monte Rosa (3015 m) und am Col Leynir (3090 m). Kalkliebend, aber auch auf kalkarmem Untergrund.

Alpen-Vergissmeinnicht, *Myosotis alpestris*

Vergissmeinnicht-Arten der Alpen (Auswahl):

1 Kälte-Vergissmeinnicht, *Myosotis decumbens* **2** Bodensee-Vergissmeinnicht, *Myosotis rehsteineri*, P. Nachbaur **3** Sumpf-Vergissmeinnicht, *Myosotis scorpioides* **4** Wald-Vergissmeinnicht, *Myosotis sylvatica* **5** Acker-Vergissmeinnicht, *Myosotis arvensis* **6** Lockerblüten-Vergissmeinnicht, *Myosotis sparsiflora* **7** Schmalblatt-Vergissmeinnicht, *Myosotis stenophylla*, W. Kussegg

WANDERVORSCHLAG: ***Ö – Salzburg – Hohe Tauern/Goldberggruppe***

Das Alpen-Vergissmeinnicht der Fraganter Scharte

P. Hubert

Im Talschluss des Hüttwinkeltals südlich von Rauris liegt der Rauriser Urwald. In dem mehrere Jahrhunderte alten Bergsturzwald, der seit über 200 Jahren von keiner Axt berührt wurde, hat sich ein Hochmoor mit etwa 80 Tümpeln und Seen entwickelt, dazwischen solch unauffällige Berggeister wie Herz-Zweiblatt (*Neottia cordata*) und Langblatt-Sternmiere (*Stellaria longifolia*). In der Überlieferung gilt der Rauriser Urwald als Reich der wilden Frauen. Diese verfügten über magische Kräfte und noch heute, wenn dichter Nebel über den Wänden hängt, hört man die Talbewohner sagen, dass die wilden Fräulein wieder Waschtag haben.

Schon während des Aufstiegs zum Schutzhaus Neubau eröffnen sich uns herrliche Blicke vom Talschluss weit hinaus ins Raurisertal. Dieses alpine Trogtal wurde von den eiszeitlichen Gletschern geformt und umrahmt von solchen Bergriesen wie dem Sonnblick erscheint der Barbara-Wasserfall gleich nochmal so imposant. Erste Rast ist das Schutzhaus Neubau. Bereits im Jahr

Anspruch:
hoch – Trittsicherheit, Schwindelfreiheit und Ausdauer sind Voraussetzung.

Bergauf:
1169 m

Gehzeit:
7 Std. (bis zur Fraganter Scharte und zurück)

Beste Blumenzeit:
A Juli – M August, ebenso für das Alpen-Vergissmeinnicht.

Unter anderem im Gebiet zu finden:

1 Rosenwurz (fruchtend) *Rhodiola rosea*, P. Hubert **2** Alpen-Mannsschild, *Androsace alpina*, P. Hubert **3** Österreich-Gamswurz, *Doronicum austriacum* **4** Kärnten-Tauernblümchen, *Lomatogonium carinthiacum*, G. Tritthart **5** Zwerg-Hahnenfuß, *Ranunculus pygmaeus*, B. Ocepek **6** Knotenfuß, *Streptopus amplexifolius*

1420 wurde an der Stelle, an der sich das Schutzhaus befindet, ein Berghaus errichtet, das als Unterkunft für die Knappen des Goldbergbaus genutzt wurde. Im 15. und 16. Jahrhundert erlebte der Goldbergbau in Rauris seine Blütezeit.

Der Bergsteigerweg vom Schutzhaus Neubau zur Fraganter-Scharte, 2753 m, führt an den Resten des Goldbergbaues am Hohen Goldberg vorbei. Beinahe bis zur Scharte folgt er dem beschilderten Tauerngold-Erlebnisweg, nicht beschildert allerdings sind die prächtigen Bergblumen wie Kärnten-Tauernblümchen (*Lomatogonium carinthiacum*), Gletscher-Nelke (*Dianthus glacialis*) und Rudolphi-Steinbrech (*Saxifraga rudolphiana*).

Das Tagesziel ist erreicht. Wer jetzt immer noch keine weichen Knie hat und noch etwas Luft in der Lunge, der sollte doch den Herzog-Ernst-Spitz, 2933 m, mitnehmen. Hier warten Zwerg-Haarschlund (*Comastoma nanum*) und Flachblatt-Steinbrech (*Saxifraga muscoides*) auf etwas Bewunderung durch uns Blumenbegeisterte.

Anreise:

Von Salzburg auf der A10 bis Bischhofshofen, dann die B311 bis Taxenbach und die L112 bis Rauris und weiter die Mautstraße bis Kolm-Saigurn.

Öffentliche Verkehrsanbindung:

Mit dem Zug von Salzburg oder Wörgl bis Taxenbach-Rauris, dann mit der Postbuslinie 640 bis Kolm-Saigurn oder mit der gleichen Buslinie von Zell am See bis Kolm-Saigurn.

Weitere Freizeitangebote und botanische Ziele im Gebiet:

- Naturlehrweg Rauriser Urwald
- Goldwaschen im Rauristal
- Rauriser Talmuseum
- Greifvogelwarte auf der Hochalm westlich von Rauris
- Kitzlochklamm bei Taxenbach

Blumenpracht:

Allermannsharnisch (*Allium victorialis*); Alpen-Mannsschild (*Androsace alpina*); Alpen-Grasnelke (*Armeria alpina*); Hänge-Tragant (*Astragalus penduliflorus*); Gletscher-Gamswurz (*Doronicum glaciale*); Kurzblatt-Enzian (*Gentiana brachyphylla*); Edelweiß (*Leontopodium alpinum*); Kärnten-Tauernblümchen (*Lomatogonium carinthiacum*); Frühlings-Kuhschelle (*Pulsatilla vernalis*); Rosenwurz (*Rhodiola rosea*); Zweiblüten-Steinbrech (*Saxifraga biflora*); Rudolphi-Steinbrech (*Saxifraga rudolphiana*)

Pflanzenbesonderheiten:

Blau-Gänsekresse (*Arabis caerulea*); Schwarz-Edelraute (*Artemisia genipi*); Zwerg-Haarschlund (*Comastoma nanum*); Gletscher-Nelke (*Dianthus glacialis*); Kälte-Felsenblümchen (*Draba dubia*); Hoppe-Felsenblümchen (*Draba hoppeana*); Liegend-Enzian (*Gentiana prostrata*); Faltenlilie (*Lloydia serotina*); Herz-Zweiblatt (*Neottia cordata*); Flachblatt-Steinbrech (*Saxifraga muscoides*); Langblatt-Sternmiere (*Stellaria longifolia*); Knotenfuß (*Streptopus amplexifolius*); Gruppe des Quell-Löwenzahns (*Taraxacum fontanum* agg.); Zwerg-Simsenlilie (*Tofieldia pusilla*)

Stern-Narzisse

Narcissus radiiflorus, AMARYLLISGEWÄCHS

Kurzbeschreibung:

Pflanze 20–40 cm hoch, einblütig; Blätter lineal, fleischig, 5–8 mm breit; Perigonzipfel weiß, 22–30 mm lang, sternförmig ausgebreitet, kaum überlappend, mit einer höchstens 5 mm hohen, gelben, orangerot und kraus berandeten Nebenkrone. Blütezeit April – Juni.

Verwechslungsmöglichkeit:

Mit der Dichter-Narzisse (*N. poeticus*), diese hat aber breite, verkehrt-eiförmige Perigonzipfel, die am Grund nur wenig verschmälert sind (bei *N. radiiflorus* sind die verkehrt-eiförmigen Perigonzipfel schmal und am Grund deutlich keilig verschmälert), das Nebenperigon ist 12–15 mm im Durchmesser (bei *N. radiiflorus* 8–10 mm) und die Staubblätter sind unterschiedlich hoch eingefügt (bei *N. radiiflorus* in fast gleicher Höhe eingefügt).

Verbreitung und Lebensraum:

Südeuropäisch-montane Art von Südostfrankreich bis zur Balkanhalbinsel und bis Siebenbürgen. In den Alpen zerstreut, auf weite Strecken fehlend, anderenorts wie in der Obersteiermark um Aussee oder im Kanton Waadt um Les Avants so häufig, dass eigene Narzissenfeste stattfinden.
Besiedelt frische Bergwiesen vom Tiefland bis etwa 2200 m Seehöhe.

Gattung:

Von den 27 Arten der Gattung kommen 26 in Europa und 4 im Alpenraum vor. Mannigfaltigkeitszentrum ist das westliche Mittelmeergebiet.

Name:

Narcissus als botanischer Gattungsname ist vielleicht Ovids Erzählung entnommen, bei der die Nymphen den toten Jüngling begraben wollten, aber anstelle der Leiche eine Blume mit weißen Blüten und oranger Nebenkrone fanden. Das Artepitheton (= der Artbeiname) ist lateinischer Herkunft und beschreibt die – wie bei den anderen Narzissenarten – strahlig angeordneten Perigonzipfel, gemeint ist vielleicht, dass sie bei dieser Art nicht gegenseitig überlappen, wodurch die Blüte besonders schön „strahlt". Gelegentlich anzutreffende Volksnamen sind „Pankrazeln", „Engelchen", „Märzenbecher" und „Zisserle".

Anmerkung:

Ob die Abtrennung von der Dichter-Narzisse (*N. poeticus*) im Artrang nicht doch zu hoch gegriffen ist, bedarf der Überprüfung.

Weitere Narzissen der Alpen:

1 Dichter-Narzisse, *Narcissus poeticus* **2** Gelb-Narzisse, *N. pseudonarcissus*
3 Tassen-Narzisse, *Narcissus tazetta*

Stern-Narzisse, *Narcissus radiiflorus*

59

WANDERVORSCHLAG: ***Slo – Karawanken***

Die Stern-Narzissen des Kahlkogels

Anspruch:
hoch

Bergauf:
990 m

Gehzeit:
4,5 Std. (ganze Runde)

Beste Blumenzeit:
M Mai – A Juli, für die Stern-Narzisse A Mai – A Juni, je nach Frühlingsverlauf.

Blumenpracht:
Finger-Zahnwurz (*Cardamine pentaphyllos*); Krain-Kratzdistel (*Cirsium carniolicum*); Holunder-Fingerwurz (*Dactylorhiza sambucina*); Schaftdolde (*Hacquetia epipactis*); Stern-Narzisse (*Narcissus radiiflorus*); Gelb-Mänderle (*Paederota lutea*); Rosen-Schwarzwurz (*Scorzonera rosea*)

Der Kahlkogel (Golica) beeindruckt weder durch imposante Felswände, noch durch seine Höhe. Aber im Mai, wenn abertausende Narzissen ihre weißen Blütensterne auf seinen Südhängen entfalten, ist er der schönste Berg der Karawanken. Julius Kugy schildert den ersten Anblick dieses Blütenwunders: „Trotz des schönen warmen Frühsommerwetters schien Neuschnee oben zu liegen, denn die Hänge waren ganz überzuckert. Als ich höher kam, klärte sich das Rätsel. Scharen weißer Narzissen von solcher Schönheit und in solcher Menge, wie ich noch nie und nirgends eine Blume sah."

Julius Kugy (1858–1944) war und ist einer der angesehensten Naturkundler der Untersteiermark. Zahlreiche nach ihm benannten Wanderwege und Klettersteige zeugen von seinem Einsatz in den Julischen Alpen und angrenzenden Bergstöcken. Sein Vater stammte aus Lind bei Arnoldstein in Kärnten, wo er auch die Liebe zu den Bergen und ihren Blumen entdeckte. Für Kugy war das Bergsteigen Teil seiner Liebe zur Natur und kein sportlicher Wettbewerb. Er fand jene Menschen bedauernswert, die in Bestzeit den Gipfel erreichen, ohne die Schönheiten der Landschaft und der Blumen gesehen zu haben. Eine Blume hat es Julius Kugy besonders angetan, die imaginäre „Scabiosa trenta", die der große Botaniker Hacquet zuvor beschrieben hat. Kugy suchte sein Leben lang nach dieser Trenta-Skabiose, die er aber nie finden konnte. Fachleute stellten später fest, dass diese Wunderblume nicht existiert. Hacquet hat irrtümlich den bereits beschriebenen, weißblühenden Schuppenkopf, *Cephalaria leucantha*, neu benannt.

Unter anderem im Gebiet zu finden:

1 Wochein-Gänsekresse, *Arabis vochinensis* **2** Finger-Zahnwurz, *Cardamine pentaphyllos* **3** Gelb-Mänderle, *Paederota lutea*, W. Kussegg **4** Kärnten-Hahnenfuß, *Ranunculus carinthiacus* **5** Rosen-Schwarzwurz, *Scorzonera rosea*, P. Hubert **6** Karawanken-Stiefmütterchen, *Viola calcarata* subsp. *zoysii*

Der meistbegangene Weg führt von Dom pod Golico hinauf zur Koča na Golici und weiter zum Gipfel. Auch hier wird man im Mai reich mit Narzissensternen belohnt, doch noch viel mehr sind es, wenn man von der Planina pod Golico den Weg zum Rosenbacher Sattel, 1586 m, nimmt. Hier wandert man auf schmalen Wiesensteigen durch ein duftendes Blütenmeer, das sich hinauf bis zur Waldgrenze zieht. Den Hahnkogel umgehen wir, um halbwegs eben zum Eckele-Sattel, 1487 m, zu gelangen und dann geht's rauf zum Gipfel des Kahlkogels, 1834 m. Es offenbart sich ein prächtiger Ausblick ins Rosental zum Feistritzer Stausee und zu den schneebedeckten Gipfeln der Julier.

Zurück wählen wir den Weg über die Hütte Koča na Golici zum Ausgangspunkt auf der Planina pod Golico.

Weitere Freizeitangebote und botanische Ziele im Gebiet:

- Gornjesavski-Museum in Aßling (Jesenice); Eisen-Museum mit Meteoriten als neuem Exponat, welcher vor wenigen Jahren auf den Berg Mežakla nahe Aßling stürzte.

Pflanzenbesonderheiten:

Stieglitz-Ringdistel (*Carduus carduelis*); Lappland-Fingerwurz (*Dactylorhiza lapponica*); Kärnten-Hahnenfuß (*Ranunculus carinthiacus*, häufig); Karst-Leimkraut (*Silene hayekiana*); Karawanken-Stiefmütterchen (*Viola calcarata* subsp. *zoysii*)

Anreise:

Von Villach auf der A11 bzw. der A2 bis zur Abfahrt Hrušica, dann ein kurzes Stück in Richtung Aßling (Jesenice) bis Murova und im Ort links hinein bis zur Planina pod Golico.

Cornelia-Kohlröschen

Nigritella corneliana, ORCHIDEE

Kurzbeschreibung:

Pflanze 10–25 cm hoch; Stängel kantig, bis oben hin beblättert; Laubblätter lineal, grasartig, bis 10 cm lang; Blütenstand dicht, eiförmig-zylindrisch, hellrosa bis leuchtend rot oder zinnoberrot; Kelchblätter 6–8 mm lang und etwa 2 mm breit; Lippe aufwärts gerichtet, über dem Grund sattelförmig verengt; Sporn 1 mm lang, stumpf. Blütezeit Juli.

Verwechslungsmöglichkeit:

Im Verbreitungsgebiet des Cornelia-Kohlröschens fehlen nach heutigem Wissensstand andere rosa oder rot blühende Arten. Zu Verwechslungen kann es aber mit nicht besonders selten auftretenden roten Farbspielformen des Rhellicanus-Kohlröschens (*N. rhellicani*) kommen. Dieses hat aber eine 5,5–7 mm lange Lippe (*N. corneliana* hat eine 7–10 mm lange Lippe).

Verbreitung und Lebensraum:

Endemit der Südwestalpen von den Seealpen bis zu den Cottischen Alpen.
Besiedelt alpine Kalkmagerrasen von 1900–2500 m Seehöhe, vereinzelt auch tiefer wie am Mt. Mounier (1750 m) oder höher, wie bei Sestrière (2600 m).

Illustration, **Christina Dombrowski**

Gattung:

16 Arten umfasst die rein europäische Gattung, von denen 14 in den Alpen heimisch sind. Mannigfaltigkeitszentrum der Gattung sind die Ostalpen.

Name:

Der botanische Gattungsname ist eine Verkleinerungsform des lateinischen „nigrita“ (= geschwärzt) und bringt die auffallende schwarzpurpurne Farbe einiger Arten zum Ausdruck, genauso wie die deutsche Benennung die „kohlschwarzen“ Blüten im Namen trägt.

Die Art ist zu Ehren der Genfer Botanikerin Cornelia Rudio benannt, welche die Pflanze am Col du Lautaret auf 2300 m Seehöhe fand.

Untergliederung:

Tritt im Gebiet in zwei Varietäten auf:

- var. *corneliana*: Blüten rosa oder rötlichweiß
- var. *bourneriasii*: Blüten leuchtendrot, benannt zu Ehren des zeitgenössischen Botanikers Marcel Bournerias

Anmerkung:

Die meisten Kohlröschen-Arten der Alpen sind apomiktisch, das heißt, sie vermehren sich asexuell, weswegen ihre Variabilität sehr gering ist. Diese Fortpflanzungsweise und die scharfen Grenzen zwischen solchen Arten sind erst seit Kurzem (seit den Untersuchungen durch den Grazer Universitätsprofessor H. Teppner, 1985) bekannt. Früher unterschied man in den Alpen bloß zwei oder drei Arten, weil man die Blütenfarbenunterschiede nicht als Artmerkmale bewertete und die übrigen Feinmerkmale nicht gekannt hatte. Das Cornelia Kohlröschen hingegen ist (wie sonst nur *N. rhellicani* und *N. lithopolitanica*) eine sich sexuell fortpflanzende, formenreiche *Nigritella*-Sippe. Robert Breiner berichtet allerdings auch von einer apomiktischen Pflanze dieser Art, die er am Col de Cayolle gefunden hatte.

Cornelia-Kohlröschen, *Nigritella corneliana*

Kohlröschen der Alpen:

1 Erzherzog-Johann-Kohlröschen, *Nigritella archiducis-joannis* **2** Österreich-Kohlröschen, *Nigritella austriaca* **3** Mont-Cenis-Kohlröschen, *Nigritella cenisia* **4** Zweifarben-Kohlröschen, *Nigritella bicolor* **5** Brenta-Kohlröschen, *Nigritella buschmanniae*, U. Heidtke

Kohlröschen der Alpen:

1 Dolomiten-Kohlröschen, *Nigritella dolomitensis* **2** Pordoi-Kohlröschen, *Nigritella hygrophila*, O. Gerbaud **3** Steineralpen-Kohlröschen, *Nigritella lithopolitanica* **4** Zwerg-Kohlröschen, *Nigritella minor* **5** Steiermark-Kohlröschen, *Nigritella stiriaca* **6** Widder-Kohlröschen, *Nigritella widderi* **7** Rhellicanus-Kohlröschen, *Nigritella rhellicani* **8** Rot-Kohlröschen, *Nigritella rubra*, K. Schebesta **9** Cornelia-Kohlröschen-Verbänderung, *Nigritella corneliana*

Die Cornelia-Kohlröschen der Testa di Mottas

Bei einer Blumen-Wanderung durch die Westalpen, der GTA (Grande Traversata delle Alpi) folgend, von Saas Fee bis Nizza im Jahr 2005, kamen wir inmitten des Weges auf eine Etappe, die im Wanderführer ganz nüchtern beschrieben wurde und von der wir uns botanisch nicht sonderlich viel erwarteten. Der Anstieg von Salbertrand im Susatal war dann auch so, doch je näher wir zum Tagesziel Rifugio d´Arlaud kamen, desto bunter trieben es die Bergblumen hier. Das war aber noch gar nichts gegen den nächsten Tag. Schon bald nach der Hütte standen da die ersten Cornelia-Kohlröschen, manche hellrosa, andere kräftigrot, dazwischen die schwarzroten Rhellicanus-Kohlröschen und je weiter wir in Richtung Testa di Mottas kamen, umso mehr Kohlröschen stellten sich ein und bald wurde es zu einem unbeschreiblichen Erlebnis für Auge, Nase und Herz. Tausende Kohlröschen standen da inmitten der grandiosen Bergwelt der Westalpen.

Und weil dieses Erlebnis hier so schön war, besuchten wir das Gebiet in den beiden folgenden Jahren ebenfalls zur Blütezeit der Kohlröschen. Allerdings geschah dann die Anreise mit dem Auto, nicht zu Fuß.

Anspruch:
hoch

Bergauf:
950 m

Gehzeit:
6 Std. (hin und zurück bis zum Colle dell Assietta)

Beste Blumenzeit:
M Juni – A August, für das Cornelia-Kohlröschen A Juli – M Juli.

Blumenpracht:

Zotten-Mannsschild (*Androsace villosa*); Goldprimel (*Androsace vitaliana*); Langfahnen-Tragant (*Astragalus onobrychis*); Ähren-Glockenblume (*Campanula spicata*); Akanthus-Golddistel (*Carlina acanthifolia*); Gelb-Enzian (*Gentiana lutea*); Edelweiß (*Leontopodium alpinum*); Jupiter-Lichtnelke (*Lychnis flos-jovis*); Cornelia-Kohlröschen (*Nigritella corneliana*); Gelb-Hauhechel (*Ononis natrix*); Trichterlilie (*Paradisea liliastrum*); Gelbe Alpen-Kuhschelle (*Pulsatilla alpina* subsp. *apiifolia*); Esparsetten-Wicke (*Vicia onobrychioides*)

Pflanzenbesonderheiten:

Montpellier-Tragant (*Astragalus monspessulanus*); Schmalblatt-Spornblume (*Centranthus angustifolius*); Bergbach-Weidenröschen (*Epilobium fleischeri*); Frankreich-Laserkraut (*Laserpitium gallicum*); Mont-Cenis-Hauhechel (*Ononis cristata*); Wulfen-Steinbrech (*Saxifraga retusa*); Wallis-Leimkraut (*Silene valesiaca*); Allioni-Ehrenpreis (*Veronica allionii*)

Anreise:

Von Turin auf der A32 bis zur Ausfahrt Oulx Est, dann die SS24 bis zur Abzweigung Sauze d'Oulx. Im Ort Sauze d'Oulx der Abzweigung Richtung Hotel Gran Bosco und Monfol folgen bis zum kleinen Parkplatz. Ab dann herrscht Fahrverbot.

Bis zum kleinen Parkplatz in Monfol oberhalb Sauze d'Oulx kann man fahren. Dann führt eine ziemlich ebene Güterstraße zum Rifugio D. Arlaud, 1771 m, und schon hier lassen sich die ersten Besonderheiten ausmachen: Esparsetten-Wicke (*Vicia onobrychioides*), Haller-Kuhschelle (*Pulsatilla halleri*), Schmalblatt-Spornblume (*Centranthus angustifolius*), Lärchenblatt-Miere (*Minuartia laricifolia*), Jura-Habichtskraut (*Hieracium jurassicum*), Rundblatt-Hauhechel (*Ononis rotundifolia*) und einige mehr.

Nach der Arlaud-Hütte geht's gemächlich bergauf bis zur Testa di Mottas, Kalk und Urgestein wechseln sich ab und dementsprechend vielseitig ist die Flora hier: Kalkfliehende Wund-Fetthenne (*Hylotelephium anacampseros*) neben kalkstetem Schweiz-Spitzkiel (*Oxytropis helvetica*), kalkfliehende Zwerg-Schafgarbe (*Achillea nana*) neben kalkliebender Westalpen-Glockenblume (*Campanula alpestris*) und so geht das die ganze Zeit weiter. Oben am Kamm dann ein Gewitter. Nein, ein Gewitter hat keine Fehlzündungen. Es sind Motorradfahrer, die hier oben auf 2500 m das Leben genießen und auf der alten Militärstraße ordentlich Gas geben. Die Straße stammt aus der Mussolini-Ära und zieht sich von Sestrière über den Colle Basset und den Colle Costa Piana bis zum Monte Genevris. Hier am Colle dell Assietta erwartet den Wanderer ein Obelisk, der an eine Schlacht des Österreichischen Erbfolgekrieges erinnert. Einrückende Franzosen und Spanier, die die Sperrfestungen Forte Exilles im Susa-Tal und Forte Fenestrelle im Chisone-Tal umgehen wollten, liefen hier am 19. Juli 1747 der piemontesisch-österreichischen Armee – die den Angriff über den Kamm erwartet hatte – direkt vor die Flinten. So konnten die stark unterlegenen Verteidiger mit 7.000 Mann den Angriff der 40.000 Franzosen und Spanier zurückschlagen.

Zurück aber zu einem viel schöneren Thema, zurück zu den Blumen. Alpen-Steinkraut (*Alyssum alpestre*), Villars Stiefmütterchen (*Viola calcarata* subsp. *villarsiana*), Schweiz-Schöterich (*Erysimum rhaeticum*) und viele andere Prachtblumen gedeihen hier und je nach Lust und Laune kann man der Straße botanisierend folgen.

Weitere Freizeitangebote und botanische Ziele im Gebiet:

- Wehranlage Forte di Fenestrelle bei Fenestrelle mit 3996 Stufen, kleiner Ausstellung und Gouverneurspalast
- Museum im Fort Exilles nordöstlich von Salbertrand
- Sacra di San Michele im Susatal 35 km westlich von Turin
- Augustusbogen in Susa
- Um den Mont-Cenis-Stausee (Mont-Cenis-Kohlröschen, *Nigritella cenisia*; Gelb-Seifenkraut, *Saponaria lutea* usw.)

Unter anderem im Gebiet zu finden:

1 Montpellier-Tragant, *Astragalus monspessulanus* **2** Goldprimel, *Androsace vitaliana* **3** Akanthus-Golddistel, *Carlina acanthifolia* **4** Frankreich-Laserkraut, *Laserpitium gallicum* **5** Rundblatt-Hauhechel, *Ononis rotundifolia* **6** Esparsetten-Wicke, *Vicia onobrychioides*

Drôme-Ragwurz

Ophrys drumana, ORCHIDEE

Kurzbeschreibung:

Pflanze 8–25 cm hoch; Kelchblätter (Sepalen) rosa bis weiß, meist mit grünem Mittelnerv; die beiden inneren Blütenblätter (Petalen) oft dunkler als die Sepalen gefärbt; Lippe schmal, flach, manchmal nach oben gebogen, Lippenmal groß, etwa in der Mitte der Lippe liegend. Blütezeit Mitte Mai – Anfang Juni.

Verwechslungsmöglichkeit:

Mit der Aurelia-Ragwurz (*O. aurelia*), welche aber eine 14–21 mm lange Lippe (bei *O. drumana* 8–13 mm lang) und mit Anfang April bis Mitte Mai eine frühere Blütezeit hat (*O. drumana* Mitte Mai – Anfang Juni). *O. aurelia* fehlt dem Departement Drôme, kommt aber in den Seealpen zusammen mit *O. drumana* vor.
Die Gardasee-Ragwurz (*O. benacensis*) unterscheidet sich durch eine 14–20 mm lange Lippe (bei *O. drumana* 8–13 mm lang) und ein Verbreitungsgebiet in den Insubrischen Voralpen im weiten Gardasee-Gebiet, sie fehlt in Frankreich.

Verbreitung und Lebensraum:

Endemit Südost-Frankreichs von den Vercor-Seealpen bis zum Col d'Eze östlich von Nizza, nördlich bis zum Departement Isère.
Dort besiedelt sie frische bis trockene, magere, auch beweidete Wiesen. In höheren Lagen vollsonnig, in tieferen Lagen meist leicht beschattet, von 250–1100 m Seehöhe. Kalkstet.

Gattung:

Je nach Artabgrenzung umfasst die Gattung rund 150 Arten, von denen etwa 100 in Europa und 18 in den Alpen vorkommen. Mannigfaltigkeitszentrum ist das östliche und zentrale Mittelmeergebiet.

Name:

Ophrys als botanischer Gattungsname ist altgriechisch und in seiner Bedeutung unklar. Diskutiert werden als Übersetzungen Augenbraue und Hügel. Der Artbeiname verweist auf das französische Departement Drôme, wo der Typus der Art gesammelt wurde. Der Name dieses 26. Departements wiederum leitet sich vom gleichnamigen Fluss ab.

Ragwurz als deutsche Benennung findet sich erstmals bei Brunfels (1530) und spielt auf die vermeintlich aphrodisische Wirkung an.

Einteilung:

Ophrys drumana gehört zur Artengruppe der Bertoloni-Ragwurz (*O. bertolonii*), die in den Süd- und Südwestalpen mehrere Sippen ausgebildet hat. Neben der Drôme-Ragwurz sind dies Aurelia-Ragwurz (*O. aurelia*) und Gardasee-Ragwurz (*O. benacensis*). Von manchen Autoren wird im Alpenraum eine weitere Sippe abgetrennt, die Sarato-Ragwurz (*O. saratoi*), welche hier in *O. aurelia* miteinbezogen wird.

Die Ragwurz-Arten der Alpen:

1 Bienen-Ragwurz, *Ophrys apifera* **2** Spinnenähnlich-Ragwurz, *O. arachnitiformis* **3** Kleine Spinnen-Ragwurz, *O. araneola*

Drôme-Ragwurz, *Ophrys drumana*

Die Ragwurz-Arten der Alpen:
1 Fliegen-R., *O. insectifera*, B. Schubert **2** Gardasee-Ragwurz, *Ophrys benacensis* **3** Drohnen-Ragwurz, *O. bombyliflora*, B. Schubert **4** Aurelia-Ragwurz, *Ophrys aurelia* **5** Hummel-R., *O. holoserica*, B. Schubert **6** Dunkel-R., *O. incubacea*, B. Schubert

7 Lupercalia-Ragwurz, *Ophrys lupercalis* **8** Ostern-Ragwurz, *Ophrys passionis* **9** Provence-Ragwurz, *O. provincialis* **10** Leukas-R., *O. leucadica*, B. Schubert **11** Schnepfen-Ragwurz, *Ophrys scolopax* **12** Spinnen-Ragwurz, *Ophrys sphegodes* **13** Pracht-Ragwurz, *Ophrys splendida* **14** Furchen-Ragwurz, *Ophrys sulcata*

WANDERVORSCHLAG: ***F – Französische Kalkalpen – Vercors***

Die Drôme-Ragwurz in Rochas

Anspruch:
gering

Bergauf:
ca. 300 m

Gehzeit:
je nach Laune

Beste Blumenzeit:
E April – M Juni, für die Drôme-Ragwurz M Mai – E Mai

Blumenpracht:
Montpellier-Binsenlilie (*Aphyllanthes monspeliensis*); Akanthus-Golddistel (*Carlina acanthifolia*); Schmalblatt-Enzian (*Gentiana angustifolia*); Apenninen-Sonnenröschen(*Helianthemum apenninum*); Stink-Nieswurz (*Helleborus foetidus*); Halbstrauch-Lein (*Linum suffruticosum* subsp. *apressum*); Immenblatt (*Melittis melissophyllum*); Dichter-Narzisse (*Narcissus poeticus*)

Schon vom Ort Rochefort-Samson lässt sich eine Klamm namens Gorges de Combe d'Oyans erblicken, oberhalb derer der Ausgangspunkt für die Blumenwanderung liegt. Im Ort Rochefort-Samson folgt man der Straße Richtung les Ducs bzw. Saint Genis und lässt das Auto dann bei Les Chapons oberhalb der Klamm stehen. Von nun an geht es zu Fuß der Straße entlang, aber es handelt sich hier nicht um einen langweiligen Asphalthatscher – ganz im Gegenteil.

Gleich am Beginn des Weges gut zehn Orchideenarten: Purpur-Knabenkraut (*Orchis purpurea*), Affen-Knabenkraut (*Orchis simia*), Ohnsporn-Knabenkraut (*Orchis anthropophora*), Provence-Knabenkraut (*Orchis provincialis*) usw. Weiter oben um Saint Genis gesellen sich dann die ersten „Alpinen" dazu: Schmalblatt-Enzian (*Gentiana angustifolia*), Rot-Seifenkraut (*Saponaria ocymoides*) und einige mehr. Ganz egal, welchen Weg man hier nimmt, bunt und blumenreich ist es fast überall. Richtige Wanderwege fehlen, Pfade gibt es aber viele, und so lässt es sich hier gemütlich einen Tag lang blumenwandeln.

Dass dieses Gebiet hier kein nationaler Geheimtipp mehr ist, sieht man am Publikum. Am kleinen Parkplatz zwischen St. Genis und Les Pignes habe ich einmal über Tage die Nummernschilder

Unter anderem im Gebiet zu finden:

1 Binsenlilie, *Aphyllanthes monspeliensis* **2** Durchwachs-Bitterling, *Blackstonia perfoliata* **3** Ruthenien-Kugeldistel, *Echinops ritro* subsp. *ritro* **4** Schmalblatt-Enzian, *Gentiana angustifolia* **5** Bock-Riemenzunge, *Himantoglossum hircinum*, B. Schubert **6** Strauch-Hauhechel, *Ononis fruticosa* **7** Spiegel-Ragwurz, *Ophrys speculum* **8** Hybride aus Ohnsporn-Knabenkraut × Affen-Knabenkraut, *Orchis × bergonii* **9** Essig-Rose, *Rosa gallica*

der Autos beobachtet. Als ich kam, standen da ein Belgier und ein Deutscher, dann kam ein Franzose, dann ein Österreicher – das war ich –, am nächsten Tag ein Holländer und so ging es weiter. Ein toller Platz für Menschen, die bereit sind, für Blumen weite Strecken zurückzulegen.

Pflanzenbesonderheiten:

Durchwachs-Bitterling (*Blackstonia perfoliata*); Spiegel-Ragwurz (*Ophrys speculum*, äußerst selten); Hybride aus Ohnsporn × Affen-Knabenkraut (*Orchis × bergonii*); Hybride aus Manns × Provence-Knabenkraut (*Orchis × penzigiana*); Kalk-Kreuzblume (*Polygala calcarea*)

Anreise:

Von Genf auf der A41, A48 und A49 bis zur Abfahrt 8 – Eymeux, dann die D532, die D325 und die D125 bis Rochefort-Samson. Im Ort links die kleine Straße nach Les Ducs nehmen und an geeigneter Stelle oberhalb der Schlucht parken.

Barrierefreiheit für Kinderwägen/Rollstühle:

bis St. Genis und Les Pignes gegeben. Schon auf diesem Weg sind prächtige und seltene Blumen zu sehen.

Weitere Freizeitangebote und botanische Ziele im Gebiet:

- Schuh-Museum in Romans sur Isère (Schuhe aus der Antike bis ins 19. Jahrhundert)
- Kathedrale Saint-Apollinaire in Valence
- Col de Baccus (Hybride aus Dreizahn × Brand-Keuschständel, *Neotinea tridentata × N. ustulata*; Affen-Knabenkraut, *Orchis simia*; Kalk-Kreuzblume, *Polygala calcarea* usw.)
- Col de Croix (Berg-Wundklee, *Anthyllis montana*; Weiß-Affodill, *Asphodelus macrocarpus*; Kamm-Flockenblume, *Centaurea pectinata*; Narbonne-Lein, *Linum narbonensis*; Dingel, *Limodorum abortivum* usw.)

Manns-Knabenkraut

Orchis mascula, ORCHIDEE

Kurzbeschreibung:

Pflanzen 20–50 cm hoch; Stängel am Grund dicht schwarzpurpurn punktiert, im unteren Teil mit breit-lanzettlichen, glänzenden Blättern. Diese sind ungefleckt, gestrichelt oder schwarzpurpurn gefleckt; Blütenstand mit 8–30 rosa bis purpurnen Blüten; Lippe dreilappig, der Mittelteil heller und gezeichnet; Sporn zylindrisch, stumpf, aufwärts gerichtet. Blütezeit E April – M Juli.

Verwechslungsmöglichkeit:

Unter Umständen mit der Klein-Hundswurz (*Anacamptis morio*), welche aber grün geaderte Blütenhüllblätter hat (bei *Orchis mascula* niemals grün geadert).

Verbreitung und Lebensraum:

Von den Kanaren, Marokko und Norwegen inselartig bis zum Ural und in den Nordiran. In den Alpen weit verbreitet von den Seealpen bis ins Burgenland. Besiedelt Magerwiesen, ungedüngte, mäßig feuchte, tiefgründige Wiesen, lichte Buchen-, Eichen- und Hainbuchenwälder, Bergtriften und Almweiden vom Tiefland bis etwa 2650 m Seehöhe.

Gattung:

Von den 21 Arten der Gattung kommen 17 in Europa und neun in den Alpen vor. Mannigfaltigkeitszentrum ist das nördliche Mittelmeergebiet.

Name:

Der botanische Gattungsname ist altgriechisch und heißt Hoden, benannt nach der Form der unterirdischen Speicherorgane. Der botanische Artbeiname ist lateinisch, bedeutet männlich und beschreibt die stattliche Statur der Art. Das weibliche Gegenstück dazu war in früherer Zeit die Mücken-Händelwurz (*Gymnadenia conopsea*).

Ein verbreiteter Volksname für die ganze Gattung, aber auch für etliche ähnliche Orchideen ist „Kuckucksblume“; andere Namen in manchen Gegenden sind unter anderem „Jörgale“ und „Kathrinchen“.

Untergliederung:

Orchis mascula tritt in den Alpen in zwei Unterarten auf:

- subsp. *mascula*: Kelchblätter stumpf bis kurz bespitzt, 7–10 mm lang; Lippe im vorderen Drittel 3-lappig; vor allem im westlichen Teil der Alpen
- subsp. *speciosa*: Kelchblätter in lange, unregelmäßig gekrümmte, am Ende zurückgebogene Spitzen ausgezogen; Lippe ab etwa der Hälfte 3-lappig; vor allem im östlichen Teil der Alpen

Manns-Knabenkraut, *Orchis mascula*

Die Orchis-Arten der Alpen:
1 Ohnsporn-Knabenkraut, *Orchis anthropophora*, B. Schubert **2** Manns-Knabenkraut, *Orchis mascula*, B. Schubert **3** Helm-Knabenkraut, *Orchis militaris* **4** Provence-Knabenkraut, *Orchis provincialis*, B. Schubert **5** Bleich-Knabenkraut, *Orchis pallens* **6** Südfrankreich-Knabenkraut, *Orchis olbiensis* **7** Purpur-Knabenkraut, *Orchis purpurea* **8** Affen-Knabenkraut, *Orchis simia* **9** Spitzel-Knabenkraut, *Orchis spitzelii*

WANDERVORSCHLAG: ***CH – Schwyz – Glarner Alpen***

Das Manns-Knabenkraut im Goldauer Bergsturz (Rossberg)

Östlich von Goldau liegt ein Wald- und Wiesengebiet, das es floristisch in sich hat. Grund für diesen Artenreichtum ist einerseits das Kalkgestein und die extensive Bewirtschaftung, andererseits aber auch eine Naturkatastrophe, die in Form eines Bergsturzes das Gebiet am 2. September 1806 heimsuchte und 457 Menschen das Leben kostete. „Getöse, Krachen und Geprassel erfüllt wie tief brüllender Donner die Luft. Ganze Strecken losgerissenen Erdreichs – Felsenstücke, groß und noch grösser wie Häuser – ganze Reihen Tannenbäume werden aufrecht stehend und schwebend mit mehr als Pfeilschnelle durch die verdickte Luft hingeschleudert.» Mit diesen Worten umschrieb der Arther Talarzt Dr. Karl Zay das Ereignis, welches das Schwyzer Dorf Goldau zerstörte. Innerhalb von vier Minuten rutschten und stürzten etwa 36 Millionen Kubikmeter Nagelfluhgestein von der Südflanke des Rossbergs ins Tal. Sie begruben Häuser und überdeckten eine Fläche von rund sieben Quadratkilometern.

Der Zürcher Landschaftsmaler Johann Heinrich Mayer besuchte kurze Zeit nach dem Unglück das Bergsturzgebiet und

Anspruch:
mittel

Bergauf:
je nach Weg, um die 500 m

Gehzeit:
je nach Weg

Beste Blumenzeit:
E April – E Juni, für das Manns-Knabenkraut M Mai – M Juni.

Blumenpracht:
Schwarzviolett-Akelei (*Aquilegia atrata*); Finger-Zahnwurz (*Cardamine pentaphyllos*); Alpen-Zyklame (*Cyclamen purpurascens*); Frauenschuh (*Cypripedium calceolus*); Schnee-Heide (*Erica carnea*); Netzblatt (*Goodyera repens*); Buchs-Kreuzblume (*Polygala chamaebuxus*)

Pflanzenbesonderheiten:
Berg-Steinkraut (*Alyssum montanum*); Vielblättchen-Zahnwurz (*Cardamine kitaibelii*); Herzblatt-Habichtskraut (*Hieracium amplexicaule*); Hasenohr-Habichtskraut (*Hieracium bupleuroides*); Hummel-Ragwurz (*Ophrys holoserica*); Grünblüten-Wintergrün (*Pyrola chlorantha*); Feld-Rose (*Rosa agrestis*); Blaugrün-Mauerpfeffer (*Sedum hispanicum*); Vogesen-Mehlbeere (*Sorbus mougeotii*); Halbstrauch-Ehrenpreis (*Veronica fruticulosa*)

Anreise:
Von Basel auf der A2 bis Luzern, die A14 bis Holzhäusern, die A4 bis zur Abfahrt Goldau, dann der Beschilderung Tier- und Naturpark Goldau folgen.

fertigte Zeichnungen an. Er schrieb, dass dieses ehemals so blühende Tal nun für Jahrhunderte in eine unwirtliche Steinwüste verwandelt bleibe.

Er sollte sich täuschen, denn es dauerte nicht lange, bis Buckel-Mauerpfeffer (*Sedum dasyphyllum*) und die ersten Rotföhren auf dem Schuttfeld Fuß fassen konnten, und heute sind diese lichten Kalk-Föhrenwälder die ideale Voraussetzung für Orchideen wie Frauenschuh (*Cypripedium calceolus*), Purpur-Waldvögelein (*Cephalanthera rubra*), Fliegen-Ragwurz (*Ophrys insectifera*), Duft-Händelwurz (*Gymnadenia odoratissima*), Lappland-Fingerwurz (*Dactylorhiza lapponica*) und etliche anderen Arten. Auch die äußerst seltene Hybirde *Cephalanthera* × *otto-hechtii*, das Kreuzungsprodukt aus Purpur-Waldvöglein und Schmalblatt-Waldvöglein, konnte hier gefunden werden.

Die Wanderung beginnt beim Tierpark Goldau in Richtung Steinerberg. Ab dann ist es fast egal, welcher Weg eingeschlagen wird: der Zähni-Weg, Spitzibüel-Weg, Gribschweg, der Weg zum Gnipenbach oder ähnliche mehr, überall im Bergsturzgebiet ist es botanisch interessant und man sollte sich genügend Zeit nehmen zur Erkundung dieser Landschaft. Östlich und nördlich an den Schüttwald anschließend folgen Weiden und Wirtschaftswiesen, dazwischen auch immer wieder Magerwiesen mit Manns-Knabenkraut und Mücken-Händelwurz (*Gymnadenia conopsea*) und ehe man es sich versieht, ist das Dutzend voll. 12 Orchideenarten bei einer Wanderung, und das sind noch nicht alle, denn die Literatur kennt 32 verschiedene Arten.

Öffentliche Verkehrsanbindung:
Mit der Bahn von Zürich oder Basel bis Arth-Goldau oder mit den Buslinien 1026, 21017 oder 21415 bis Goldau.

Weitere Freizeitangebote und botanische Ziele im Gebiet:
- Tierpark Goldau
- Bergsturzmuseum in Goldau
- Kämmoosweiher bei Kämmoos bei Bubikon im Kanton Zürich (Klein-Teichrose, *Nuphar pumila* und die Hybride mit der Groß-Teichrose, *Nuphar* × *intermedia*)

Unter anderem im Gebiet zu finden:

1 Hunds-Rose, *Rosa canina* **2** Berg-Steinkraut, *Alyssum montanum* **3** Zimbelkraut, *Cymbalaria muralis*, R. Kalz **4** Frauenschuh, *Cypripedium calceolus*, D. Jakely **5** Frühlings-Platterbse, *Lathyrus vernus* **6** Buchs-Kreuzblume, *Polygala chamaebuxus* var. *grandiflora*

Seidenhaar-Spitzkiel

Oxytropis halleri, SCHMETTERLINGSBLÜTLER

Kurzbeschreibung:

Pflanze 5–20 cm hoch; Blätter und Blütenstandstiel ± grundständig; Blätter unpaarig gefiedert, mit 7–13 Fiederpaaren; Stängel und Blätter dicht seidenhaarig; Blütenstand 6–16-blütig; Blüten intensiv purpurn, 1,5–2 cm lang. Blütezeit Juni – August.

Verwechslungsmöglichkeit:

Mit dem Vinschgau-Spitzkiel (*O. xerophylla*), dessen Blüten aber helllila sind (bei *O. halleri* intensiv purpurn), der Blütenstandstiel ist 2–3 mm im Durchmesser (bei *O. halleri* 1–1,7 mm), die Blätter bestehen aus 12–18 Fiederpaaren (bei *O. halleri* 7–13 Fiederpaare).

Verbreitung und Lebensraum:

Südeuropäisch-montane Art der Pyrenäen, Alpen und Karpaten. In den Alpen tritt sie vorrangig in den östlichen Zentralalpen auf, in den Westalpen findet sich hauptsächlich die nahe verwandte *O. xerophila* (= *O. halleri* subsp. *velutina*), ohne aber den Ostalpen ganz zu fehlen. Besiedelt trockene Magerrasen und Gesteinsfluren von 1500–2800 m Seehöhe, vereinzelt auch tiefer, wie im Wallis (470 m), oder höher, wie am Piz Tasna in Graubünden (2940 m).

Gattung:

Von den 300 Arten der Gattung besiedeln 24 Europa und 11 die Alpen.

Name:

Der botanische Gattungsname ist aus den beiden Wörtern „oxys" (= spitz) und „tropis" (= Schiffskiel) zusammengesetzt. Die Blüten der Gattung *Oxytropis* unterscheiden sich von der ähnlichen Gattung *Astragalus* (Tragant) durch eine dem Schiffchen aufgesetzte kleine Spitze.

Die Art ist zu Ehren des Schweizer Universalgelehrten Albrecht von Haller (1708–1777) benannt. Haller war Mediziner, Botaniker und Dichter. Er publizierte rund 50.000 Seiten hochwertiger wissenschaftlicher Texte. Ihm zu Ehren sind unter anderem die Haller-Schicht des Auges, der Asteroid Halleria, die Pflanzengattung *Halleria* und jeweils eine Art aus den Gattungen *Arabidopsis, Bartramia, Campylophyllum, Carex, Festuca, Laserpitium, Primula* und *Pulsatilla* benannt.

Weitere Spitzkiel-Arten der Alpen (Auswahl):

1 Alpen-Spitzkiel, *Oxytropis campestris* **2** Kärnten-Spitzkiel, *Oxytropis × carinthiaca* **3** Österreich-Spitzkiel, *Oxytropis montana* **4** Pyrenäen-Spitzkiel, *Oxytropis neglecta* **5** Steppen-Spitzkiel, *Oxytropis pilosa* **6** Dreiblüten-Spitzkiel, *Oxytropis triflora*

Seidenhaar-Spitzkiel, *Oxytropis halleri*

4

5

6

63

WANDERVORSCHLAG: ***Südtirol – Dolomiten, Schlernmassiv***

Der Seidenhaar-Spitzkiel bei den Roterdspitzen

Anspruch:
hoch

Bergauf:
768 Höhenmeter

Gehzeit:
7 Std. (ganze Runde)

Beste Blumenzeit:
M Juni – E Juli, so auch für den Seidenhaar-Spitzkiel

Vielfach haben wir in Südtirol Bergurlaub gemacht und dabei mehrfach die größte Alm der Alpen besucht. Begeistert von dieser Landschaft wollen wir schauen, ob das Blühen im Schlernmassiv immer noch so beeindruckend ist. Schon in die Jahre gekommen, gehen wir es etwas gemütlicher an. Von Kastelruth aus fahren wir hinauf zur Seiser Alm bis zum Parkplatz 1, denn jede Weiterfahrt für Tagestouristen, so hat man uns erklärt, ist nicht erlaubt und wird mit 120 Euro Strafe belangt.

Von 9 bis 17 Uhr dürfen wir hier stehen – das wird knapp. Mit dem Sessellift geht's hinauf zur Spitzbühel-Hütte und unter uns jaucht gerade ein Bauer. Kein Wunder also, dass einige Wiesen im westlichen Teil der Seiser Alm ihren Blütenreichtum bereits zur Gänze verloren haben. Gott sei Dank, das darf vorab gesagt werden, ist es nur hier am Anfang ein kleines Schreckerlebnis. Weiter im Osten wird es immer besser und bunter.

Wir gehen den 5er-Wanderweg bis zur Saltner-Hütte, der letzten Tankstelle vor dem Anstieg, wie die Hütte selbst ankündigt, und folgen dem schön verlegten Touristensteig hinauf bis knapp vor das Schlernhaus. Hier zweigt der 4er-Wanderweg links ab. Es ist ein schöner Panoramaweg, umkränzt von alpinen Spitzkielen wie dem Österreich-Spitzkiel (*Oxytropis montana*), dem Alpen-Spitzkiel (*O. campestris*) und dem seltenen Seidenhaar-Spitzkiel mit seinen leuchtendrosa Blüten und lang behaarten Trieben.

Wir lassen den Kranzer, 2469 m, mit seinen ringförmig aufgebauten Schichten rechts liegen und folgen den Steinmandeln, bis sich der Untergrund plötzlich rötlich verfärbt. Ein untrügliches Zeichen dafür, dass wir schon nahe der Roterdspitze sind. Im Süden leuchten die Kalkwände des Kesselkogels, 3004 m, zu uns herüber, im Osten das ersehnte Mittagsziel, die Tierser Alphütte, und knapp oberhalb von uns die Landschaft bestimmende Roterdspitze. Schön ist es, Wanderer zu sein.

Die Strecke bis zum verdienten Mittagessen auf der Tierser Alphütte dauert, viel zu viele schöne Blumen säumen die Schuttfluren, die alle abgelichtet werden wollen. Seguier-Hahnenfuß (*Ranunculus seguieri*), Monte-Baldo-Windröschen (*Anemone baldensis*), Edelweiß (*Leontopodium alpinum*) und Zwerg-Baldrian (*Valeriana supina*), um nur einige zu nennen.

Blumenpracht:
Alpen-Tragant (*Astragalus alpinus*); Großkorb-Gamswurz (*Doronicum grandiflorum*); Blau-Mänderle (*Paederota bonarota*); Gelbe Alpen-Kuhschelle (*Pulsatilla alpina* subsp. *apiifolia*); Frühlings-Kuhschelle (*Pulsatilla vernalis*); Grannen-Schwarzwurz (*Scorzonera aristata*)

Pflanzenbesonderheiten:
Dolomiten-Schafgarbe (*Achillea oxyloba*); Kreuzung aus Schwarzrand-Schafgarbe × Dolomiten-Schafgarbe (*Achillea × conrathii*); Monte-Baldo-Windröschen (*Anemone baldensis*); Koriander-Schmuckblume (*Callianthemum coriandrifolium*); Kärnten-Hornkraut (*Cerastium carinthiacum*); Zweifarben-Kohlröschen (*Nigritella bicolor*); Dolomiten-Teufelskralle (*Phyteuma sieberi*); Haller-Primel (*Primula halleri*); Seguier-Hahnenfuß (*Ranunculus seguieri*); Apfel-Rose (*Rosa villosa*)

Zwerg-Baldrian, *Valeriana supina*

Mit vollem Magen gilt es, noch einen Anstieg hinauf zu den Rosszähnen zu schaffen. Ab dann geht's nur mehr bergab. Hinunter auf die Seiser Alm, die hier so wirklich wunderbar blüht. Hier am Goldknopf können wir auch eine Orchidee finden, die nur sehr selten auf der Seiser Alm vorkommt – das Österreich-Kohlröschen (*Nigritella austriaca*). Es unterscheidet sich vom häufigeren Rhellicanus-Kohlröschen (*Nigritella rhellicani*) durch glatte Deckblätter, einen halbkugeligen Blütenstand und einer rund zehn Tage früheren Blütezeit.

Anreise:

Von Innsbruck kommend auf der A22 bis zur Ausfahrt Klausen, auf der B12 bis Waidbruck, auf der L24 bis Kastelruth und weiter die Seiser-Alm-Straße bis zum „Frommer" und dem Parkplatz 1. Die Straße darf nur vor 9 Uhr und nach 17 Uhr befahren werden.
Von Bozen kommend auf der A22 bis zur Ausfahrt Bozen-Nord, auf der B12 bis zur Abzweigung L24, dieser bis Seis folgen und dann die Seiser-Alm-Straße bis zum „Frommer", dann wie oben beschrieben.

Öffentliche Verkehrsanbindung:

Mit dem Zug bis Bozen oder Brixen. Von diesen Städten und von Klausen gibt es direkte Busverbindungen zur Seiseralm.

Barrierefreiheit für Kinderwägen/Rollstühle:

Auf der Seiser Alm können viele Wege mit geländegängigen Kinderwägen/Rollstühlen befahren und dabei prächtige Bergblumen bewundert werden.

Weitere Freizeitangebote und botanische Ziele im Gebiet:

- Bauernmuseum Tschötscherhof in Kastelruth
- Die alten Mühlen von Pufels am Nordhang der Seiser Alm
- Geotrail Pufels am Panider Sattel
- Burg Branzoll in Klausen
- Puflatsch im Norden der Seiser Alm (Rhellicanus-Kohlröschen, *Nigritella rhellicani*, in verschiedenen Farbspielformen, Kreuzungen mit der Mücken Händelwurz, *Gymnadenia conopsea* usw.)

Unter anderem im Gebiet zu finden:

1 Rindsauge, *Buphtalmum salicifolium* **2** Kärnten-Hornkraut, *Cerastium carinthiacum* **3** Mannsschild-Steinbrech, *Saxifraga androsacea* **4** Blau-Mänderle, *Paederota bonarota,* P. Hubert **5** Stängellos-Leimkraut, *Silene acaulis* subsp. *longiscapa*

Echt-Pfingstrose

Paeonia officinalis, PFINGSTROSENGEWÄCHS

Kurzbeschreibung:

Pflanze 40–80 cm hoch; Blätter groß, Blättchen meist in 2–3 Abschnitte geteilt, untere Laubblätter mit 17–30 Abschnitten; Kelchblätter ungleich, grün bis purpurn; Kronblätter purpurrot, 5–10; Staubblätter zahlreich, am Grunde in einen Nektarring verwachsen; Stempel 2–3. Blütezeit Mai – Juni.

Verwechslungsmöglichkeit:

Mit der im Gebiet mancherorts eingebürgerten Korallen-Pfingstrose (*P. mascula*), bei der die unteren Laubblätter aber nur in 9–16 Abschnitte zerteilt sind (bei *P. officinalis* in 17–30 Abschnitte) und die 3–5 Stempel hat (*P. officinalis* 2–3).

Verbreitung und Lebensraum:

Südeuropäisch-montane Art von Portugal bis Albanien und Rumänien. In den Alpen nur in den Süd- und Südwestalpen ursprünglich.
Besiedelt Kalktriften, Steineichen- und Flaumeichengebüsche und Berghänge vom Tiefland bis etwa 1700 m Seehöhe.

Gattung:

Von den rund 40 Pfingstrosen-Arten kommen 10 in Europa und eine ursprünglich in den Alpen vor. Mannigfaltigkeitszentrum der Gattung ist das gemäßigte Asien, aber auch das Mittelmeergebiet beheimatet mehrere Arten.

Name:

Benannt nach Paeon, bei HOMER der Arzt der Götter, der mit der Pfingstrose den von Herkules verletzten Pluto geheilt haben soll. Auch ist der Anklang an den Namen der Paeonier wohl nicht zufällig, deren Land Paeonia sich von der heutigen Republik Makedonien bis West-Bulgarien erstreckte und sich so zum Teil mit dem Verbreitungsgebiet von *Paeonia officinalis* subsp. *officinalis*, *P. peregrina* und *P. tenuifolia* deckte.

Untergliederung:

Die Echt-Pfingstrose lässt sich in die vier Unterarten *officinalis, banatica, microcarpa* und *villosa* unterteilen. Die Alpen erreichen dabei:

- subsp. *officinalis*: Blütenstiel kahl, in den Süd- und Westalpen
- subsp. *villosa*: Blütenstiel behaart, in den französischen Südwestalpen

Anmerkung:

Mit rund 3,6 Millionen Pollenkörnern je Blüte ist die Pfingstrose weltweit der beste Pollenproduzent und damit ein wichtiger Nahrungsspender für Insekten.

1 Korallen-Pfingstrose, *Paeonia mascula* **2** Echt-Pfingstrose, *Paeonia officinalis*

Echt-Pfingstrose, *Paeonia officinalis*

64

WANDERVORSCHLAG: ***CH – Tessin***

Die Pfingstrosen des Monte Genoroso

Anspruch:
hoch

Bergauf:
1196 m

Gehzeit:
6 Std. (hin und zurück; Reisepass oder anderen amtlich gültigen Lichtbildausweis mitnehmen!)

Beste Blumenzeit:
A Mai – M Juli, für die Pfingstrose E Mai – M Juni

Blumenpracht:
Weiß-Affodill (*Asphodelus macrocarpus*); Montpellier-Nelke (*Dianthus hyssopifolius*); Grün-Nieswurz (*Helleborus viridis*); Kronen-Lichtnelke (*Lychnis coronaria*); Jupiter-Lichtnelke (*Lychnis flos-jovis*); Striemensame (*Molopospermum peloponnesiacum*); Echt-Pfingstrose (*Paeonia officinalis*); Gedreht-Läusekraut (*Pedicularis gyroflexa*); Scheuchzer-Teufelskralle (*Phyteuma scheuchzeri*); Fuchsschwanz-Klee (*Trifolium rubens*)

Die Aussicht vom Gipfel des Monte Genoroso ist legendär und einzigartig. Sie reicht vom Seengebiet und dem lombardischen Flachland bis hin zum Apennin und auf der anderen Seite bis zum Finsteraarhorn, Matterhorn und zum Monte Rosa. Aber erst muss mal der Gipfel erklommen werden. Das geht recht bequem mit Hilfe der im Jahr 1890 in Betrieb genommenen Zahnradbahn. Wir wollen den Gipfel der Blumen wegen aber zu Fuß erreichen und starten in Rovio, wo sechs römische Sarkophage zu einem Brunnen umfunktioniert wurden und dessen Name der hier häufigen Brombeere entstammt.

Der Weg führt durch Edelkastanien-Wälder und Haselnusshaine, bis sie nach und nach von Buchen abgelöst werden. In den dazwischen liegenden Wiesen siedelt der Weiß-Affodill (*Asphodelus macrocarpus*), dessen unangenehm riechende Knollen früher ausgegraben und in Keller und Lagerräume gelegt wurden, um diese ungezieferfrei zu halten. Bald erscheinen auch die ersten Narzissen, die hier etwas eigen aussehen und von manchen Botanikern als Langensee-Narzisse (*Narcissus × verbanensis*) von der Stern-Narzisse (*N. radiiflorus*) abgetrennt werden. Womöglich handelt es sich bei dieser Sippe um eine Kreuzung aus Dichter-Narzisse und Stern-Narzisse. Wie auch immer, hübsch ist sie. Und es geht Schlag auf Schlag, die erste wilde Pfingstrose, die erste Südalpen-Witwenblume (*Knautia transalpina*) usw. Die Artenvielfalt hier ist mit an die 800 verschiedenen höheren Pflanzen groß. Während der letzten Eiszeit war der Gipfelbereich des Monte Genoroso eisfrei und zahlreiche Tier- und Pflanzenarten konnten überdauern. Diese außergewöhnliche Pflanzenvielfalt wird durch das insubrische Klima mit warmen Sommern, milden Wintern und reichlich Niederschlägen das ganze Jahr über begünstigt.

Pflanzenbesonderheiten:

× Teppner-Eisenhut (*Aconitum × teppneri*); Purpur-Meister (*Asperula purpurea*); Wegwarten-Brillenschötchen (*Biscutella cichoriifolia*); Vielblättchen-Zahnwurz (*Cardamine kitaibelii*); Glanzmutterwurz (*Coristospermum lucidum* subsp. *seguieri*); Rot-Labkraut (*Galium rubrum*); Insubrien-Kranzenzian (*Gentianella insubrica*); Dachig-Siegwurz (*Gladiolus imbricatus*); Südalpen-Witwenblume (*Knautia transalpina*); Schweiz-Laserkraut (*Laserpitium krapfii* subsp. *gaudinii*); Piemont-Kreuzblume (*Polygala pedemontana*); Berg-Gliedkraut (*Sideritis montana*)

Anreise:

Von Luzern auf der A2 bis zur Abfahrt Melide, ein kurzes Stück auf der B2 bis zur Abzweigung Rovio, dann bis in den Ort Rovio.

Öffentliche Verkehrsanbindung:

Von Lugano mit der Bahn bis Maroggia-Melano, dann mit dem Bus bis Rovio.

Barrierefreiheit für Kinderwägen/Rollstühle:

Der Monte Genoroso kann von Capolago aus bequem mit der Zahnradbahn erklommen werden. Auch von dieser Seite bekommt man Pfingstrosen, Affodill und andere Schönheiten zu Gesicht.

Unter anderem im Gebiet zu finden:

1 Dachig-Siegwurz, *Gladiolus imbricatus* **2** Weiß-Affodill, *Asphodelus macrocarpus* **3** Glanzmutterwurz, *Coristospermum lucidum* subsp. *seguieri* **4** Grün-Nieswurz, *Helleborus viridis* **5** Scheuchzer-Teufelskralle, *Phyteuma scheuchzeri* **6** Berg-Gliedkraut, *Sideritis montana*

Purpur-Enzian, *Gentiana purpurea*, A. Pleschberger

Oben am Kamm angekommen beeindrucken die steilen Grashänge. Mit Seilen gesicherte Wegstücke zwingen den Blick der Blumenfreunde auf mehr Bedacht der eigenen Schritte, und so folgt nach einigen Metern immer wieder eine kurze Pause, natürlich nur der Blumen wegen – Puste haben wir noch reichlich.

Auf dem Gipfel angekommen lädt ein im Jahr 2014 umgebautes Restaurant zur Einkehr ein. In den mit Spezialfiltern ausgerüsteten Teleskopen lässt sich die Sonne bei guten Sichtverhältnissen in ihren faszinierendsten Aspekten beobachten. Auch die Sternwarte wurde 2014 umgebaut und steht der Öffentlichkeit nun wieder zur Verfügung. Jeden Samstag, im Anschluss an den Tessiner Abend im Bergrestaurant, werden Ausflüge zur Milchstraße und zu den Planeten unserer Galaxie angeboten, wenn auch nur per Fernrohr. Für Gruppen stehen die Astronomen der Sternwarte auch an anderen Tagen zur Verfügung.

Zurück nun aber zur Mutter Erde, dem schönsten aller Orte. Der Rückweg wird in Angriff genommen und obwohl er der gleiche ist wie der Anstieg, finden sich immer noch neue Blumenschönheiten am Weg.

Weitere Freizeitangebote und botanische Ziele im Gebiet:

- Swissminiatur in Melide bei Lugano (Minimundus der Schweiz im Maßstab 1:25)
- Herrmann-Hesse-Museum in Montagnola bei Lugano
- Monte Tamaro mit Botta-Kapelle; Abenteuerberg mit Riesenrutsche, Flying Fox usw.
- Vincenzo-Vela-Museum in Ligornetto mit rund 5000 Exponaten (Skulpturen, Bildern usw.)
- Monte San Salvatore, der „Zuckerhut der Schweiz" bei Lugano mit traumhaftem Rundumblick und reicher Flora (Kugel-Lauch, *Allium sphaerocephalon*; Zierliche Frühlings-Platterbse, *Lathyrus vernus* subsp. *gracilis* usw.)

Alpen-Mohn

Papaver alpinum, MOHNGEWÄCHS

Kurzbeschreibung:

Pflanze 5–20 cm hoch; Blütenschaft einblütig, weiß behaart; alle Blätter grundständig, graugrün, 1–3-fach fiederschnittig, mit ± schmalen Abschnitten; Blüten je nach Unterart weiß oder gelb, vereinzelt aber auch orange oder lachsfarben. Blütezeit Juni – August.

Verwechslungsmöglichkeit:

Die Unterarten ähneln einander, lassen sich aber durch die Blattfiederung, die Zahl der Narbenstrahlen und die Blütenfarbe unterscheiden.

Verbreitung und Lebensraum:

Südeuropäisch-montane, formenreiche Art von den Südwestalpen und den Abruzzen bis zu den Rhodopen und Karpaten. Besiedelt vor allem Kalkschuttfluren, je nach Unterart von etwa 600–2700 m Seehöhe, teilweise aber auch tiefer, wie bei Steyr in Oberösterreich (300 m, subsp. *alpinum*) oder höher, wie am Piz Ftur im Unterengadin (3070 m, subsp. *rhaeticum*).

Gattung:

Von den 80 Mohn-Arten sind 26 in Europa und sieben in den Alpen heimisch. Mannigfaltigkeitszentren sind das Mittelmeergebiet und Innerasien.

Name:

Papaver als lateinischer Gattungsname findet sich bereits bei Plautus, Cato und Plinius. Die Herleitung des Wortes ist umstritten. Einer Theorie zufolge entstammt es der Wortwurzel „pap" (= aufgeblasen) und bezieht sich auf die bauchigen Mohnköpfe. Wahrscheinlicher erscheint der Ursprung vom lateinischen „pappa" (= Brei, Speise), weil der narkotisch wirkende Saft des Schlaf-Mohns den Kindern in den Brei gegeben wurde, um sie ruhig zu bekommen.

Untergliederung:

Von den neun Unterarten besiedeln sechs die Alpen:

- subsp. *alpinum*: Endemit der Nordostalpen Niederösterreichs, Oberösterreichs und der Steiermark. Westlich bis ins Tote Gebirge und bis zum Grimming, östlich bis Rax und Schneeberg, südlich bis zum Reiting in den Eisenerzer Alpen reichend. Der Nordost-Alpen-Mohn wurde bereits im Jahr 1616 vom sächsischen Arzt Joachim Burser (1583–1639) auf dem Wiener Schneeberg entdeckt.
- subsp. *ernesti-mayeri*: Ostalpisch-apenninische Sippe. In den Alpen auf die Julischen Alpen der Provinz Udine und Sloweniens beschränkt. Benannt zu Ehren des slowenischen Botanikers Ernest Mayer (1920–2009), der unter anderem ein exzellenter Kenner der Gattungen *Rhinanthus* und *Pedicularis* war.
- subsp. *kerneri*: Ostalpisch-illyrische Sippe von den Südostalpen bis Montenegro. In den Alpen nur in den Karawanken, Julischen Alpen und Steiner Alpen von Kärnten, der Provinz Udine und Sloweniens. Benannt zu Ehren des österreichischen Botanikers Anton Joseph Kerner, Ritter von Marilaun (1831–1898).
- subsp. *occidentale*: Westalpisch-karpatische Sippe der Westalpen und der Tatra. In den Alpen im Nordwesten von der Dauphine bis zum Kanton Luzern.

Alpen-Mohn, *Papaver alpinum*

- subsp. *rhaeticum*: Alpisch-illyrische Sippe von den Seealpen bis Montenegro. In den Alpen zerstreut von den Seealpen bis in die Steiermark.
- subsp. *sendtneri*: Endemit der Ostalpen von Unterwalden bis zum Dachstein und zum westlichen Toten Gebirge. Benannt zu Ehren des deutschen Botanikers Otto Sendtner (1813–1859). Dieser gilt als Mitbegründer der zoenologischen Richtung der Pflanzengeographie.

Die Alpen-Mohn-Unterarten:

1 Nordöstlicher Alpen-Mohn, *Papaver alpinum* subsp. *alpinum* **2** Ernest-Mayers A.-Mohn, *P. alpinum* subsp. *ernesti-mayeri* **3** Karawanken-Alpen-Mohn, *Papaver alpinum* subsp. *kerneri* **4** Westlicher Alpen-Mohn, *P. alpinum* subsp. *occidentale* **5** Rätischer Alpen-Mohn, *Papaver alpinum* subsp. *rhaeticum* **6** Salzburger Alpen-Mohn, *Papaver alpinum* subsp. *sendtneri*

WANDERVORSCHLAG: ***Ö – Osttirol – Lienzer Dolomiten***

Der Rätische Alpen-Mohn auf dem Kerschbaumer Törl

W. Kussegg

Zwei Möglichkeiten stehen dem Blumenfreund zur Verfügung, um von der Lienzer-Dolomiten-Hütte, 1616 m, zur Karlsbader Hütte zu gelangen. Entweder der bequeme, viel begangene Egerländerweg oder der etwas anspruchsvollere Rudl-Eller-Steig, der stellenweise versichert ist und unter den Westwänden der Großen und Kleinen Laserzwand teilweise recht luftig die dort abfallenden Schrofenhänge quert. Benannt ist der Steig nach dem Lienzer Bergsteiger Rudl Eller (1882–1977), einem bedeutsamen Erschließer der Lienzer Dolomiten. Eller war 40 Jahre Obmann des Lienzer Alpinvereins Alpenraute, Erstbegeher der Dibonakante an der Großen Zinne und zahlreicher anderer Neurouten in den Ostalpen. Neben dem Rudl-Eller-Steig ist der Ellerturm am Laserzkopf und so manche Stube in den Dolomiten-Berghütten nach ihm benannt.

Blumenreich sind beide Wege, die Karlsbader Hütte ersehnt man sich aber nach dem Steig sehnlicher als nach dem Prozessionsweg, wie die Einheimischen den Egerländerweg nennen.

Die Karlsbader Hütte hieß ursprünglich Leitmeritzer Hütte, weil sie 1888 durch den Leitmeritzer Alpenverein, der erst zwei Jahre zuvor gegründet wurde, erbaut und eingeweiht wurde.

Anspruch:
hoch

Bergauf:
702 m

Gehzeit:
5 Std. (über den Egerländerweg und zurück)

Beste Blumenzeit:
M Juni – E Juli, so auch für den Alpen-Mohn.

1

2

Blumenpracht:

Herzblatt-Gamswurz (*Doronicum columnae*); Kurzblatt-Enzian (*Gentiana brachyphylla*); Triglav-Enzian (*Gentiana terglouensis*); Blau-Mänderle (*Paederota bonarota*); Dolomiten-Fingerkraut (*Potentilla nitida*); Aurikel (*Primula auricula*); Zwergalpenrose (*Rhodothamnus chamaecistus*); Grannen-Schwarzwurz (*Scorzonera aristata*); Schweiz-Aschenkraut (*Tephroseris tenuifolia*)

Pflanzenbesonderheiten:

Dolomiten-Schafgarbe (*Achillea oxyloba*); Dolomiten-Mannsschild (*Androsace hausmannii*); Hybride aus Kohl-Kratzdistel × Filz-Kratzdistel (*Cirsium × affine*); Kärnten-Tauernblümchen (*Lomatogonium carinthiacum*); Mannsschild-Miere (*Minuartia cherlerioides*); Hybride aus Verlängert-Läusekraut × Kopf-Läusekraut (*Pedicularis × bohatschii*); Rundblatt-Hauhechel (*Ononis rotundifolia*); Quendel-Weide (*Salix serpyllifolia*)

Anreise:

Von Lienz auf der L318 bis Tristach und weiter in Richtung Lavant. Am Fußballplatz vorbei erreicht man nach ca. 500 m rechts die Abzweigung Richtung Kreithof/ Dolomitenhütte. Von hier aus geht die Mautstraße 7 km lang bis zum Parkplatz der Dolomitenhütte.

1906 wurde sie in Karlsbader Hütte umbenannt. Nach dem 2. Weltkrieg wurde um das Eigentumsrecht der Hütte heftig gekämpft. Der Alpenvereins-Sektion Lienz gelang es 1951, die Betreuung der Hütte zu erhalten und 1957 endlich wurde das Eigentumsrecht wieder dem Deutschen Alpenverein Karlsbad e. V. mit Sitz in München zuerkannt. Nur eines ist in all dieser Zeit gleich geblieben: die herrliche Lage der stetig angewachsenen Hütte am Kamm zwischen Laserztal und Laserzkessel mit Blick zum Laserzsee.

Wir aber schlagen den fast eben verlaufenden Weg zum Kerschbaumer Törl, 2285 m, ein, wo auf den Schuttfluren Rätischer Alpen-Mohn, Rundblatt-Täschelkraut (*Noccaea rotundifolia*), Herzblatt-Gamswurz (*Doronicum columnae*), Zwerg-Baldrian (*Valeriana supina*) und etliche andere mehr aus dem Kalkgestein entgegenstrahlen.

Zurück geht's über den Abkürzer ins Laserztal und zur Insteinkapelle, die 1982 von der damaligen Soldatenkameradschaft Tristach-Amlach-Lavant zu Ehren ihrer gefallenen Kameraden errichtet wurde. Zur Seite standen ihnen die Mannen der Alpinen Gesellschaft Alpenraute und so schließt sich auch dieser Kreis.

Öffentliche Verkehrsanbindung:

Mit dem Zug bis Lienz, dann mit dem Wanderbus bis zur Lienzer Dolomitenhütte. Abfahrt vom Bahnhof Lienz auf der Westseite beim Rad-Kiosk.

Weitere Freizeitangebote und botanische Ziele im Gebiet:

- Wildpark und Sommerrodelbahn Assling
- Galitzenklamm südwestlich von Lienz
- Vitalpinum in Assling mit Barfuß-Weg, Kneipp-Pfad, Kräuterdusche, Riechorgel usw.
- Kletterpark Lienz
- Römische Siedlung Aguntum in Dölsach östlich von Lienz
- Ausgrabungsstätte am Kirchbichl von Lavant südöstlich von Lienz
- Schloss Bruck westlich von Lienz
- Tristachersee südlich von Lienz (Stumpffrucht-Wasserstern, *Callitriche cophocarpa*; Spitz-Segge, *Carex acuta*; Sumpf-Hornklee, *Lotus uliginosus* usw.)

Unter anderem im Gebiet zu finden:

1 Alpen-Grasnelke, *Armeria alpina*, W. Kussegg **2** Herzblatt-Kugelblume, *Globularia cordifolia* **3** Rundblatt-Täschelkraut, *Noccaea rotundifolia* **4** Schweiz-Aschenkraut, *Tephroseris tenuifolia*

Trichterlilie

Paradisea liliastrum, GRASLILIENGEWÄCHS

Kurzbeschreibung:

Pflanze 30–50 cm hoch; alle Blätter grundständig, linealisch, 2–8 mm breit und 20–40 cm lang; Blütenstand eine einseitwendige Traube mit 2–8 Blüten; Perigon trichterförmig, Perigonblätter 6, weiß, 3–5 cm lang; Frucht eine lederige, vielsamige Kapsel. Blütezeit Juni – Juli.

Verwechslungsmöglichkeit:

Unter Umständen mit der Trauben-Graslilie (*Anthericum liliago*), welche aber 1,6–2,2 cm lange Blütenblätter (bei Paradisea liliastrum 3–5 cm lang) und einen allseitswendigen Blütenstand mit 10–40 Blüten hat (bei *Paradisea liliastrum* einseitswendig mit 2–8 Blüten).

Verbreitung und Lebensraum:

Südeuropäisch-montane Art von Portugal bis zum Apennin und zu den Südostalpen. In den Alpen verbreitet in den West- und Südalpen, fehlt aber gänzlich den Nordostalpen.
Besiedelt Buntschwingelrasen, Wildheuplanken und ähnliche Rasengesellschaften und lichte Edelkastanienwälder von 1000–2300 m Seehöhe, vereinzelt auch tiefer, wie im Vallarsa (950 m) oder im Tessin (300 m) und höher, wie im Wallis (2400 m).

Gattung:

Zwei Arten umfasst die Gattung. Neben *P. liliastrum* noch die auf die nördliche Iberische Halbinsel beschränkte Portugiesische Trichterlilie *P. lusitanica*.

Name:

Der botanische Gattungsname ehrt den italienischen Gartenfreund Giovanni PARADISI (1760–1826). Im Jahr 1811 entdeckte der Botaniker Giovanni MAZZUCATO in den Julischen Alpen die Trichterlilie. Er freute sich so sehr über die porzellanweißen Blüten, dass er ihr den Namen seines Gönners, des Grafen PARADISI, gab. Der Artbeiname verweist auf die lilienähnlichen Blüten.

1 Trauben-Graslilie, *Anthericum liliago* **2** Rispen-Graslilie, *Anthericum ramosum*

Trichterlilie, *Paradisea liliastrum*

66

WANDERVORSCHLAG: ***I – Trentino – Gardaseeberge***

Die Trichterlilien-Wiesen des Monte Bondone

U. Heidtke

Anspruch:
hoch

Bergauf:
563 m

Gehzeit:
3,5 Std. (hin und zurück)

Beste Blumenzeit:
A Juni – E Juli, für die Trichterlilie M Juni – A Juli

Wenn man als Blumenfreund auf dem Weg von Trient auf den Monte Bondone ist, neigt man schnell dazu, gleich wieder umzudrehen. Hotelanlagen, Souvenirläden und Skilifte, wohin das Auge reicht. Durchhalten ist die Devise, denn nach dem ganzen Rummel zeigt sich der Bergstock bei Viote von einer anderen Seite. Da ist zum einen der liebevoll gepflegte Alpengarten. Auf rund zehn Hektar werden vorrangig europäische und kaukasische Gebirgspflanzen gezogen. Zu den Besonderheiten des Gartens, der 1938 vom Naturmuseum Venedig und der Gesellschaft der Tridentiner Alpinisten gegründet wurde, zählen der

Unter anderem im Gebiet zu finden:
1 Kerner-Schmuckblume, *Callianthemum kernerianum* **2** Berg-Kratzdistel, *Cirsium montanum* **3** Leberblümchen, *Hepatica nobilis* **4** Gelb-Scheinerdrauch, *Pseudofumaria lutea*

Fuchsschwanz-Tragant (*Astragalus alopecurus*) und eine weißblühende Form der Zwergalpenrose (*Rhodothamnus chamaecistus* fo. *albiflorus*). Entzückend auch eine Lärche, die auf einem Felsen wild aufgegangen ist und dort ein Bonsai-Dasein fristet. Aber für eine echte Lärche sind kärgliche Verhältnisse kein Grund zum Aufgeben.

Verlässt man nun den Alpengarten in Richtung Bondone-Gipfel, nimmt man das gar nicht so wahr, denn auch außerhalb des Gartens blumt es ganz gewaltig: Gelbe Alpen-Kuhschelle (*Pulsatilla alpina* subsp. *apiifolia*), Südostalpen-Gelb-Enzian (*Gentiana lutea* subsp. *vardjanii*), Grannen-Schwarzwurz (*Scorzonera aristata*), Feuer-Lilie (*Lilium bulbiferum*) und besonders viele Trichterlilien sind in diesen Wiesen zu finden. Letztere vermittelt mit ihrer Blütenfarbe und Form Schlichtheit und Zartgefühl und taucht die Bergwiesen doch in ein faszinierendes Weiß.

Der Weg führt vorbei am Observatorium und vorbei am Moor zu den drei Bondone-Gipfeln. Ein Wegweiser mit „Sentiero naturalistico" steht mitten in der Wiese und das ist gut so, denn ohne diesen könnte man den Weg nur erahnen. Nun ist aber Schluss mit dem gemütlichen Wandern, es geht aufwärts auf die Cima Verde, 2100 m, gefolgt vom Dos d'Abramo und zum Abschluss der höchste, der Monte Cornetto, 2180 m.

Blumenpracht:

Bunt-Blauflockenblume (*Cyanus triumfettii*); Holunder-Fingerwurz (*Dactylorhiza sambucina*); Dolomiten-Nelke (*Dianthus sternbergii*); Trichterlilie (*Paradisea liliastrum*); Südlich-Lungenkraut (*Pulmonaria australis*); Gelbe Alpen-Kuhschelle (*Pulsatilla alpina* subsp. *apiifolia*); Grannen-Schwarzwurz (*Scorzonera aristata*); Grüner Weiß-Germer (*Veratrum album* subsp. *lobelianum*)

Pflanzenbesonderheiten:

Schweiz-Mannsschild (*Androsace helvetica*); Glanz-Edelraute (*Artemisia nitida*); Liege-Tragant (*Astragalus depressus*); Kerner-Schmuckblume (*Callianthemum kernerianum*); Zart-Haarschlund (*Comastoma tenellum*); Kälte-Felsenblümchen (*Draba dubia*); Südostalpen-Gelb-Enzian (*Gentiana lutea* subsp. *vardjanii*); Aufsteigend-Läusekraut (*Pedicularis ascendens*); Gelb-Scheinerdrauch (*Pseudofumaria lutea*)

Anreise:

Von Innsbruck auf der A13 bzw. der A22 bis zur Abfahrt Trento, dann ein kurzes Stück auf der Via Brescia bis zur SP 85 auf den Monte Bondone. Auf dem großen Parkplatz beim Alpengarten, Gardino Botanico in Viote parken.

Weitere Freizeitangebote und botanische Ziele im Gebiet:

- Kunsthist. Museum Castello del Buonconsiglio Trient
- Piazza Duomo in Trient
- Naturhistorisches Museum Trient
- Wiesen um Sporminore im Norden von Trient (Orange-Schöterich, *Erysimum aurantiacum*; Kamm-Wachtelweizen, *Melampyrum cristatum*; Feuer-Lilie, *Lilium bulbiferum* usw.)
- Biotop Marocche di Dro nördlich von Dro nördlich vom Gardasee (Weiß-Seidelbast, *Daphne alpina*; Strahlen-Ginster, *Genista radiata*; Terpentinbaum, *Pistacia terebinthus* usw.)

Bunt-Läusekraut

Pedicularis oederi, SOMMERWURZGEWÄCHS

Kurzbeschreibung:

Pflanze 5–15 cm hoch; Stängel vierzeilig behaart bis kahl; Blätter einfach-fiederschnittig, Fiedern gekerbt bis gesägt; Deckblätter die Blüten nicht überragend; Krone gelb, Oberlippe vorne braunrot; Fruchtkapsel etwa doppelt so lang wie der Kelch. Blütezeit Juni – August.

Verwechslungsmöglichkeit:

Unter Umständen mit dem Langähren-Läusekraut (*P. elongata*), Julisch-Läusekraut (*P. julica*) und Knollen-Läusekraut (*P. tuberosa*), doch ist deren Kronenoberlippe in einen deutlichen Schnabel verlängert (bei *P. oederi* ungeschnäbelt) und die Blüten sind einfarbig gelb (bei *P. oederi* gelb mit braunrot).

Verbreitung und Lebensraum:

Arktisch-alpine Art der arktischen Gebiete Eurasiens und Amerikas bis zu den Hochgebirgen der kühl-gemäßigten Zonen. In den Alpen selten und zerstreut von der Haute Provence bis in die Steiermark.
Kommt in den Alpen vorzugsweise in Amphibolit- und Kalkschieferböden vor und ist in den Silikatgebieten ein Zeiger von Marmoradern. Besiedelt werden Steinrasen und Zwergstrauchbestände von 1600–2500 m Seehöhe, gelegentlich auch höher, wie am Serles in Nordtirol (2630 m).

Gattung:

Rund 600 Arten umfasst die Gattung der Läusekräuter, wovon 54 in Europa und 23 in den Alpen beheimatet sind. Mannigfaltigkeitszentren sind der östliche Himalaya und die Gebirge im Westen Chinas, wo allein rund 250 endemische Arten siedeln.

Name:

Der botanische Gattungsname ist lateinisch, bedeutet „kleine Laus“ und leitet sich vom Sumpf-Läusekraut (*Pedicularis palustris*) ab, welches einst als Mittel gegen Läuse an Haustieren Verwendung fand.

Die Art ist zu Ehren des deutschen Naturforschers Georg Christian von OEDER (1728–1791) benannt. OEDER war Landvogt im schleswig-holsteinischen Oldenburg und Mitarbeiter der „Flora Danica“. Neben dem Läusekraut ist nach ihm unter anderem das Moos *Plagiopus oederiana* benannt.

Weitere Läusekräuter der Alpen (Auswahl):

1

2

3

4

Bunt-Läusekraut, *Pedicularis oederi*

1 Farnblatt-Läusekraut, *Pedicularis aspleniifolia* **2** Schopf-Läusekraut, *Pedicularis comosa* **3** Lang-Läusekraut, *Pedicularis elongata* **4** Blätter-Läusekraut, *Pedicularis foliosa* **5** Gedreht-Läuserkraut, *Pedicularis gyroflexa* **6** Karst-Läusekraut, *Pedicularis hacquetii* **7** Hörmann-Läusekraut, *Pedicularis hoermanniana*

Weitere Läusekräuter der Alpen (Auswahl):
1 Sumpf-Läusekraut, *Pedicularis palustris* **2** Karlsszepter-Läusekraut, *P. sceptrum-carolinum*, W. Seiche **3** Rosa-Läusekraut, *Pedicularis rosea* **4** Stutz-Läusekraut, *Pedicularis recutita* **5** Ähren-Läusekraut, *Pedicularis rostratospicata* **6** Kopf-Läusekraut, *Pedicularis rostratocapitata* **7** Knollen-Läusekraut, *Pedicularis tuberosa* **8** Quirl-Läusekraut, *Pedicularis verticillata*

WANDERVORSCHLAG: ***Ö – Steiermark – Wölzer Tauern***

Das Bunt-Läusekraut auf dem Hohenwart

W. Kussegg

Der Hohenwart ist ein touristisch unbekannter Berg, der versteckt im Zentrum der blumenreichen Wölzer Tauern liegt. Botaniker und Geologen hingegen kennen ihn schon lange als Geheimtipp.

Am Parkplatz Hinterwinkel, 1306 m, beim Blasbauer beginnt unsere Wanderung. Ein massiver Schranken sperrt die Weiterfahrt, zu Fuß folgen wir der Forststraße durch artenreiche Au- und Fichtenwälder, wo die üppigen Vorkommen des Braun-Storchschnabels (*Geranium phaeum* subsp. *phaeum*) auffallen.

Der Weg ist schlecht markiert, hilfreich sind die Holzschilder mit der Aufschrift „Pölsenhütte". In Serpentinen schlängelt sich die Forststraße durch Schlagfluren mit prächtigen Hochstaudenfluren aus Alpen-Milchlattich (*Lactuca alpina*), Österreich-Gamswurz (*Doronicum austriacum*) und Meisterwurz (*Peucedanum ostruthium*) hinauf bis zur Pölseckalm, welche Ende Juni bis Mitte Juli durch die Vielzahl an Rost-Alpenrosen (*Rhododendron ferrugineum*) purpurrot leuchtet.

Vorbei an den kleinen Pölseck-Seen geht's zum Pölseckjoch und am Grat hinauf zum Hohenwart. Das Gebiet vom Joch bis zum Gipfel gleicht einem Botanischen Alpengarten:

Anspruch:
hoch

Bergauf:
1057 m

Gehzeit:
5 Std. (hin und zurück)

Beste Blumenzeit:
M Juni – M Juli, so auch für das Bunt-Läusekraut

Blumenpracht:
Kälte-Tragant (*Astragalus frigidus*); Gletscher-Nelke (*Dianthus glacials*); Niedrig-Enzian (*Gentiana pumila*); Endivien-Habichtskraut (*Hieracium intybaceum*); Bunt-Läusekraut (*Pedicularis oederi*); Wulfen-Steinbrech (*Saxifraga retusa*); Rudolphi-Steinbrech (*Saxifraga rudolphiana*); Sumpf-Tarant (*Swertia perennis*).

Bunt-Läusekraut (*Pedicularis oederi*), Steirische Clusius-Gamswurz (*Doronicum clusii* subsp. *villosum*), Alpen-Leinkraut (*Linaria alpina*), Ähren-Läusekraut (*Pedicularis rostratospicata*), Dreiblüten-Spitzkiel (*Oxytropis triflora*), Kriech-Nelkenwurz (*Geum reptans*), Silberwurz (*Dryas octopetala*), Kleb-Primel (*Primula glutinosa*) u. v. a. stellen sich hier ein, kalkliebende Arten neben kalkfliehenden.

Ein Blick vom Gipfel nach Norden eröffnet uns bereits ein weiteres botanisches Glanzlicht: Das Eiskar mit den Blumenwiesen am Südhang des Hirnkogels, wo sich Seltenheiten wie Norwegen-Tragant (*Astragalus norvegicus*), Seidenhaar-Spitzkiel (*Oxytropis halleri*) oder die Hybride *Pedicularis* × *pennina*, entstanden aus der Kreuzung Stutz-Läusekraut (*Pedicularis recutita*) mit Ähren-Läusekraut (*P. rostratospicata*), einfinden.

Weg hinunter gibt es keinen. Trittsichere Wanderer können sich bei guten Sichtverhältnissen den Abstieg ins Eiskar aber zutrauen und schon bald hat man die alte Forststraße linksseitig des Vorderen Pölsenbaches erreicht, welche wieder hinunter zum Parkplatz im Hinterwinkel führt.

Pflanzenbesonderheiten:

Flattnitz-Felsenblümchen (*Draba fladnizensis*); Kärnten-Felsenblümchen (*Draba siliquosa*); Sternhaar-Felsenblümchen (*Draba stellata*); Einkorb-Berufkraut (*Erigeron uniflorus*); Norisch-Labkraut (*Galium noricum*); Kälte-Enzian (*Gentiana frigida*); Seiden-Spitzkiel (*Oxytropis halleri*); Dreiblüten-Spitzkiel (*Oxytropis triflora*); Hybride aus Blaugrün-Steinbrech × Bach-Steinbrech (*Saxifraga × patens*); Habichtskraut-Steinbrech (*Saxifraga hieraciifolia*); Zwerg-Simsenlilie (*Tofieldia pusilla*)

Anreise:

Von Wien/Graz kommend auf der Murtal-Schnellstraße S36 nach Judenburg, auf der Murtal-Bundesstraße B317 ein kleines Stück bis zur Abzweigung Triebenerstraße B114. Auf der Triebener Bundesstraße B114 nach Möderbrugg und weiter über Zistl nach Pusterwald – durch den Ort bis zum Ende der Straße im Hinterwinkel.
Von Klagenfurt kommend auf der S37 bis Scheifling, auf der Murtal-Schnellstraße B317 bis St. Georgen ob Judenburg, auf der 114A bis Pöls, auf der Triebener Bundesstraße B114 bis Möderbrugg, dann wie oben.

Öffentliche Verkehrsanbindung:

Buslinie 871 von Judenburg Busbahnhof bis Pusterwald-Hinterwinkel. Allerdings wird diese Strecke zu selten angefahren, als dass sie als Wanderbus brauchbar wäre.

Weitere Freizeitangebote und botanische Ziele im Gebiet:

- Goldwaschen in Pusterwald
- Blumenschmuckgemeinde Pusterwald
- Tabakmuseum Oberzeiring
- Hirnkogel Richtung Eiskar (Seidenhaar-Spitzkiel, *Oxytropis halleri*; Edelweiß, *Leontopodium alpinum* usw.)
- Großer Hansl (Bunt-Läusekraut, *Pedicularis oederi*; Kopfiges Steppen-Aschenkraut, *Tephroseris integrifolia* subsp. *capitata* usw.)
- Triebener Moos an der Palten, letzter erhalten gebliebener, nicht regulierter Paltenabschnitt (Floh-Segge, *Carex pulicaris*; Sumpf-Greiskraut, *Senecio paludosus*; Äste-Igelkolben, *Sparganium erectum* usw.)

Unter anderem im Gebiet zu finden:

1 Ungarn-Witwenblume, *Knautia drymeia* **2** Tüpfel-Enzian, *Gentiana punctata*, W. Kussegg **3** Ostalpen-Enzian, *Gentiana pannonica*, J. Weinzettl **4** Österreich-Gamswurz, *Doronicum austriacum* **5** Dreiblüten-Spitzkiel, *Oxytropis triflora* **6** Gegenblatt-Steinbrech, *Saxifraga oppositifolia*, B. Ocepek **7** Österreichische Alpen-Kuhschelle (gelbliche Form), *Pulsatilla alpina* subsp. *alba* **8** Kleb-Primel, *Primula glutinosa*, P. Hubert

Schopfteufelskralle

Physoplexis comosa, GLOCKENBLUMENGEWÄCHS

Kurzbeschreibung:
Pflanze 5–15 cm groß; Grundblätter lang gestielt, grob gezähnt; Hüllblätter schmal-elliptisch bis lanzettlich, meist tief gesägt; Blütenstand doldig, meist 8–20-blütig; Krone purpurlila, zur Spitze hin schwarzpurpurn; Narben 2. Blütezeit Juni – August.

Verwechslungsmöglichkeit:
Keine

Verbreitung und Lebensraum:
Endemit der Südostalpen vom Comer See bis in die Julischen Alpen.
Besiedelt Kalk- und Dolomitfelsspalten von 900–2000 m Seehöhe, relativ häufig aber auch in tieferen Lagen an etwas feuchten Felsen in den Schluchten der Alpentäler, so im Val Vestino (500 m) oder am Ufer des Gardasees (60 m).

Gattung:
Monotypisch.

Name:
Der botanische Gattungsname ist aus den altgriechischen Wörtern „physa“ (= Blase) und „plexis“ (= Verflechtung) zusammengesetzt und bezieht sich auf die röhrenförmige, am Grund blasig erweiterte Krone, deren Kronblattzipfel an der Spitze verbunden sind.

Weitere Benennungen sind „Schopfrapunzel“, „Dolomiten-Teufelskralle“ und „Schelanderia“.

Teufelskralle-Arten der Alpen (Auswahl):

1 Betonien-Teufelskralle, *Phyteuma betonicifolium* **2** Zwerg-Teufelskralle, *Phyteuma confusum* **3** Wenigblüten-Teufelskralle, *Phyteuma globulariifolium*, P. Hubert **4** Grasblatt-Teufelskralle, *Phyteuma hemisphaericum*, W. Kussegg

Schopfteufelskralle, *Physoplexis comosa*

5 Micheli-Teufelskralle, *Phyteuma michelii* **6** Kugel-Teufelskralle, *Phyteuma orbiculare* **7** Eikopf-Teufelskralle, *Phyteuma ovatum* **8** Pfirsichblatt-Teufelskralle, *Phyteuma persicifolium* W. Kussegg **9** Scheuchzer-Teufelskralle, *Phyteuma scheuchzeri* **10** Schwarzwurzel-Teufelskr., *Phyteuma scorzonerifolium* **11** Dolomiten-Teufelskr., *Phyteuma sieberi* **12** Ähren-Teufelskr., *Phyteuma spicatum*

Die Schopfteufelskralle der Brenta

Brenta-Gruppe vom Molveno-See aus

Anspruch:
hoch

Bergauf:
710 m (bis zur Malga Flavona)

Gehzeit:
6 Std. (bis zur Malga Flavona und zurück)

Beste Blumenzeit:
E Juni – A August, für die Schopfteufelskralle A Juli – E Juli

Im Norden der Brenta-Gruppe liegt ein See, der einst eine biologische Besonderheit barg. Die Rede ist vom Tovel-See, der durch einen Erdrutsch entstand, der um das Jahr 1300 das Gletscherbecken verschloss. Bekannt wurde der See durch eine in biologischer Hinsicht einzigartige Erscheinung: Bis Mitte der 1960er-Jahre nahm der See in den wärmeren Sommermonaten eine dunkelrote Färbung an, weshalb er auch der „rote See" genannt wurde. Verursacht wurde diese Färbung durch das Massenvorkommen dreier verschiedener Algen. Mit dem Nährstoffeintrag durch die im Uferbereich befindliche touristische Infrastruktur verschwand in den 1960er-Jahren dieses Naturschauspiel. Zwar sind alle drei Algenarten nach wie vor im See vorhanden, aber in einer abgeänderten Zusammensetzung.

Wir beginnen unsere Wanderung am Tovel-See, zu dem uns ein Shuttlebus von Tuenno aus bringt, denn die Straße durchs Toveltal ist in den Sommermonaten für Touristen gesperrt. Mit seiner türkisgrünen Farbe und den weißen Zinnen der Brenta im Hintergrund ist der See beeindruckend. Wie muss das erst gewesen sein, als der See noch rot gefärbt war? Wir wandern den Tresenga-Bach auf der Forststraße aufwärts bis zum geschützten Biotop Malga Flavona – eine fast außerirdisch anmutende

Unter anderem im Gebiet zu finden:

1 Lila Braun-Storchschnabel, *Geranium phaeum* subsp. *lividum* **2** Brenta-Kohlröschen, *Nigritella buschmanniae*, U. Heidtke **3** Dolomiten-Fingerkraut, *Potentilla nitida*, P. Hubert **4** Seguier-Hahnenfuß, *Ranunculus seguieri*

Landschaft mit riesigen Kalkfelsen, dazwischen Latschen und prächtige Frauenschuh-Stöcke (*Cypripedium calceolus*). Am oberen Ende des Biotops gibt es eine Selbstversorgerhütte mit Schlafgelegenheit. Wer nur einen Tag Zeit hat, wird hier wahrscheinlich schon ans Umkehren denken müssen. Empfehlenswert zurück ist der fast eben durchs Biotop führende 330er-Wanderweg, der uns mitten durch das Reich von Frauenschuh (*Cypripedium calceolus*) und Frühlings-Kuhschelle (*Pulsatilla vernalis*) zurück zum Tovel-See führt.

Wer noch Zeit und Lust hat, sollte dieses Gebiet aber weiter botanisch erforschen, so etwa hinauf zum Passo del Groste, 2432 m, wo am Wegesrand Koriander-Schmuckblume (*Callianthemum coriandrifolium*) und Brenta-Kohlröschen (*Nigritella buschmanniae*) erfreuen.

Weitere Freizeitangebote und botanische Ziele im Gebiet:

- Mittelalterlich geprägtes Ortszentrum von Cles
- Destillerie Villa de Varda in Mezzolombardo
- Mendelbahn zum Mendelpass ab St. Anton bei Kaltern

Blumenpracht:

Koriander-Schmuckblume (*Callianthemum coriandrifolium*); Montpellier-Nelke (*Dianthus hyssopifolius*); Herzblatt-Gamswurz (*Doronicum columnae*); Strahlen-Ginster (*Genista radiata*); Krokus-Feuer-Lilie (*Lilium bulbiferum* subsp. *croceum*); Rätischer Alpen-Mohn (*Papaver alpinum* subsp. *rhaeticum*); Schopfteufelskralle (*Physoplexis comosa*); Dolomiten-Fingerkraut (*Potentilla nitida*)

Pflanzenbesonderheiten:

Kreuzung aus Kleb-Kratzdistel × Berg-Kratzdistel (*Cirsium × rellichianum*); Brenta-Enzian (*Gentiana brentae*); Blut-Storchschnabel (*Geranium sanguineum*); Klettenkraut (*Hackelia deflexa*); Felsen-Miere (*Minuartia rupestris*); Brenta-Kohlröschen (*Nigritella buschmanniae*); Blau-Mänderle (*Paederota bonarota*); Scheuchzer-Teufelskralle (*Phyteuma scheuchzeri*); Seguier-Hahnenfuß (*Ranunculus seguieri*); Schild-Hahnenfuß (*Ranunculus thora*)

Anreise:

Von Innsbruck auf der A13 bzw. der A22 bis Bozen-Süd, dann auf der B38 und der B42 bis Cavareno, auf der SS43 bis Cles, der SP73 bis Tuenno und dann dem Wegweiser Richtung Tovelsee folgen. In der Nebensaison ist die Zufahrt frei (Stand 2013). Ende Juni bis Ende August: Vor 9 Uhr und nach 18 Uhr besteht freie Zufahrt zum Parkplatz am See. Von 9 bis 10.30 Uhr ist der Parkplatz zahlungspflichtig und man fährt mit dem Auto bis zum See. Von 10.30 bis 18 Uhr ist die Zufahrt zum See mit dem Auto gesperrt und man muss das Auto auf dem Platz der Ortschaft Capriolo abstellen und den Shuttlebus benutzen.

Orange-Mausohr

Pilosella aurantiaca, *(Synonym: Hieracium aurantiacum)*

KORBBLÜTLER

Kurzbeschreibung:
Pflanze 20–40 cm hoch; mit ober- oder unterirdischen Ausläufern; Stängel und Blätter dunkel behaart; Korbstand mit 4–10 Blütenköpfen; Zungenblüten orangegelb bis orangerot. Blütezeit Juni – August.

Verwechslungsmöglichkeit:
Mit den anderen orange blühenden Mausohren, welche Zwischenarten oder Hybriden mit dem Orange-Mausohr darstellen. So etwa das Flagellen-Mausohr (*P. stoloniflora*), welches aber unverzweigte Stängel hat oder aber unterhalb der Mitte tiefgabelig verzweigt ist (*P. aurantiaca* ist oberhalb der Stängelmitte hochgabelig verzweigt).

Verbreitung und Lebensraum:
Europäisch-montane Art von den Alpen und der Auvergne bis in die Karpaten, nach Skandinavien und Nordwestrussland. Oft als anspruchslose Gartenstaude kultiviert und daraus verwildert, adventiv auch in Nordamerika. In den Alpen weit verbreitet, fehlt aber Teilen der äußersten Süd- und Südwestalpen.
Besiedelt Bergwiesen, Weiden, Feuchtwiesen und Zwergstrauchheiden von 800–2600 m Seehöhe. Kieselliebend.

Gattung:
Von den rund 1500 Arten (*Hieracium* inkl. *Pilosella*) der Gattung kommen je nach Artabgrenzung zwischen 350 und 1100 in Europa vor; allein in Österreich rund 160. Mannigfaltigkeitszentren sind Mitteleuropa und die subarktischen Gebiete Eurasiens und Nordamerikas. Die große Fülle schwierig zu unterscheidender Arten ist dadurch zustande gekommen, dass viele Arten aus Hybriden entstanden sind. Die Gattung zählt deswegen zu einer der formenreichsten, schwierigsten, aber auch interessantesten im heimischen Pflanzenreich. Für den Botaniker wird hier offenkundig, dass *Pilosella*, aber auch *Hieracium* in voller phylogenetischer Entwicklung begriffen sind.

Name:
Der botanische Gattungsname *Hieracium* ist vom altgriechischen „hierax“ (= Habicht, Falke) abgeleitet und soll von der Legende stammen, nach der die Raubvögel ihre Sehkraft mittels des Krautes schärfen – welches Kraut da gemeint war, ist natürlich unbekannt. *Pilosella* als neuer Gattungsname für die ehemalige Untergattung *Pilosella* dürfte dem lateinischen „pilosus“ (= behaart) entstammen und sich ursprünglich auf das Zotten-Habichtskraut (*Hieracium villosum*) bezogen haben. Zu den Volksnamen für die hier betrachtete Art mit den feuerroten Blüten gehören „Feuerbleamel“ und „Rotes Mausohr“. Fast alle anderen Arten blühen gelb.

Taxonomie:
Wie man schon seit Langem weiß, umfasst die Gattung *Hieracium*/Habichtskraut zwei deutlich verschiedene Verwandtschaftsgruppen, die bisher meist als Untergattungen klassifiziert worden sind: *Pilosella*/Mausohren oder Mausohrhabichtskräuter und *Hieracium* s.str./Eigentliche Habichtskräuter. Neuere Forschungsergebnisse haben gezeigt, dass diese beiden nicht sehr nah miteinander verwandt sind und daher besser als Gattungen bewertet werden. *Hieracium aurantiacum* ist ein Mausohr und heißt daher nun *Pilosella aurantiaca*.

Anmerkung:
Pilosella aurantiaca bildet mit vielen gelb blühenden Mausohren Primärhybriden und artgewordene Hybriden, die sich dann durch eine orangegelbe Blütenfarbe auszeichnen.

Orange-Mausohr, *Pilosella aurantiaca*

Weitere Mausohren und Habichtskräuter der Alpen (Auswahl):

1 Schönhaar-Mausohr, *Pilosella × calomastix, (Hieracium × calomastix)* **2** Klein-Mausohr, *Pilosella officinarum (Hieracium pilosella)* **3** Orangegelb-Mausohr, *Pilosella (×) fusca (Hieracium (×) fuscum)* **4** Bauhin-Mausohr, *Pilosella bauhini (Hieracium bauhini)* **5** Schnee-Mausohr, *Pilosella ×niphostribes (Hieracium ×niphostribes)* **6** Zotten-Habichtskraut, *Hieracium villosum,* W. Kussegg **7** Flagellen-Mausohr, *Pilosella stoloniflora (Hieracium stoloniflorum),* P. Hubert **8** Alpen-Habichtskraut, *Hieracium alpinum* **9** Wald-Habichtskraut, *Hieracium murorum* **10** Weitast-Habichtskraut, *Hieracium sparsiramum* **11** Endivien-Habichtskraut, *Hieracium intybaceum* **12** Filz-Habichtskraut, *Hieracium tomentosum*, W. Kussegg

WANDERVORSCHLAG: ***Ö – Kärnten – Nockberge***

Das Orange-Mausohr auf dem Gregerlenock

Die Turracher Höhe, 1783 m, ist ein touristisch erschlossener Sattel zwischen Kärnten und der Steiermark. Skilifte, Güterstraßen und Hotelbauten, wohin das Auge blickt, und trotzdem gibt es hier floristische Besonderheiten. Während der Turrachsee praktisch kein natürliches Ufer mehr besitzt, ist dies dem nahe liegenden Schwarzsee erhalten geblieben. Kleine Quellen aus den umliegenden Mooren speisen den an der tiefsten Stelle nur drei Meter tiefen See. Fische beheimatet er keine, dafür aber reichlich Alpenmolche und den Hüpferling, eine Kleinkrebsart. Botanisch sind besonders das Dreiteilig-Labkraut (*Galium trifidum*) und das Wechselblüten-Tausenblatt (*Myriophyllum alterniflorum*) interessant. Letzteres ist in Österreich nur hier zu finden und auch das Dreiteilig-Labkraut ist eine große Seltenheit. In der borealen Stufe weit verbreitet, kommt es in den Alpen als Glazialrelikt nur in den Seetaler und Gurktaler Alpen vor.

Die Wanderung beginnt auf der Turracher Höhe, 1783 m, beim Parkplatz am Südufer des Turrachsees und umgeht den Kornock, 2193 m, indem über die Winkleralm der 109er-Weg zur Pregatscharte und dann der 126er-Weg zum Schneegrubensattel genommen wird. Im Mai/Juni blühen hier Kleb-Primel (*Primula*

Blumenpracht:
Hänge-Tragant (*Astragalus penduliflorus*); Österreich-Rittersporn (*Delphinium elatum* subsp. *austriacum*); Gletscher-Gamswurz (*Doronicum glaciale*); Zotten-Primel (*Primula villosa*)

Anspruch:
hoch

Bergauf:
ca. 600 m

Gehzeit:
ca. 6 Std. bis zum Gipfelkamm des Gregerlenock und zurück, ca. 4 Std. bis zum Schneegrubensattel und zurück.

Beste Blumenzeit:
E Juni – A August, ebenso für das Orange-Mausohr

Nach dem Gebiet benannt:
Turracher Rispen-Eisenhut (*Aconitum degenii* subsp. *paniculatum* var. *turrachense*); Turrach-Habichtskraut (*Hieracium carinthiostiriacum*)

Pflanzenbesonderheiten:
Norwegen-Tragant (*Astragalus norvegicus*); Zwerg-Birke (*Betula nana*); Schierlingssilge (*Conioselinum tataricum*); Berg-Pippau (*Crepis pontana*); Einkorb-Berufkraut (*Erigeron uniflorus*); Huters Bruch-Blasenfarn (*Cystopteri fragilis* var. *huteri*); Hybride Alpen-Blasenfarn × Bruch-Blasenfarn (*Cystopteris alpina* × *C. fragilis*); Kärnten-Felsenblümchen (*Draba siliquosa*); Dreizählig-Labkraut (*Galium trifidum*, am Schwarzsee); Turrach-Habichtskraut (*Hieracium carinthiostiriacum*); Bitterkraut-Habichtskraut (*Hieracium picroides*); Faltenlilie (*Lloydia serotina*); Krummblatt-Miere (*Minuartia recurva*); Wechselblüten-Tausenblatt (*Myriophyllum alterniflorum*, Schwarzsee); Dreiblüten-Spitzkiel (*Oxytropis triflora*); Hybride aus Kleb-Primel × Zwerg-Primel (*Primula* × *floerkeana*); Hybride aus Bach-Steinbrech × Blaugrün-Steinbrech (*Saxifraga* × *patens*); Tauern-Weide (*Salix mielichhoferi*); Sumpf-Tarant (*Swertia perennis*, auch weißblühend)

Anreise:
Von Graz auf der A2 bis Klagenfurt-Nord, dann die B95 bis zur Turracher Höhe.

glutinosa), Zwerg-Primel (*Primula minima*), Zotten-Primel (*Primula villosa*) und deren Hybriden, im Sommer sind es dann Endivien-Habichtskraut (*Hieracium intybaceum*), Zwerg-Seifenkraut (*Saponaria pumila*), Steiermark-Hauswurz (*Sempervivum stiriacum*), Orange-Mausohr und einige andere Bergschönheiten.

Markierten Weg gibt es hier keinen auf den Gregerlenock (= Grögerlenock, Rotkofel), für sehr trittsichere Blumenfreunde empfiehlt sich aber ein Wildaufstieg über den wiesenreichen Südosthang, wo Österreich-Rittersporn (*Delphinium elatum* subsp. *austriacum*), Hänge-Tragant (*Astragalus penduliflorus*) und Großwurzel-Pippau (*Crepis conyzifolia*) neben vielen anderen Prachtblumen blühen.

Öffentliche Verkehrsanbindung:
Mit der Murtalbahn von Unzmarkt bzw. Mauterndorf bis Stadl an der Mur. Mit der Buslinie 8820 bis zur Turracher Höhe. Die Fahrintervalle der Linie sind allerdings kaum ausreichend.

Barrierefreiheit für Kinderwägen/Rollstühle:
Viele Wege im Seengebiet der Turracher Höhe lassen sich mit Kinderwägen/Rollstühlen befahren. Die lichten Zirben-Fichtenwälder hier beheimaten interessante Habichtskraut-Arten, die teilweise bisher nur von hier bekannt sind.

Weitere Freizeitangebote und botanische Ziele im Gebiet:
- Sommerrodelbahn Nocky-Flitzer auf der Turracher Höhe
- Schatzhaus der Natur auf der Turracher Höhe mit Bergkristallen und Achaten
- Wolitzentümpel nördlich vom Rosennock (dichte Bestände des Schmalblatt-Igelkolbens, *Sparganium angustifolium*).
- Moore beim Paulilift auf der Turrach; mehrere Moore im Bereich des Pauli-Schleppliftes (Zwerg-Birke, *Betula nana*; Schlamm-Segge, *Carex limosa*; Sumpf-Tarant, *Swertia perennis*; Alpen-Haarbinse, *Trichophorum alpinum*; Rasen-Haarbinse, *Trichophorum cespitosum* usw.)
- Falkertgebiet um den Falkertsee bei Bad Kleinkirchheim (Wulfen-Mannsschild, *Androsace wulfeniana*; Kärnten-Tauernblümchen, *Lomatogonium carinthiacum;* Drüsen-Mauerpfeffer, *Sedum villosum* usw.)
- Grünleitennock von der Nockalmstraße (Hybride aus Duft-Händelwurz × Rhellicanus Kohlröschen, × *Gymnigritella heufleri*; Fliegen-Ragwurz, *Ophrys insectifera* usw.)

Unter anderem im Gebiet zu finden:

1 Norwegen-Tragant, *Astragalus norvegicus* **2** Alpenmargerite, *Leucanthemopsis alpina* **3** Dreiteilig-Labkraut, *Galium trifidum* **4** Kärnten-Tauernblümchen, *Lomatogonium carinthiacum*, W. Franz **5** Steiermark-Hauswurz, *Sempervivum stiriacum* **6** Sumpf-Tarant, *Swertia perennis*, G. Tritthart

Buchs-Kreuzblume

Polygala chamaebuxus, KREUZBLUMENGEWÄCHS

Kurzbeschreibung:
Zwergstrauch, 5–15 cm hoch; Laubblätter elliptisch, immergrün, ledrig, 1–1,5 cm lang; Blüten gelb und weiß, bei der var. *grandiflora* purpurn und gelb, zu 1–3 in den Blattwinkeln; das untere Blütenblatt, das Schiffchen, ist vorne 4-lappig. Blütezeit Februar – Juni.

Verwechslungsmöglichkeit:
Keine

Verbreitung und Lebensraum:
Südeuropäisch-montane Art von den östlichen Pyrenäen (fraglich) bis zu den Karpaten. In den Alpen in der ganzen Kette von den Seealpen bis ins Burgenland. Besiedelt lichte Föhrenwälder, trockene Magerwiesen, Wegböschungen, Niedermoore und ähnliche Standorte vom Tiefland bis 2200 m Seehöhe, gelegentlich auch höher, wie im Wallis (2480 m). Kalk- und dolomitliebend, aber auch über Granit, Gneis, Sandstein, Serpentin und weiteren Gesteinen.

Gattung:

Polygala umfasst etwa 300 Arten mit Mannigfaltigkeitsschwerpunkt in Amerika. In Südafrika bildet die Kreuzblume auch mittelhohe Sträucher (*Polygala myrtifolia*) aus. In Europa sind 33 Arten heimisch, in den Alpen 13.

Name:

Der botanische Gattungsname soll sich vom altgriechischen „poly“ (= viel) und „gala“ (= Milch) herleiten. Allerdings führt keine Art der Gattung Milchsaft und auch die Milchleistung der Kühe wird durch Kreuzblumen nicht gesteigert. Eine andere, gleichfalls unwahrscheinliche Theorie besagt, dass der Name von der milchweißen Unterart *P. vulgaris* subsp. *oxyptera* herrührt.

Der Artbeiname hingegen ist eindeutig vom altgriechischen „chamai“ (= nieder) und „buxus“ (= Buchs) und verweist auf die Ähnlichkeit der immergrünen Blätter.

„Pantofferl“, „Frauenschucherl“, „Gockelhahn“, „Bipihenderl“, „Pflümli“ und „Muttergottespatschala“ sind einige der vielen Volksbezeichnungen.

Untergliederung:

Polygala chamaebuxus tritt in zwei Sippen auf, die sich lediglich durch die Farbe der Krone unterscheiden:

- var. *chamaebuxus*: Blütenhülle gelb-weiß
- var. *grandiflora*: Blütenhülle purpurn-gelb

Weitere Kreuzblumen der Alpen (Auswahl):

1 Alpen-Kreuzblume, *Polygala alpestris*, W. Baier **2** Bitter-Kreuzblume, *Polygala amara* **3** Sumpf-Kreuzblume, *Polygala amarella* **4** Kalk-Kreuzblume, *Polygala calcarea* **5** Schopf-Kreuzblume, *Polygala comosa*, P. Hubert **6** Groß-Kreuzblume, *Polygala major* **7** Nizza-Kreuzblume, *Polygala nicaeensis* **8** Spitzflügel-Wiesen-Kreuzblume, *P. vulgaris* subsp. *oxyptera*

Buchs-Kreuzblume, *Polygala chamaebuxus* var. *grandiflora*

3

4

5

6

7

8

70

WANDERVORSCHLAG: ***Ö – Niederösterreich – Wienerwald***

Die Buchs-Kreuzblume auf dem Gföhlberg

F. Weingartner

Anspruch:
gering

Bergauf:
271 m

Gehzeit:
1,5 Std. (hin und zurück)

Beste Blumenzeit:
März – Juni; für die Buchs-Kreuzblume April – Mai, für das Schneeglöckchen März, für die Elsbeeren-Herbstfärbung Oktober.

Die kalte Jahreszeit neigt sich dem Ende zu, in den Hochalpen ist noch Winter, doch bei uns Blumenfreunden regt sich schon lange die Sehnsucht nach den ersten Blumen. Also nichts wie hinaus. Als einer der ersten Berge bietet sich der Gföhlberg, 885 m, im südwestlichen Wienerwald an, wo im Frühling die Schneeglöckchen locken.

Unsere Wanderung beginnt auf der Klammhöhe beim Gasthof Lindner. Der Weg, streckenweise in einem Hohlweg verlaufend und hier einer natürlichen Bobbahn gleichend, führt durch einen Buchen-Tannen-Mischwald. Hie und da erscheint ein knospiger Seidelbast (*Daphne mezereum*) oder eine knospige Weiß-Pestwurz (*Petasites albus*), welche durch die letzten Schneereste bricht.

Etwas später im Jahr blüht hier eine andere ungewöhnliche Blume – die Buchs-Kreuzblume. In den Kalkalpen zählt sie zu den weit verbreiteten Arten, hier im Flysch hingegen gehört sie zu den Seltenheiten. Frei nach dem Motto „mach dich rar, dann zählst du was" macht sich die Buchs-Kreuzblume hier am Gföhlberg tatsächlich rar, immerhin kommt sie aber in beiden Varietäten vor.

1 Schneeglöckchen, *Galanthus nivalis*, H. Schön **2 Buchs-Kreuzblume,** *Polygala chamaebuxus*

Bald haben wir die Gföhlberghütte erreicht. Diese in Ökobauweise gezimmerte Hütte ist in den Jahren 1999–2003 in rund 10.000 freiwilligen Arbeitsstunden entstanden. Das Lärchenholz ist mondphasengeschlägert, die Stämme wurden mittels einer Wandersäge vor Ort verarbeitet. Die Steine für den Keller stammen alle aus einem Umkreis von 50 Metern um die jetzige Hütte, zur Dämmung diente Schafwolle, die Holzstämme wurden mit Holznägeln in traditioneller Bauweise verbunden. Die Stromversorgung erfolgt über Photovoltaik und Windkraft. Kurzum, eine ökologische Vorbildhütte. Bewirtschaftet ist sie jeweils an Wochenenden und Feiertagen.

Wir verlassen die warme Hütte und machen uns auf den Weg zum Gipfel, passender zum höchsten Punkt, denn einem Gipfel

Blumenpracht:

Echt-Akelei (*Aquilegia vulgaris*); Schmalblatt-Waldvögelein (*Cephalanthera longifolia*); Alpen-Zyklame (*Cyclamen purpurascens*); Holunder-Fingerwurz (*Dactylorhiza sambucina*); Bunt-Hohlzahn (*Galeopsis speciosa*); Tüpfel-Gilbweiderich (*Lysimachia punctata*); Kugelständel (*Traunsteinera globosa*).

Pflanzenbesonderheiten:

Wald-Hornkraut (*Cerastium sylvaticum*); Breitblatt-Spindelstrauch (*Euonymus latifolius*); Trauben-Habichtskraut (*Hieracium racemosum*); Moschus-Malve (*Malva moschata*); Niedrig-Schwarzwurz (*Scorzonera humilis*); Elsbeere (*Sorbus torminalis*); Berg-Ehrenpreis (*Veronica montana*)

Anreise:

Von Wien auf der A1 bis Altlengbach, dann die L119 bis zur Klammhöhe.

Öffentliche Verkehrsanbindung:

Mit der Buslinie 1089 vom Bahnhof Wien-Hütteldorf bis zur Klammhöhe.

Weitere Freizeitangebote und botanische Ziele im Gebiet:

- Ausstellung landwirtschaftlicher Geräte im Wienerwaldmuseum Eichgraben
- Naturschutzgebiet Untergrödlwiesen zwischen Forsthof und Schöpflgitter (Klein-Hundswurz, *Anacamptis morio*; Borsten-Glockenblume, *Campanula cervicaria*; Pracht-Nelke, *Dianthus superbus* subsp. *superbus*; Kamm-Wachtelweizen, *Melampyrum cristatum* usw.)

gleicht es hier nicht. Im zeitigen Frühjahr erfreuen uns Wanderer die reichlich vorkommenden Schneeglöckchen (*Galanthus nivalis*), die uns klar machen, dass das lange Warten nun vorbei ist – die Wildblumen blühen wieder! Und das Schneeglöckchen ist doch eine ganz wunderbar-eigenartige Blume. Zuerst kämpft sie sich praktisch noch durch den Schnee ans Licht, um dann, wenn die Frühlingsstrahlen das Land erwärmen, in sich zusammenzusinken und zu verblühen, fast so, als wäre sie erdrückt von der Last dieses Glückes.

Der Gföhlberg eignet sich aber nicht nur im Frühjahr für Wanderungen, sondern auch im Herbst, wenn die Elsbeere (*Sorbus torminalis*) ihr Laub verfärbt. Der Gföhlberg ist Teil des Elsbeer-Reiches, denn in keiner anderen Region Mitteleuropas gedeihen so viele fruchttragende Solitär-Elsbeerbäume wie hier, wo 300 bis 400 alte Elsbeerbäume gezählt wurden. Sein Holz zählt zu den edelsten überhaupt. Ein Kubikmeter erzielt einen Wert von bis zu 20.000 €. Auch der Edelbrand aus Elsbeeren ist ein ebenso kostspieliges wie delikates Vergnügen. Der heute gebräuchliche deutsche Name wird erstmals bei Martin Luther erwähnt, der seinen Freund Agricola in einem Brief vom 20. September 1526 darum bittet, er möge ihm zum Kurieren seiner Frau doch mehr von den heilsamen Elsbeeren schicken.

Elsbeer-Ernte, F. Weingartner

Elsbeer-Verarbeitung

Kunst aus Elsbeerholz

Duft-Weißwurz

Polygonatum odoratum, MÄUSEDORNGEWÄCHS

Kurzbeschreibung:

Pflanze 20–50 cm hoch; Stängel kantig, unverzweigt, bis zur Spitze zweizeilig beblättert; Blätter breitlanzettlich bis eiförmig, bläulichgrün; Blüten einzeln oder zu 2–3 in den Laubblattachseln, 15–30 mm lang, weiß mit grünen Zipfeln, duftend; Frucht ist eine dunkelblaue Beere. Blütezeit Mai – Juni.

Verwechslungsmöglichkeit:

Die Wald-Weißwurz (*P. multiflorum*) hat einen stielrunden Stängel (bei *P. odoratum* kantig), die Blüten sind zu 2–6 in den Laubblattachseln angeordnet (bei *P. odoratum* einzeln oder zu 2–3).
Die Breitblatt-Weißwurz (*P. latifolium*) hat eine zeilenförmig kurz behaarte Blattunterseite (bei *P. odoratum* kahl) und Blätter, die beiderseits glänzend sind (bei *P. odoratum* unterseits matt bläulichgrün).

Verbreitung und Lebensraum:

Eurasiatische Art von Skandinavien und der iberischen Halbinsel bis Japan. In den Alpen flächendeckend verbreitet. Besiedelt Trockenrasen, Föhrenwälder, Säume, waldnahe Felsfluren und Gebüsche vom Tiefland bis 2100 m Seehöhe, vereinzelt auch höher, wie am Padasterjoch (2200 m). Kalkliebend.

Gattung:

Von den 57 Arten der Gattung kommen 5 in Europa und 4 in den Alpen vor. Alle Arten sind in der nördlichen temperaten Zone beheimatet.

Name:

Der botanische Gattungsname setzt sich aus den altgriechischen Wörtern „poly" (= viel) und „gony" (= Knie) zusammen und beschreibt die typische Form der Blütenstandsachse mehrerer Arten. Der Artbeiname ist lateinisch, bedeutet wohlriechend und beschreibt den Blütenduft.

Nahe Verwandte im Alpenraum:

1 Breitblatt-Weißwurz, *Polygonatum latifolium* **2** Wald-Weißwurz, *Polygonatum multiflorum* **3** Quirl-Weißwurz, fruchtend, *Polygonatum verticillatum* **4** Maiglöckchen, *Convallaria majalis* **5** Zweiblatt-Schattenblümchen, *Maianthemum bifolium* **6** Stech-Mäusedorn, *Ruscus aculeatus*

Duft-Weißwurz, *Polygonatum odoratum*

71

WANDERVORSCHLAG: ***Ö – Niederösterreich – Thermenlinie***

Die Duft-Weißwurz auf dem Heberlberg

Pflanzenbesonderheiten:
Frühlings-Adonisröschen (*Adonis vernalis*); Steppen-Glockenblume (*Campanula sibirica*); Österreich-Ackerkohl (*Conringia austriaca*); Kantabrien-Winde (*Convolvulus cantabrica*); Berg-Kronwicke (*Coronilla coronata*); Zwerg-Schwertlilie (*Iris pumila*); Dalmatien-Lotwurz (*Onosma visianii*); Hummel-Ragwurz (*Ophrys holoserica*); Echt-Schwarzwurzel (*Scorzonera hispanica*); Österreich-Ehrenpreis (*Veronica austriaca*); Früh-Ehrenpreis (*Veronica praecox*).

Nordwestlich von Pfaffstätten erhebt sich ein unscheinbarer Hügel aus dem Ostabfall der Alpen. Im Herbst fällt er durch die zinnoberrote Blattfärbung der zahlreichen Felsenbirnen auf, ansonst führt er ein eher unauffälliges Dasein. Wenn sich wer auf diesen Hügel verirrt, dann meist jemand in gebückter Haltung und schon ist gewiss: Ein Blumenfreund oder Insektenkundler ist unterwegs. Im Frühling sind besonders viele dieser Gestalten auf dem Heberlberg unterwegs und ich bin des Öfteren mittendrin auf dieser Suche nach Hummel-Ragwurz (*Ophrys holoserica*), Dalmatien-Lotwurz (*Onosma visianii*) und Co.

Auf den Weinbergstraßen herrscht Fahrverbot für motorisierte Fahrzeuge und so gehen wir bis zur Ausschank Schafler. Mitten in den Weingärten stehen hier Biertische, ein Griller und ein Holzhäuschen, wo nachmittags an Wochenenden bei Schönwetter ausgeschenkt wird. Von hier geht's nordwärts den unmarkierten Weg in Richtung des markanten Trockenrasenhanges. Zu diesem führt dann links ein schmaler Weg, von Sträuchern gesäumt. Bei der Abzweigung rechts halten und schon geht's steil hinauf zum Trockenhang. Zeitig im Frühjahr blühen hier Zwerg-Schwertlilie (*Iris pumila*), Frühlings-Adonisröschen (*Adonis vernalis*), Groß-Kuhschelle (*Pulsatilla grandis*), Berg-Täschelkraut (*Noccaea montana*) und einige weitere mehr. Später im Jahr sind es Schönheiten wie Purpur-Schwarzwurz (*Scorzonera purpurea*)

Am Heberlberg zu finden:
1 Frühlings-Adonisröschen, *Adonis vernalis* **2** Purpurblau-Rindszunge, *Buglossoides purpurocaerulea* **3** Zwerg-Schwertlilie, *Iris pumila*, P. Hubert **4** Dalmatien-Lotwurz, *Onosma visianii*, K. Zernig **5** Groß-Kuhschelle, *Pulsatilla grandis* **6** Schwarz-Germer, *Veratrum nigrum*

und Österreich-Ehrenpreis (*Veronica austriaca*). Auch die Tierwelt hier ist artenreich, als Besonderheiten seien Sägeschrecke (*Sago pedo*), Steirischer Fanghaft (*Mantispa styriaca*), Siebenzähnige Harzbiene (*Anthidium septemdentatum*) und Lauch-Seidenbiene (*Colletes graeffei*) erwähnt.

Der Kamm verflacht und der Weg führt nun durch ähnlich artenreiche Mischwälder aus Schwarz-Föhren, Linden, Eichen, Feld-Ahorn, Edel-Eschen, Berg-Ahorn, Haseln, Hainbuchen, Mehlbeeren, Buchen usw. in Richtung Glaslauterriegel. Selbst die Trasse der südlich des Heberlberges querenden Gasleitung ist blumenreich: Schwarz-Germer (*Veratrum nigrum*), Diptam (*Dictamnus albus*) oder Purpurblau-Rindszunge (*Buglossoides purpurocaerulea*) sind nur einige, die diese einmal jährlich gemähten Flächen nutzen.

Öffentliche Verkehrsanbindung:
Mit der Bahn bis Pfaffstätten, dann zu Fuß oder mit dem Taxi

Barrierefreiheit für Kinderwägen/Rollstühle:
Ist auf den Güterwegen, wie dem Höllweg oder dem Güterweg Bergen gegeben, nicht aber am Heberlberg und am Glaslauterriegel.

Weitere Freizeitangebote und botanische Ziele im Gebiet:
- Naturdenkmal Einödhöhlen am Einödkogel bei Pfaffstätten
- Heimatmuseum Pfaffstätten
- Klesheim-Aussichtswarte am Pfaffstättner Kogel
- Weinbaumuseum Bergerhaus in Gumpoldskirchen
- Rosarium in Baden
- Gumpoldskirchen, Kalvarienberg (Adria-Riemenzunge, *Himantoglossum adriaticum*; Zwerg-Schwertlilie, *Iris pumila*; Bart-Wachtelweizen, *Melampyrum barbatum*; Schmalblüten-Traubenhyazinthe, *Muscari tenuiflorum* usw.)

Blumenpracht:
Purpurblau-Rindszunge (*Buglossoides purpurocaerulea*); Diptam (*Dictamnus albus*); Liege-Nadelröschen (*Fumana procumbens*); Goldschopf (*Galatella linosyris*); Breitblatt-Platterbse (*Lathyrus latifolius*); Acker-Wachtelweizen (*Melampyrum arvense*); Immenblatt (*Melittis melissophyllum*); Schwarz-Germer (*Veratrum nigrum*).

Beste Blumenzeit:
E März – E Juni, für die Duft-Weißwurz M April – M Mai

Anspruch:
gering

Bergauf:
75 m

Gehzeit:
1 Std. (bis zum Glaslauterriegel und zurück)

Anreise:
Von Wien auf der A2 bis Wiener Neudorf, dann die B11, die B17 und die B212 bis Pfaffstätten und die Weinbergstraße L151 bis zum Storcherweg. Dort parken.

Dolomiten-Fingerkraut

Potentilla nitida, ROSENGEWÄCHS

Kurzbeschreibung:

Pflanze 2–5 cm hoch; ganze Pflanze dicht und silbrig glänzend behaart; Blätter 3-zählig gefingert; Blütenblätter purpurrosa, selten weiß; Staubfäden und Griffel purpurrot. Blütezeit Juni – August.

Verwechslungsmöglichkeit:

Weißblühende Pflanzen können mit dem Clusius-Fingerkraut (*P. clusiana*) verwechselt werden. Dieses hat aber 5-zählige Blätter (bei *P. nitida* 3-zählig).

Verbreitung und Lebensraum:

Endemit der Alpen. Die Angaben aus dem Toskanischen Apennin und von Istrien sind unbestätigt. In den Alpen in einem geschlossenen Gebiet in den Südostalpen vom Gardasee bis in die Steiner Alpen. Westlich davon im Grigna-Gebiet, in der Grand Chartreuse in der Dauphine und in der Südkette des Savoyer Jura am Mont Grelle.
Besiedelt Kalk- und Dolomitfelsen, offene Rasenbänder und Geröllhalden von 1600–2500 m Seehöhe, vereinzelt bis 1200 m ab- und 3160 m aufsteigend. Kalk- und dolomitstet.

Gattung:

Potentilla umfasst etwa 500 Arten (ohne *Drymocallis, Dasiphora* und *Comarum*), wovon 75 in Europa und 38 (ohne die Kleinarten der collina-Gruppe) im Gebiet heimisch sind. Ursprünglich besiedelt die Gattung fast ausschließlich die nördliche Erdhälfte.

Name:

Der botanische Gattungsname leitet sich vom lateinischen „potentia" (= Kraft, Wirksamkeit) ab und nimmt auf die Heilkraft einiger Arten Bezug. Einer anderen Theorie zufolge soll der Name vom mittellateinischen „tormentilla", der Blutwurz, abzuleiten sein. Der Artbeiname ist ebenfalls lateinisch, bedeutet glänzend und beschreibt die silbrig schimmernden Laubblätter.

Anmerkung:

Das Dolomiten-Fingerkraut ist ein alpines Teritärrelikt, das die letzte Eiszeit an den jetzigen Standorten oder wenig davon entfernt überdauert hat.

Weitere Fingerkraut-Arten der Alpen (Auswahl):

1 Weiß-Fingerkraut, *Potentilla alba* **2** Gänse-Fingerkraut, *Potentilla anserina* **3** Silber-Fingerkraut, *Potentilla argentea* **4** Gold-Fingerkraut, *Potentilla aurea* **5** Zwerg-Fingerkraut, *Potentilla brauneana* **6** Krain-Fingerkraut, *Potentilla carniolica* **7** Kalkfelsen-Fingerkraut, *Potentilla caulescens* **8** Clusius-Fingerkraut, *Potentilla clusiana*

Dolomiten-Fingerkraut, *Potentilla nitida*

7

8

Weitere Fingerkraut-Arten der Alpen (Auswahl):

1 Schneeweiß-Fingerkraut, *Potentilla nivea* **2** Hoch-Fingerkraut, *Potentilla recta* **3** Blutwurz-Fingerkraut, *Potentilla erecta* **4** Crantz-Fingerkraut, *Potentilla crantzii* **5** Siebenblatt-Fingerkraut, *Potentilla heptaphylla* **6** Sand-Fingerkraut, *Potentilla incana* **7** Flaum-Fingerkraut, *Potentilla pusilla* **8** Erdbeerblatt-Fingerkraut, *Potentilla sterilis*

Das Dolomiten-Fingerkraut in den Pragser Dolomiten

A. Axmann

Die Dolomiten sind bekannt für ihren Blumenreichtum. Im Juni und Juli blüht es allerorts und die Frage ist eher, welches der vielen möglichen Ausflugsziele auf dem Programm steht.

Eine besonders ansprechende Runde ist die vom Pragser Wildsee zur Pragser Furkel und zur Hochalm-Hütte. Der Parkplatz beim Pragser Wildsee ist gebührenpflichtig (5 € je Tag, Stand 2014), die 500 m entfernte Parkmöglichkeit beim Buffet ist mit 1,50 € Tagesgebühr vergleichsweise billig und empfehlenswert.
Der Weg beim Hotel am See beginnt sanft bergauf durch einen schönen, lichten, ursprünglichen Fichtenwald, weiter oben gesellen sich Lärchen dazu. Kalkliebende Arten wie das Drachenmaul (*Horminum pyrenaicum*) sind hier vergesellschaftet mit kalkfliehenden Arten wie etwa der Filz-Kratzdistel (*Cirsium heterophyllum*) – ein buntes Blumengemälde zeigt sich dem Naturbegeisterten.

Der Weg wird immer steiler und bald ist der Pragser Kaser erreicht. Die liebliche Hirtenhütte ist unversperrt, ein Ofen ist drinnen und im Notfall wird man dankbar für diese Unterkunft sein. Bleibt zu hoffen, dass dieses Vertrauen zum Wohle aller Wanderer nie jemand ausnutzt. Steil und blumenreich geht's weiter zur Pragser Furkel, 2225 m. Alpen-Aster (*Aster alpinus*), Verlängert-Läusekraut (*Pedicularis elongata*), Kopfig-Läusekraut

Anspruch:
hoch

Bergauf:
812 m

Gehzeit:
5,5 Std. (ganze Runde)

Beste Blumenzeit:
A Juni – E Juli, für das Dolomiten-Fingerkraut E Juni – E Juli

Blumenpracht:
Schlauch-Enzian (*Gentiana utriculosa*); Edelweiß (*Leontopodium alpinum*); Blau-Mänderle (*Paederota bonarota*); Dolomiten-Teufelskralle (*Phyteuma sieberi*); Dolomiten-Fingerkraut (*Potentilla nitida*).

Unter anderem im Gebiet zu finden:

1 Wild-Nelke, *Dianthus sylvestris* **2** Schlauch-Enzian, *Gentiana utriculosa* **3** Edelweiß, *Leontopodium alpinum* **4** Grannen-Schwarzwurz, *Scorzonera aristata* **5** Alpen-Aster, *Aster alpinus* **6** Gold-Pippau, *Crepis aurea* **7** Zweifarben-Kohlröschen, *Nigritella bicolor* **8** Rhellicanus-Kohlröschen, *Nigritella rhellicani* **9** Hybride aus Lang-Läusekraut × Kopf-Läusekraut, *Pedicularis × bohatschii*

Die Tiere genießen auf der Fojedöra-Alm ein unbeschwertes Leben.

(*P. rostratocapitata*), Mücken-Händelwurz (*Gymnadenia conopsea*) und besonders viel Duft-Händelwurz (*Gymnadenia odoratissima*) lachen uns entgegen. Bei so vielen Händelwurzen wundert es nicht, dass auch jede Menge Bastarde dazwischen sind. Aber nicht nur die Orchideen kreuzen sich hier, auch die Läusekräuter können das und bilden farbenfrohe Hybriden.

Oben auf der Furkel angekommen, offenbart sich die ganze Herrlichkeit der Dolomiten, dazu die Hochalm mit ihren unzähligen Blütensternen namens Edelweiß (*Leontopodium alpinum*). Wanderer, was willst du mehr.

Auch zwei Sonnenröschen-Arten (*Helianthemum alpestre* und *H. nummularium* subsp. *grandiflorum*) breiten sich auf den Matten der Hochalm aus. Das ist im Alpenraum nichts Besonderes, hier allerdings kommen sie vereinzelt auch in blassgelben und sogar orangefarbenen Spielformen vor.

Der Weg führt nun angenehm eben über die Hochalm. Bunte Blumenmatten voll mit Sonnenröschen, Thymian, Steinquendel, Mieren, Dolomiten-Fingerkraut, Kohlröschen, Braun-Klee, Silberwurz, Ehrenpreis und vielen anderen Blumenherrlichkeiten. Schafe und Pferde sorgen für die Beweidung und damit für den Erhalt des Blütenreichtums. Je näher wir nun zur Lapadurscharte und zur Hochalmhütte kommen, desto häufiger werden Edelweiß (*Leontopodium alpinum*) und Kohlröschen (*Nigritella rhellicani* und *N. bicolor*). Stellenweise schwarz getupft erscheinen die nach Vanille duftenden Almen.

Nach so viel Blumenschönheiten und rund 3,5 Stunden Marsch ist es Zeit für einen Einkehrschwung. Die Hochalmhütte, ladinisch auch Fojedöra-Alm genannt, lädt dazu ein. Hier laufen Hühner, Puten, Ziegen und andere Tiere frei herum und sie sind es auch, welche die Eier und den Käse für die gschmackige Jause liefern. Gestärkt treten wir den Rückweg an. Über das Tal des Grünwaldbaches führt der Weg zurück zum landschaftlich so reizvollen Pragser Wildsee.

Pflanzenbesonderheiten:

Dolomiten-Schafgarbe (*Achillea oxyloba*); Dinarischer Frölich-Pippau (*Crepis froelichiana* subsp. *dinarica*); Wenigblüten-Zartschötchen (*Hornungia pauciflora*); Hybride aus Lang-Läusekraut × Kopf-Läusekraut (*Pedicularis × bohatschii*); Burser-Steinbrech (*Saxifraga burseriana*).

Anreise:

Auf der B49 durchs Pustertal bis westlich von Niederdorf. Bei der gut beschilderten Abzweigung nach Süden bis zum Pragser Wildsee, bereits beim kostengünstigen Buffet-Parkplatz parken.

Öffentliche Verkehrsanbindung:

Mit der Bahn bis Bahnhof Niederdorf, dann mit dem Bus in das Pragsertal bis zur Haltestelle Pragser Wildsee.

Weitere Freizeitangebote und botanische Ziele im Gebiet:

- Kletterpark Pfalzen im Pustertal
- Naturlehrpfad am Toblacher See
- Toblacher See (Tannenwedel, *Hippuris vulgaris*; Europa-Moorbärlapp, *Lycopodiella inundata* usw.)
- Obertaler Wiesen beim Antholzer See (Langblatt-Sonnentau, *Drosera anglica*; Hybrid-Sonnentau, *Drosera × obovata* usw.)

Aurikel

Primula auricula, PRIMELGEWÄCHS

Kurzbeschreibung:

Pflanze 5–20 cm hoch; Blätter in grundständiger Rosette, verkehrt-eiförmig, blaugrün, fleischig, oft mehlig bestäubt; Blüten in einseitswendiger Dolde, leuchtend gelb, mit trichterförmig ausgebreiteten Kronzipfeln; Frucht wenig länger als der Kelch. Blütezeit April – Juni.

Verwechslungsmöglichkeit:

Unter Umständen mit der Arznei-Primel (*P. veris*) und der Wald-Primel (*P. elatior*), welche aber runzelige, nicht fleischige Blätter haben (bei *P. auricula* sind die Blätter fleischig, nicht runzelig).

Verbreitung und Lebensraum:

Südeuropäisch-montane Art der Alpen, des Apennins, Schwarzwalds, Juras, der Westkarpaten und gänzlich isoliert im Banat und in Nordserbien. In den Alpen weit verbreitet vom Departement Drôme bis Niederösterreich, im Piemont und den Seealpen größtenteils fehlend.
Besiedelt Gesteinsfluren und Polsterseggenrasen über Kalk von 300–2800 m Seehöhe, vereinzelt auch tiefer, wie in der Mödlinger Klause in Niederösterreich (250 m) oder höher, wie am Rottalgrat der Jungfrau (2900 m).

Gattung:

Etwa 400 Arten umfasst die Gattung der Primeln. Hauptverbreitungsgebiet ist dabei Hochasien, vor allem der östliche Himalaja, mit über 200 endemischen Arten. 34 Arten sind in Europa heimisch, 25 in den Alpen. Vier davon wurden erst in den 1990er-Jahren beschrieben.

Name:

Der botanische Gattungsname stammt aus dem Lateinischen und heißt wörtlich übersetzt „kleiner Erstling“, weil einige Arten der Gattung die ersten Blüher im Jahr sind. *Auricula* als botanischer Artbeiname und deutsche Bezeichnung entstammt ebenfalls dem Lateinischen und bedeutet „Öhrchen“, weil man die Blätter mit Bärenohren verglich.

Zu den heute noch geläufigen und verbreiteten Volksnamen zählen „Petergstamm“ und „Platenigl“. Nur mehr selten zu hören sind „Bärenörli“, „Gamsveigerl“, „Flühblümchen“, „Schwindelblüh“ und „Zollitsch“.

Untergliederung:

Die Aurikel wird oftmals in die folgenden beiden Unterarten gegliedert:

- subsp. *auricula*: Drüsenhaare am Laubblattrand 0,1–0,2 mm lang, Laubblätter besonders in der Jugend oberseits deutlich bemehlt, Blüten duftend, hellgelb, in höheren Lagen
- subsp. *balbisii*: Drüsenhaare am Laubblattrand 0,25–0,4 mm lang, Laubblätter nicht bemehlt, Blüten meist geruchlos und sattgelb, in tieferen Lagen

Diese Unterarten werden in mancher Literatur sogar als Arten geführt, in anderen Werken gar nicht unterschieden. Die Verbreitung der beiden Sippen ist nach wie vor unzureichend bekannt. Im Bereich sympatrischer Vorkommen finden sich intermediäre Populationen. Jüngste Untersuchungen haben zur besseren Kenntnis wenig beigetragen, sondern durch problematische Namensänderungen eher Verwirrung gestiftet.

Aurikel, *Primula auricula*

Anmerkung:

Die Aurikel ist eine Pflanze trockener Kalkfelsspalten. Die Laubblätter sind deshalb in der kalten Zeit prall mit Stärke gefüllt und im Sommer mit Wasser. Die Spaltöffnungen sind auf die Blattoberseite verschoben. Eine Wachsschicht am Blatt und der Schleimgehalt in den Interzellularen dienen zusätzlich als Verdunstungsschutz. Man kann den Petergstamm fast als Sukkulente bezeichnen, wurde doch bei einem Versuch nach 33 Tagen Trockenheit kein nennenswerter Wasserverlust festgestellt.

Primeln der Alpen (Auswahl):

1 Monte-Alben-Primel, *Primula albenensis* **2** Aurikel, *Primula auricula* **3** Krain-Primel, *Primula carniolica*, A. Pleschberger

Primeln der Alpen (Auswahl):

1 Wald-Primel, *Primula elatior* **2** Inntal-Primel, *Primula daonensis*, F. Weberndorfer **3** Clusius-Primel, *Primula clusiana*, W. Kussegg **4** Kleb-Primel, *Primula glutinosa*, P. Hubert **5** Mehl-Primel, *Primula farinosa* **6** Seegrün-Primel, *Primula glaucescens* **7** Leim-Primel, *Primula hirsuta*, F. Weberndorfer **8** Breitblatt-Primel, *Primula latifolia* **9** Haller-Primel, *Primula halleri*, W. Kussegg

10 Zwerg-Primel, *Primula minima* **11** Recoaro-Primel, *Primula recubariensis,* F. Kummert **12** Wellrand-Primel, *Primula marginata* **13** Pracht-Primel, *Primula spectabilis* **14** Südtirol-Primel, *Primula tyrolensis*, A. Pleschberger **15** Arznei-Primel, *Primula veris* **16** Wulfen-Primel, *Primula wulfeniana* **17** Zotten-Primel, *Primula villosa,* A. Pleschberger **18** Erd-Primel, *Primula vulgaris*

73

WANDERVORSCHLAG: ***Ö – Steiermark – Hochschwab***

Die Aurikel auf dem Trenchtling

Anspruch:
hoch

Bergauf:
959 m

Gehzeit:
6,5 Std. (hin und zurück)

Beste Blumenzeit:
E Mai – M Juli, für die Aurikel M Mai – A Juni

Blumenpracht:
Berghähnlein (*Anemonastrum narcissiflorum*); Triglav-Pippau (*Crepis terglouensis*); Nacktstängel-Kugelblume (*Globularia nudicaulis*); Nordöstlicher Alpen-Mohn (*Papaver alpinum* subsp. *alpinum*); Aurikel (*Primula auricula*); Clusius-Primel (*Primula clusiana*); Zwergalpenrose (*Rhodothamnus chamaecistus*).

Pflanzenbesonderheiten:
Ostalpen-Meier (*Asperula neilreichii*); Hahnenfuß-Hasenohr (*Bupleurum ranunculoides*); Meergrün-Habichtskraut (*Hieracium caesium*); Zahnblatt-Habichtskraut (*Hieracium dentatum*); Mannsschild-Miere (*Minuartia cherlerioides*); Herz-Zweiblatt (*Neottia [Listera] cordata*); Österreich-Kohlröschen (*Nigritella austriaca*); Zwerg-Kohlröschen (*Nigritella minor*); Widder-Kohlröschen (*Nigritella widderi*); Portenschlag-Läusekraut (*Pedicularis portenschlagii*); Zwerg-Alpenscharte (*Saussurea pygmaea*).

W. Kussegg

„Wer hier nur Wald und Fels sieht, hat nichts begriffen. Der Hochschwab ist nicht eigentlich Gebirg, er ist eine Seelenlandschaft, weit und eng, sanft und schroff, und so romantisch“, schrieb der Alpinist Peter Baumgartner über den Hochschwab, aus dessen Adern seit Jahrzehnten reinstes Hochgebirgsquellwasser nach Wien und Graz fließt. Auch botanisch hat das Massiv viel zu bieten. Im westlichen Teil des Hochschwab-Stockes liegt der Trenchtling, der pflanzenkundlich eine lange Geschichte aufweist. So ist er locus classicus mehrerer von hier beschriebener Pflanzen, wie Österreich-Kohlröschen (*Nigritella austriaca*) und Widder-Kohlröschen (*Nigritella widderi*). Und auch eine dritte Kohlröschen-Art wurde von hier erstbeschrieben.

Die Blumenwanderung beginnt beim Wirtshaus Hiaslegg, 1154 m, und führt über den Blarenkogel zum Edelweißboden. Im Juni/Juli blühen hier Unmengen des namengebenden „Almsterndls“, sechs Wochen vorher sind es Pyrenäen-Veilchen (*Viola pyrenaica*), Clusius-Primel (*Primula clusiana*), Zwerg-Primel (*Primula minima*) und sehr selten auch die Kreuzung aus beiden. Auch die nächsten Almwiesen haben es in sich, es handelt sich hierbei um die „Kohlröschenwiesen“. Eine Benennung, die nicht in den Wanderkarten zu finden ist, aber bei den Orchideenfreunden allgemein bekannt ist. Dies nutzte wohl ein Weltnetz-Forumsteilnehmer am 21. Juni 2007 aus. Da stand zu lesen, dass hier am Trenchtling in diesem Jahr auch gelbe Kohlröschen zu finden wären. Die Meldung war Anlass für so manchen Kohlröschenfreund, schnellstmöglich auf den Trenchtling zu kommen – es könnte ja ein Funke Wahrheit dabei sein. Und so waren dann hier oben im Bereich der Kohlröschenwiesen noch mehr

Blumenfreunde zu beobachten als sonst. Gelbe Kohlröschen konnte keiner von uns finden, dafür aber eine neue Art namens Zwerg-Kohlröschen (*Nigritella minor*).

Weiter geht die Reise, Entspannung für das blumenentzückte Herz gibt es aber keine, denn ab jetzt begeistern Aurikel und Clusius-Enzian (*Gentiana clusiana*), später im Jahr Ostalpen-Nelke (*Dianthus alpinus*) und Ostalpen-Enzian (*Gentiana pannonica*). Und dieser Reigen hält bis zum Hochturm-Gipfel an.

Unter anderem im Gebiet zu finden:

1 Echt-Eisenhut, *Aconitum napellus* **2** Strauß-Glockenblume, *Campanula thyrsoides* **3** Schneerose, *Helleborus niger* **4** Schwarzrand-Margerite, *Leucanthemum atratum* **5** Zwerg-Kohlröschen, *Nigritella minor* **6** Berg-Greiskraut (aufblühend), *Senecio subalpinus*

Anreise:

von Graz auf der A9 bis zum Knoten Deutschfeistritz, dann die S35 bis Bruck an der Mur/Zentrum, dann die B116 bis zum Landeskrankenhaus Bruck, links die Tragösser Straße L111 hinein bis zur Pfarrkirche St. Nikolaus in Großdorf, dann die Rötzstraße hinauf bis Hiaslegg.
Von Wien auf der A2 und der S6 bis Bruck an der Mur/Zentrum, dann wie oben beschrieben.

Öffentliche Verkehrsanbindung:

Mit dem Zug bis Bruck/Mur, dann mit der Buslinie 175 bis Großdorf-Pichl/Kirche, dann mit dem Taxi.

Barrierefreiheit für Kinderwägen/Rollstühle:

Der Trenchtling ist nicht barrierefrei. Ein botanisch und landschaftlich hervorragender Weg findet sich aber am Nordostfuß des Trenchtlings zwischen Grünem See und Pfarrerlacke, mit botanischen Kostbarkeiten wie Frauenschuh (*Cypripedium calceolus*) und der Hybride aus Fuchs-Fingerwurz × Duft-Händelwurz (× *Dactylodenia regeliana*).

Weitere Freizeitangebote und botanische Ziele im Gebiet:

- Grüner See am Ostfuß des Trenchtling
- Straßenrand westlich vom Wirtshaus Hiaslegg (Strauß-Glockenblume, *Campanula thyrsoides*; Kälteliebende Fuchs-Fingerwurz, *Dactylorhiza fuchsii* var. *psychophila*; Voralpen-Aschenkraut, *Tephroseris longifolia* usw.)
- Um die Pfarrerlacke am Nordfuß des Trenchtling (Frauenschuh, *Cypripedium calceolus*; Fliegen-Ragwurz, *Ophrys insectifera* usw.

Süd-Lungenkraut

Pulmonaria australis, RAUBLATTGEWÄCHS

Kurzbeschreibung:
Pflanze 10–30 cm hoch; Sommerblätter lanzettlich, 5–8 × so lang wie breit, nicht oder kaum gefleckt; Stängelblätter schmallanzettlich bis eilänglich, spitz; Laubblattoberseite mit deutlich verschieden langen Borsten versehen; Blüten kräftigblau bis sattviolett, 12–34 mm lang; Blütezeit März – Juni.

Verwechslungsmöglichkeit:
Die Lungenkraut-Arten sind sich untereinander oft ähnlich; man braucht für eine eindeutige Bestimmung die sich oft erst nach dem Abblühen entwickelnden Grundblätter und eine gute Lupe (mind. 10-fache Vergrößerung), um das entscheidende Haarkleid untersuchen zu können.
Am leichtesten ist das Süd-Lungenkraut mit dem Schmalblatt-Lungenkraut (*P. angustifolia*) und dem Kerner-Lungenkraut (*P. kerneri*) zu verwechseln, welche aber auf der Blattoberseite etwa gleich lange Borsten aufweisen (bei *P. australis* sind die Borsten deutlich verschieden lang). Karawanken-Lungenkraut (*P. carnica*) und Steiermark-Lungenkraut (*P. stiriaca*) besitzen neben den Borsten auch Haare und Stieldrüsen (bei *P. australis* fehlen die Haare und Stieldrüsen, nur Borsten sind vorhanden).

Gattung:
18 Arten umfasst die Gattung und alle sind in Europa heimisch. Der Verbreitungsschwerpunkt liegt dabei im Alpenraum, wo 14 Arten beheimatet sind.

Name:
Pulmonaria ist vom lateinischen „pulmo“ (= Lunge) abgeleitet. Schon bei Hildegard von Bingen wurde der Name „Lungwurz“ für das Echt-Lungenkraut (*Pulmonaria officinalis*) verwendet. Neben der Heilwirkung gegen Atemwegbeschwerden war auch die Fleckung der Blätter ausschlaggebend für die Namensgebung. Vor allem das Blattmuster von *Pulmonaria saccharata* soll Lungenbläschen ähneln.

Zu den gängigen deutschen Volksnamen für die Lungenkraut-Arten gehören „Hänsel und Gretel“ und „Kuckuck“.

Anmerkung:
Ähnlich wie bei vielen Arten der Raublattgewächse sind die Blüten in der Jugend durch sauren Zellsaft rot gefärbt und färben sich bis zur Vollblüte durch alkalischen Zellsaft blau. Dabei geschieht dieser Vorgang so langsam, dass meist alle Übergangsfarben an einem Individuum zu sehen sind und dies die Blume zu einer rätselhaft verschiedenartigen Pflanze macht.

Verbreitung und Lebensraum:
Alpisch-illyrische Art der Alpen und der Gebirge des nordwestlichen Balkans. In den Alpen hauptsächlich in den Südalpen, abgesprengt aber auch im Wienerwald.
Besiedelt lichte Wälder, Trockenwiesen, Zwergstrauchheiden und Lärchenweiden von 1400–2500 m Seehöhe, gelegentlich auch tiefer, wie im Gütenbachtal im Wienerwald (320 m) oder höher, wie im Berninagebiet Graubündens (2620 m).

Süd-Lungenkraut, *Pulmonaria australis*

Lungenkraut-Arten der Alpen (Auswahl):

1 Schmalblatt-Lungenkraut, *Pulmonaria angustifolia* **2** Süd-Lungenkraut, *Pulmonaria australis* **3** Berg-Lungenkraut, *Pulmonaria montana* **4** Echt-Lungenkraut, *Pulmonaria officinalis* **5** Flecken-Lungenkraut, *Pulmonaria picta* **6** Steiermark-Lungenkraut, *Pulmonaria stiriaca* **7** Karawanken-Lungenkraut, *Pulmonaria carnica* **8** Weichhaar-Lungenkraut, *Pulmonaria mollis*

WANDERVORSCHLAG: ***I – Brescianer Alpen***

Das Süd-Lungenkraut der Cima Tombea

Der Naturpark Oberer Gardasee der Provinz Brescia (Parco Alto Garda Bresciano) mit seinen endemischen Pflanzenarten gehört zweifelsfrei zu den Schätzen, die Mutter Natur uns Blumenfreunden vermacht hat. Ein Geschenk, das gewürdigt und bewahrt werden muss. Ein wichtiger Schritt dazu ist das Kennenlernen dieser Artenvielfalt, denn nur wer um diese Schätze weiß, wird sich auch für deren Schutz einsetzen.

Vom malerisch gelegenen Ort Magasa geht es auf einer abenteuerlichen Bergstraße hinauf zur Hochebene von Cima Rest, dem Ausgangspunkt der Wanderung. Hier fallen gleich Häuser mit steilen Strohdächern auf, in denen früher den Sommer über Hirten mit ihren Herden lebten, bevor sie im Winter in die Täler zogen. Gegenwärtig sind einige dieser Häuser restauriert und zu besichtigen.

Schon bald nach dem ersten Steilstück geht's wieder bergab in einen Buchenwald mit Kalkfelsen, wo bereits Ende Mai die ersten Spinnweb-Steinbreche (*Saxifraga arachnoidea*) zu blühen beginnen. Der Spinnweb-Steinbrech ist ein Relikt aus dem Tertiär. Er wuchs schon vor über 50 Millionen Jahren in den Bergen westlich des Gardasees. Nur zwischen Idrosee und Gardasee in einer Höhe von 600 bis 1800 Metern gedeiht diese zierliche, zerbrechliche Pflanze unter überhängenden Felsen und in kleinen, vor Regen und Tropfwasser geschützten, offenen Höhlen mit stets luftfeuchtem Mikroklima. Die 3- bis 5-lappigen, hellgrünen Laubblätter sind wie die ganze Pflanze über und über von klebrigen, spinnwebartigen Haaren überzogen, über die die Pflanzen zusätzliche Feuchtigkeit aus der Luft aufnehmen.

Anspruch:
hoch

Bergauf:
890 m

Gehzeit:
4 Std. (hin und zurück)

Beste Blumenzeit:
E Mai – A Juli, für das Süd-lich-Lungenkraut M Mai – M Juni.

Nach dem Berg benannt:
Tombea-Steinbrech (*Saxifraga tombeanensis*).

Blumenpracht:
Lilien-Becherglocke (*Adenophora liliifolia*); Amethyst-Mannstreu (*Eryngium amethystinum*); Strahlen-Ginster (*Genista radiata*); Grün-Nieswurz (*Helleborus viridis*); Pracht-Primel (*Primula spectabilis*); Kies-Steinbrech (*Saxifraga mutata*); Schwarz-Germer (*Veratrum nigrum*).

Pflanzenbesonderheiten:
Wiesenrautenblatt-Akelei (*Aquilegia thalictrifolia*); Südgeißklee (*Cytisophyllum sessilifolium*); Felsen-Steinröslein (*Daphne petraea*); × Thauma-Steinröslein (*Daphne petraea × D. striata*); × Hausmann-Alant (*Inula ensifolia × I. hirta*); Graugrün-Nabelmiere (*Moehringia glaucovirens*); Spitzel-Knabenkraut (*Orchis spitzelii*, am Mt. Tremalzo); Bunt-Läusekraut (*Pedicularis oederi*); Spinnweb-Steinbrech (*Saxifraga arachnoidea*); Felsen-Steinbrech (*Saxifraga petraea*); Tombea-Steinbrech (*Saxifraga tombeanensis*); Val-Vestino-Skabiose (*Scabiosa vestina*); Elisabeth-Lichtnelke (*Silene elisabethae*).

Anreise:
Von Innsbruck auf der Brenner-Autobahn A22 bis zur Ausfahrt Rovereto-Süd und dann über Mori nach Riva del Garda. Dann auf der SS45 entlang dem westlichen Gardaseeufer in Richtung Brescia bis Gargnano. In Gargnano rechts abbiegen (Schild: Valvestino, Navazzo). Auf der SP9 nach dem Valvestino-Stausee rechts abbiegen Richtung Magasa. Kurz vor dem Ort rechts abbiegen und auf einer schmalen Straße Richtung Cima Rest. Dort auf dem Parkplatz beim Rifugio Cima Rest parken.

Kaspar von Sternberg (1761–1838), ein Freund Goethes, war einer der Ersten, der die hohe Artenvielfalt der Insubrischen Alpen erkannte und er war es auch, der den Spinnweb-Steinbrech im Jahr 1804 im Val d'Ampola zwischen Storo und dem Ledrosee entdeckte und neu beschrieb.

Es soll aber nicht die einzige Besonderheit hier bleiben, denn bald gesellen sich Pracht-Primel (*Primula spectabilis*), Monte-Baldo-Segge (*Carex baldensis*) und Duby-Stiefmütterchen (*Viola dubyana*) dazu und in dieser Tonart geht es weiter bis zur alten Militärstraße, wo uns der Tombea-Steinbrech (*Saxifraga tombeanensis*) und das Felsen-Steinröslein (*Daphne petraea*) von den fast senkrechten Kalkfelsen entgegenlachen. In dieser Gesellschaft erscheint das Südlich-Lungenkraut geradezu wie eine Allerweltsblume.

Der Militärstraße folgen wir links bis zur Almhütte Malga Tombea, wo ein steiniger Steig zum Gipfel abzweigt. Die Aussicht von hier oben ist einzigartig: Monte Rosa-Gruppe, Adamello, Presanella, Monte Baldo, Gardasee, Velebit, um nur die wichtigsten zu nennen. Einige der vielen Bergspitzen rund herum lassen sich im gemauerten Rondell auf dem Gipfel mittels Richtungslinien namentlich anpeilen.

Weitere Freizeitangebote und botanische Ziele im Gebiet:

- Botanischer Garten Arthur Hruska in Gardone (etwa 2000 verschiedene Pflanzenarten und Kunstwerke)
- Varone-Wasserfall nördlich von Riva
- Safaripark Natura Viva in Bussolengo südöstlich vom Gardasee
- Prähistorische Felszeichnungen am Monte Luppia im Norden des Gardasees
- Rocca di Manerba nordöstlich von Manerba del Garda (Bartgras, *Adropogon gryllus*; Baum-Heide, *Erica arborea*; Gelb-Hauhechel, *Ononis natrix*; Terpentin-Pistazie, *Pistacia terebinthus* usw.)
- Val Droanello in Val Vestino (Val-Vestino-Akelei, *Aquilegia vestinae*; Gelb-Taglilie, *Hemerocallis lilioasphodelus*; Monte-Baldo-Witwenblume, *Knautia baldensis*; Pracht-Primel, *Primula spectabilis* usw.)
- Malga Cita südlich vom Ledrosee (Hundszahnlilie, *Erythronium dens-canis*; Grün-Nieswurz, *Helleborus viridis*; Feuer-Lilie, *Lilium bulbiferum*; Trichterlilie, *Paradisea liliastrum* usw.)

Unter anderem im Gebiet zu finden:

1 Elisabeth-Lichtnelke, *Silene elisabethae* **2** Felsen-Steinröslein, *Daphne petraea* **3** Tombea-Steinbrech, *Saxifraga tombeanensis* **4** Südgeißklee, *Cytisophyllum sessilifolium* **5** Pracht-Primel, *Primula spectabilis* **6** Spinnweb-Steinbrech, *Saxifraga arachnoidea*

Alpen-Kuhschelle

Pulsatilla alpina, HAHNENFUSSGEWÄCHS

Kurzbeschreibung:

Pflanze 20–50 cm hoch; grundständige Blätter doppelt 3-zählig, Stängelblätter ähnlich den Grundblättern, 3-fach gefiedert, in einem Quirl von 3 am Grunde nicht verwachsener Blätter; Blüten je nach Unterart weiß oder gelb, mit 6–9 Perigonblättern, Durchmesser 3–6 cm; Früchtchen mit langen Grannen. Blütezeit Mai – Juli.

Verwechslungsmöglichkeit:

Die Nominat-Unterart subsp. *alpina* unterscheidet sich von den anderen Unterarten durch weiße Blüten, Blätter, die zumindest am Rand zur Fruchtzeit kahl sind und eine Endfieder, die fiederspaltig und oft zurückgerollt ist. Das Monte-Baldo-Windröschen (*Anemone baldensis*) unterscheidete sich durch die geringere Größe von 5–15 cm (bei *Pulsatilla alpina* 20–50 cm), 8–10 Perigonblätter (bei *Pulsatilla alpina* 6–9), den Stängelblattquirl in der unteren Hälfte des Stängels (bei *Pulsatilla alpina* in der Mitte oder oberhalb der Stängelmitte) und das Fehlen der langen Grannen auf den Früchtchen.

Verbreitung und Lebensraum:

Europäisch-montane Art von den Gebirgen Nordspaniens bis in die Karpaten. In den Alpen in mehreren Unterarten von den Seealpen bis Niederösterreich. Besiedelt steinige Rasen, Felsfluren, Bürstlingrasen und ähnliche Standorte von 1100–2700 m Seehöhe, vereinzelt auch tiefer, wie in der steirischen Weizklamm (800 m, subsp. *schneebergensis*) oder höher, wie auf der Tiroler Faselfadspitze (2990 m, subsp. *apiifolia*).

Gattung:

Von den 38 Arten der Gattung kommen neun in Europa und 8 in den Alpen vor. Hauptverbreitungsgebiet sind das asiatische Altai-Tienshan-Gebiet und in kleinerem Maße Europa und Nordamerika.

Name:

Pulsatilla ist vom lateinischen „pulsare" (= schlagen, stoßen) abgeleitet und soll auf die glockenförmigen Blüten vieler Arten hinweisen.

Die heute im deutschen geläufigen Benennungen „Kuhschelle" und „Küchenschelle" leiten sich wahrscheinlich von „Kückenschale" ab, in Anspielung auf die sich öffnenden Blütenknospen. Eine Vermischung mit der Glocke (Schelle) und die Verbindung zur Kuhglocke führten zur gegenwärtigen Bezeichnung.

Volksbenennungen, vor allem für die auffallenden Sammelfrüchte (eigentlich Früchtchenstände), sind unter anderem „Almtreapale", „Strubebube", „Grantiger Jager" und „Teufelsbart" – Namen, die auch für ganz andere Pflanzen mit ähnlichen „struppigen" Fruchtständen verwendet werden.

Untergliederung:

Pulsatilla alpina untergliedert sich in den Alpen in sieben Unterarten:

- subsp. *alpina*: alpische Sippe der nördlichen Kalkalpen vom Departemente Isère bis Bayern
- subsp. *alba*: europäisch-montane Sippe vom Kantabrischen Gebirge bis in die Karpaten, in den Alpen nur in den Ostalpen
- subsp. *apiifolia*: südwesteuropäisch-montane Sippe von den spanischen Gebirgen bis in die Alpen, in den Alpen weit verbreitet, fehlt aber Teilen der Ost- und Nordalpen
- subsp. *austroalpina*: ostalpisch-illyrische Sippe vom Tessin bis Kroatien
- subsp. *cottianaea*: Endemit der Cottischen Alpen
- subsp. *millefoliata*: westalpisch-apenninische Sippe, in den Alpen auf die Südwestalpen beschränkt
- subsp. *schneebergensis*: Endemit der Nordostalpen Niederösterreichs, Oberösterreichs und der Steiermark

Alpen-Kuhschelle, *Pulsatilla alpina*

1 Österreichische Alpen-Kuhschelle, *Pulsatilla alpina* subsp. *alba* **2** Gelbe Alpen-Kuhschelle, *Pulsatilla alpina* subsp. *apiifolia* **3** Südliche Alpen-Kuhschelle, *Pulsatilla alpina* subsp. *austroalpina* **4** Vielzipfelige Alpen-Kuhschelle, *Pulsatilla alpina* subsp. *millefoliata* **5** Nordöstliche Alpen-Kuhschelle, *Pulsatilla alpina* subsp. *schneebergensis* **6** Cottische Alpen-Kuhschelle, *Pulsatilla alpina* subsp. *cottianaea*

Die weiteren Kuhschelle-Arten der Alpen:

1 Berg-Kuhschelle, *Pulsatilla montana*, J. Weinzettl **2** Frühlings-Kuhschelle, *Pulsatilla vernalis* **3** Haller-Kuhschelle, *Pulsatilla halleri* **4** Groß-Kuhschelle, *Pulsatilla grandis* **5** Schwarze Wiesen-Kuhschelle, *Pulsatilla pratensis* subsp. *nigricans* **6** Steiermark-Kuhschelle, *Pulsatilla styriaca*, W. Kussegg **7** Bayern-Kuhschelle, *Pulsatilla vulgaris*

75

WANDERVORSCHLAG: *Ö – Vorarlberg – Lechquellengebirge*

Die Alpen-Kuhschelle auf der Wangspitze im Großen Walsertal

Das Gadental im Großen Walsertal ist als Frauenschuh-Paradies nicht nur bei Orchideenfreunden, sondern bei allen Blumenfreunden weit über die Grenzen Vorarlbergs bekannt. Fast unwirklich schön erscheinen die majestätischen Frauenschuh-Blüten versteckt im flirrenden Halbschatten der Spirkenwälder. Und auch ein anderer, ganz eigenartig anmutender Waldgeist stellt sich hier ein – der Widerbart (*Epipogium aphyllum*).

Schon die Magerwiesen oberhalb von Buchboden zeigen zahlreiche botanische Kostbarkeiten. Die Wiesen wurden als Natura-2000-Gebiet Unter-Überlutt ausgewiesen und beherbergen solche Schönheiten wie Purpur-Waldvöglein (*Cephalanthera rubra*), Fliegen-Ragwurz (*Ophrys insectifera*), Grünlich-Waldhyazinthe (*Platanthera chlorantha*), Brand-Keuschständel (*Neotinea ustulata*), Erdbeer-Fingerkraut (*Potentilla sterilis*) oder Mehl-Primel (*Primula farinosa*) und in dieser Gangart geht es weiter entlang des Lutzbaches nach Bad Rothenbrunnen. Es ist ein Ort, an dem die Zeit scheinbar stehen geblieben ist. Ein altes Kurhaus, errichtet im Jahr 1834, ein Gasthaus mit Gastgarten, eine kleine Kapelle und ein Springbrunnen, das ist Bad Rothenbrunnen. Früher wurde hier dank des eisenhaltigen, rötlich gefärbten Wassers des

Anspruch:
hoch

Bergauf:
938 m

Gehzeit:
6,5 Std. (ganze Runde)

Beste Blumenzeit:
E Mai – E Juli, für die Alpen-Kuhschelle M Juni – M Juli

Matonabachs, dessen Quelle man ganz in der Nähe des Gasthauses besuchen kann, fleißig gekurt.

Weiter führt der Weg durchs Gadental hinauf zur Gadenalpe, 1317 m. Das Gebiet stellt eine in sich geschlossene Landschaft von weitgehender Ursprünglichkeit dar. Es ist mit einer Vielzahl naturnaher, natürlicher und ursprünglicher Biotope in ungewöhnlicher Dichte ausgestattet. Das beginnt bei den Spirkenwäldern am Taleingang und reicht bis zu den Karstbiotopen des Gadner Gschröfs. Artenreich ist auch die Vogelfauna hier. Insgesamt sind im Gadental 58 Brutvogelarten nachgewiesen.

Auf der Matonaalpe, 1673 m, gibt's mit etwas Glück eine Jause und einen wunderbaren Blick auf das Tal und auf das Gadner Gschröf. Jetzt ist es nicht mehr weit bis zum Gipfelkreuz der Wangspitze, 1873 m, und über die Wangalpe und Rindereralpe führt der Weg zurück nach Buchboden.

Blumenpracht:

Alpen-Wachsblume (*Cerinthe alpina*); Frauenschuh (*Cypripedium calceolus*); Gelb-Enzian (*Gentiana lutea*); Schlauch-Enzian (*Gentiana utriculosa*); Wiesen-Storchschnabel (*Geranium pratense*); Groß-Springkraut (*Impatiens noli-tangere*); Gelb-Platterbse (*Lathyrus laevigatus* subsp. *occidentalis*); Prächtiges Manns-Knabenkraut (*Orchis mascula* subsp. *speciosa*).

Pflanzenbesonderheiten:

Hirschzunge (*Asplenium scolopendrium*); Mittleres Hexenkraut (*Circaea × intermedia*); Armblütig-Sumpfbinse (*Eleocharis quinqueflora*); Honig-Einknolle (*Herminium monorchis*); Stechpalme (*Ilex aquifolium*); Kriech-Hauhechel (*Ononis repens*); Schnee-Ampfer (*Rumex nivalis*); Blasensimse (*Scheuchzeria palustris*); Braune Kopfbinse (*Schoenus ferrugineus*); Vogesen-Mehlbeere (*Sorbus mougeotii*); Eibe (*Taxus baccata*); Gebirgs-Quendel-Ehrenpreis (*Veronica serpyllifolia* subsp. *humifusa*).

Anreise:

Von Bregenz auf der A14 bis Bludenz, die B193 bis Sonntag und die Seebergstraße bis Buchboden.

Öffentliche Verkehrsanbindung:

Mit der Bahn bis Bludenz, dann mit der Buslinie 73 oder 76 bis Thüringen, mit der Linie 77 bis Sonntag und der Linie 77a bis Buchboden.

Barrierefreiheit für Kinderwägen/Rollstühle:

Von Buchboden talaufwärts gegeben. Schon hier von der Straße aus können 14 Orchideenarten, so Purpur-Waldvöglein (*Cephalanthera rubra*), Fliegen-Ragwurz (*Ophrys insectifera*) und Prächtiges Manns-Knabenkraut (*Orchis mascula* subsp. *speciosa*) beobachtet werden.

Weitere Freizeitangebote und botanische Ziele im Gebiet:

- Heimatmuseum Großes Walsertal in Sonntag
- Freiluftbad Lutzschwefelbrunnen bei Buchboden
- Moore auf der Schadonaalpe östlich der Biberacher Hütte und alte Mähder südlich der Glattjöchlspitze (Hahnenfuß-Hasenohr, *Bupleurum ranunculoides*; Blutauge, *Comarum palustre*; Hoppe-Mausohr, *Pilosella hoppeana*; Mittel-Wintergrün, *Pyrola media*; Schmalblatt-Igelkolben, *Sparganium angustifolium*; usw.)

Unter anderem im Gebiet zu finden:
1 Wald-Storchschnabel, *Geranium sylvaticum* **2** Berg-Goldnessel, *Galeobdolon montanum* **3** Stutz-Läusekraut, *Pedicularis recutita* **4** Mehl-Primel, *Primula farinosa* **5** Bach-Ehrenpreis, *Veronica beccabunga*, G. Tritthart

Gletscher-Hahnenfuß

Ranunculus glacialis, HAHNENFUSSGEWÄCHS

Kurzbeschreibung:

Pflanze 5–20 cm hoch; Stängel niederliegend bis aufsteigend, 1–5-blütig; grundständige Blätter fleischig, dreiteilig, Abschnitte gestielt und mehrspaltig; Kronblätter weiß, später rosa, 1,5–3 cm im Durchmesser; Kelchblätter rotbraun behaart. Blütezeit Juli – August.

Verwechslungsmöglichkeit:

Mit dem Seguier-Hahnenfuß (*R. seguieri*), der aber in der Jugend zottig behaart ist (*R. glacialis* ist meist kahl), der Kelch hingegen ist kahl (bei *R. glacialis* rotbraun behaart) und Kelch und Krone fallen nach dem Blühen ab (bei *R. glacialis* verbleiben sie).

Verbreitung und Lebensraum:

Arktisch-alpine Art Skandinaviens, Islands, Grönlands, Spitzbergens und anderer arktischer Gebiete. Weiter südlich in den Gebirgen, so in den Alpen, Pyrenäen, der Sierra Nevada und den Karpaten. In den Alpen in den Zentralalpen weit verbreitet. Besiedelt nährstoffarme Steinschuttfluren, Säuerlingsfluren, Moränen und ähnliche Standorte von 1900–4000 m Seehöhe, vereinzelt auch tiefer, wie am Simplon im Wallis (1620 m) oder höher, wie am Finsteraarhorn (4275 m, damit zu den höchststeigenden Blütenpflanzen der Alpen zählend). Kalkmeidend.

Gattung:

Von den 590 Arten (exkl. *Ficaria*) kommen 133 (ohne die Kleinarten der Gold-Hahnenfuß-Gruppe) in Europa und 48 in den Alpen vor. *Ranunculus* ist kosmopolitisch verbreitet mit Schwerpunkt in den nördlich gemäßigten Zonen.

Name:

Der botanische Gattungsname ist eine Verkleinerungsform des lateinischen „rana“ (= Frosch) und bezieht sich ursprünglich auf die Untergattung Batrachium, den Wasserhahnenfuß. Wörtlich übersetzt bedeutet *Ranunculus* also „Fröschchen“.

Weitere Hahnenfuß-Arten im Alpenraum (Auswahl):

1 Eisenhut-Hahnenfuß, *R. aconitifolius* **2** Scharf-Hahnenfuß, *Ranunculus acris* **3** Haken-Hahnenfuß, *Ranunculus aduncus* **4** Alpen-Hahnenfuß, *R. alpestris*, H. Schön **5** Gold-Hahnenfuß-Grp. *R. auricomus* agg. **6** Zweilappen-Hahn., *Ranunculus bilobus*

Gletscher-Hahnenfuß, *Ranunculus glacialis*

Kuepfer-Hahnenfuß, *Ranunculus kuepferi*

Weitere Hahnenfuß-Arten im Alpenraum (Auswahl):

1 Rax-Hahnenfuß, *Ranunculus breyninus* **2** Kärnten-Hahnenfuß, *Ranunculus carinthiacus* **3** Spreiz-Hahnenfuß, *R. circinatus* **4** Gletscher-Hahnenfuß, *R. glacialis*, G. Tritthart **5** Küpfer-Hahnenfuß, *Ranunculus kuepferi* **6** Berg-Hahnenfuß, *Ranunculus montanus* **7** Grasblatt-Hahnenfuß, *Ranunculus gramineus* **8** Kamm-Hahnenfuß, *Ranunculus hybridus* **9** Zungen-Hahnenfuß, *Ranunculus lingua* **10** Vielzipfel-Hahnenfuß, *R. millefoliatus*

11 Hain-Hahnenfuß, *R. nemorosus* **12** Herzblatt-Hahnenfuß, *R. parnassifolius* **13** Schildblatt-H., *Ranunculus peltatus* **14** Platanen-H., *R. platanifolius* **15** Zwerg-Hahnenfuß, *R. pygmaeus* **16** Kriech-Hahnenfuß, *Ranunculus repens* **17** Sardisch-Hahnenfuß, *Ranunculus sardous* **18** Seguier-Hahnenfuß, *Ranunculus seguieri* **19** Venezien-Hahnenfuß, *Ranunculus venetus*

Der Gletscher-Hahnenfuß auf dem Mont Cenis

Anspruch:
mittel

Bergauf:
280 m

Gehzeit:
6,5 Std. (hin und zurück)

Beste Blumenzeit:
E Juni – A August, für den Gletscher-Hahnenfuß A Juli – E Juli

Blumenpracht:
Hänge-Tragant (*Astragalus penduliflorus*); Purpur-Enzian (*Gentiana purpurea*); Cornelia-Kohlröschen (*Nigritella corneliana*); Alpen-Helmkraut (*Scutellaria alpina*).

Ausgangspunkt der Wanderung ist die Stauseemauer des Mont-Cenis-Stausees, von wo aus der Weg anfangs ziemlich eben entlang des Südwest-Ufers vorbei am Fort de Variselle führt. Die ehemalige italienische Festung wurde in den Jahren 1877–1880 errichtet. Pfauen-Nelke (*Dianthus pavonius*), Gelb-Seifenkraut (*Saponaria lutea*) und Rainfarnrauke (*Hugueninia tanacetifolia*) gehören zu den Wegbegleitern bis zum Refuge du Petit Mont Cenis. Über den Lac des Coulours führt der Weg, vorbei an neugierigen Murmeltieren, ins Valle de Savine und weiter zum Lac de Savine, dessen Ufer im Juli von abertausenden Gletscher-Hahnenfüßen gesäumt sind und dem Wanderer hellrosa entgegenleuchten.

Zurück geht's auf demselben Weg, wobei südlich vom Lac du Mont Cenis noch der besonders blumenreiche Lac de Roterel, 1941 m, besucht werden sollte. Es ist ein kleines Enzian-Paradies, wo Purpur-Enzian (*Gentiana purpurea*), Tüpfel-Enzian (*Gentiana punctata*) und Gelb-Enzian (*Gentiana lutea*) zusammen auftreten und auch die eine oder andere Hybride bilden. Dem nicht

Mont-Cenis-Glockenblume, *Campanula cenisia*, A. Pleschberger

Mont-Cenis-Stiefmütterchen, *Viola cenisia*, A. Pleschberger

genug tritt in diesem Gebiet der Tüpfel-Enzian in ganz eigenartigen Spielformen auf, so etwa in einer purpurn angehauchten Form, welche aber keine Hybride ist, oder in einer kleinblütigen mit olivgrünen Perigonzipfeln. Dem will der Schnee-Enzian (*Gentiana nivalis*) nicht nachstehen und zeigt sich hier anstatt des üblichen Knallblau auch in einer grauvioletten Spielform.

Anreise:

von Turin auf der A32 bis Venaus-Cenisio, die SS25 bis zur Staumauer des Mont-Cenis-Stausees.

Barrierefreiheit für Kinderwägen/Rollstühle:

Am Südwestufer des Lac du Mont Cenis führt eine für den Verkehr gesperrte Güterstraße, an deren Rändern einige der typischen Mont-Cenis-Blumen beobachtet werden können.

Weitere Freizeitangebote und botanische Ziele im Gebiet:

- Kleines historisches Museum in Les Fontanettes
- Felsfluren und Triften um den kleinen Ort Moncenisio auf italienischer Seite (Rund-Lauch, *Allium rotundum*; Ähren-Glockenblume, *Campanula spicata*; Woll-Habichtskraut, *Hieracium tomentosum*; Wallis-Leimkraut, *Silene vallesia* usw.)

Unter anderem im Gebiet zu finden:

1 Hybride aus Gelb-Enzian × Tüpfel-Enzian, F. Fohringer **2** Hybride aus Gelb-Enzian × Purpur-Enzian

Nach dem Bergstock benannt:

Mont-Cenis-Glockenblume (*Campanula cenisia*); Mont-Cenis-Kammschmiele (*Koeleria cenisia*); Mont-Cenis-Kohlröschen (*Nigritella cenisia*); Mont-Cenis-Hauhechel (*Ononis cristata*, Syn. *O. cenisia*); Mont-Cenis-Läusekraut (*Pedicularis cenisia*); Mont-Cenis-Rispengras (*Poa cenisia*); Mont Cenis-Stängellos-Leimkraut (*Silene acaulis* subsp. *longiscapa* var. *cenisia*); Mont-Cenis-Stiefmüttechen (*Viola cenisia*).

Pflanzenbesonderheiten:

Zart-Haarschlund (*Comastoma tenellum*); Pfauen-Nelke (*Dianthus pavonius*); Hybride aus Gelb-Enzian × Purpur-Enzian (*Gentiana × hybrida*); Mont-Cenis-Kohlröschen (*Nigritella cenisia*); Gaudin-Spitzkiel (*Oxytropis gaudinii*); Kleb-Spitzkiel (*Oxytropis fetida*); Haller-Kuhschelle (*Pulsatilla halleri*); Gelb-Seifenkraut (*Saponaria lutea*).

Rost-Alpenrose

Rhododendron ferrugineum, HEIDEGEWÄCHS

Kurzbeschreibung:
20–100 cm hoch werdender Strauch; Blätter immergrün, oval bis lanzettlich, 1,5–4 cm lang, ganzrandig, mit nach unten gebogenem Rand, unterseits rostbraun; Blüten in 6–12-blütigen, doldenartigen Trauben am Ende der Zweige; Krone purpurrot. Blütezeit Juni – Juli, in den insubrischen Südalpentälern oft zweimal im Jahr blühend.

Verwechslungsmöglichkeit:
Mit der Wimper-Alpenrose (*Rh. hirsutum*), welche aber beiderseits grüne, deutlich bewimperte Blätter hat (bei *Rh. ferrugineum* unterseits rostbraun, unbewimpert). Die Wimper-Alpenrose ist kalkliebend (*Rh. ferrugineum* kalkmeidend).

Verbreitung und Lebensraum:
Südeuropäisch-montane Art von den Pyrenäen bis Illyrien. In den Alpen von den Seealpen bis Niederösterreich weit verbreitet. Besiedelt frische, meist bodensaure Zwergstrauchheiden, lichte Nadelwälder und Krummholzgebüsche von 1500–2300 m Seehöhe. Vereinzelt aber auch höher steigend, wie am Schmadrirück im Berner Oberland (2820 m), am Munt Baselgia bei Zernez in Graubünden (2840 m), am Acherkogel im Ötztal (2940 m) oder am Colle dell Argentera in den Seealpen (3200 m). Auch tiefer gelegene Standorte sind mehrfach bekannt, so im Wallis bei Chippis (500 m), bei Rotzloch am Vierwaldstättersee (440 m) und bei Nazzaro am Lago Maggiore (210 m).

Gattung:
Von den 850 Rhododendron-Arten kommen sechs in Europa und zwei ursprünglich in den Alpen vor. Bei den Vorkommen von *Rh. luteum* im Alpenraum dürfte es sich um lokale Einbürgerungen handeln. Hauptverbreitungsgebiete der Gattung sind die regenreichen Ketten des östlichen Himalaja, die südchinesischen Gebirge und der indische Archipel. Etliche Arten finden sich auch in Japan, dem atlantischen Nordamerika und dem arktischen Gebiet, nördlich bis Grönland.

Name:
Der botanische Gattungsname ist aus den altgriechischen Wörtern „rhodon" (= Rose) und „dendron" (= Baum) zusammengesetzt. *Ferrugineum* als Artbeiname ist lateinisch, bedeutet rostfarbig und bezieht sich auf die rostroten Schuppenhaare an der Blattunterseite der Art.

Gängige Volksbezeichnungen für beide in den Alpen vorkommende *Rhododendron*-Arten sind „Almrausch", „Tunderrosen", „Steinrösl" und „Almrösl".

Anmerkung:
Wo Rost-Alpenrose (*Rh. ferrugineum*) und Wimper-Alpenrose (*Rh. hirsutum*) zusammen vorkommen, ist auch die Hybridsippe *Rhododendron × intermedium* oftmals zu finden. Mancherorts, wie am Pilatus, tritt der Bastard häufiger als die Elternarten auf. Er ist fortpflanzungsfähig und reift keimfähige Samen aus, weshalb auch Rückkreuzungen mit den Elternarten die Regel sind und alle möglichen Zwischenformen auftreten.

Die weiteren Rhododendron-Arten der Alpen:

1 Wimper-Alpenrose, *Rhododendron hirsutum* **2** Gelb-Alpenrose, *Rhododendron luteum* (stellenweise eingebürgert)

Rost-Alpenrose, *Rhododendron ferrugineum*

77

WANDERVORSCHLAG: ***Ö – Nordtirol – Tuxer Alpen***

Die Rost-Alpenrose auf dem Patscherkofel

Anspruch:
mittel

Bergauf:
290 m

Gehzeit:
3 Std. (von der Bergstation bis zum Gipfel und zu Fuß runter bis zur Talstation)

Beste Blumenzeit:
E Juni – A August, für die Rost-Alpenrosenblüte E Juni – M Juli.

Blumenpracht:
Alpen-Waldrebe (*Clematis alpina*); Fuchs-Fingerwurz (*Dactylorhiza fuchsii*); Lila Braun-Storchschnabel (*Geranium phaeum* subsp. *lividum*); Wald-Storchschnabel (*Geranium sylvaticum*); Eikopf-Teufelskralle (*Phyteuma ovatum*); Rost-Alpenrose (*Rhododendron ferrugineum*).

Der Patscherkofel nahe von Innsbruck ist kein Gipfel, auf den Schlagworte wie Bergidylle oder unberührte Landschaft zutreffen. Vielmehr erinnert er an längst vergangene Zeiten, war er doch Abfahrtslauf-Austragungsort der Olympischen Winterspiele 1964 und 1976.

Wir machen dieses Mal eine gemütliche Wanderung und fahren mit der Großkabinenseilbahn von Igls hinauf zum Patscherkofelhaus, um anschließend in den Alpenrosen-Matten um den Gipfel lustwandeln zu können. Knapp unterhalb der Bergstation befindet sich ein Alpengarten, eine Außenstelle des Innsbrucker Botanischen Gartens, der kostenlos zu besichtigen ist (Stand 2014). In großen Teilen macht der Garten den Eindruck einer natürlichen Pflanzengesellschaft, wären da nicht solche Ausreißer wie Trichterlilie (*Paradisea liliastrum*) oder Karst-Läusekraut (*Pedicularis hacquetii*), die inmitten der Zentralalpenflora herausstechen. Als Besonderheiten finden sich im Garten Herzblatt-Hahnenfuß (*Ranunculus parnassifolius*) und weißblühendes Heilglöckel (*Primula matthioli* fo. *albiflora*).

Wir verlassen den Alpengarten und nehmen den Fußweg zurück nach Igls. Wenige Minuten von Liftstation, Sender und Bergstraßen entfernt taucht man ein in einen anmutig-lichten Zirben-Lärchen-Fichtenurwald, mit blühenden Alpenrosen als

Unter anderem im Gebiet zu finden:
1 Hybride aus Filz-Kratzdistel × Kohl-Kratzdistel, *Cirsium × affine* **2** Grau-Alpendost (Austrieb), *Adenostyles alliariae* **3** Alpen-Waldrebe, *Clematis alpina* **4** Lila Braun-Storchschnabel, *Geranium phaeum* subsp. *lividum* **5** Wiesen-Wachtelweizen, *Melampyrum pratense* **6** Eikopf-Teufelskralle, *Phyteuma ovatum*

Unterwuchs. Dieser Gartenplaner war der Allerbeste. Der saure Waldboden ist bedeckt mit Moosen und Flechten und hie und da erscheint eine winzige, seltene Orchidee – das Herz-Zweiblatt (*Neottia cordata*). Besonders in den Wäldern um die Lanser Köpf-Alm findet sich dieser Berggeist, immer in unmittelbarer Nachbarschaft von Alpen-Brandlattich (*Homogyne alpina*), Heidelbeere (*Vaccinium myrtillus*), Preiselbeere (*Vaccinium vitis-idaea*) und Wald-Sauerklee (*Oxalis acetosella*).

Nun führt der Weg über einen Bach mit Blick auf Innsbruck und weiter, immer breiter werdend, bis zum Gasthaus Heiligwasser, welches in den letzten Jahren aber nicht bewirtschaftet war. Eine asphaltierte Straße mit Fahrverbot bringt uns jetzt zurück nach Igls zur Talstation der Patscherkofelbahn.

Pflanzenbesonderheiten:

Hybride aus Kohl-Kratzdistel × Filz-Kratzdistel (*Cirsium × affine*); Krummblatt-Miere (*Minuartia recurva*); Moosauge (*Moneses uniflora*); Herz-Zweiblatt (*Neottia cordata*); Knotenfuß (*Streptopus amplexifolius*).

Anreise:

Von Innsbruck auf der L9 bis Igls zur Patscherkofelbahn-Talstation.

Öffentliche Verkehrsanbindung:

Von Innsbruck mit der Buslinie J bis Igls-Patscherkofelbahn.

Weitere Freizeitangebote und botanische Ziele im Gebiet:

- Botanischer Garten Innsbruck
- Goldenes Dachl Innsbruck
- Schloss Ambras mit Schlosspark südöstlich von Innsbruck
- Moor am Lanser See (Seerosenweiher) bei Lans südlich von Innsbruck

Zwergalpenrose

Rhodothamnus chamaecistus, HEIDEGEWÄCHS

Kurzbeschreibung:

Zwergstrauch, 5–25 cm hoch, niederliegend mit aufsteigenden Zweigen; Blätter lanzettlich bis verkehrt-eiförmig, ledrig, auffallend bewimpert; Blüten endständig, zu 1–4; Blütenstiele 10–15 mm lang, drüsenhaarig; Krone purpurrosa. Blütezeit Mai – Juli.

Verwechslungsmöglichkeit:

Unter Umständen mit der Wimper-Alpenrose (*Rhododendron hirsutum*), welche aber eine deutliche Kronröhre bildet (*Rhodothamnus* nicht).

Verbreitung und Lebensraum:

Endemit der Ostalpen vom Comersee, dem Peitlerkofel und dem Allgäu bis zum Wiener Schneeberg, den Karawanken und zum Ternovanerwald. Besiedelt karbonatreiche Felsschuttfluren, Felsfluren, Zwergstrauchheiden und Latschengebüsche von 1000–2100 m Seehöhe. Vereinzelt auch höher, wie am Nuvolau im Ampezzo (2350 m) und tiefer, wie am Königssee (605 m).

Gattung:

Zwei Arten umfasst die Gattung, neben *Rh. chamaecistus* noch das nordostanatolische *Rh. sessiliflorus.*

Name:

Nach der Abtrennung von *Rhododendron chamaecistus* zu einer eigenen Gattung verwendete Reichenbach die altgriechischen Wörter „rhodo“ (= Rose) und „thamnos“ (= Strauch) und nahm damit auf den niedrigeren Wuchs der Pflanze Bezug. Der Artbeiname bedeutet „Zwergzistrose“, eine Anspielung auf die großen, radförmigen Blüten, die an jene der purpurrot blühenden Zistrosen-Arten erinnern.

Zwergalpenrose, *Rhodothamnus chamaecistus*

78

WANDERVORSCHLAG: ***Ö – Salzburg – Loferer Steinberge***

Die Zwergalpenrose in der Vorderkaserklamm

Anspruch:
gering

Bergauf:
194 m

Gehzeit:
2,5 Std. (von der Bundesstraße weg, hin und zurück)

Beste Blumenzeit:
E Mai – M Juli, für die Zwergalpenrose E Mai – M Juni

Blumenpracht:
Alpen-Waldrebe (*Clematis alpina*); Maiglöckchen (*Convallaria majalis*); Rot-Ständelwurz (*Epipactis atrorubens*); Clusius-Enzian (*Gentiana clusii*); Mehl-Primel (*Primula farinosa*).

Eigentlich darf man bis zur Jausenstation Vorderkaser, dem Eingang des Orchideenrundwanderweges, fahren. Aber schon die 2,5 Kilometer von der Bundesstraße bis zum Klammeingang sind so hübsch, dass man auch diese Strecke gehen sollte. Das Fahrzeug kann auf dem großen Parkplatz an der Pinzgauer Bundesstraße kostenfrei abgestellt werden. Flach verläuft nun der Weg durch blumenreiche Mischwälder mit Frauenschuh (*Cypripedium calceolus*) und Kalkmagerrasen mit Mehl-Primel (*Primula farinosa*) und Silberwurz (*Dryas octopetala*).

Nahe der Jausenstation beginnt der Weg in die Klamm, der von einem Orchideen-Erlebnispfad begleitet wird.

Etwa 13.000 Jahre ist die Geburtsstunde der Vorderkaserklamm her. Am Ende der letzten Eiszeit, als das Gletschereis abgeschmolzen war, hat sich die Natur dieses Wunder einfallen lassen. Wassermassen schliffen sich unaufhaltsam ihren Weg durch den Fels und schufen eine 400 Meter lange und 80 Meter tiefe Klamm.

Unter anderem im Gebiet zu finden:

1 Grüne Berg-Ringdistel, *Carduus defloratus* subsp. *viridis* **2** Maiglöckchen, *Convallaria majalis*, W. Kussegg **3** Frauenschuh, *Cypripedium calceolus*, K. Schebesta **4** Rätisch-Kranzenzian, *Gentianella rhaetica*, W. Kussegg **5** Bach-Pestwurz, *Petasites hybridus*, P. Hubert **6** Nessel-Ehrenpreis, *Veronica urticifolia*

Im Jahr 1882 wurde die Vorderkaserklamm erstmals für Besucher begehbar gemacht, seit 1977 ist sie ein geschütztes Naturdenkmal, welches mittels 51 Holzstegen und 373 Stufen aus nächster Nähe bewundert werden kann.

15 Orchideenarten finden sich allein am Orchideen-Rundweg, zwei weitere beim Hinweg im Schildergraben. Dazu gesellen sich so prächtige Bergblumen wie die Zwergalpenrose und die Alpen-Waldrebe (*Clematis alpina*).

G. Tritthart

Pflanzenbesonderheiten:

Sternhaar-Zwerg-Gänsekresse (*Arabis stellulata*); Frauenschuh (*Cypripedium calceolus*); Fliegen-Ragwurz (*Ophrys insectifera*), Zwergalpenrose (*Rhodothamnus chamaecistus*).

Öffnungszeiten der Klamm (Stand 2014):

Juli und August: täglich von 9:30 bis 18:00 Uhr

Mai, Juni, September und Oktober: täglich von 9:30 bis 17:00 Uhr

Anreise:

von Salzburg auf der A1 und der A8 bis zur Abfahrt Bad Reichenhall Nord, dann die B20 bzw. die B21 bis zur Loferer Straße B178. In Lofer links die Pinzgauer Straße B311 bis Obsthurn-Vorderkaserklamm.

Öffentliche Verkehrsanbindung:

Mit der Bahn von Salzburg bis Zell am See, weiter mit der Buslinie 260 bis St. Martin bei Lofer – Vorderkaserklamm.

Barrierefreiheit für Kinderwägen/Rollstühle:

Der Weg vom Parkplatz an der B311 bis zur Jausenstation ist barrierefrei. Schon hier können prächtige Blumen wie Frauenschuh (*Cypripedium calceolus*) und Duft-Händelwurz (*Gymnadenia odoratissima*) beobachtet werden.

Weitere Freizeitangebote und botanische Ziele im Gebiet:

- Naturbadegebiet Vorderkaser am Weg zur Klamm
- Lamprechtsofen-Höhle bei Lofer (längste Höhle Salzburgs, teilweise touristisch erschlossen)
- Strohwollner Schlucht in St. Martin bei Lofer
- Seisenbergklamm in Weißbach bei Lofer

Zwerg-Seifenkraut

Saponaria pumila, NELKENGEWÄCHS

Kurzbeschreibung:

Pflanze 2–5 cm hoch, Flachpölster bildend; Stängel einblütig; Blätter immergrün, nadelförmig; Blütenkrone 20–25 mm lang, Kronblätter purpurrosa; Kelch aufgeblasen, kurzzottig, meist dunkelpurpurn, Kelchzähne stumpf. Blütezeit Juli – September.

Verwechslungsmöglichkeit:

Unter Umständen mit dem Rot-Seifenkraut (*S. ocymoides*), welches aber mehrblütige Stängel besitzt (bei *S. pumila* einblütig), 5–25 cm hoch ist (*S. pumila* 2–5 cm), 2-griffelige Blüten hat (*S. pumila* 3-griffelig) und 12–18 mm lange Kronen aufweist (*S. pumila* 20–25 mm lang). Ähnlicher ist die Elisabeth-Lichtnelke (*Silene elisabethae*), welche aber 5–25 cm hoch ist (*Saponaria pumila* 2–5 cm hoch), breitlanzettliche Blätter hat (bei *Saponaria pumila* nadelförmig) und kalkstet ist (*Saponaria pumila* ist kalkfliehend).

Verbreitung und Lebensraum:

Ostalpisch-karpatische Art der Ostalpen und der östlichen Südkarpaten. Das Areal reicht von der Adamello-Gruppe bis zur Stub- und Gleinalpe. In Rumänien kommt die Art nur auf einem Gebirgszug der Südkarpaten, nämlich in den Fogarascher Alpen (Muntii Fagarasului), vor. Das Zwerg-Seifenkraut besiedelt Hochgebirgs-Silikatrasen, alpine bis nivale Polsterfluren, Rasenfragmente über Silikat, offene Windkantengesellschaften, Zwergstrauchheiden und Silikatschutthalden der Hochlagen. Der Schwerpunkt der Höhenverbreitung liegt bei 1800–2700 m Seehöhe, vereinzelt aber auch tiefer, wie in den Wölzer Tauern (980 m) oder höher, wie auf der Schönleitenspitze (2810 m). Kalkmeidend.

Gattung:

Von den rund 40 Seifenkraut-Arten kommen 10 in Europa und 4 in den Alpen vor. Hauptentfaltungsareal ist das mediterran-orientalische Gebiet.

Name:

Der botanische Gattungsname ist vom lateinischen „sapo“ (= Seife) abgeleitet und bezieht sich auf das Echt-Seifenkraut (*Saponaria officinalis*), dessen Rhizom als Reinigungsmittel für Wäsche, Gold- und Silberwaren Verwendung fand und teilweise auch heute noch findet.

Anmerkung:

Die Art ist durch die meist dreigriffeligen Stempel und die Einblütigkeit innerhalb der Gattung isoliert und dürfte nach phylogeographischen Befunden zumindest in drei Refugialräumen die Würm-Eiszeit in den Alpen überdauert haben.

Spielformen des Zwerg-Seifenkrauts und weitere Seifenkraut-Arten der Alpen:

1 Zwerg-Seifenkraut, *Saponaria pumila* fo. *albiflora*, P. Hubert **2** Gelb-Seifenkraut, *Saponaria lutea* **3** Rot-Seifenkraut, *Saponaria ocymoides* **4** Echt-Seifenkraut, *Saponaria officinalis*

P. Hubert

W. Kussegg

Zwerg-Seifenkraut, *Saponaria pumila*

WANDERVORSCHLAG: ***Ö – Kärnten – Gurktaler Alpen***

Das Zwerg-Seifenkraut auf dem Wintertalernock

Anspruch:
hoch

Bergauf:
1016 m

Gehzeit:
5,5 Std. (hin und zurück)

Beste Blumenzeit:
E Juni – E Juli, für das Zwerg-Seifenkraut A Juli – A August.

Der Wintertalernock in den Gurktaler Alpen zählt zu jenen Nocken, denen der Kalk praktisch fehlt und die daher recht artenarm sind. Trotzdem gibt es auch hier ein paar ganz seltene Pflanzen. Wir machen uns aber auf die Suche nach einer auf dem Berg weit verbreiteten, insgesamt aber nur in den Silikatgebieten der Ostalpen und in einem kleinen Teil der Karpaten beheimateten Art: dem Zwerg-Seifenkraut.

Die Reise beginnt in Flattnitz mit seiner schönen Johanniskirche aus dem 11. Jahrhundert. Flattnitz ist Namensgeberin für eine Blume, das Flattnitz-Felsenblümchen (*Draba fladnizensis*), das durch einen Schreibfehler auf Fladnitzer Felsenblümchen umbenannt wurde und so manchmal auf dem Hochlantsch, wo Fladnitz an der Teichalm liegt, gesucht wird. Dort sucht man vergebens, hier auf dem Wintertalernock kann man aber fündig werden.

Kalkofen aus dem 17. Jahrhundert, am Kneipp-Wanderweg

Vor dem Sessellift biegt eine Schotterstraße mit gelbem Wanderschild nach rechts ab und eine Fahrverbotstafel mit „ausgenommen Berechtigter“ beendet rasch unsere Fahrt. Allerdings scheint hier jeder berechtigt zu sein, vom Ortsansässigen bis zum italienischen Schwammerlsucher. Wir sind die einzigen, die hier zu Fuß gehen. Man kann also ebenfalls bis zur im Sommer unbewirtschafteten Fürstenhütte fahren und danach den Kneipp-Weg nach Bedarf in Angriff nehmen.

Nach der Fürstenhütte folgen wir der Forststraße in Richtung Wintertaler Hütte. Diese ist zwar angeschrieben, aber leider unbewirtschaftet. Nach der Wintertaler Hütte wird es unübersichtlich, es kreuzen Wanderweg und Forststraße und bis zur Steringer Alm sollte man eher in Richtung weit sichtbarem Gipfel gehen oder der Forststraße folgen.

Benannt nach dem Ort Flattnitz:
Flattnitz-Felsenblümchen (*Draba fladnizensis*).

Blumenpracht:
Koriander-Schmuckblume (*Callianthemum coriandrifolium*); Kopfiges Steppen-Aschenkraut (*Tephroseris integrifolia* subsp. *capitata*).

Pflanzenbesonderheiten:
Alpen-Löffelkraut (*Cochlearia excelsa*); Kälte-Felsenblümchen (*Draba dubia*); Kärnten-Felsenblümchen (*Draba siliquosa*); Villars-Berufkraut (*Erigeron atticus*); Niederliegend-Enzian (*Gentiana prostrata*); Faltenlilie (*Lloydia serotina*); Schneehuhn-Kolben-Bärlapp (*Lycopodium clavatum* subsp. *monostachyon*), Nick-Steinbrech (*Saxifraga cernua*); Habichtskraut-Steinbrech (*Saxifraga hieraciifolia*).

Anreise:
Von Klagenfurt auf der B95 bis Feldkirchen, dann die B93 bis Kleinglödnitz und die L63 bis Flattnitz. Im Ort links in Richtung Almhüttendorf Flattnitz.

Öffentliche Verkehrsanbindung:
Mit der Buslinie 5208 von Feldkirchen-Bahnhof bis Glödnitz, dann mit dem Taxi.

Weitere Freizeitangebote und botanische Ziele im Gebiet:

- Johanniskirche in Flattnitz
- Kalkbrandofen Flattnitz
- Erlebniswanderweg König Waldgeist bei Sirnitz
- Sirnitzer Wassermühle am Widitschbach
- Schloss Albeck bei Sirnitz
- Glödnitztal bei Klein-Glödnitz (Blaue Berg-Ringdistel, *Carduus defloratus* subsp. *glaucus*; Weiden-Spierstrauch, *Spiraea salicifolia* usw.)

Zirbe auf der Steringer-Alm

Jetzt wird es schön. Auf der Steringer Alm begrüßt uns eine bezaubernde, uralte Zirbe, die sich über einen Felsen schmiegt und scheinbar mit diesem verschmilzt. Frisches Quellwasser und ein ungemein schöner Lärchen-Zirben-Fichtenwald mit Alpenrosen als Unterholz erwarten uns. Es ist eine Zauberlandschaft.

Der lichte Wald lichtet sich weiter, es folgen Weiden, Matten, Bürstlingrasen und Felsfluren mit Zwerg-Seifenkraut (*Saponaria pumila*), Endivien-Habichtskraut (*Hieracium intybaceum*) und einigen wenigen weiteren Farbpunkten. Artenreicher wird es wieder am Nordabsturz des Gipfels, wo in den feuchten Steinfluren Seltenheiten wie Alpen-Löffelkraut (*Cochlearia excelsa*), Liegend-Enzian (*Gentiana prostrata*) und Koriander-Schmuckblume (*Callianthemum coriandrifolium*) gedeihen. Dem ebenso prächtigen wie seltenen Kopfigen Steppen-Aschenkraut (*Tephroseris integrifolia* subsp. *capitata*), in Kärnten meist „Rotes Edelweißgstamm" genannt, widmeten der Kärntner Dichter Gerhard Glawischnig † und der Komponist Sepp Ortner aus Bad Kleinkirchheim ein eigenes Lied.

Unter anderem im Gebiet zu finden:

1 Kopfiges Steppen-Aschenkraut (*Tephroseris integrifolia* subsp. *capitata*), B. Ocepek **2** Alpen-Habichtskraut, *Hieracium alpinum*, P. Hubert **3** Kleb-Primel, *Primula glutinosa* **4** Zotten-Primel, *Primula villosa*, W. Franz **5** Alpen-Nebelbeere, weißfrüchtige Form, *Vaccinium gaultherioides*

Zwerg-Alpenscharte

Saussurea pygmaea, KORBBLÜTLER

Kurzbeschreibung:
Pflanze 5–15 cm hoch; Stängel einkörbig; Blätter sitzend, linealisch bis lineal-lanzettlich, 3–5 mm breit, ganzrandig, selten undeutlich gezähnelt, mit umgerolltem Blattrand; Körbe 2–3 cm im Durchmesser, meist von den oberen Stängelblättern überragt; Blüten röhrenförmig, violett. Blütezeit Juni – August.

Verwechslungsmöglichkeit:
Mit Kümmerformen der Echt- (*S. alpina*) und Filz-Alpenscharte (*S. discolor*), welche aber 2–10-körbige Stängel (bei *S. pygmaea* einkörbig) und eiförmige bis eilanzettliche Blätter haben (bei *S. pygmaea* linealisch bis lineal-lanzettlich).

Verbreitung und Lebensraum:
Ostalpisch-karpatische Art. In den Alpen vom Wettersteingebirge bis zum Wiener Schneeberg und zu den Steiner Alpen. Außerhalb der Alpen nur in der Hohen Tatra.
Besiedelt Steinrasen, Felsschutt und alpine Rasen von 1600–2550 m Seehöhe. Kalkstet.

Gattung:
Von den etwa 300 Arten besiedeln 9 Europa und 3 die Alpen. Das Mannigfaltigkeitszentrum der Gattung liegt in den Gebirgen Ostasiens vom Himalaya bis Japan.

Name:
Der botanische Gattungsname ehrt den Schweizer Naturforscher Horace-Bénédict de SAUSSURE (1740–1799). SAUSSURE war Neffe des Universalgenies Albrecht von HALLER und erwarb sich Verdienste im Bereich der Pflanzengeographie, Astronomie, Geologie und anderer Wissensgebiete. SCHOPENHAUER schrieb in seiner Dissertation: „SAUSSURE soll, vom Mont Blanc aus, den aufgehenden Mond so groß gesehen haben, dass er ihn nicht erkannte und vor Schreck ohnmächtig wurde.“ Neben der Pflanzengattung ist SAUSSURE zu Ehren ein Mondkrater, ein Alpengarten und eine Straße in Paris benannt.

1 Echt-Alpenscharte, *Saussurea alpina* **2 Filz-Alpenscharte,** *Saussurea discolor*

Zwerg-Alpenscharte, *Saussurea pygmaea*

WANDERVORSCHLAG: ***Ö – Steiermark, Eisenerzer Alpen***

Die Zwerg-Alpenscharte auf dem Eisenerzer Reichenstein

W. Kussegg

Anspruch:
hoch

Bergauf:
926 m

Gehzeit:
4 Std. (hin und zurück)

Beste Blumenzeit:
M Juni – E Juli, für die Zwerg-Alpenscharte ebenso

Ein wahrer Blumenberg ist er, der Eisenerzer Reichenstein, 2165 m, zwischen dem Kalkstock des Hochschwabs und den Silikatbergen der Seckauer Tauern gelegen. Und dass er eine gewisse vermittelnde Rolle spielt, sieht man an seinem Äußeren. Die blumenreichen Wiesen kommen bis hinauf zu den höchsten Gipfeln vor, Gestein und Erde sind rötlich und so besonders er im ersten Eindruck ist, so besonders ist auch seine Blütenfülle.

Auf der Anhöhe des Präbichl-Passes folgt man der Schotterstraße nach Westen bis zum Präbichlerhof, wo ein eigens abgetrennter Parkplatzteil den Wanderern zur Verfügung steht. Der Weg beginnt in einem beweideten, lichten Lärchen-Fichtenwald, hält sich parallel zur Skipiste, um dann steil zum Rösselhals hin anzusteigen. Österreich-Wolfsmilch (*Euphorbia austriaca*), Milch-Mannsschild (*Androsace lactea*), Rosenwurz (*Rhodiola rosea*) und andere Schönheiten begegnen uns hier. Unverhofft treffen wir auch auf einen Haufen voll Holzscheiter mit einem Schild des Hüttenwirts, worauf er um die Mitnahme eines Scheits bittet – dafür gibt's ein Schnapserl und eine wohlig warme Hütte.

Wir sind aber eigentlich nicht auf der Suche nach Holzscheitern, sondern auf der Suche nach einer ganz aparten, seltenen Alpenblume – der Zwerg-Alpenscharte. Sie wächst hier zwischen Grübel und Rösselhals und es verwundert, dass die sonst so bodennahe Pflanze hier bis zu 15 cm lange Stängel ausbildet. Ihre Gesellschaft ist nicht minder interessant, bestehend aus Portenschlag-Läusekraut (*Pedicularis portenschlagii*), Zweifarben-Alpenscharte (*Saussurea discolor*) und Ostalpen-Nelke (*Dianthus alpinus*). Hier am Eisenerzer Reichenstein wurde 1928 auch die Hybride der Zwerg-Alpenscharte mit der Zweifarben-Alpenscharte erstgefunden und erstbeschrieben.

Vom Rösselhals weg wird es ein Genusswandern. Im Norden unter uns zeigt sich der Erzberg mit seinen terrassenförmigen Abbauhalden, im Osten leuchten die hellen Kalkfelsen des Hochschwab-Massivs und vor uns liegen die imposanten riesigen Wiesen der Eisenerzer Alpen. Der Weg ist jetzt flacher und bald steigt ein Geruch in die Nase, den man vom Bärlauch-Sammeln im zeitigen Frühjahr kennt.

Der Grund ist schnell ausgemacht. Vor uns ein riesiges Feld von Allermannsharnisch (*Allium victorialis*), dem großen Bruder des Bärlauchs. Ein Stückchen noch fast flach dem Theklasteig folgend windet sich der Weg nun in Serpentinen hinauf zum Reichenstein-Haus, wo die Wirtsleute die Holzscheiter dankend entgegennehmen und die Belohnung dafür schon parat steht.

Blumenpracht:
Milch-Mannsschild (*Androsace lactea*); Strauß-Glockenblume (*Campanula thyrsoides*); Ostalpen-Nelke (*Dianthus alpinus*); Clusius-Primel (*Primula clusiana*); Distel-Sommerwurz (*Orobanche reticulata*); Kurzblatt-Enzian (*Gentiana brachyphylla*); Rundblatt-Enzian (*Gentiana orbicularis*); Kies-Steinbrech (*Saxifraga mutata*); Oranges Kraus-Aschenkraut (*Tephroseris crispa* var. *crocea*); Ostalpen-Stiefmütterchen (*Viola alpina*).

1

2

3

4

5

Unter anderem im Gebiet zu finden:

1 Berghähnlein, *Anemonastrum narcissiflorum* **2** Ostalpen-Nelke, *Dianthus alpinus* **3** Österreich-Wolfsmilch, *Euphorbia austriaca* **4** Clusius-Fingerkraut, *Potentilla clusiana* **5** Rosenwurz, *Rhodiola rosea* **6** Gegenblatt-Steinbrech, *Saxifraga oppositifolia*

6

Anreise:

Über die Eisenstraße L114 von Trofaiach bzw. Hieflau bis zur Passhöhe Präbichl, dann die Abzweigung zum Präbichlerhof nehmen und der breiten Schotterstraße bis zu ihrem Ende folgen.

Öffentliche Verkehrsanbindung:

Von Leoben Hauptbahnhof mit der Buslinie 820 bis Präbichl-Schizentrum.

Weitere Freizeitangebote und botanische Ziele im Gebiet:

- Eisenmuseum Radwerk in Vordernberg
- Schaubergwerk Erzberg
- Abenteuerwelt Mautern am Elfenberg mit Tiergehegen, Sommerrodelbahn usw.
- Erzbergbahnmuseum im Bahnhof Vordernberg
- Kupferschaubergwerk Radmer
- Köhlermuseum Hieflauer Lend
- Trenchtling, Edelweißboden und Kohlröschenboden (Österreich-Kohlröschen, *Nigritella austriaca*; Zwerg-Kohlröschen, *Nigritella minor*; Widder-Kohlröschen, *Nigritella widderi*; Edelweiß, *Leontopodium alpinum* usw.)
- Radmerhals westlich von Eisenerz (Waldstein-Kratzdistel, *Cirsium waldsteinii*; Krain-Kratzdistel, *Cirsium carniolicum*; verschiedene Kratzdistel-Hybriden usw.)

Pflanzenbesonderheiten:

Hybride aus Steinrauten-Schafgarbe × Clusius-Schafgarbe (*Achillea × reichardtiana*); Schweiz-Mannsschild (*Androsace helvetica*); Monte-Baldo-Windröschen (*Anemone baldensis*); Langblatt-Hasenohr (*Bupleurum longifolium*); Sauter-Felsenblümchen (*Draba sauteri*); Weiß-Nachtviole (*Hesperis matronalis* subsp. *candida*); Alpen-Spitzkiel (*Oxytropis campestris*); Portenschlag-Läusekraut (*Pedicularis portenschlagii*); Burser-Steinbrech (*Saxifraga burseriana*); Hybride aus Blattlos-Steinbrech × Mauerpfeffer-Steinbrech (*Saxifraga × angelisii*); Glänzender Gamander-Ehrenpreis (*Veronica chamaedrys* subsp. *micans*).

Glimmer-Steinbrech

Saxifraga paradoxa, STEINBRECHGEWÄCHS

Kurzbeschreibung:

Pflanze 5–20 cm hoch, fast kahl; Stängel niederliegend bis aufsteigend, zerbrechlich; Grundblätter handförmig gelappt mit 5–7 ganzrandigen Abschnitten; Kronblätter grün, 1,5–2,5 mm lang, ± so lang wie die grünen Kelchblätter. Blütezeit Juni – August.

Verwechslungsmöglichkeit:

Im nichtblühenden Zustand mit dem Wechselblatt-Milzkraut (*Chrysosplenium alternifolium*), welches aber nierenförmige Blätter mit mehr als 12 stumpfen Kerben hat (bei *Saxifraga paradoxa* sind die Blätter handförmig gelappt mit 5–7 Abschnitten). Im Verbreitungsgebiet des Glimmer-Steinbrechs wachsen beide Arten oft nebeneinander und sind dann leicht zu unterscheiden.

Verbreitung und Lebensraum:

Endemit der zentralen Ostalpen von der Stub- und Packalpe im Norden über Kor- und Saualpe bis zum Bachergebirge im Süden. In Slowenien reicht das Areal südlich bis zur Hudinja-Schlucht bei Vitanje am Südrand des Bachergebirges. Besiedelt werden vorrangig Halbhöhlen, Balmen und Silikatfelswände der tieferen Lagen. Die Art ist an Standorte mit hoher Luftfeuchtigkeit gebunden, benötigt aber trotzdem einen gewissen Regenschutz. Bevorzugt werden Standorte über Glimmerschiefer, selten auch harte Gneise in einer Seehöhe von 400–1580 m.

Gattung:

Von den rund 440 Steinbrech-Arten kommen 123 in Europa und 54 in den Alpen vor. Verbreitungszentren der Gattung liegen in den europäischen Gebirgen, dem Himalaya und seinen benachbarten Gebirgen.

Saxifraga ist die am weitesten nach Norden reichende Blütenpflanzengattung und mit 6000 Meter Seehöhe auch eine der am höchsten steigenden.

Name:

Der botanische Gattungsname ist von den lateinischen Wörtern „saxum" (= Stein) und „frangere" (= brechen) abzuleiten und bezieht sich auf die Heilwirkung, die man dem Körner-Steinbrech (*Saxifraga granulata*) zuschrieb: Die Brutknöllchen wurden (entsprechend der Signaturenlehre) als Zeichen gedeutet, dass die Pflanze Eingeweidesteine (Blasen-, Nieren und Gallensteine) brechen könne. Der Artbeiname ist altgriechisch, bedeutet „seltsam" und bezieht sich auf den unterständigen Fruchtknoten, denn bei fast allen anderen Steinbrech-Arten ist der Fruchtknoten oberständig.

Anmerkung:

Molekulargenetische Untersuchungen haben die nahe Verwandtschaft des Glimmer-Steinbrechs mit dem Spinnweb-Steinbrech (*Saxifraga arachnoidea*) bekräftigt. Beide Arten werden als Tertitärrelikte gewertet, welche vermutlich nicht weit von den heutigen Vorkommen die Kaltzeiten überdauert haben.

Steinbreche der Alpen (Auswahl):

1 Aufsteige-Steinbrech, *Saxifraga adscendens* **2** Bach-Steinbrech, *Saxifraga aizoides* **3** Mannsschild-Steinbr., *Saxifraga androsacea*

Glimmer-Steinbrech, *Saxifraga paradoxa*

4 Blattlos-Steinbrech, *Saxifraga aphylla* **5** Spinnweb-Steinbrech, *S.arachnoidea* **6** Rau-Steinbrech, *S. aspera*, F. Weberndorfer **7** Berici-Steinbrech, *S. berica*, F. Dunkel **8** Zweiblüten-Steinbr., *S. biflora*, G. Tritthart **9** Wimper-Steinbrech, *S. blepharophylla*, W. Kussegg **10** Moos-Steinbrech, *S. bryoides* **11** Zwiebel-Steinbrech, *S. bulbifera*

Steinbreche der Alpen (Auswahl):

1 Burser-Steinbrech, *Saxifraga burseriana* **2** Blaugrün-Steinbrech, *Saxifraga caesia* **3** Dickblatt-Steinbrech, *Saxifraga callosa* **4** Nick-Steinbrech, *Saxifraga cernua* **5** Pracht-Steinbrech, *Saxifraga cotyledon* **6** Krusten-Steinbrech, *Saxifraga crustata*

7 Diapensien-Steinbr., *S. diapensioides* **8** Furchen-Steinbrech, *Saxifraga exarata* **9** Facchini-Steinbrech, *Saxifraga facchinii* **10** Habichtskraut-St., *Saxifraga hieraciifolia*, B. Ocepek **11** Host-Steinbrech, *Saxifraga hostii* **12** Moschus-Steinbrech, *Saxifraga moschata* **13** Flachblatt-Steinbr., *Saxifraga muscoides*, P. Hubert **14** Kies-Steinbrech, *Saxifraga mutata* **15** Gegenblatt-Steinbrech, *S. oppositifolia*

Steinbreche der Alpen (Auswahl):

16 Wulfen-Steinbrech, *Saxifraga retusa* **17** Rudolphi-Steinbr., *Saxifr. rudolphiana*, G. Tritthart **18** Trauben-Steinbrech, *Saxifraga paniculata* **19** Piemont-Steinbrech, *S. pedemontana* **20** Felsen-Steinbrech, *Saxifraga petraea* **21** Rundblatt-Steinbr., *S. rotundifolia* **22** Mauerpfeffer-St., *Saxifraga sedoides* **23** Seguier-Steinbrech, *Saxifraga seguieri*, G. Tritthart

24 Stern-Steinbrech, *Saxifraga stellaris* **25** Sparrig-Steinbrech, *Saxifraga squarrosa* **26** Steiermark-Steinbr., *Saxifraga styriaca* **27** Zart-Steinbrech, *Saxifraga tenella* **28** Tombea-Steinbrech, *Saxifraga tombeanensis* **29** Finger-Steinbrech, *Saxifraga tridactylites*, P. Hubert

81

Der Glimmer-Steinbrech in der Deutschlandsberger Klause

Anspruch:
gering

Bergauf:
180 m

Gehzeit:
3 Std. (hin und zurück)

Beste Blumenzeit:
E April – A Juli, für den Glimmer-Steinbrech A Juni – A Juli.

Blumenpracht:
Waldstein-Kratzdistel (*Cirsium waldsteinii*); Hecken-Nieswurz (*Helleborus dumetorum*); Steiermark-Lungenkraut (*Pulmonaria stiriaca*); Akelei-Wiesenraute (*Thalictrum aquilegiifolium*).

Die Deutschlandsberger Klause ist ein romantisches Felstal im Westen der gleichnamigen Stadt, welches von der Laßnitz durchflossen wird. Die Klause umschließt den Mittellauf der Laßnitz und beherbergt eine Reihe seltener und gefährdeter Pflanzen- und Tierarten. In ihrem geologischen Aufbau besteht sie aus Gneisen und Glimmerschiefern, auf denen sich solche Besonderheiten wie Glimmer-Steinbrech und Verschiedenblatt-Nabelmiere (*Moehringia diversifolia*) wohlfühlen.

Erschlossen ist die Klause durch Wege, die im 19. Jahrhundert vom damaligen Besitzer Moritz von Fries angelegt wurden. Auch die Einsiedelei geht auf diesen zurück. Dieses nie bewohnte Wahrzeichen der Klause wurde im Dezember 2012 durch einen Felssturz zerstört und im August 2013 nach der Wiederherstellung eröffnet.

Weiter drinnen im Tal beeindrucken die satten, dunkelgrünen Wälder. Sonnenstrahlen, die sich ihren Weg durch das Blätterdach bahnen, zaubern ein reizvolles Licht-Schatten-Muster auf das reliefreiche Blockfeld. In solchen Augenblicken leuchtet das von einer eigenartigen optischen Ästhetik bestimmte

Besonderheiten des Gebiets:
1 Save-Zahnwurz, *Cardamine waldsteinii* **2** Illyrisch-Krokus, *Crocus exiguus* **3** Steiermark-Lungenkraut, *Pulmonaria stiriaca* **4** Waldstein-Kratzdistel, *Cirsium waldsteinii* **5** Verschiedenblatt-Nabelmiere, *Moehringia diversifolia*

Farbenmuster im Blockmeer auf. Zu den dunklen Felsen kontrastieren harmonisch die fein abgestuften Grüntöne der reichlich entwickelten Gesteinsmoose und Farne. Es ist ein fast mystischer Platz, diese Klause: dunkelgrüne Farne, eher düster-schwarzes Gestein und dazu kleine Waldbäche, Rieselfluren und Sickerstellen, die aus den Hängen treten. In unzähligen Jahren erleben diese Wassertropfen ihren Lebenslauf immer wieder neu. Manchmal verharren sie verborgen nach dem Regen lange im dunklen Grundwasser, bis sie durch Steine und Wurzeln den Weg zu einem gurgelnden Bach, zu einem reißenden Fluss und schließlich wieder zum Meer schaffen. Ein ewiges Abenteuer. Und wenn sie dann über die Felsen tanzen, beginnt erneut der heitere Flirt mit der Sonne, verabschiedet sich unsichtbar Tropfen für Tropfen in die Atmosphäre, um zu gegebener Zeit mit neuer Identität wieder zurück zur Erde zu gelangen. Als sanfter Regen oder als Tau können die kleinen Wassertropfen die Pflanzen der Klause dann liebkosen und sie so lange kullernd umschmeicheln, bis ihre Blüten voller Glückstränen strahlen.

Begeistert vom Farbenspiel der Klause und ihrer eigenartigen, farnreichen Flora stehen wir unverhofft vor einer Einkehrmöglichkeit: Tonis Fischerhütte mit ihren Forellenspezialitäten. Schnell sind wir wieder unten, auf dem Boden der Realität, denn der Duft von Bratkartoffeln bringt jede Schwelgerei bald zum Erliegen, dafür eine angenehme Völle in unseren Magen.

Zurück, wenn auch etwas träger, geht's auf dem gleichen Weg.

Pflanzenbesonderheiten:

Ästig-Rautenfarn (*Botrychium matricariifolium*); Save-Zahnwurz (*Cardamine waldsteinii*); Siebenbürgen-Habichtskraut (*Hieracium transsylvanicum*); Verschiedenblatt-Nabelmiere (*Moehringia diversifolia*); Europa-Knollenmiere (*Pseudostellaria europaea*); Glimmer-Steinbrech (*Saxifraga paradoxa*); Hexenkraut-Sternmiere (*Stellaria montana*); Berg-Ehrenpreis (*Veronica montana*).

Anreise:

Von Graz auf der A2 bis zur Ausfahrt Lieboch, dann die B76 bis Deutschlandsberg, dann durch die Stadt bis zum Klausen-Parkplatz in der Glashüttenstraße.

Öffentliche Verkehrsanbindung:

Mit der Bahn bis Deutschlandsberg, dann zu Fuß durch die Schulgasse und Glashüttenstraße zum Eingang der Klause.

Weitere Freizeitangebote und botanische Ziele im Gebiet:

- Burg Deutschlandsberg mit Keltenausstellung
- Rhododendronblüte und Waldlehrpfad beim Schloss Hollenegg südlich Deutschlandsberg
- Feuerwehrmuseum in Groß St.Florian
- Flascherlzug Stainz
- Schloss Stainz mit Jagdausstellung
- Bärental auf der Koralpe östlich der Weinebene (Waldstein-Kratzdistel, *Cirsium waldsteinii*; Wiesen-Habichtskraut, *Hieracium caespitosum*; Sprossender Stern-Steinbrech, *Saxifraga stellaris* subsp. *prolifera* usw.)

Weiß-Mauerpfeffer

Sedum album, DICKBLATTGEWÄCHS

Kurzbeschreibung:

Pflanze 5–20 cm hoch, kahl; am Grunde reich verzweigt, mit zahlreichen, niederliegenden, sterilen Trieben; Blätter fleischig, lineal-walzenförmig, 5–15 mm lang, wechselständig; Blüten weiß, manchmal auch blassrosa, in einer vielblütigen, doldigen Rispe. Blütezeit Juni – September.

Verwechslungsmöglichkeit:

Mit dem Buckel-Mauerpfeffer (*S. dasyphyllum*), dessen Blütenstandsachsen aber drüsenhaarig sind (bei *S. album* kahl) und dessen etwa 3–6 mm langen Blätter überwiegend gegenständig angeordnet sind (bei *S. album* sind die 5–15 mm langen Blätter stets wechselständig angeordnet).

Verbreitung und Lebensraum:

Mediterran-europäische Art von Nordwestafrika und England bis Südskandinavien und Kurdistan. In den Alpen flächendeckend von den Seealpen bis ins Burgenland.
Besiedelt Felsfluren, Feinschutthalden, Mauern, trockenwarme, lückige Rasen, kiesige Ufer und ähnliche Standorte vom Tiefland bis 2300 m Seehöhe, vereinzelt auch höher wie im Unterwallis (2500 m). Bodenvag.

Gattung:

Die Gattung umfasst etwa 430 Arten (ohne *Phedimus* und *Hylotelephium*), wobei allein 120 in Mexiko und etwa 140 in Asien vorkommen. Europa beheimatet rund 50 Arten, die Alpen 19.

Name:

Die Herleitung des botanischen Gattungsnamen ist umstritten. LIPPERT vermutet eine Ableitung vom lateinischen „sedare“ (= stillen), weil die saftigen Blätter kühlend wirken und als schmerzstillendes Wundmittel Verwendung fanden. Zu den gelegentlich anzutreffenden Volksnamen gehören „Mauernudeln“, „Freikraut“, „Schatzkraut“ und „Perlkraut“.

Anmerkung:

Der Weiß-Mauerpfeffer gehört zu den Pflanzen, welche mittels Crassulaceen-Säurestoffwechsel eine besonders an Trockenstandorte angepasste Form der Kohlendioxid-Fixierung aufweisen. Bei ihnen ist die CO_2-Aufnahme und -Fixierung zeitlich getrennt von der CO_2-Assimilation. Damit können diese Pflanzen in der Nacht Kohlendioxid chemisch fixieren und am Tag auf diese Reserve zurückgreifen, wodurch sie während der heißen Tagesstunden ihre Spaltöffnungen nicht zu öffnen brauchen und bedeutend weniger Wasser verdunsten. Durch diese Raffinesse können die Pflanzen noch an Standorten gedeihen, wo für andere Gewächse ein Überleben nicht mehr möglich ist.

Weitere Sedum-Arten der Alpen (Auswahl):

1 Scharf-Mauerpfeffer, *Sedum acre* **2** Alpen-Mauerpfeffer, *Sedum alpestre* **3** Einjahrs-Mauerpfeffer, *Sedum annuum* **4** Kärntner Dunkel-Mauerpfeffer, *Sedum atratum* subsp. *carinthiacum* **5** Buckel-Mauerpfeffer, *Sedum dasyphyllum*, W. Kussegg **6** Blaugrün-Mauerpfeffer, *Sedum hispanicum*

Weiß-Mauerpfeffer, *Sedum album*

7 Wimper-Mauerpfeffer, *Sedum hirsutum* **8** Berg-Mauerpfeffer, *Sedum montanum* **9** Rötlich-Mauerpfeffer, *Sedum rubens* **10** Felsen-Mauerpfeffer, *Sedum rupestre* **11** Mild-Mauerpfeffer, *Sedum sexangulare* **12** Drüsen-Mauerpfeffer, *Sedum villosum*

WANDERVORSCHLAG: ***Ö – Niederösterreich – Gutensteiner Alpen***

Der Weiß-Mauerpfeffer auf dem Kieneck

F. Weingartner

Anspruch:
hoch

Bergauf:
820 m

Gehzeit:
6,5 Std. (gesamte Runde)

Beste Blumenzeit:
A Mai – A August, für den Weiß-Mauerpfeffer M Juni – E Juli.

Blumenpracht:
Berg-Aster (*Aster amellus*); Alpen-Zyklame (*Cyclamen purpurascens*); Blut-Storchschnabel (*Geranium sanguineum*); Feuer-Lilie (*Lilium bulbiferum*); Türkenbund-Lilie (*Lilium martagon*); Immenblatt (*Melittis melissophyllum*); Aurikel (*Primula auricula*, Araburg-Felsen).

Ramsau südlich von Hainfeld ist der Ausgangspunkt dieser Blumenwanderung. Der häufige Ortsname Ramsau entstammt dem Bärlauch (*Allium ursinum*), der im Volksmund „Ramsen" hieß.

Beim Wittmann im Gaupmannsgraben zwischen Ramsau und Adamsthal gibt es einen kleinen Wanderparkplatz, den Ausgangspunkt unserer Tour. Ziemlich eben führt der Weg durch den Kieneckgraben, vorbei an Sumpfwiesen mit Mehl-Primeln (*Primula farinosa*) und Echt-Fettkraut (*Pinguicula vulgaris*), bis er dann steil hinauf zum Bettelmannkreuz führt, welches des einsamen Bettlers erinnert, der im Winter an dieser Stelle erfroren ist. Unweit davon eine weitere Gedenktafel mit der Aufschrift „Der Wald darf nicht sterben, wenn wir überleben wollen". Dieses Schild erscheint heute wie ein Hohn, sieht man sich die umliegenden Fichtenäcker der Forstwirtschaft an, die mit einem natürlichen Wald nichts mehr zu tun haben.

Hier oben auf dem Kamm bis zum Raingupf, 1065 m, gibt es aber auch noch die artenreichen Buchen-Mischwälder mit prächtigen Blühern wie dem seltenen Bleich-Knabenkraut (*Orchis pallens*). Besonders blumenreich wird es in den kleinflächigen Wiesen um die Enzianhütte, die gut 110 Jahre alt ist und bodenständige Speisen aus dem Holzofen bietet.

Unter anderem im Kienecktal zu finden:
1 Bunt-Hohlzahn, *Galeopsis speciosa* **2** Berg-Aster, *Aster amellus* **3** Berle, *Berula erecta* **4** Klein-Tausendgüldenkraut, *Centaurium pulchellum* **5** Alpenostrand-Wachtelweizen, *Melampyrum subalpinum* **6** Immenblatt, *Melittis melissophyllum*

Gestärkt geht's nun weiter den lohnenden Kammweg bis zur Araburg. Die Anlage wurde im 12. Jahrhundert erbaut und war zur Zeit der ersten Türkenbelagerung 1529 ein wichtiger Zufluchtsort für die örtliche Bevölkerung. Bei der zweiten Türkenbelagerung 1683 wurde die Burg allerdings völlig zerstört und ist seitdem nur noch als Ruine erhalten.

Zurück führt der Weg nun übers schmetterlingsreiche Mariental wieder zum Ausgangspunkt beim Wittmann, der Heimat des zwölffachen Rallye-Staatsmeisters Franz Wittmann.

Pflanzenbesonderheiten:

Berle (*Berula erecta*); Lorbeer-Seidelbast (*Daphne laureola*); Hybride aus Flaum-Hohlzahn (*Galeopsis pubescens*) mit Bunt-Hohlzahn (*G. speciosa*); Alpenostrand-Wachtelweizen (*Melampyrum subalpinum*); Österreich-Haarstrang (*Peucedanum austriacum*).

Anreise:

Von Wien auf der A2 und der A21 bis Alland, dann die B11, L131 und B18 bis Hainfeld, weiter die L132 bis Ramsau-Mariental zum Parkplatz am Bachrand.

Öffentliche Verkehrsanbindung:

Mit Bahn oder Bus bis Hainfeld, dann mit der Buslinie 1560 bis Ramsau.

Barrierefreiheit für Kinderwägen/Rollstühle:

Das Mariental östlich vom Wittmann ist barrierefrei und blumenreich.

Weitere Freizeitangebote und botanische Ziele im Gebiet:

- Heimatmuseum Kaumberg
- Gererberg südwestlich von Ramsau (Kreuz-Enzian, *Gentiana cruciata*; Stechpalme, *Ilex aquifolium*; Zungen-Mäusedorn, *Ruscus hypoglossum* usw.)

Steiermark-Hauswurz

Sempervivum stiriacum, DICKBLATTGEWÄCHS

Kurzbeschreibung:

Pflanze 5–15 cm hoch; Rosetten kugelig, später sternförmig, 2,5–4,5 cm im Durchmesser, Rosettenblätter lanzettlich, dicht drüsenhaarig; Kronblätter purpurrot, 15–22 mm lang, 3–4 × so lang wie die Kelchblätter. Blütezeit Juni – August.

Verwechslungsmöglichkeit:

Mit der Berg-Hauswurz (*S. montanum*), welche aber im Durchmesser nur 1–2,5 cm breite Rosetten hat (bei *S. stiriacum* 2,5–4,5 cm), ihre Kronblätter sind mit 10–15 mm Länge nur etwa 2 × so lang wie die Kelchblätter (bei *S. stiriacum* mit 15–22 mm 3–4 × so lang wie die Kelchblätter) und ihre Haare am Rand der Rosettenblätter sind nur wenig länger als die Haare auf den Flächen (bei *S. stiriacum* sind die Haare am Rand der Rosettenblätter deutlich länger als die Haare auf den Flächen).

Verbreitung und Lebensraum:

Endemit der zentralen Ostalpen von den Hohen Tauern bis ins Semmeringgebiet.
Besiedelt werden vor allem Silikatblockfluren, Silikatschuttfluren, Silikatfelswände, Hochgebirgs-Silikatrasen, Zwergstrauchheiden, Lesesteinriegel und Trockenmauern von 1800–2600 m Seehöhe. Tiefer gelegene Vorkommen sind die Ausnahme, wie etwa am Fuß des Hirnkogels in den Wölzer Tauern auf 1610 m oder auf dem Nassfeld bei Böckstein auf 1620 m. Kalkmeidend.

Gattung:

Von den etwa 61 Arten der Gattung kommen 23 in Europa und 9 in den Alpen vor. Hauptverbreitungsgebiete sind die europäischen und kleinasiatischen Gebirge, allen voran die Alpen, die Gebirge der Balkanhalbinsel, der Kaukasus und die Gebirge Armeniens.

Name:

Der botanische Gattungsname ist von den beiden lateinischen Wörtern „semper" (= immer) und „vivere" (= leben) abgeleitet und bezieht sich auf die immergrünen Blätter. Der Artbeiname verweist auf die Steiermark als das hauptsächliche Verbreitungsgebiet der Sippe.

Anmerkung:

Das tetraploide *Sempervivum stiriacum* steht dem diploiden *S. montanum* s. *str.* sehr nahe und wird zum Teil als Unterart von diesem aufgefasst. Die beiden Sippen sind hinsichtlich ihrer Verbreitung vikariierend, wobei *S. montanum* s. *str.* in den Pyrenäen, den Westalpen und im westlichen Teil der Ostalpen, östlich bis zur Glockner- und Schobergruppe, vorkommt.

An Hybriden sind bisher solche mit *S. arachnoideum* (= *S.* × *noricum*) und *S. wulfenii* (= *S.* × *pernhofferi*) bekannt.

Weitere Hauswurz-Sippen der Alpen:

1 **Echte Spinnweb-Hauswurz,** *S. arachnoideum* subsp. *arachnoideum*, **W.Kussegg** **2** **Filzige Spinnweb-Hauswurz,** *S. arachnoideum* subsp. *tomentosum*, **P. Hubert** **3** **Großblüten-Hauswurz,** *Sempervivum grandiflorum* **4** **Burnats Berg-Hauswurz,** *Sempervivum montanum* subsp. *burnatii*

Steiermark-Hauswurz, *Sempervivum stiriacum*

Weitere Hauswurz-Sippen der Alpen:

1 Echte Berg-Hauswurz, *Sempervivum montanum* subsp. *montanum*, P. Hubert **2** Serpentin-Hauswurz, *Sempervivum pittonii*, H. Schön **3** Dach-Hauswurz, *Sempervivum tectorum* **4** Kugel-Donarsbart, *Jovibara globifera* **5** Wulfen-Hauswurz, *Sempervivum wulfenii*

WANDERVORSCHLAG: ***Ö – Steiermark – Seetaler Alpen***

Die Steiermark-Hauswurz auf dem Zirbitzkogel

J. Stopper

Solitär ragt er auf, der Zirbitzkogel, von allen Seiten zu sehen, markant durch seine Hütte, die praktisch auf dem Gipfel des höchsten Berges der Seetaler Alpen steht.

Wir wählen, wie so viele, die Sabathyhütte als Ausgangspunkt für eine botanische Wanderung. Sie liegt auf 1620 Meter, hat genügend Parkplätze und man kann vor dem Anstieg auch noch mal genüsslich frühstücken. Errichtet wurde sie von Ernest SABATHY als Jagdhütte, 1984 erfolgte eine Generalsanierung.

Warum der Zirbitzkogel seinen Namen trägt, wird gleich bei den ersten Schritten klar. Zwar wollen manche Quellen den Namen vom slawischen „zirbiza", was so viel wie Rote Alm bedeutet, aufgrund der Alpenrosen-Blüte, hergeleitet wissen, doch sind diese *Rhododendron*-Bestände hier weitaus geringer als auf vielen benachbarten Bergstöcken. Bis ins Mittelalter bezeichnete der Name Zirbe nur die Zapfen, welche vor allem für die Schnapsgewinnung große Bedeutung hatten. Später übertrug sich der Name in den Ostalpen auf den gesamten Baum, während er im westlichen deutschsprachigen Raum Arve heißt.

Anspruch:
hoch

Bergauf:
781 Höhenmeter

Gehzeit:
4,5 Std. (ganze Runde)

Beste Blumenzeit:
E Juni bis E Juli, ebenso für die Steiermark-Hauswurz

Blumenpracht:
Wulfen-Mannsschild (*Androsace wulfeniana*); Waldstein-Kratzdistel (*Cirsium waldsteinii*); Steiermark-Hauswurz (*Sempervivum stiriacum*); Sumpf-Tarant (*Swertia perennis*).

Pflanzenbesonderheiten:
Tauern-Felsenblümchen (*Draba pacheri*); Kärnten-Felsenblümchen (*Draba siliquosa*); Schierlingssilge (*Conioselinum tataricum*); Portenschlag-Läusekraut (*Pedicularis portenschlagii*); Kärnten-Klappertopf (*Rhinanthus carinthiacus*); Schön-Klappertopf (*Rhinanthus pulcher*); Rau-Steinbrech (*Saxifraga aspera*); Wulfen-Steinbrech (*Saxifraga retusa*); Sprossender Stern-Steinbrech (*Saxifraga stellaris* subsp. *prolifera*).

Anreise:
Von Graz auf der A2 bis Bad St. Leonhard, dann die B78 bis Obdach. Im Ort bei der Raiffeisenbank einbiegen Richtung St. Wolfgang. Die L539 bis knapp vor St. Wolfgang. Bei der scharfen Rechtskurve links dem Wegweiser zur Sabathyhütte folgen (mit prächtigen Waldstein-Kratzdisteln am Bachrand).

Öffentliche Verkehrsanbindung:
Bis Wolfsberg oder Zeltweg mit der Bahn, dann mit der Buslinie 6833 bis Obdach und mit der Buslinie 865 bis St. Wolfgang.

Sicher ist, dass sie ganz majestätisch sind, diese Zirben. Bäume, die ein Alter von bis zu 2000 Jahren erreichen, nicht umsonst wird die Zirbe „Königin der Alpen“ genannt.

Der anfänglich nur leicht ansteigende Zirbenwald-Weg erreicht bei der unbewirtschafteten Linder-Hütte Freiland. Einmal standen hier jede Menge Arnika (*Arnica montana*), denen die Zungenblüten fehlten. Ich freute mich – die seltene Form *discoidea* in so reicher Anzahl, ein Riesenglück. Doch bald hat sich des Rätsels Lösung gelüftet. Ein Arnika-Sammler brockte, wie gesetzlich erlaubt, die Zungenblüten und ließ die Körbe stehen.

Dazwischen Bart-Glockenblumen (*Campanula barbata*) und ein Stück weiter oben die Alpen-Glockenblume (*Campanula alpina*), welche von Laien gerne miteinander verwechselt werden. Dabei sind die Laubblätter der beiden Arten und die Länge der Kelchblätter vollkommen unterschiedlich. Besonders schön macht sich das Blassblau der Alpen-Glockenblume in Kombination mit dem Gelborange des Safran-Schuppenleuenzahns (*Scorzoneroides crocea*), eines ostalpisch-karpatischen Elements.

Wir folgen dem Weg bis zum Pfaffenköpfel und weiter zum Lindersee, 2050 m. Jetzt ist es nur noch ein kurzes, aber steiles Stück hinauf zur Zirbitzkogel-Hütte und dem knapp dahinter liegenden Gipfel. Zungenblatt-Teufelskralle (*Phyteuma confusum*), Rosenwurz (*Rhodiola rosea*) und Steiermark-Hauswurz sind nur ein paar der Schönheiten, die uns hier begegnen und mit Glück zeigt sich auch mal der Mornellregenpfeifer (*Eudromias morinellus*), der hier eines seiner wenigen Brutreviere in Mitteleuropa hat. Gestärkt in der Hütte nehmen wir den Nordost-Rücken als Rückweg, der am Lindersee in den Hauptweg mündet und fortan auf gleichem Wege zur Sabathyhütte führt.

Weitere Freizeitangebote und botanische Ziele im Gebiet:

- Schloss Wiesenau und Burgruine Gomarn in Bad St. Leonhard
- Schloss und Minoritenkloster Wolfsberg
- Frauenlacke auf dem Zirbitzkogel (Dreizählig-Labkraut, *Galium trifidum*; Gattungshybride aus Fuchs-Fingerwurz × Weißzüngel, × *Pseudorhiza bruniana* usw.)
- Ruine Eppenstein (Rauhaar-Zwergginster, *Chamaecytisus hirsutus*; Steirische Feder-Nelke, *Dianthus plumarius* subsp. *hoppei*; Voralpen-Aschenkraut, *Tephroseris longifolia*; Wald-Wicke, *Vicia sylvatica* usw.)
- Furtner Teich bei Neumarkt (Sumpf-Blutauge, *Comarum palustre*; Groß-Teichrose, *Nuphar lutea*; Zungen-Hahnenfuß, *Ranunculus lingua*; Sumpf-Helmkraut, *Scutellaria galericulata*; Sumpf-Dreizack, *Triglochin palustre* usw.)

Unter anderem im Gebiet zu finden:

1 Zirben am Zirbitzkogel **2** Bart-Glockenblume, *Campanula barbata* **3** Zungenblatt-Teufelskralle, *Phyteuma confusum*, P. Hubert **4** Rosenwurz, *Rhodiola rosea*, P. Hubert **5** Steiermark-Hauswurz, *Sempervivum stiriacum*

Stängellos-Leimkraut

Silene acaulis, NELKENGEWÄCHS

Kurzbeschreibung:

Pflanze 1–3 cm hoch, dichte flache Pölster bildend; Stängel einblütig, dicht dachziegelig beblättert; Blätter schmal-linealisch, 3–12 mm lang; Kronblätter purpurn, 5–14 mm lang; Kelch 4–8 mm lang, am Grunde verschmälert; Kapsel 3–13 mm lang. Blütezeit Juni – August.

Verwechslungsmöglichkeit:

Die Art tritt in den Alpen in zwei Unterarten auf (siehe unter Untergliederung). Sonst höchstens mit polsterförmig wachsendem Rot-Seifenkraut (*Saponaria ocymoides*) verwechselbar, welches aber eiförmig-lanzettliche, 5–13 mm breite Blätter hat (bei *Silene acaulis* sind die Blätter schmal-linealisch, 1–4 mm breit).

Verbreitung und Lebensraum:

Arktisch-alpine Art Europas, Nordamerikas und des äußersten Nordostasiens. In den Alpen verbreitet von den Seealpen bis Niederösterreich.
Besiedelt steinige Magerrasen, Felsspalten und Felsfluren von 1400–2900 m Seehöhe, gelegentlich auch tiefer, wie herabgeschwemmt an der Enns (500 m) oder höher, wie in den Cottischen Alpen (3500 m).

Gattung:

Von den rund 700 Silene-Arten (inkl. *Cucubalus*, exkl. *Heliosperma*, *Lychnis*, *Viscaria* und *Atocion*) kommen 171 in Europa und 26 in den Alpen vor. Mannigfaltigkeitszentrum ist das mediterran-orientalische Gebiet, aber auch in Zentralasien, Nordamerika, Südamerika und Ostafrika ist die Gattung reich vertreten.

Name:

Der botanische Gattungsname ist von Silen, einer Gestalt in der griechischen und römischen Mythologie, abgeleitet. Silen wird wie der Satyr oft als betrunkener, fettbäuchiger und aufgedunsener Begleiter des Bacchus dargestellt. Dieser Umstand dürfte zum Vergleich mit den aufgeblasenen Kelchen vieler Silene-Arten geführt haben.

Leimkraut als deutsche Benennung bezieht sich auf den klebrigen Stängel mehrerer Arten der Gattung.

Zu den gelegentlich anzutreffenden Volksbenennungen gehören „Steinguggerli“ und „Almläus“.

Untergliederung:

Tritt in den Alpen in zwei Unterarten auf:

- Subsp. *exscapa*: Laubblätter 4–8 mm lang, Blütenstiel 1–5 mm lang, Kelch 3,5–5 mm lang, Silikatfelsfluren und Krummseggenrasen, in den Zentralalpen weit verbreitet, kalkmeidend
- Subsp. *longiscapa*: Laubblätter 8–12 mm lang, Blütenstiel 10–30 mm lang, Kelch 5–8 mm lang, Karbonatfelsfluren, in den Kalkalpen und Dolomiten weit verbreitet, karbonatstet

Weitere Silene-Arten der Alpen (Auswahl):

1 Kegel-Leimkraut, *Silene conica* **2** Herzblatt-Leimkraut, *Silene cordifolia*, W. Kussegg **3** Rot-Leimkraut, *Silene dioica*

Kiesel-Stängellos-Leimkraut, *Silene acaulis* subsp. *exscapa*

Stängellos-Leimkraut, *Silene acaulis* subsp. *longiscapa*

4 Elisabeth-Leimkraut, *Silene elisabethae* **5** Frankreich-Leimkraut, *Silene gallica* **6** Weiß-Leimkraut, *Silene latifolia*, W. Kussegg **7** Insubrisches Nick-Leimkraut, *S. nutans* subsp. *insubrica* **8** Ohrlöffel-Leimkraut, *Silene otites* **9** Steinbrech-Leimkraut, *Silene saxifraga* **10** Wallis-Leimkraut, *Silene vallesia* **11** Blasen-Leimkraut, *Silene vulgaris*

WANDERVORSCHLAG: ***Ö – Niederösterreich – Ybbstaler Alpen***

Das Stängellos-Leimkraut auf dem Ötscher

W. Kussegg

Anspruch:
hoch

Bergauf:
1448 m

Gehzeit:
11,5 Std. (ganze Runde)

Beste Blumenzeit:
M Mai – E Juli, für das Stängellos-Leimkraut A Juni – A Juli.

Blumenpracht:
Felsen-Pippau (*Crepis jacquinii*); Karpaten-Miere (*Minuartia langii*); Nordost-Alpen-Mohn (*Papaver alpinum* subsp. *alpinum*); Clusius-Primel (*Primula clusiana*); Heilglöckel (*Primula matthioli*); Kies-Steinbrech (*Saxifraga mutata*).

„Weltklasse-Zweitagestour" hat jemand geschrieben, als er von seiner Wanderung durch die Ötschergräben mit Besteigung des Gipfels und Übernachtung im Ötscher-Schutzhaus berichtete. Da gibt es eigentlich nicht mehr viel zu sagen, denn sowohl landschaftlich als auch blumenmäßig ist es hier ein kleines Paradies. Die Ötschergräben wurden 2011 vom Alpenverein zum schönsten Wandergebiet Österreichs gewählt.

Kristallklares Wasser, Kalkzinnen, Wasserfälle und Alpenblumen, die vom Ötscher heruntergeschwemmt wurden und sich hier unten wohl fühlen. So können wir hier auf nur rund 600 Höhenmetern Zwergalpenrose (*Rhodothamnus chamaecistus*), Clusius-Primel (*Primula clusiana*), Burser-Steinbrech (*Saxifraga burseriana*), Wimper-Alpenrose (*Rhododendron hirsutum*), Clusius-Enzian (*Gentiana clusii*), Blaugrün-Steinbrech (*Saxifraga caesia*) oder Alpen-Gamskresse (*Hornungia alpina*) antreffen.

Unser Weg führt von Wienerbruck am Stausee vorbei hinunter in die Gräben. Schon für das erste Stück mit Tunneln, Ausblick zum Lassingfall und alpinen Blumen an den Felswänden trifft das Wort spektakulär zu. Beim Wasserkraftwerk, wo sich alljährlich das Norwegen-Fingerkraut (*Potentilla norvegica*), ein botanischer Landstreicher, einfindet, geht's den Ötscherbach aufwärts.

Bis in die Gräben herabgeschwemmt:
1 Clusius-Enzian, *Gentiana clusii* **2** Clusius-Primel, *Primula clusiana* **3** Wimper-Alpenrose, *Rhododendron hirsutum* **4** Alpen-Gamskresse, *Hornungia alpina*

Die Becken des Ötscherbaches laden im Hochsommer zum Baden ein, jetzt im Frühsommer höchstens zum Kneippen. Beim Ötscherhias erwartet uns eine bodenständige Jause, die wir auch brauchen, denn jetzt geht's wieder bergauf zu den Höhlen Geldloch und Taubenloch. Begleitet von Karpaten-Miere (*Minuartia langii*), Hasenohr-Habichtskraut (*Hieracium bupleuroides*), Distel-Sommerwurz (*Orobanche reticulata*) und Österreich-Glockenblume (*Campanula pulla*) sind wir beim sagenumwobenen Geldloch. Schon Kaiser RUDOLF II. suchte hier 1592 nach Schätzen. Doch diese liegen halt nicht in der Höhle, sondern blühen draußen im Sonnenlicht. Von außen sieht man dieser Höhle gar nicht an, dass sie etwa 9 km Länge und eine vertikale Ausdehnung von 653 m aufweist.

Über den Rauen Kamm, der Trittsicherheit voraussetzt, geht's zum Gipfel und zum Ötscher-Schutzhaus, das so, man möge es mir verzeihen, ein ganz wenig an einen ehemaligen Ostblockbau erinnert. Egal, jetzt wird einmal ordentlich abgerastet, bevor es über den Riffelsattel wieder hinunter zum Ötscherbach geht.

Pflanzenbesonderheiten:

Östliche Gletscher-Gamswurz (*Doronicum glaciale* subsp. *calcareum*); Sternhaar-Felsenblümchen (*Draba stellata*); Österreich-Wolfsmilch (*Euphorbia austriaca*); Traunsee-Labkraut (*Galium truniacum*); Niedrig-Habichtskraut (*Hieracium humile*); Alpen-Pimpinelle (*Pimpinella alpina*); Burser-Steinbrech (*Saxifraga burseriana*); Österreich-Soldanelle (*Soldanella austriaca*, hier bis zur Erlaufklause absteigend).

Anreise:

Von St. Pölten kommend auf der B20 bis Wienerbruck. Inmitten vom Ort rechts abbiegen in Richtung Stausee, dort kostenpflichtig parken. Von Kapfenberg kommend auf der Mariazellerstraße B20 über den Seeberg und Mariazell bis Wienerbruck. Inmitten vom Ort links abbiegen in Richtung Stausee, dort parken.

Öffentliche Verkehrsanbindung:

Mit der Mariazellerbahn von St. Pölten bis Wienerbruck.

Weitere Freizeitangebote und botanische Ziele im Gebiet:

- Ötscher-Tropfsteinhöhle oberhalb der Schindlhütte bei Gaming
- Tauchen und Bootfahren am Erlaufsee
- Erlebniswelt Holzknechtland auf der Bürgeralpe bei Mariazell
- Trinkwasser-Kraftwerk in Gaming
- Grabner-Hammer in Gaming
- Kernhofer Gscheid (Kamm-Hundswurz, *Anacamptis pyramidalis*; Österreich-Wolfsmilch, *Euphorbia austriaca*; Stern-Narzisse, *Narcissus radiiflorus*; Knoten-Mastkraut, *Sagina nodosa* usw.)

Alpen-Soldanelle

Soldanella alpina, PRIMELGEWÄCHS

Kurzbeschreibung:

Pflanze 5–15 cm hoch; Stängel blattlos; Blätter grundständig, Spreite kreisrund bis nierenförmig, ganzrandig bis sehr seicht gekerbt; Blüten meist zu 2–3; Krone violett, trichterförmig, bis über die Mitte fransig eingeschnitten, Fransen untereinander ± gleich lang. Blütezeit April – Juli.

Verwechslungsmöglichkeit:

Mit der Zwerg-Soldanelle (*S. pusilla*), welche aber meist einblütig ist (*S. alpina* meist 2–3-blütig), deren Krone auf höchstens 1/3 fransig eingeschnitten ist (bei *S. alpina* bis über die Mitte) und deren Blattspreiten um einen cm Durchmesser haben (bei *S. alpina* 1–3 cm).
Die Wald-Soldanelle (*S. montana*) und die Groß-Soldanelle (*S. major*) unterscheiden sich durch dünne Blätter, die deutlich gekerbt sind (bei *S. alpina* sind die Blätter dicklich und ganzrandig bis sehr seicht gekerbt), die Fransen der Krone sind ungleich lang (bei *S. alpina* ± gleich lang).

Verbreitung und Lebensraum:

Südeuropäisch-montane Art, die von den Pyrenäen bis zu den Gebirgen der Balkanhalbinsel verbreitet ist. Die Alpen werden fast flächendeckend besiedelt. Kommt vor allem in feuchten, schneereichen Magerrasen und Schneebodenrändern von 800–2700 m Seehöhe vor, gelegentlich auch tiefer, wie auf dem Wangservorberg (600 m) oder höher, wie bei Guttannen (2830 m). In den Kalkalpen häufiger als in den Silikatalpen.

Gattung:

10 Arten umfasst die Gattung, alle kommen in Europa vor, 6 davon in den Alpen. Mannigfaltigkeitszentrum der Gattung sind die Ostalpen.

Name:

Soldanella als botanischer Gattungsname ist vom lateinischen „solidus" (= Geldmünze) abgeleitet und beschreibt die münzenförmigen Blätter.

Weitere deutsche Benennungen sind unter anderem „Alpenglöckchen", „Troddelblume" (weil die Blüte mit ihren fadenförmigen Zipfeln, die oben zusammenlaufen einer Troddel ähnelt), „Almglöckerl", „Schneeglöggli", „Mauszahndi" und „Schneenagelen".

Die weiteren Soldanellen-Arten der Alpen:

1 Österreich-Soldanelle, *Soldanella austriaca* **2** Ungarn-Soldanelle, *Soldanella major* **3** Kleinst-Soldanelle, *Soldanella minima* **4** Wald-Soldanelle, *Soldanella montana*, W. Kussegg **5** Zwerg-Soldanelle, *Soldanella pusilla*

Alpen-Soldanelle, *Soldanella alpina*

85

WANDERVORSCHLAG: ***Ö – Salzburg – Leoganger Steinberge***

Die Alpen-Soldanelle auf dem Birnhorn

Anspruch:
hoch

Bergauf:
1227 m (bis zur Passauer Hütte)

Gehzeit:
6 Std. (bis zur Passauer Hütte und über die Lettlkaser-Alm zurück)

Beste Blumenzeit:
A Juni – E Juli, für die Alpen-Soldanelle M Mai – A Juli

Blumenpracht:
Nacktstängel-Kugelblume (*Globularia nudicaulis*); Feuer-Lilie (*Lilium bulbiferum*); Alpen-Leinkraut (*Linaria alpina*); Aurikel (*Primula auricula*); Mehl-Primel (*Primula farinosa*); Nördliche Alpen-Kuhschelle (*Pulsatilla alpina* subsp. *alpina*); Zwergalpenrose (*Rhodothamnus chamaecistus*).

Pflanzenbesonderheiten:
Dolomiten-Mannsschild (*Androsace hausmannii*); Sauter-Felsenblümchen (*Draba sauteri*); Blau-Mänderle (*Paederota bonarota*); Burser-Steinbrech (*Saxifraga burseriana*).

Anreise:
Von Salzburg oder Villach auf der A10 bis zur Abfahrt Bischofshofen, dann die B311 und B164 bis Leogang. Dort über die Bahn bis zum Parkplatz Ullachgraben.

Öffentliche Verkehrsanbindung:
Mit der Bahn von St. Johann in Tirol bzw. Saalfelden bis zur Haltestelle Leogang-Steinberge.

Das Birnhorn, 2634 m, ist der höchste Berg der Leoganger Steinberge und zählt zu den 30 prominentesten Bergen der Alpen. Seine rund 1400 m hohe, großteils aus Dolomit bestehende Südwand ist eine der höchsten Felswände der Ostalpen und wird oft mit der Watzmann-Ostwand verglichen.

Der Weg vom Ullachgraben beginnt bei einem öffentlichen Grillplatz und schlängelt sich über Mischwälder und Almen hinauf. Ziemlich weit unten zweigt ein Weg zum Birnbachloch ab. Dabei handelt es sich um eine Wasserhöhle am Südhang des Birnhorns und den niedrigst gelegenen Gletscher Mitteleuropas. Das Birnbachloch ist eine Karstquelle, die von einer etwa 20 Meter breiten Eingangshalle geprägt wird. Im Hintergrund entspringt der Birnbach, der anschließend in Kaskaden den Berg hinunterstürzt. Im Jahre 1930 kam es zu einem Einsturzbeben, wahrscheinlich ausgelöst durch einen Deckeneinsturz. Die Erschütterungen waren bis in 50 km Entfernung wahrnehmbar. Es dürften sich im Inneren ein See und ein größeres Höhlensystem befinden, das vielleicht sogar Verbindung mit der großartigen Lamprechtsofenloch-Höhle hat.

Vor der Zeit der elektrischen Kühlanlagen war der Gletscher für die Brauereien zur Bierkühlung von Bedeutung. In milden Wintern, wenn Zellersee und Grießensee nicht zufroren, lieferte der Gletscher beim Birnbachloch das begehrte Eis zur Bierkühlung. Es wurde in Blöcken abgebaut, über eine mehrere hundert Meter lange Holz-Rutschbahn in den Örgenkessel getriftet und von dort mit Pferdefuhrwerken zum Gleisanschluss der Eisenbahn befördert.

Unter anderem im Gebiet zu finden:

1 Kletten-Ringdistel, *Carduus personata* **2** Alpen-Steinquendel, *Clinopodium alpinum* **3** Österreich-Gamswurz, *Doronicum austriacum* **4** Wald-Sauerklee, *Oxalis acetosella* **5** Nördliche Alpen-Kuhschelle, *Pulsatilla alpina* subsp. *alpina* **6** Weiß-Mauerpfeffer (Triebe), *Sedum album*

Wir bleiben aber auf dem Weg zur Passauer Hütte und immer steiler steigt er an, bis es praktisch diritissimo aufwärts geht. 1200 Höhenmeter in gefühlten 2500 Längenmetern. Ein Naturlehrpfad in Form von Bildtafeln, auf denen Blumen, Tiere und Klettersteige beschrieben werden, begleitet den Weg. Die Bildtafeln sind sehr willkommen, denn sie geben Anlass für ein bisschen Rast. Das Botanische auf den Tafeln regt zum Schmunzeln an, denn Frühlings-Kuhschelle (*Pulsatilla vernalis*) und Westalpen-Enzian (*Gentiana alpina*) fehlen natürlich auf dem Birnhorn und den gesamten Leoganger Steinbergen, aber auch hier zählt der Wille für das Werk. Der Weg ist so steil, dass mich plötzlich, zur Verwunderung meiner Wegbegleiter, auch die Klettersteige interessieren und jede der hier vorgestellten, äußerst netten Holzschnitzfiguren wird tiefgreifend künstlerisch bewertet.

In den Schutthalden und Schneeböden blühen Burser-Steinbrech (*Saxifraga burseriana*), Mannsschild-Steinbrech (*Saxifraga androsacea*), Alpen-Soldanelle und viele andere Frühlingsblüher. Auch oben um die Passauer Hütte, 2051 m, blühen gerade die Soldanellen.

Die Gipfelbesteigung des Birnhornes lassen wir dieses Mal aus, zu viel Schnee liegt hier noch, stattdessen gibt's ein gutes Essen in der Hütte. Hinunter nehmen wir den Weg zur Lettlkaserhütte, 1441 m. Durch einen schönen, lichten Lärchen-Latschen-Wald mit Wimper-Alpenrosen im Unterholz führt der Weg durch die „Sieben Gräben" am Südhang des Fahnenköpfls, bergab und bergauf zur netten Lettlkaserhütte und auch hier werden wir ganz hervorragend bekocht. 1200 Höhenmeter rauf, gleich viel runter, und trotzdem scheint es, dass wir schwerer heimkommen, als wir weggefahren sind. Aber egal, Hauptsache die Bergfahrt war eine gelungene.

Weitere Freizeitangebote und botanische Ziele im Gebiet:

- Schaubergwerk Leogang
- Heilkräuter- und Alpenblumenwanderweg auf der Reiteralm
- Karstquelle Birnbachloch
- Bergbau- und Gothikmuseum im ehemaligen Bergverwaltungshaus Leogang
- Riesen-Flying Fox bei Hütten westlich von Leogang
- Einsiedelei auf dem Palfen oberhalb von Schloss Lichtenberg in Saalfelden
- Brennerei Herzog im 400 Jahre alten Erbhof Keilbauer in Saalfelden
- Erlebnispark der Sinne auf dem Asitz bei Hütten
- Sommerrodelbahn Bibergalm bei Saalfelden
- Kunsthaus Nexus in Saalfelden
- Grießensee (Nick-Zweizahn, *Bidens cernua*; Gelb-Zypergras, *Cyperus flavescens*; Klein-Wasserschlauch, *Utricularia minor* usw.)

Sumpf-Tarant

Swertia perennis, ENZIANGEWÄCHS

Kurzbeschreibung:

Pflanze 15–50 cm hoch; Stängel unverzweigt; untere Blätter wechselständig, eiförmig bis elliptisch, obere Blätter gegenständig, schmal eiförmig bis lanzettlich; Kronblätter weißlich mit violetter Zeichnung bis komplett schwärzlich-violett, spitz. Blütezeit Juli – August.

Verwechslungsmöglichkeit:

Keine

Verbreitung und Lebensraum:

Südeuropäisch-montane Art von den Pyrenäen bis Mittelrussland. Nahe verwandte Sippen in Ostasien und Nordamerika. In den Alpen von den Seealpen bis Niederösterreich, fehlt aber gebietsweise den Südalpen.
Besiedelt Niedermoore und Quellfluren von 800–2300 m Seehöhe, gelegentlich auch tiefer, wie am Hüttnersee (660 m) oder höher, wie auf dem Rinsennock (2330 m).

Gattung:

Mit etwa 50 Arten besiedelt die Gattung Eurasien, Amerika und Afrika. In Europa kommt außer *S. perennis* noch *S. alpestris* und die gelbblühende *S. punctata* vor. Die Alpen besiedelt nur *S. perennis.*

Name:

Swertia ist zu Ehren des holländischen Gärtners Emanuel SWEERT (1552–1612) benannt, welcher im Jahr 1612 in Frankfurt am Main ein viersprachiges Florilegium mit 110 Tafeln herausgab.

Der deutsche Name Tarant ist abgeleitet von Dorant, Orant, welches zauberkräftige Pflanzen benennt, die vor allem als Abwehrzauber gegen das Beschreien eingesetzt wurden.

Weitere mehr oder weniger geläufige deutsche Namen für den Tarant sind „Moorenzian", „Sumpfstern" und „Sumpfenzian".

WANDERVORSCHLAG: ***Ö – Steiermark – Wölzer Tauern***

Der Sumpf-Tarant auf dem Hangofen

R. Lamm

Gebiete mit unterschiedlichen Gesteinsvorkommen sind meist nicht nur botanisch interessant, sondern bieten oft auch kulturhistorische Besonderheiten. Hier im Walchental in Richtung Gumpeneck ist es der ehemalige Bergbau mit Kupferöfen, Schwefelöfen und einer Silberschmelze. Ab dem Jahr 1998 wurden die verfallenen Gebäude restauriert und ein Kupfer-Wanderweg eingerichtet. Auf verhältnismäßig kleinem Raum befinden sich hier sechs Öfen – eine montanhistorische Seltenheit!

Wir fahren von Öblarn das Walchental hinein. Bis zum E-Werk ist die Straße asphaltiert, dann geschottert. Oberhalb vom Berghaus ist ein kleiner Parkplatz eingerichtet, der Ausgangspunkt unserer Wanderung. Wir überqueren die schmale Holzbrücke und schon bald erblicken wir die erste Besonderheit am Wegesrand: Frauenschuh (*Cypripedium calceolus*) und Filz-Kratzdistel (*Cirsium heterophyllum*) unmittelbar nebeneinander. Und das, obwohl der Frauenschuh kalkstet, die Filz-Kratzdistel aber kalkfliehend ist. Hier zeigt sich anschaulich, dass im Gebiet der Untergrund kleinräumig wechselt.

Anspruch:
hoch

Bergauf:
1147 m

Gehzeit:
5 Std. (hin und zurück)

Beste Blumenzeit:
M Juni – A August, für den Sumpf-Tarant A Juli – A August

Blumenpracht:
Österreich-Glockenblume (*Campanula pulla*); Ostalpen-Enzian (*Gentiana pannonica*); Tüpfel-Enzian (*G. punctata*); Feuer-Lilie (*Lilium bulbiferum*); Sumpf-Tarant (*Swertia perennis*).

Die „Weiße Wand“ beheimatet kalkliebende Arten

Ehemaliger Kupferabbau im Walchental

Pflanzenbesonderheiten:
Riesel-Segge (*Carex paupercula*); Kälte-Felsenblümchen (*Draba dubia*); Felsen-Berufkraut (*Erigeron gaudinii*); Norisch-Labkraut (*Galium noricum*); Österreich-Bärenklau (*Heracleum austriacum*); Sand-Kugel-Donarbart (*Jovibara globifera* subsp. *arenaria*); Kälte-Vergissmeinnicht (*Myosotis decumbens*); Filz-Rose (*Rosa tomentosa*); Rau-Steinbrech (*Saxifraga aspera*); Hybride aus Steiermark-Hauswurz × Wulfen-Hauswurz (*Sempervivum × pernhofferi*).

Anreise:
Von Graz und Linz auf der A9 bis Liezen, dann die B320 bis nach Diemlern, links die L712, die Niedergstattstraße bis Öblarn; durch den Ort den Walchengraben aufwärts bis zum Fahrverbot.

Öffentliche Verkehrsanbindung:
Mit der Bahn oder der Buslinie 6889 bis Öblarn, dann mit dem Taxi den Walchengraben aufwärts bis zum Fahrverbot.

Oben auf der Englitzalm hält die nette, alte Halterin der Berger-Hütte Getränke für die Wanderer bereit. Hoffentlich macht sie das noch recht, recht lange.

Auf den Almen fallen vielerorts orange gefärbte Markierungspunkte auf und als ich im August 2013 Männer bei der Vermessungsarbeit danach fragte, bekam ich als Antwort, es wären lediglich Wasserströmungen, die hier vermessen und markiert werden. Sollte ich so naiv sein, das zu glauben oder vielleicht noch schlimmer, sollte ich so misstrauisch sein, es nicht zu glauben. Nun denn, ein weiterer Besuch wird es zeigen.

Botanisch fällt hier oben ab der Englitzalm aber ganz was anderes auf. Es sind die vielen Sumpf-Tarante, die hier wachsen. Ein schwarzblauer Enzianstern, manchmal stahlblau, immer aber etwas geheimnisvoll – und hier oben ist er alles andere als selten. Bis fast hinauf zum Hangofen kommt er vor, wo er nach und nach von zwei weiteren prächtigen Enziangewächsen abgelöst wird: dem Tüpfel-Enzian (*Gentiana punctata*) im Juli und dem Ostalpen-Enzian (*G. pannonica*) im August.

Weitere Freizeitangebote und botanische Ziele im Gebiet:

- Abenteuerpark Gröbming (Klettergarten) mit Honig-Einknolle (*Herminium monorchis*) im Klettergelände
- Riesenrutsche Stoderzinken
- Schwertlilienwiesen um Trautenfels im Ennstal
- Putterersee-Moor (Wanzen-Hundswurz, *Anacamptis coriophora*; Strauß-Gilbweiderich, *Lysimachia thyrsiflora*; Hammarby-Weichständel, *Malaxis paludosa*; Groß-Klappertopf, *Rhinanthus serotinus* usw.)

Unter anderem im Gebiet zu finden:

1 Ostalpen-Enzian, *Gentiana pannonica* **2** Bunt-Hohlzahn, *Galeopsis speciosa* **3** Berg-Nelkenwurz (Fruchtstand), *Geum montanum* **4** Duft-Weißwurz, *Polygonatum odoratum*, W. Kussegg **5** Grannen-Klappertopf, *Rhinanthus glacialis* **6** Rot-Leimkraut, *Silene dioica*

Akelei-Wiesenraute

Thalictrum aquilegiifolium, HAHNENFUSSGEWÄCHS

Kurzbeschreibung:

Pflanze 40–120 cm hoch; Stängel auf der ganzen Länge beblättert; Blätter blaugrün, 1–3-fach gefiedert, Blättchen rundlich bis oval, grob und stumpf gezähnt; Blütenstand rispig, reich verzweigt; Staubfäden lila bis weiß, ausnahmsweise auch blassgelb, unter den Staubbeuteln verdickt. Blütezeit Mai – Juli.

Verwechslungsmöglichkeit:

Seltene gelbliche Formen der Akelei-Wiesenraute können mit der Gelb-Wiesenraute (*Th. flavum*) verwechselt werden, allerdings hat diese neben den immer gelben Staubfäden (bei *Th. aquilegiifolium* nur ganz ausnahmsweise gelblich) unter den Staubbeuteln nicht verdickte Staubfäden (bei *Th. aquilegiifolium* verdickt).

Verbreitung und Lebensraum:

Europäische Art von Nordspanien bis zur mittleren Wolga und bis Nordrussland. In den Alpen weit verbreitet von den Seealpen bis ins Burgenland.
Besiedelt Hochstaudenfluren, frische Edellaubwälder, Auwälder und Säume vom Tiefland bis etwa 2400 m Seehöhe, vereinzelt auch höher, wie im Val da Fain (2500 m).

Gattung:

Von den weltweit rund 330 Thalictrum-Arten kommen 14 in Europa und 7 in den Alpen vor. Der Verbreitungsschwerpunkt liegt im außertropischen Eurasien und Amerika, aber auch in den tropischen Teilen Asiens, Afrikas und Südamerikas finden sich Vertreter der Gattung.

Name:

Die Deutung des vorlinnéischen Gattungsnamen ist umstritten. Möglich wäre eine Herleitung vom antiken „thallein" (= sprießen) oder „thalia" (= Blüte). Ebenfalls denkbar ist die Ableitung vom altgriechischen „thalassios" (= seegrün) und „ikteros" (= Gelbsucht), doch überzeugt keine dieser Deutungsversuche und es ist auch nicht mehr eruierbar, welche Pflanze damit gemeint war. Der Artbeiname jedenfalls beschreibt das akeleienartige Laub.

Weitere deutsche Bezeichnungen sind „Amstelraute" oder „Akeleiblättrige Wiesenraute".

Anmerkung:

Die Amstelraute hat auf Blütenblätter verzichtet und stattdessen Staubblätter zahlreich und farbenfroh ausgebildet. Das ist einmalig in der heimischen Flora. Bekannt ist diesen Verhalten bei etlichen fremdländischen Arten wie Myrthe, Eukalyptus oder den afrikanischen Akazien. Die Pflanzen bieten Pollen statt Nektar und sichern durch den ausgeprägten Schauapparat die Bestäubung durch Insekten.

Variabilität der Akelei-Wiesenraute:

1 Akelei-Wiesenraute, *Thalictrum aquilegiifolium*, typische lila Form **2** typische weißliche Form **3** untypische blassgelbe Form **4** Fruchtstand

Die weiteren Thalictrum-Arten der Alpen:

1 Glanz-Wiesenraute, *Thalictrum lucidum* **2** Alpen-Wiesenraute, *Thalictrum alpinum* **3** Gelb-Wiesenraute, *Thalictrum flavum* **4** Stink-Wiesenraute, *Thalictrum foetidum* **5** Klein-Wiesenraute, *Thalictrum minus* **6** Einfach-Wiesenraute, *Thalictrum simplex*

WANDERVORSCHLAG: ***D – Allgäu – Nagelfluhkette***

Die Akelei-Wiesenraute im Oberwelchengangtobel

Zu den eindrucksvollen Blumenwanderungen, besonders für Freunde der heimischen Orchideen, gehört jene ins Gebiet der Schwarzlache im Oberwelchengangtobel am Südfuß des Leiterbergs, 1615 m. Zeitweise fühlt man sich auf dieser Wanderung im deutsch-österreichischen Grenzgebiet entrückt aus Raum und Zeit. Orchideenreiche Moore, total entspannte Kühe, uralte Berg-Ahorne, riesige Nagelfluhfelsen und ein idyllischer Bergsee spiegeln nicht nur die ganze landschaftliche Vielfalt der Nagelfluhkette wider, sondern regen auch zum Träumen an.

Wir beginnen unsere gemütliche Tour beim Lecknersee auf Vorarlberger Seite. Es ist ein junger See, der erst im Jahr 1817 entstand. Nach einem Unwetter kam es zu einem Bergrutsch, der die Lecknerache zu einem Bergsee aufstaute, in dem heute Bachforellen und Alpen-Laichkraut (*Potamogeton alpinus*) leben.

Nach dem Gasthaus Höfle halten wir uns links in Richtung Lache-Alpe und schon sind wir inmitten der prächtigsten Sumpfwiesen. Breitblatt-Fingerwurz (*Dactylorhiza majalis*),

Anspruch:
gering

Bergauf:
347 m

Gehzeit:
3 Std (vom Lecknersee, 994 m, bis zur Scheidewang-Alm, 1317 m, und zurück)

Beste Blumenzeit:
A Juni – M Juli, für die Akelei-Wiesenraute ebenso

Blumenpracht:
Gelb-Enzian (*Gentiana lutea*); viel Breitblatt-Fingerwurz (*Dactylorhiza majalis*) und Fuchs-Fingerwurz (*D. fuchsii*), Fieberklee (*Menyanthes trifoliata*).

Pflanzenbesonderheiten:

Frauenschuh (*Cypripedium calceolus*); Brand-Keuschständel (*Neotinea ustulata*); Fliegen-Ragwurz (*Ophrys insectifera*); Alpen-Laichkraut (*Potamogeton alpinus*).

Anreise:

Von Bregenz über die B200 bis Hittisau, dann ein kurzes Stück die L22 und dann rechts der Mautstraße bis zum Wanderparkplatz Lecknertal folgen.

Öffentliche Verkehrsanbindung:

Mit dem Landbus 25 von Bregenz bis Hittisau, weiter mit dem Taxi.

Barrierefreiheit für Kinderwägen/Rollstühle:

Mit Kinderwagen/Rollstuhl unterwegs muss auf den Güterstraßen geblieben werden, die zu den einzelnen Sennereien führen. Viele der im Gebiet vorkommenden Blumen kann man aber auch von hier aus gut beobachten, wie etwa den Gelb-Enzian (*Gentiana lutea*) oder den Brand-Keuschständel (*Neotinea ustulata*).

Weitere Freizeitangebote und botanische Ziele im Gebiet:

- Frauenmuseum Hittisau
- Alpsennerei-Museum Hittisau
- Hochseilgarten Immenstadt (in Ratholz westlich von Immenstadt)
- Ganzjahresrodelbahn Alpsee-Bergwelt in Immenstadt-Ratholz
- Allgäuer Bergbauernmuseum in Immenstadt-Diepolz

Schwarzlache mit Fuchs-Fingerwurz

Fuchs-Fingerwurz (*D. fuchsii*) und Sumpf-Läusekraut (*Pedicularis palustris*), wohin das Auge schaut. In den Wäldern findet sich hie und da auch der Frauenschuh (*Cypripedium calceolus*) und der Senner der Lachealm erzählte uns, dass er hier einmal einen Mann im Wald sah, der etwas suchte. Er fragte den Wanderer, ob er den Frauenschuh suche und dieser antwortete mit nein, er suche eine Kindersandale, die er hier im Wald verloren hätte. Na ja, diese Unterhaltung ging wohl irgendwie aneinander vorbei.

Bei der Wanderung vom Lecknertal zur Schwarzlache und zur Scheidewang-Alm ist man auf Oberstaufener und auf Hittisauer Gemeindegebiet. Oberstaufen ist die Gemeinde mit den meisten bewirtschafteten Almen in Deutschland, Hittisau die Gemeinde mit den meisten bewirtschafteten Almen in Österreich und so wundert es nicht, dass diese gemütliche Wanderung leicht zu einer kulinarischen werden kann. Bei fast jeder Sennerei wird dem Wanderer Käse angeboten und einer schmeckt besser als der andere.

Mit ihrer traditionellen Wirtschaftsweise prägen die Älpler und Bergbauern das Tal. Sie schaffen eine Landschaft mit vielen offenen Flächen. Große Teile der Sumpfwiesen sind eingezäunt und somit vor Viehbetritt geschützt. Im Herbst werden dann auch diese Flächen gemäht, damit sie nicht verbuschen.

„Alle guten Dinge haben etwas Lässiges und liegen wie Kühe auf der Wiese" schrieb der große Philosoph Friedrich Nietzsche, der wohl auch schon mal hier gewesen war. Eine Wanderung zur Lache-Alpe lässt erfahren, was er gemeint hat! Das Tal gehört sich selbst und irgendwie passt hier alles zusammen: Die Landschaft, die Blumen, die Kühe und die Menschen. Alle guten Dinge finden sich zusammen.

Unter anderem am Weg zu finden:

1 Gelb-Enzian, *Gentiana lutea* **2** Wiesen-Storchschnabel, *Geranium pratense* **3** Fieberklee, *Menyanthes trifoliata* **4** Alpen-Milchlattich, *Lactuca alpina* **5** Türkenbund-Lilie, *Lilium martagon*, P. Hubert **6** Vierblatt-Einbeere, *Paris quadrifolia*

Weiß-Germer

Veratrum album, GERMERGEWÄCHS

Kurzbeschreibung:

Pflanze 50–150 cm hoch; mit schraubig angeordneten Blättern; diese breit-eiförmig bis breit-lanzettlich; Blütenstand eine ± dichte Rispe bildend; Blüten weiß bis gelbgrün, mit 6 Perigonblättern; Blütenstiele 1–3 mm lang, viel kürzer als die Perigonblätter. Blütezeit Juni – Juli.

Verwechslungsmöglichkeit:

Die Nominat-Unterart subsp. *album* unterscheidet sich vom Grünen Weiß-Germer (*V. album* subsp. *lobelianum*) durch weiße Blüten (bei der subsp. *lobelianum* gelblichgrün).
Im nichtblühenden Zustand kann der Germer mit dem Gelb-Enzian (*Gentiana lutea*) verwechselt werden. Dieser hat aber gegenständig angeordnete Blätter (bei *Veratrum album* wechselständig), diese sind matt bläulichgrün und weich (bei *Veratrum album* lebhaft grün und steif).

Verbreitung und Lebensraum:

Eurosibirische Art von den Pyrenäen bis Kamtschatka und Japan. In den Alpen von den Seealpen bis ins Burgenland verbreitet.
Besiedelt Weiden, Hochstaudenfluren, Niedermoore, Feuchtwiesen und Schwarzerlengebüsch von 700–2500 m Seehöhe, vereinzelt auch tiefer, wie im Wiener Becken (150 m, als Glazialrelikt) oder höher, wie im Puschlav (2630 m) oder auf dem Arlberg auf der Schmalzgrubenscharte (2650 m).

Gattung:

20 Arten, beschränkt auf die nördliche Erdhalbkugel, umfasst die Gattung, wovon 2 in Europa und in den Alpen heimisch sind.

Name:

Wahrscheinlich ist der botanische Gattungsname vom lateinischen „verus" (= wahr) abgeleitet. Sowohl die Nieswurz, bei den Alten *Veratrum nigrum*, als auch der Germer, als *Veratrum album*, führten diesen Namen und aus beiden stellte man in der Antike Niespulver her, was der Grund für die Namengebung sein könnte.

Die Herleitung von Germer als deutsche Benennung ist ungewiss. Kaum geläufige Volksnamen sind unter anderem „Hemmern", „Moosblacken", „Hematwurzen" und „Lusworza".

Untergliederung:

Unterteilt sich in den Alpen in zwei, nicht immer klar voneinander trennbare Unterarten:

- subsp. *album*: Perigonblätter innen weiß, außen grünlichweiß.
- subsp. *lobelianum*: Perigonblätter innen und außen hellgrün.

Germer-Sippen in den Alpen:

1 Grüner Weiß-Germer, *Veratrum album* subsp. *lobelianum* **2** Weiß-Germer, *Veratrum album* subsp. *album* **3** Schwarz-Germer, *Veratrum nigrum*

Grüner Weiß-Germer
Veratrum album subsp. *lobelianum*

Weiß-Germer; *Veratrum album* subsp. *album*

Der Weiß-Germer auf dem Geigelstein

Anspruch:
hoch

Bergauf:
1238 m

Gehzeit:
5 Std. (ganze Runde)

Beste Blumenzeit:
M Juni – E Juli, so auch für den Weiß-Germer

Nach dem Berg benannt:
× Gymnigritella geigelsteiniana (Gymnadenia odoratissima × Nigritella widderi).

„Blumen sind das Lächeln der Erde", philosophierte schon Ralph Waldo Emerson und hier inmitten der Chiemgauer Alpen lächelt die Erde besonders schön. Die große Vielfalt an geologischen Formationen, an kleinräumig wechselnden Boden- und Gesteinsarten sowie die seit Jahrhunderten währende, angepasste Almwirtschaft haben die Voraussetzungen geschaffen für die einzigartige Flora und Fauna des Geigelsteingebiets.

Auerhuhn, Birkhuhn, Alpenschneehuhn, Haselhuhn, Steinadler, Murmeltier und Sperlingskauz gehören zu den tierischen Schätzen, 16 verschiedene Enziangewächse und 40 Orchideenarten zu den pflanzlichen Glanzlichtern. Um diesen bedeutsamen Lebensraum für seltene Pflanzen und Tiere auf Dauer zu sichern, wurde das 3.135 ha große Gebiet um Geigelstein und Breitenstein als Naturschutzgebiet ausgewiesen. Am 8. Mai 1991 setzte der damalige Bayerische Staatsminister für Umwelt und Gesundheit seine Unterschrift unter eine Verordnung, die erstmals einen ganzen Berg unter Naturschutz stellt. Zu verdanken ist dies unter anderem einer Bürgerinitiative in Schleching, die damit eine geplante „Skischaukel Geigelstein" verhindern konnte.

Echter Weiß-Germer, *Veratrum album* subsp. *album*

Unsere Blumenwanderung beginnt bei der Talstation der Geigelstein-Sesselbahn in Ettenhausen. Der Weg führt zunächst durch den angenehm schattigen Bergmischwald. Nach etwa einer Stunde kommen wir auf das weitläufige Almgelände und sind damit bereits im Herzen des Naturschutzgebietes. Durch das Benutzen der Sessel-Bahn kann die Tour um etwa eine Stunde verkürzt werden.

Durch blumenbunte Almweiden mit zufriedenen Kälbern geht es in einer weiteren knappen Stunde bis zur Wirtsalm. Zum Gipfel fehlen uns jetzt nur noch knapp 400 Höhenmeter. Der Weg wird nun steiler. Wir erreichen die Geigelstein-Scharte und haben nun freie Sicht Richtung Westen und Süden. Vor uns stehen Mühlhörndlwand und Spitzstein, Wilder und Zahmer Kaiser sind zum Greifen nah und hinten am Horizont zeigt sich sogar der Großglockner. Und obwohl der Geigelstein ein viel begangener und beliebter Berg ist, hat sich das Edelweiß bis heute im Gipfelbereich gehalten – ein deutliches Zeichen, wie vernünftig und harmonisch Naturbegeisterte heute mit Naturschätzen umgehen.

Blumenpracht:

Berghähnlein (*Anemonastrum narcissiflorum*); Woll-Kratzdistel (*Cirsium eriophorum*); Frauenschuh (*Cypripedium calceolus*); Ostalpen-Enzian (*Gentiana pannonica*); Tüpfel-Enzian (*Gentiana punctata*); Rau-Kranzenzian (*Gentianella aspera*); Alpen-Süßklee (*Hedysarum hedysaroides*); Alpen-Milchlattich (*Lactuca alpina*); Edelweiß (*Leontopodium alpinum*); Feuer-Lilie (*Lilium bulbiferum*).

Pflanzenbesonderheiten:

Milchweiß-Mannsschild (*Androsace lactea*); Strauß-Glockenblume (*Campanula thyrsoides*); Korallenwurz (*Corallorhiza trifida*); Moosauge (*Moneses uniflora*); Widder-Kohlröschen (*Nigritella widderi*); Natternzunge (*Ophioglossum vulgatum*); Zwergalpenrose (*Rhodothamnus chamaecistus*); Zwerg-Alpenscharte (*Saussurea pygmaea*).

Anreise:

Von München auf der A8 bis zur Abfahrt Bernau, dann die B305 bis Wuhrbichl und die B307 bis Ettenhausen. Durch den Ort fahren bis zur Geigelsteinbahn.
Von Salzburg auf der A8 bis zur Abfahrt Grabenstätt, dann die S2096 bis Staudach, die B305 bis Wuhrbichl und die B307 bis Ettenhausen. Durch den Ort bis zur Geigelsteinbahn.

Öffentliche Verkehrsanbindung:

Von München oder Rosenheim mit der Bahn bis Übersee, von dort mit der Buslinie 9509 bis Ettenhausen.

Am Geigelstein unter anderem zu finden:
1 Woll-Kratzdistel, *Cirsium eriophorum* **2** Frauenschuh, *Cypripedium calceolus,* W. Kussegg **3** Moosauge, *Moneses uniflora*
4 Frühlings-Enzian, *Gentiana verna* **5** Zweifarben-Kohlröschen, *Nigritella bicolor* **6** Feuer-Lilie, *Lilium bulbiferum*
7 Natternzunge, *Ophioglossum vulgatum,* C. Wolf

Widder-Kohlröschen, *Nigritella widderi*, W. Kussegg

„Ein bisschen haben wir durch Ansamung nachgeholfen", sagt ein bayerischer Bergwächter, „weil die Bestände hier immer schon recht klein waren".

Die Wanderung vom Geigelsteingipfel hinüber zur Rossalm und weiter zur Haidenholz-Alm zeigt einen eindrucksvollen Pflanzenreichtum. Schon die Querung zum Rossalm-Plateau wird gesäumt von einem Blütenmeer mit wechselndem Farbenspiel, dort das Blau des Enzians, hier das Gelb der Trollblumen, das Weiß des Germers und das Rot der Alpenrosen. Dazwischen die duftenden Knöpfe der drei hier vorkommenden Kohlröschen-Arten (*Nigritella bicolor, N. rhellicani* und *N. widderi*).

Weitere Freizeitangebote und botanische Ziele im Gebiet:

- Märchenpark Marquartstein
- Bauerngolf in Samerberg/Grainbach
- Achentaler Heimatmuseum und Bauernhausmuseum in Rohrdorf südöstlich von Rosenheim
- Mettenhamer Filz, (Rosmarinheide, *Andromeda polifolia*; Mittel-Sonnentau, *Drosera intermedia* usw.)
- Süssener und Lanzinger Moos mit Extensivwiesen nördlich von Raiten (Frauenschuh, *Cypripedium calceolus*; Moor-Glanzständel, *Liparis loeselii* usw.)
- Hirschauer Bucht am Chiemsee (Sumpf-Hundswurz, *Anacamptis palustris*; Randalpen-Segge, *Carex randalpina*; Sumpf-Dreizack, *Triglochin palustre* usw.)

Wald-Wicke

Vicia sylvatica, SCHMETTERLINGSBLÜTLER

Kurzbeschreibung:

Pflanze 50–200 cm lang, niederliegend oder kletternd; Stängel schlaff, vierkantig; Blätter paarig gefiedert mit 6–9 Fiederpaaren und einer Endranke; Blüten weiß, mit violetten Adern und oft violetter Schiffchenspitze; Blütenstand 10–20-blütig, einseitswendig. Blütezeit Juni – August.

Verwechslungsmöglichkeit:

Unter Umständen mit der Sand-Wicke (*V. glabrescens*) und der Zottel-Wicke (*V. villosa*), welche aber violette Fahnen haben (bei *V. sylvatica* ist die Fahne weiß mit violetter Zeichnung).

Verbreitung und Lebensraum:

Eurosibirische Art von der Provence und Norwegen bis Sibirien. In den Alpen verbreitet, fehlt aber einigen Gebieten der Westalpen.
Besiedelt frische Wälder, Waldränder, Waldschläge und Hochstaudenfluren von der Bergstufe bis 2000 m Seehöhe, vereinzelt auch höher, wie am Falknis in Graubünden (2150 m).

Gattung:

Von den 140 Arten der Gattung besiedeln 54 Europa und 28 die Alpen. Die meisten *Vicia*-Arten kommen in der nördlichen gemäßigten Zone Eurasiens und Amerikas vor, einige auch in Südamerika.

Name:

Vicia als botanischer Gattungsname ist wahrscheinlich dem lateinischen „vincire“ (= winden) entlehnt, ganz ähnlich das deutsche Wicke, abgeleitet von wickeln, winden.

Weitere Wicken-Arten der Alpen (Auswahl):

1 Schmalblatt-Wicke, *Vicia angustifolia* **2** Bithynien-Wicke, *Vicia bithynica* **3** Kaschuben-Wicke, *Vicia cassubica* **4** Vogel-Wicke, *Vicia cracca* **5** Sand-Wicke, *Vicia glabrescens* **6** Großblüten-Wicke, *Vicia grandiflora*

Wald-Wicke, *Vicia sylvatica*

Weitere Wicken-Arten der Alpen (Auswahl):

1 Grau-Wicke, *Vicia incana* **2** Bastard-Wicke, *Vicia hybrida* **3** Zwerg-Wicke, *Vicia lathyroides* **4** Gelb-Wicke, *Vicia lutea* **5** Dunkel-Wicke, *Vicia melanops* **6** Narbonne-Wicke, *Vicia narbonensis*

7 Esparsetten-Wicke, *Vicia onobrychioides* **8** Walderbsen-Wicke, *Vicia oroboides* **9** Zaun-Wicke, *Vicia sepium* **10** Pannonisch-Wicke, *Vicia pannonica* **11** Saat-Wicke, *Vicia sativa* **12** Erbsen-Wicke, *Vicia pisiformis*, J. Weinzettl **13** Schmalblatt-Wicke, *Vicia tenuifolia* **14** Zottel-Wicke, *Vicia villosa*

89

Die Wald-Wicke in der Groppensteinschlucht

Gasthof „Zur guten Quelle"

Anspruch:
mittel

Bergauf:
480 m (bis zur „Guten Quelle")

Gehzeit:
2,5 Std. (bis zur „Guten Quelle" – ganze Runde)

Beste Blumenzeit:
M Mai – E Juli, für die Wald-Wicke A Juni – A August.

Dieses Mal wollen wir eher einen schönen Spaziergang denn eine Wanderung vorschlagen. Die Groppensteinschlucht mit ihren über die Felsen wachsenden Alpen-Waldreben, ihren verschiedenen Farnen und den bewundernswerten Wasserfällen.

Der Rundwanderweg beginnt beim gut ausgeschilderten Einstiegspunkt in Obervellach/Raufen und steigt über spektakulär angelegte Steige 230 Höhenmeter empor, immer mit Blick auf den über Wasserfälle schäumenden Mallnitzbach.

Nesselblatt-Ehrenpreis (*Veronica urticifolia*), Akelei-Wiesenraute (*Thalictrum aquilegiifolium*), Wild-Mondviole (*Lunaria rediviva*) und andere Prachtstauden lassen den Blick von den Blumen zu den Kaskaden schwenken und viel zu schnell ist die Schlucht zu Ende. Zwei Einkehrmöglichkeiten stehen nun zur Auswahl. Der Romantik-Gasthof „Zur guten Quelle" mit Obervellacher Alpenlachs, Schöpsenbraten und Quellenpfandl oder der Almgasthof „Himmelbauer" mit seiner fantastischen Lage.

Gestärkt geht's zurück über den Ranacher und die im Jahr 1254 erstmals erwähnte Burg Groppenstein mit ihrem mächtigen Mammutbaum zum Ausgangspunkt des Ausflugs.

Unter anderem im Gebiet zu finden:

1 Alpen-Waldrebe, *Clematis alpina* **2** Echt-Christophskraut, *Actaea spicata*
3 Wild-Mondviole, *Lunaria rediviva* **4** Zotten-Klappertopf, *Rhinanthus alectorolophus*
5 Bittersüß-Nachtschatten, *Solanum dulcamara*

Blumenpracht:

Bunt-Eisenhut (*Aconitum variegatum*); Purpur-Waldvöglein (*Cephalanthera rubra*); Alpen-Waldrebe (*Clematis alpina*); Wild-Platterbse (*Lathyrus sylvestris*); Türkenbund-Lilie (*Lilium martagon*); Wild-Mondviole (*Lunaria rediviva*); Moosauge (*Moneses uniflora*); Bittersüß-Nachtschatten (*Solanum dulcamara*); Akelei-Wiesenraute (*Thalictrum aquilegiifolium*); Nessel-Ehrenpreis (*Veronica urticifolia*); Wald-Wicke (*Vicia sylvatica*).

Pflanzenbesonderheiten:

Quirl-Haarstrang (*Peucedanum verticillare*); Grünblüten-Wintergrün (*Pyrola chlorantha*); Süd-Skabiose (*Scabiosa triandra*).

Anreise:

Von Villach auf der A10 bis Lendorf, dann die B100 und B106 bis Obervellach. Nach dem Ort bei Raufen dem Wegweiser folgend rechts abbiegen bis zum Parkplatz Groppensteinschlucht.

Öffentliche Verkehrsanbindung:

Mit der Bahn bis Spittal, dann mit der Buslinie 5108 bis Raufen.

Weitere Freizeitangebote und botanische Ziele im Gebiet:

- Rabischschlucht bei Mallnitz
- Burg Unterfalkenstein bei Obervellach (Privatbesitz)
- Raggaschlucht bei Flattach im Mölltal
- Rafting, Canyoning und Hochseilgarten in Flattach
- Wunderblume Kärntens bei Lendorf (Gelb-Alpenrose, *Rhododendron luteum*)

Sporn-Stiefmütterchen

Viola calcarata, VEILCHENGEWÄCHS

Kurzbeschreibung:

Pflanze 3–10 cm hoch, mit sehr kurzem, aufsteigendem Stängel. Blätter alle ± grundständig, eiförmig bis lanzettlich, meist deutlich länger als breit, jederseits mit 1–5 Zähnen; Krone violett, purpurn, gelb, weiß oder mehrfarbig, 2,5–4 cm im Durchmesser; Sporn so lang wie die Kronblätter. Blütezeit Mai – Juli.

Verwechslungsmöglichkeit:

Mit den anderen alpinen Stiefmütterchen-Arten, so dem Mont-Cenis-Stiefmütterchen (*V. cenisia*), welches aber rundlich-eiförmige, ganzrandige Blätter hat (*V. calcarata* hat deutlich länger als breite Blätter mit jeweils 1–5 Zähnen) und Blüten mit einem Durchmesser von 2–2,5 cm (bei *V. calcarata* 2,5–4 cm).
Das Ostalpen-Stiefmütterchen (*V. alpina*) hat einen 3–4 mm langen Sporn (bei *V. calcarata* 8–15 mm lang).

Verbreitung und Lebensraum:

Südeuropäisch-montane Art vom Jura bis zum Apennin und in die Dinarischen Gebirge.
In den Alpen von den Seealpen bis zu den Karawanken.
Besiedelt Magerwiesen, Gesteinsfluren, lichte Lärchenwälder und Felsspalten von 1500–2900 m Seehöhe, vereinzelt auch tiefer, wie am Rhein bei Fläsch (520 m), oder höher, wie im südlichen Wallis (3000 m).

Gattung:

Rund 400 Arten umfasst die Gattung, welche zum überwiegenden Teil in der nördlichen gemäßigten Zone und in den Gebirgen Südamerikas zu finden sind. 8 Arten leben in Australien und Neuseeland, 8 auf den Sandwichinseln. Europa beheimatet 91 Arten, die Alpen 32.

Name:

Der altgriechische Pflanzenname ion (aus älter vion) und der lateinische viola sind vermutlich parallel aus einer älteren Mittelmeersprache entlehnt worden. „Ioplokamos" (= veilchengeflochten) findet man schon bei Homer.

Der Artbeiname ist vom lateinischen „calcar" (= Sporn) abgeleitet und beschreibt den langen Nektarsporn.

Untergliederung:

Tritt in den Alpen in vier Unterarten auf:

- subsp. *calcarata*: Von den Seealpen bis Tirol
- subsp. *cavillieri*: Von den Seealpen bis zum Mont Cenis
- subsp. *villarsiana*: In den Südwestalpen
- subsp. *zoysii*: In den Südostalpen

Viola-Sippen der Alpen (Auswahl):

1 Weiß-Veilchen, *Viola alba* **2** Ostalpen-Stiefmütterchen, *Viola alpina*, P. Hubert
3 Zweiblüten-Veilchen, *Viola biflora*

Sporn-Stiefmütterchen, *Viola calcarata*

4 Sporn-Stiefmütterchen, *V. calcarata* subsp. *calcarata* **5** Cavillier-Stiefm., *V. calcarata* subsp. *cavillieri* **6** Villar-Stiefm., *V. calcarata* subsp. *villarsiana* **7** Karawanken-Stiefm., *V. calcarata* subsp. *zoysii*, G. Tritthart **8** Hunds-Veilchen, *Viola canina* subsp. *canina* **9** Berg-Veilchen, *V. canina* subsp. *ruppii* **10** Mt.-Cenis-Stiefm., *V. cenisia*, A. Pleschberger **11** Hügel-Veilchen, *Viola collina*

Viola-Sippen der Alpen (Auswahl):

1 Guglielmo-Stiefmütterchen, *Viola culminis* **2** Duby-Stiefmütterchen, *Viola dubyana* **3** Steppen-Stiefmütterchen, *Viola kitaibeliana* **4** Duft-Veilchen, *Viola odorata* **5** Fieder-Veilchen, *Viola pinnata* **6** Hain-Veilchen, *Viola riviniana* **7** Sudeten-Stiefmütterchen, *Viola lutea* subsp. *sudetica* W. Kussegg **8** Wild-Stiefmütterchen, *Viola tricolor* **9** Valdieri-Stiefmütterchen, *Viola valderia* **10** Argentera-Stiefmütterchen, *Viola argenteria*, W. Kussegg **11** Comolli-Stiefmütterchen, *Viola comollia,* F. Dunkel **12** Wiesen-Veilchen, *Viola hirta*

WANDERVORSCHLAG: ***Ö – Vorarlberg – Lechquellengebirge***

Das Sporn-Stiefmütterchen der Gamsfreiheit

H. Raffalt

Es ist eine lange Tour, für die auch ohne weiteres eineinhalb Tage, mit Nächtigung auf der Elsalpe, angedacht werden können. Aber an Schönem kann man ja bekanntlich nie zu viel haben. Ausgangspunkt ist der große Parkplatz in Marul. Nun geht's zu Fuß oder mit dem Landbus bis Fuchswald, wo der Wanderweg zur Faludrigaalm beginnt. Und schon hier eine Besonderheit, die hier gar nicht vorkommen dürfte: Die prächtige Westalpen-Akelei (*Aquilegia alpina*). Ja, sie ist von Vorarlberg bekannt, aber hier vom Großen Walsertal eigentlich nicht – bis jetzt. Auch an Orchideen gibt es hier allerhand, wofür das Große Walsertal ja auch bekannt ist: Frauenschuh (*Cypripedium calceolus*), Fliegen-Ragwurz (*Ophrys insectifera*), Purpur-Waldvögelein (*Cephalanthera rubra*), Manns-Knabenkraut (*Orchis mascula*) und viele andere mehr.

Im Zickzack steigt der Weg hinauf zur Faludrigaalm, einer der gepflegtesten Almen Vorarlbergs und namengebend für das Naturschutzgebiet Faludriga-Nova. Dieses etwa zehn Quadratkilometer große Naturschutzgebiet ist eines der wenigen größeren Gebiete der Alpen, das nicht mit Forst- und Güterwegen erschlossen ist. Ein Hauptgrund für die Unterschutzstellung des

Anspruch:
hoch

Bergauf:
1380 m

Gehzeit:
9 Std. (ganze Runde)

Beste Blumenzeit:
M Juni – E Juli, für das Sporn-Stiefmütterchen M Juni – A Juli

Blumenpracht:
Wimper-Mannsschild (*Androsace chamaejasme*); Erd-Kratzdistel (*Cirsium acaule*); Frauenschuh (*Cypripedium calceolus*); Streifen-Steinröslein (*Daphne striata*); Helm-Knabenkraut (*Orchis militaris*); große Bestände an Mehl-Primel (*Primula farinosa*) und Clusius-Enzian (*Gentiana clusii*); Blätter-Läusekraut (*Pedicularis foliosa*); Wald-Wicke (*Vicia sylvatica*).

Pflanzenbesonderheiten:
Westalpen-Akelei (*Aquilegia alpina*); Trauben-Pippau (*Crepis praemorsa*); Brand-Keuschständel (*Neotinea ustulata*); Niedrig-Schwarzwurz (*Scorzonera humilis*); Sporn-Stiefmütterchen (*Viola calcarata*).

noch sehr ursprünglich erhaltenen Gebietes liegt in seiner Funktion als Wildtierlebensraum, insbesondere als Ruhezone für Rot- und Gamswild sowie für Birk- und Schneehühner. Die eigenartigen Flurnamen Faludriga, Laguz, Garfülla, Raggal und etlicher mehr sind Zeugen rätoromanischer Besiedelung des Großen Walsertales.

Hier oben, am gesamten Kamm bis zur Elsalpe liegt das Reich der Mehl-Primel (*Primula farinosa*). Oft kommt sie hier in nächster Nähe zum Clusius-Enzian (*Gentiana clusii*) vor und dieses Paar ergibt dann ein wunderhübsches Bild. Gesellt sich nun noch das Sporn-Stiefmütterchen dazu, wird's beinahe kitschig.

Oben auf dem Gipfel der Gamsfreiheit hat man einen herrlichen Rundumblick, der vom Brandnertal bis Damüls und zu den ferneren Gipfeln reicht. Der eigenwillige Name Gamsfreiheit hat angeblich die Bewandtnis, dass die Schrofenflanken im Süden so steil sind, dass eine geschossene Gams abstürzen würde. Deshalb werden sie dort von den Jägern nicht geschossen. Und tatsächlich sind die Gamsen und Hirschen hier im Gebiet auffallend wenig scheu.

Über die Jausenstation Elsalpe (mit Übernachtungsmöglichkeit) und die Tiefenseealpe führt der Weg hinunter zum Lasanggabach und entlang von diesem zurück nach Marul.

Unter anderem im Gebiet zu finden:
1 Echt-Katzenpfötchen, *Antennaria dioica* **2** Nessel-Glockenblume, *Campanula trachelium* **3** Wiesen-Hornklee, *Lotus corniculatus* **4** Rundblatt-Steinbrech, *Saxifraga rotundifolia*

Anreise:
Von Bregenz auf der A14 bis Bludenz, die B193 bis Ludesch und die L88 bis zur Kirche Marul. Dann mit dem Wanderbus Linie 78 bis Marul-Fuchswald.

Öffentliche Verkehrsanbindung:
Mit der Bahn bis Bludenz, dann mit der Buslinie 73 oder 76 bis Thüringen, mit der Linie 78 bis Marul und mit dem Wanderbus Linie 79 von der Kirche Marul bis zur Station Marul-Fuchswald (wird 5 × am Tag angefahren, Stand 2013).

Weitere Freizeitangebote und botanische Ziele im Gebiet:
- Volksmusikfest auf der Alpe Laguz an jedem 3. Samstag im Juli
- Trübbachhöhle bei Marul im Großen Walsertal (größte Gipshöhle der Alpen; nicht begehbar)
- Blumen-Lehrpfad in Faschina ab der Mittelstation Hahnenkopf
- Moore um das Martiniloch im Bereich Stein (Sumpf-Ständelwurz, *Epipactis palustris*; Moorbärlapp, *Lycopodiella inundata*; Fieberklee, *Menyanthes trifoliata*; Niedrig-Schwarzwurz, *Scorzonera humilis* usw.)

Kärnten-Wulfenie

Wulfenia carinthiaca, LÖWENMAULGEWÄCHS

Kurzbeschreibung:
Pflanze 25–40 cm hoch; Stängel mit wenigen, fast schuppenartigen Blättern in der oberen Hälfte, grundständige Blätter 15–20 cm lang, elliptisch bis verkehrt-eiförmig, gekerbt, frischgrün; Krone 12–15 mm lang, dunkelblau, zweilippig. Blütezeit Juni – Juli.

Verwechslungsmöglichkeit:
Keine

Verbreitung und Lebensraum:
Die Unterart ist ein Stenoendemit der Karnischen Alpen und wächst lediglich in den Almgebieten rund um den Gartnerkofel. Ihr Verbreitungsgebiet umfasst nur 10 km². Auf Kärntner Seite wächst sie auf der Garnitzenalm, der Kühwegeralm und der Watschigeralm, jenseits der Grenze auf der Auernigalm und der Zirkelalm. Nicht ursprünglich ist der Bestand am Radhausberg im Salzburger Bad Gastein. Besiedelt werden vor allem Hochstaudenfluren und frische Weiderasen von 1300–2000 m Seehöhe.

Gattung:
Die Art entstammt einer nur drei Arten umfassenden Gattung mit einem auffallend zerstückelten Gattungsareal: *W. carinthiaca* am Gartnerkofel und im Prokletije-Gebirge, *W. baldaccii* im Parun-Gebirge Nordalbaniens und *W. orientalis* im Amanus-Gebirge Anatoliens. Nächstverwandte Gattungen, früher ebenfalls zu *Wulfenia* gestellt, sind die Gattungen *Wulfeniopsis* mit zwei Arten und *Kashmiria* mit einer Art. Das disjunkte Areal wird als Rest eines einst ausgedehnteren Verbreitungsgebietes in Südwestasien und Südosteuropa gedeutet.

Name:
Benannt zu Ehren des Erstentdeckers Franz Xaver von Wulfen (1728–1805). Als Büchername ist neben dem Ausdruck Wulfenie auch die Benennung „Kärntner Kühtritt" zu finden, wenngleich dieser Name niemals ein gängiger Volksname war und auch heute nur als reiner Büchername von Literatur zu Literatur geistert.

Untergliederung:
Eine zweite Unterart wurde als *Wulfenia carinthiaca* subsp. *blecicii* beschrieben. Die Sippe besiedelt ein rund 400 km² großes Areal in den Albanischen Alpen (Prokletije-Gebirge).

Anmerkung:
Am 12. Juli 1779 botanisierte der Jesuitenpater Franz Xaver Freiherr von Wulfen am Nordhang des Gartnerkofels auf der Kühweger Alm und stieß dabei auf eine blaue Blume, die bisher noch nirgends festgehalten stand – die Wulfenie.

Kärnten-Wulfenie, *Wulfenia carinthiaca*

Unter anderem nach Wulfen benannt:
1 Wulfen-Palisaden-Wolfsmilch, *Euphorbia characias* subsp. *wulfenii* **2** Wulfen-Primel, *Primula wulfeniana* **3** Wulfen-Steinkraut, *Alyssum wulfenianum* **4** Wulfen-Hauswurz, *Sempervivum wulfenii* **5** Kärnten-Wulfenie, *Wulfenia carinthiaca*

WANDERVORSCHLAG: ***Ö – Kärnten – Karnische Alpen***

Die Wulfenie auf dem Gartnerkofel

W. Kussegg

„Gleich groß als Priester, Gelehrter und Mensch" steht am Gedenkstein von Franz Xaver von WULFEN (1728–1805) beim Europagymnasium in Klagenfurt, und fürwahr war er in all diesen Dingen ein ganz Großer.

JACQUIN beschrieb die Wunderblume 1781 zu Ehren des Erstfinders. Doch ganz so unumstritten, wie dies heute scheint, war es scheinbar nicht. 1801 schreibt FRÖLICH an WULFEN, dass Nicolaus Thomas HOST, kaiserlicher Leibarzt und Lehrer am Wiener Collegium Theresianum, überall laut verkünde, dass es keine *Wulfenia carinthiaca* gebe und dass es sich lediglich um eine *Poderota (= Paederota) carniolica* handle. Stellte HOST die neue Gattung nur mit Absicht in die Gattung *Paederota*, um den Namen des Entdeckers auszutilgen? In einem Brief von WULFEN an Alois FRÖLICH aus dem Jahre 1802 schreibt er „Erinnern Sie sich an den unschicklichen Betragen des Doctor Hosts gegen mich, der ich ihn mit keinem Worte beleidigt habe?" Andere Botaniker folgten den Ansichten HOSTS nicht und so besteht die Gattung *Wulfenia* bis zum heutigen Tage.

Anspruch:
hoch

Bergauf:
785 m

Gehzeit:
4,5 Std. (ganze Runde)

Beste Blumenzeit:
M Juni – A August, für die Wulfenie M Juni – A Juli

Blumenpracht:
Dolomiten-Akelei (*Aquilegia einseleana*); Lila Braun-Storchschnabel (*Geranium phaeum* subsp. *lividum*); Rätischer Alpen-Mohn (*Papaver alpinum* subsp. *rhaeticum*); Schopfteufelskralle (*Physoplexis comosa*); Dolomiten-Fingerkraut (*Potentilla nitida*).

Pflanzenbesonderheiten:
Hybride aus Kleb-Kratzdistel × Filz-Kratzdistel (*Cirsium × tappeineri*); Triglav-Enzian (*Gentiana terglouensis*); Mannsschild-Miere (*Minuartia cherlerioides*); Blau-Mänderle (*Paederota bonarota*); Hybride aus Blau-Mänderle × Gelb-Mänderle (*Paederota × churchillii*), Zwerg-Alpenscharte (*Saussurea pygmaea*); Host-Steinbrech (*Saxifraga hostii*); Wulfenie (*Wulfenia carinthiaca*).

Anreise:
Von Villach über die A2 bis zur Abfahrt „Hermagor-Gailtal", der B111 bis zum Wulfeniendorf Tröpolach folgen, dann die B90 bis zur Passhöhe Nassfeld zum Gasthaus Berghof.

Öffentliche Verkehrsanbindung:
Mit der Bahn von Villach bzw. Kötschach-Mauthen bis Tröpolach, dann mit dem Bus oder Taxi auf die Passhöhe.

Weitere Freizeitangebote und botanische Ziele im Gebiet:
- Schaukäserei Tresdorfer Alm
- Sommerrodelbahn Tresdorfer Alm
- Garnitzenklamm bei Hermagor
- Gitschtal zwischen Hermagor und Weissensee (Blumen-Esche, *Fraxinus ornus*; Strahlen-Ginster, *Genista radiata*; Alpen-Goldregen, *Laburnum alpinum*; usw.)

Bis in die Gegenwart stellt sich aber der Wissenschaft die Frage, wie das eigenartige Verbreitungsgebiet der Blauen Blume Kärntens zustande kommen konnte. Eine Auffassung sieht *W. carinthiaca* als Überdauerer der Eiszeiten in Rückzugsrefugien. Vermutlich bewohnte der Vorfahr der heutigen europäischen und vorderasiatischen Arten ein weitaus größeres Areal. Mit dem Einzug eines trockeneren Klimas im jüngeren Teritär erklärt sich die Verkleinerung und Zerstückelung des Verbreitungsareals. Der Gartnerkofel weist eine hohe Jahresniederschlagsmenge von durchschnittlich 3000 mm auf.

Wie auch immer dieses reliktäre Verbreitungsgebiet zu erklären ist, sicher ist, dass die Blume eine ganze Region prägt. Hotels sind nach ihr benannt, Personenzüge der ÖBB, eine Gasse in Klagenfurt, Torten der örtlichen Konditoren, eine Blusen- und Hemdenserie ist mit der blauen Blume bestickt und sogar eine eigene Wulfenia-Wurst gab es in den 1980er-Jahren. Orte wie Hermagor nennen sich Wulfenienstadt und auch die Publikationsreihe des Kärntner Botanikzentrums nennt sich „Wulfenia", geschrieben im Originalschriftzug WULFENS.

WULFEN zu Ehren sind eine Reihe von Pflanzen benannt worden, allen voran die Gattungen *Wulfenia* und *Wulfeniopsis*, aber auch das von ihm entdeckte Gelbbleierz trägt mit der Benennung Wulfenit seinen Namen.

Es ist aber nicht nur die Wulfenie, die hier auf dem Gartnerkofel begeistert. Auch die aparte Schopfteufelskralle (*Physoplexis comosa*), die hier unter dem Nordostgrat des Gartnerkofels in einem Felskessel ihren nördlichsten Fundpunkt besitzt und damit gerade noch Kärnten erreicht, begeistert, falls man sie zu Gesicht bekommt. Leichter zu finden sind da schon solche Schönheiten wie das Dolomiten-Fingerkraut (*Potentilla nitdia*) oder das Blau-Mänderle (*Paederota bonarota*).

Ein empfehlenswerter Weg führt vom Nassfeldpass, 1552 m, hinauf zur Watschiger Einkehralm und über das Kühweger Törl, 1914 m, hinauf zum Gartnerkofel, 2195 m. Runter geht's dann übers Garnitzentörl und den Garnitzenberg zur Auernigalm, 1863 m, und weiter zum Ausgangspunkt Nassfeldpass mit seiner überproportionalen Wulfenie aus Metall. Auf der nicht weit entfernt liegenden Garnitzenalm wurde im September 1983 ein etwa 290 Millionen Jahre alter fossiler Baumstamm der Gattung Syringodendron gefunden, der heute im Heimatmuseum Möderndorf ausgestellt ist. Ein Stamm dieser Größe aus der sogenannten Steinkohlezeit ist in Europa einzigartig. Zum Abtransport war es notwendig, den Stein zu zerschneiden und mittels Haflingerpferden der Spittaler Gebirgsjäger abzutransportieren.

Unter anderem im Gebiet zu finden:

1 Blau-Mänderle, *Paederota bonarota* **2** Hybride aus Kleb-Kratzdistel × Filz- Kratzdistel, *Cirsium × tappeineri* **3** Dolomiten-Fingerkraut, *Potentilla nitdia* **4** Sparrig-Steinbrech, *Saxifraga squarrosa* **5** Schopfteufelskralle, *Physoplexis comosa*

Literatur (Auswahl):

AESCHIMANN D. & al., (2004), „Flora alpina"; 3 Bände, Haupt-Verlag, Bern

ALTRICHTER S. & R. (2010) „Die schönsten Blütenwanderungen in Tirol und Österreich"; Leopold-Stocker-Verlag, Graz

ALTRICHTER S. & R. (2011) „Die schönsten Blütenwanderungen in Südtirol"; Leopold-Stocker-Verlag, Graz

DENK T. (1999) „Die Flora des Gumpenecks und des Walchengrabens in den Wölzer Tauern (Steiermark)"; Joannea Botanik 1, 1999.

EGGER S. & P. HOCHLEITNER (2008) "Die zauberhafte Welt der Orchideen im Naturpark Zirbitzkogel-Grebenzen". Eigenverlag, Mühlen in der Steiermark.

FISCHER, M., OSWALD, K. & W. ADLER (2008) „Exkursionsflora für Österreich, Liechtenstein und Südtirol, 3., verbesserte Auflage der Exkursionsflora von Österreich (1994)"; Linz, Biologiezentrum der Oberösterreichischen Landesmuseen.

FISCHER M. & G. SCHNEEWEIß (Redaktion) (ab 2001) „Neilreichia" I-V; Institut für Botanik der Universität, Wien

FISCHER R. (2004) „Blütenvielfalt im Pannonicum"; IHW-Verlag, Eching

FITSCHEN J. (2007) „Gehölzflora – Bestimmen der in Mitteleuropa wildwachsenden und angepflanzten Bäume und Sträucher"; Quelle & Meyer, Wiebelsheim

FOELSCHE G., FOELSCHE, W., GERBAUD, M. & O. GERBAUD (1998): Nigritella cenisia FOELSCHE & GERBAUD, species nova, Nouvelle espèce de Frande et d'Italie.-L'Orchidophile.

FOELSCHE, W. (2007) „Nigritella stiriaca – 100 Jahre Steirisches Kohlröschen".- Joannea Botanik 6

FOELSCHE, W. & K. ZERNIG (2007) „Nigritella minor spec. nova, ein neues Kohlröschen aus der Steiermark".- Joannea Botanik 6

FOHRINGER F. & K. REDL (2002) „Nigritella lithopolitanica RAVNIK × Nigritella rhellicani TEPPNER & KLEIN – eine neue Hybride der Ost-Karawanken"; Linzer biol. Beiträge 33/2

GENAUST, H. (1996) „Etymologisches Wörterbuch der botanischen Pflanzennamen"; Birkhäuser, Basel

GERBAUD, O. & W. SCHMID (1999) „Die Hybriden der Gattung Nigritella und/oder Pseudorchis. Les Hybrides des genres Nigritella et/ou Pseudorchis"; Cahiers Soc.Franc. d´Orchidophilie 5: 1-132

GOLOB B. (Schriftleitung) (1999) „Der Hochobir – aus Natur und Geschichte"; Naturwissenschaftlicher Verein für Kärnten, Klagenfurt

GOLOB B. (Schriftleitung) (2003) „Die Nockberge – ein Naturführer"; Naturwissenschaftlicher Verein für Kärnten, Klagenfurt

GRABHERR G. und POLATSCHEK A. (1986): „Lebensräume und Flora Vorarlbergs"; Vorarlberger Landschaftspflegefonds; United Book Group B & Media

GRIEBL, N. (2009) „Die Gattung Nigritella in Österreich"; Ber.Arbeitskrs.Heim.Orch.26(1)

GRIEBL, N. (2012) „ Die Gattung Orchis in Österreich"; Ber. Arbeitskrs. Heim. Orchid. 29 (2)

HARTL H., G. KNIELY, G. H. LEUTE, H. NIKLFELD und M. PERKO (1992) „Verbreitungsatlas der Farn- und Blütenpflanzen Kärntens"; Naturwissenschaftlicher Verein für Kärnten

HEGI G. (1906-2014) „Illustrierte Flora von Mitteleuropa"; vielbändig, P. Parey bzw. Blackwell Wissenschafts-Verlag bzw. Weissdorn-Verlag

HOLZNER W. & al. (1986) „Österreichischer Trockenrasenkatalog"; Grüne Reihe des Bundesministeriums für Gesundheit und Umweltschutz, Wien

HOLZNER W. & al. (ab 2013) „Ökologische Flora von Niederösterreich", Band 1-4; Cadmos-Verlag, Schwarzenbek

HÖRANDL E., F. FLORINETH & F. HADACEK (2002) „Weiden in Österreich und angrenzenden Gebieten"; Eigenverlag des Arbeitsbereiches Ingenieurbiologie und Landschaftsbau, Universität für Bodenkultur Wien

JALAS J. & J. SUOMINEN (1972-2014)„Atlas Florae Europaeae"; vielbändig, Botanical Museum Finnish Museum of Natural History

JANCHEN Erwin (1977) „Flora von Wien, Niederösterreich und Nordburgenland"; Wien

JOSS S. (2008) „Blütenwanderungen in der Schweiz"; AT-Verlag, Baden und München

KLEIN E. & H. KERSCHBAUMSTEINER (1996) „Die Orchideen der Steiermark – Eine Ikonographie und Verbreitungsübersicht" Mitteilungen der Abteilung für Botanik am Landesmuseum Joanneum Nr.23/24

KOHLROSS H. (2006) „Die Schwarzföhre in Österreich. Ihre außergewöhnliche Bedeutung für Natur, Wirtschaft und Kultur"; Eigenverlag H. Kohlross, Gutenstein

KOÒ A.J., (1994) „Pflegekonzept für die Naturschutzgebiete des Burgenlandes"

KRETZSCHMAR H., W. ECCARIUS & H. DIETRICH (2007) „Die Orchideengattungen Anacamptis, Orchis, Neotinea" EchinoMedia

LANGER W. & H. SAUERBIER (1997) „Endemische Pflanzen der Alpen"; IHW-Verlag, Eching

LANGER W. & H. SAUERBIER (2000) „Alpenpflanzen"; IHW-Verlag, Eching

LANGER W. & H. SAUERBIER (2005) „Alpenpflanzen"; IHW-Verlag, Eching

LAUBER K. & G. WAGNER (1996) „Flora Helvetica"; Haupt-Verlag, Bern

LIPPERT W. (1981) „Fotoatlas der Alpenblumen"; Gräfe und Unze-Verlag, München

MARZELL H., (2000), Nachdruck von 1977: „Wörterbuch der deutschen Pflanzennamen", Band 3

MATZ H. & J. GEPP (2008) „Moorreiche Steiermark"; Naturschutzbund Steiermark, Graz

MATZER M. & W. SIEBENHOFER (2002) „Steiermark – Natur-Erlebnis Österreich"; Styria-Verlag, Graz

MAURER W. (ab 2006): „Flora der Steiermark" Band I, II/1 und II/2 – IHW-Verlag

PACHER, D. (1881): „Systematische Aufzählung der in Kärnten wildwachsenden Gefäßpflanzen“; Flora von Kärnten, Klagenfurt.
PERKO, M. L. (2004) „Die Orchideen Kärntens“; Arge Naturschutz, Klagenfurt.
PILS G. (1999): Die Pflanzenwelt Oberösterreichs – Ennsthaler
POLATSCHEK A. (2001) „Flora von Nordtirol, Osttirol und Vorarlberg“; Band 1-5 – Tiroler Landesmuseum Ferdinandeum
RABITSCH W. & F. ESSL (2009) „Endemiten“ Naturwissenschaftlicher Verein für Kärnten, Klagenfurt.
RAFFALT H. (2013) „Steirische Almen – 88 genussvolle Alm- und Hüttenwanderungen“; Styria-Verlag, Wien
REDL Kurt, (1999): „Orchideen im Gesäuse“, Eigenverlag
REIMER M. (2011) „Die schönsten Blütenwanderungen in Oberbayern“; Frischluft-Edition
REY S. & Ch. (2011) „Das Edelweiß“; AT-Verlag, Aarau
SCHEFCZIK Johann (1978) „Zur Kenntnis der Pflanzendecke des Gahns-Gebietes“ in Mitteilungen des Joanneum
SCHWEIGHOFER Wolfgang, (2001); „Flora des Bezirkes Melk“
STIMPFL O. (2010) „Blumenwanderungen in Südtirol“; Folio-Verlag, Wien und Bozen
VITEK E & al, (2007): „Die Pflanzenwelt der österreichischen Alpen“
VÖTH Walter (1999): „Lebensgeschichte und Bestäuber der Orchideen am Beispiel von Niederösterreich“; Stapfia 65
WAGNER Richard & MECENOVIC Karl (1973) „Flora von Eisenerz und Umgebung“, in Mitteilungen des Landesmuseum Joanneum
WALDBURGER E. & al, (2003) „Flora des Fürstentums Liechtenstein in Bildern“; Haupt-Verlag, Bern
WARTMANN B. (2006) „ Die Orchideen der Schweiz – Ein Feldführer“; Edition Sternenvogel, Feldmeilen
WIESMEIER M. (2011) „Blütenwanderungen in Oberbayern“ AT-Verlag, Aarau
WITTMANN H., A. SIEBENBRUNNER, H. PILSL, P. HEISELMAYER (1987): Verbreitungsatlas der Salzburger Gefäßpflanzen – Sauteria Schriftreihe Band 2
ZERNIG K. (Schriftleitung), (ab 2009) „Joannea Botanik“; Universalmuseum Joanneum, Graz
ZIMMERMANN A., G. KNIELY, H. MELZER, W. MAURER, R. HÖLLRIEGL (1989) „Atlas der gefährdeten Farn- und Blütenpflanzen der Steiermark“ Amt der Steiermärkischen Landesregierung, Graz

Register

A

B

C

D

G

H

I

J

K

M

N

O

P

Q

R

S

W

Z

Der Autor

Norbert Griebl

ist Gärtner aus Leidenschaft und Pflanzennarr von Kindesbeinen an. Unermüdlich auf der Suche nach den schönsten Blumen dieser Erde, sei es am heimatlichen Berggipfel oder im patagonischen Feuerland. Und diese Liebe zu den Pflanzen widerspiegelt sich in seinen Büchern, Bildern und Exkursionen. Mehr dazu auf seiner Homepage:

www.pflanzen-wesen.at

DIE ORCHIDEEN ÖSTERREICHS

Mit 72 Orchideenwanderungen

Norbert Griebl stellt 78 in Österreich heimische Orchideenarten und -unterarten vor und zeigt auf Orchideenwanderungen quer durch die Alpenrepublik, wo die blühenden Kleinode zu finden sind. Mit aussagekräftigen Bildern und genauen Beschreibungen. Orchideenstandorte in allen Bundesländern mit Begleitflora.

Hardcover, 480 Seiten, durchgehend vierfärbig , ISBN: 978-3-99025-093-8
www.freya.at

Alle Alpenpflanzen-Wanderungen im Überblick
87
32
52
51
49
47
75
90
35
62
5
64
31
76
43
60
61
38
29
56